高等职业教育 CAD/CAM/CAE 系列教材

UG NX项目教程

主　编　善盈盈　邓劲莲

副主编　卢德林

参　编　蔡　杰　祝勇仁

主　审　屠　立

机械工业出版社

本书是浙江省特色专业计算机辅助设计与制造专业的项目课程教材。

全书共11个项目，包括UG NX基础、UG NX高级曲面造型、逆向设计与实操等内容，主要以目前应用广泛、具有代表性的工程软件UG NX为工具，通过项目为读者提供一个良好的技能训练平台。

本书的最大特点是项目实例实训丰富，实用性强；项目阐述深入浅出、层层递进，且移植性高。

本书可作为不同阶段CAD/CAM学习人员的入门、进阶教材，也可作为UG软件培训的项目实训教材。本书附带的课件包括所有的实训项目数据文件，以供学习者使用和参考，凡使用本书作为教材的教师可登录机械工业出版社教材服务网 www. cmpedu. com 注册后下载。咨询邮箱：cmp-gaozhi@ sina. com。咨询电话：010-88379375。

图书在版编目（CIP）数据

UG NX项目教程/善盈盈，邓劲莲主编. —北京：机械工业出版社，2013. 12（2022. 1重印）
高等职业教育CAD/CAM/CAE系列教材
ISBN 978-7-111-45270-6

Ⅰ. ①U… Ⅱ. ①善…②邓… Ⅲ. ①计算机辅助设计-应用软件-高等职业教育-教材 Ⅳ. ①TP391. 72

中国版本图书馆CIP数据核字（2013）第310856号

机械工业出版社（北京市百万庄大街22号 邮政编码100037）
策划编辑：薛 礼 责任编辑：薛 礼 版式设计：常天培
责任校对：刘雅娜 封面设计：赵颖喆 责任印制：常天培
固安县铭成印刷有限公司印刷
2022年1月第1版第7次印刷
184mm×260mm · 12. 25印张 · 334千字
13901—15400册
标准书号：ISBN 978-7-111-45270-6
定价：59. 00元

电话服务 网络服务
客服电话：010-88361066 机 工 官 网：www. cmpbook. com
010-88379833 机 工 官 博：weibo. com/cmp1952
010-68326294 金 书 网：www. golden-book. com
 机工教育服务网：www. cmpedu. com

UG NX 软件是德国西门子公司研发的一款多功能产品设计软件，它集设计、制造、分析与管理全过程于一体，广泛应用于航空航天、汽车、机械及模具、高科技电子等领域的产品设计、分析及制造，是目前主流的大型 CAD/CAM/CAE 软件之一。最重要的是，UG NX 软件在建模、逆向设计中有着明显的应用优势。

本书提供的 11 个教学项目均取自实际生产加工案例，且一改惯常的说明书式解说方式，以实际的工程案例为切入点，在解决问题的过程中，引导并帮助学生理解、掌握逆向产品设计的相关理论知识及实操方法。这种由“基础知识、操作技能、应用思路、实战经验”构成的四位一体教学内容，充分体现了专业理论与实际应用挂钩、学习与实操结合的教学理念。

本书由浙江机电职业技术学院善盈盈、邓劲莲任主编，浙江省机械工业情报研究所卢德林任副主编；浙江机电职业技术学院机械工程学院屠立教授任主审；浙江机电职业技术学院蔡杰、祝勇仁参与了编写。其中，善盈盈编写了项目 1～项目 3 及项目 10、项目 11，邓劲莲编写了项目 4～项目 6 及项目 9，卢德林编写了项目 7，蔡杰、祝勇仁共同编写了项目 8。

另外，还要感谢浙江机电职业技术学院计算机辅助设计与制造专业的全体教师，他们为教材的编写提供了不可多得的素材。

本书可作为不同阶段 CAD/CAM 学习人员的入门、进阶教材，也可作为 UG 软件培训的项目实训教材。

由于作者水平有限，书中难免存在错误和不足之处，在此敬请广大读者批评指正！

编　者

目 录

项目1

支架的建模

【项目内容】

本项目将指导学生运用 UG NX 软件完成一个支架的三维建模，并在此过程中帮助学生逐步熟识 UG NX 软件的操作界面，掌握 UG NX 下特征建模的理念及一般操作步骤。

【项目目标】

◇熟悉 UG NX 软件的基本用户界面。

◇掌握界面操作、文件操作、基本实用工具使用、工具栏定制及命令控件操作等知识。

◇熟悉并掌握在 UG NX 软件中进行特征建模的基本思路和操作方法。

◇掌握创建、编辑草图的一般步骤及操作方法。

◇了解坐标系的概念。

◇掌握创建、编辑工作坐标系的一般步骤及操作方法。

◇了解布尔运算的概念。

◇掌握“布尔”命令在实体建模中的应用方法及使用特性。

【项目分析】

拟建一支架模型，如图 1-1 所示。

◇ 该支架由中部半圆筒及两端对称耳板组成。

◇ 半圆筒特征可使用“拉伸”命令直接创建。

◇ 两侧的耳板端面与半圆筒端面相互垂直，此处可考虑使用变换坐标系的方法降低建模的难度。

◇ 支架左、右两侧的耳板相对半圆筒中心轴面对称，故可使用“镜像”建模的方式以提高建模的效率。

◇ 初始建成的两个耳板及半圆管模型均为独立的个体，故应使用“布尔运算”模块，将各单独的个体整合成为一个整体，以便后续处理使用。

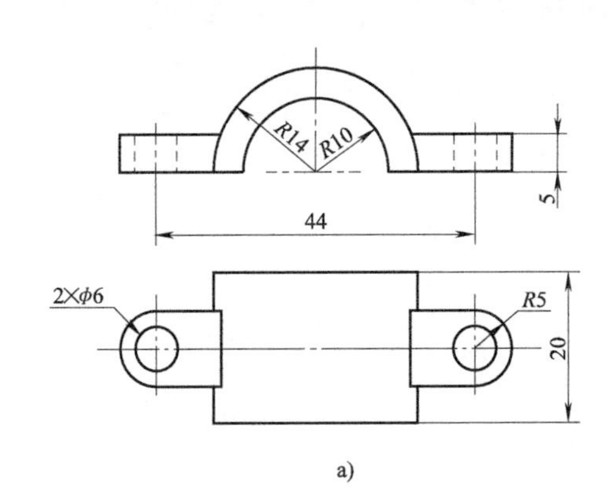

a)

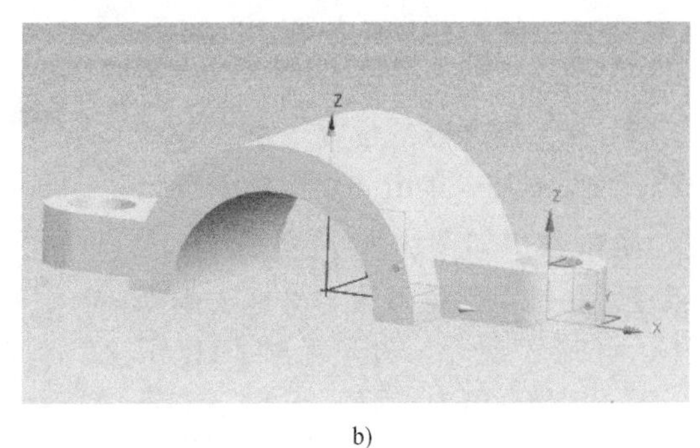

b)

图 1-1　支架

a）支架工程图　b）支架三维示意图

1.1 支架建模过程

新建项目，并设置合适的文件名及保存路径。注意：UG NX 软件目前仅支持非中文目录、非中文文件名。

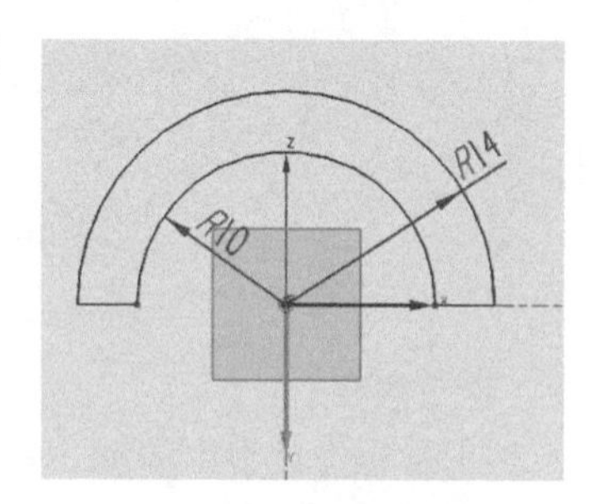

图 1-2 半圆筒端面草绘

1.1.1 中部圆筒建模

1. 创建半圆筒草图

在默认坐标系下，在“XC-ZC”平面上绘制半圆筒端面草图，如图 1-2 所示。

2. 创建半圆筒特征

在“拉伸”对话框中，设定拉伸的开始值为“－10mm”，结束值为“10mm”，如图 1-3a 所示。单击“确定”按钮，得到如图 1-3b 所示的显示效果。

1.1.2 耳板建模

1. 创建新的工作坐标系

（1）调用“WCS”命令 单击菜单栏下“插入”→“基准/点”→“基准 CSYS”，在系统弹出的“基准 CSYS”对话框中，选择创建“类型”为“动态”，选择“参考 CSYS”为“WCS”（当前工作坐标系），如图 1-4 所示。

a)

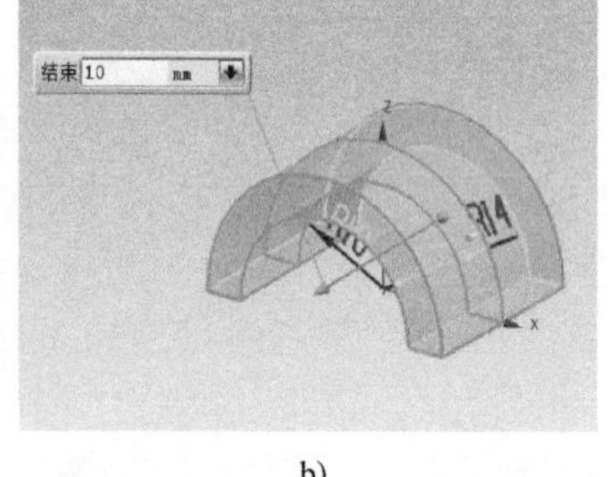

b)

图 1-3 半圆筒特征的创建
a）“拉伸”对话框的设置 b）创建的半圆筒特征

图 1-4 “基准 CSYS”对话框

注意：参考坐标系也可为“绝对”或“选定的 CSYS”，操作者可根据实际情况选用。

（2）指定新原点的位置 在“基准 CSYS”对话框中，单击“点”命令按钮 ，系统弹出如图 1-5a 所示的“点”对话框。在该对话框下的“坐标”选项区中，设定“参考”为“绝对-工作部件”，“X”坐标值为“22”、“Y”、“Z”坐标值均为“0”，其余选项使用默认设置。单击“确定”按钮，即可生成新的工作坐标系 C2，如图 1-5b 所示。

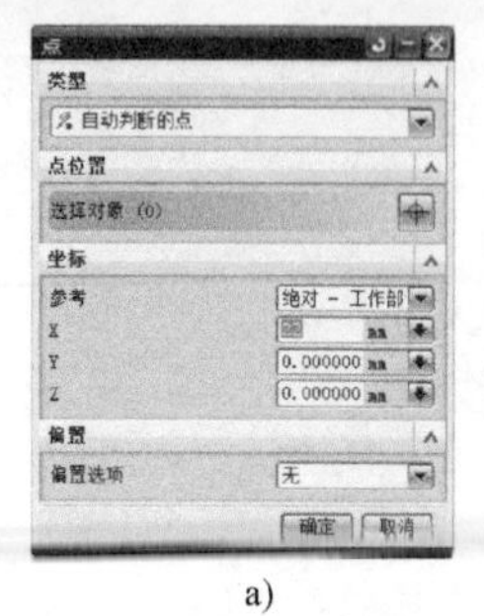

a)

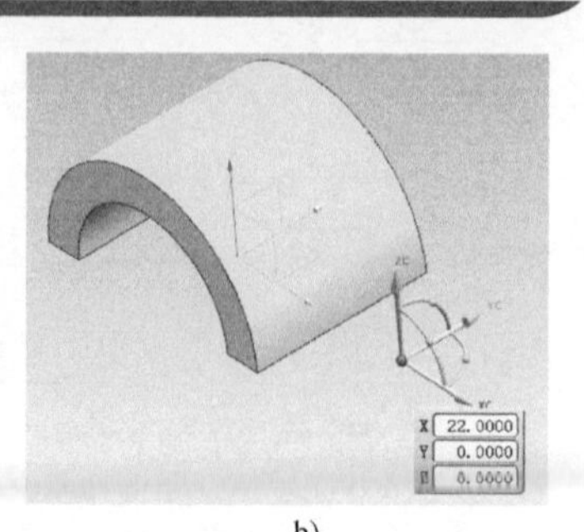

b)

图 1-5 指定新原点的位置
a）“点”对话框的设置 b）生成的新工作坐标系

2. 创建耳板草图

单击“新建草图”命令按钮，选择C2的“XC-YC”基准面作为草图承载面，如图1-6a所示。创建如图1-6b所示的耳板草图。

注意：此处暂设耳板圆心到其边界长度为5MM。

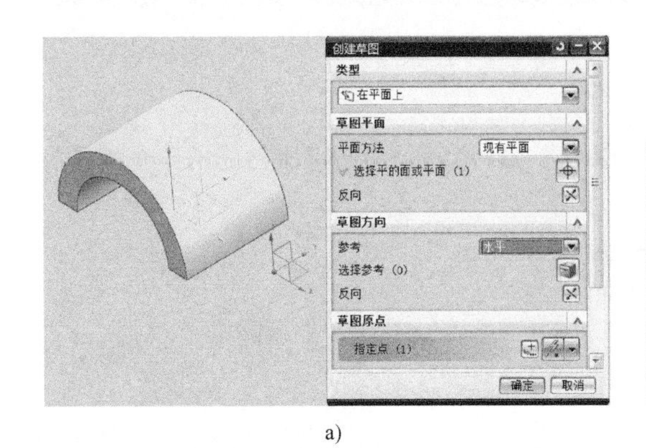

a)

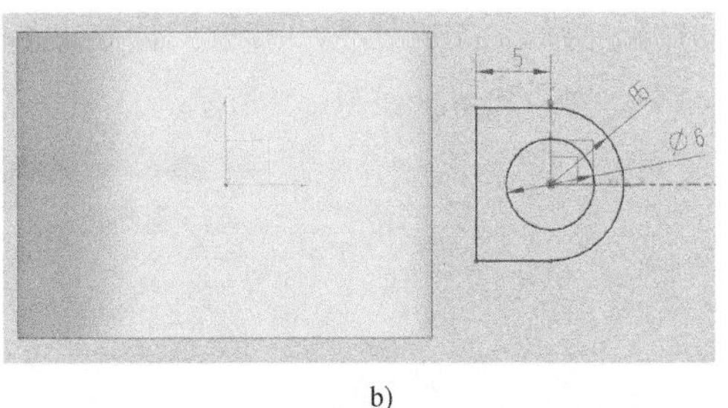

b)

图1-6 创建耳板草图

a）在C2的“XC-YC”基准面上创建草图 b）耳板草图

3. 创建右侧耳板特征

（1）拉伸耳板草图 设定拉伸开始值为“0”，结束值为“5”，如图1-7a所示。

（2）使耳板与半圆筒相连 调用“拉伸”命令，选择“截面”为3（1）所建特征内侧表面；在“拉伸”对话框中设定“开始值”为“0”、“结束”为“直至选定对象”，并选定半圆筒外表面为“拉伸至”的对象，如图1-7b所示。单击“确定”按钮，即可得到如图1-7c所示的显示效果。

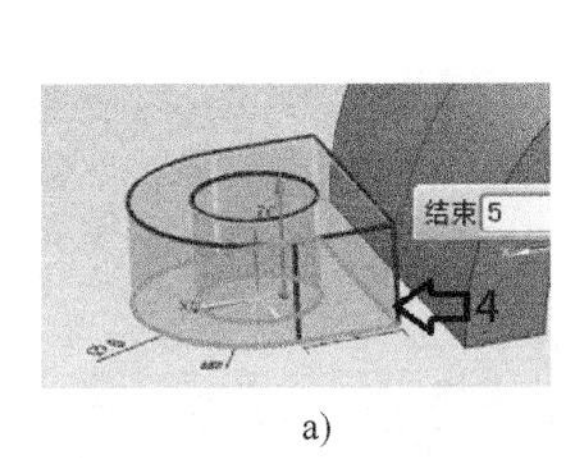

a)

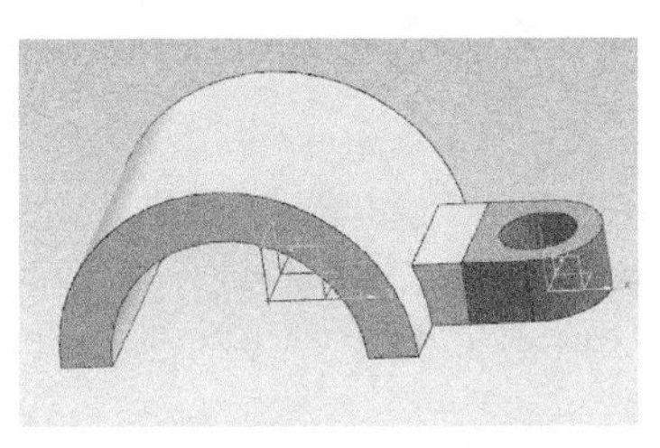

c)

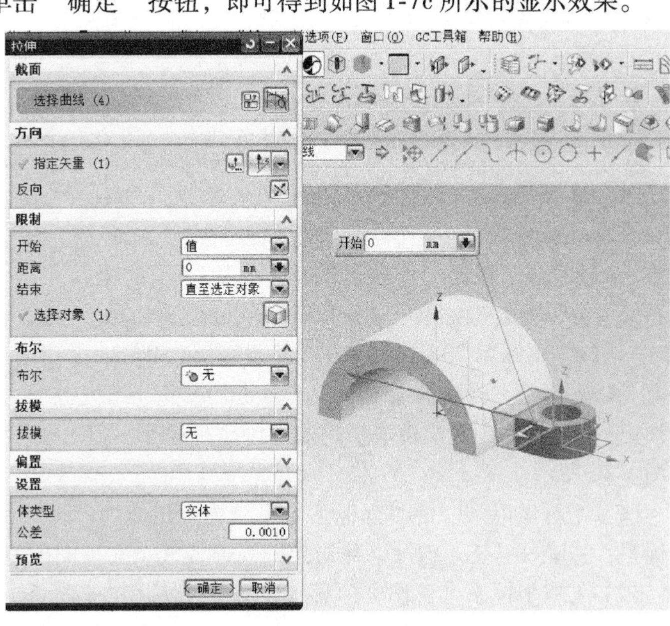

b)

图1-7 创建右侧耳板特征

a）“拉伸”出耳板截面特征 b）“拉伸”对话框的设置 c）创建的耳板特征

4. 创建左侧耳板特征

单击“插入”→“关联复制”→“镜像特征”，在系统弹出的对话框中“选择体”为3所建的两个特征，“镜像平面”为坐标系C1的“YC-ZC”基准面，如图1-8所示。单击“确定”按钮，即可生成左侧耳板。

注意：此处也可使用“镜像体”命令，读者可细心体会两者的区别。

1.1.3 “粘合”各特征体

单击“特征”工具栏下“布尔”命令中的“求和”命令按钮，将所创建的3个单独实体整合为一个实体，其结果如图1-9所示。

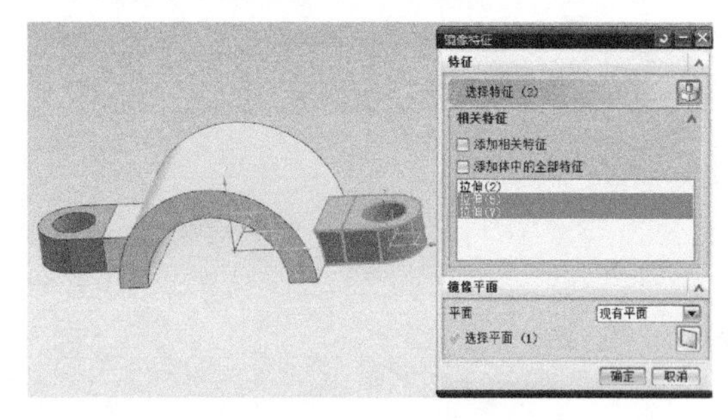

图1-8 镜像得到左侧耳板特征

图1-9 “求和”后的支架模型

1.2 知识技能点

1.2.1 坐标系的概念

无论何种建模，总是在有一个基准零点的坐标系中进行的，UG NX软件也不例外。

UG NX系列软件采用的是笛卡儿坐标系（Descartes Coordinates），它遵守右手定则，由原点、X轴、Y轴、Z轴组成。根据工作状态的不同，UG NX的坐标系又可分为绝对坐标系（Absolute Coordinate System，ACS）、工作坐标系（Work Coordinate System，WCS）和机械坐标系（Machine Work Coordinate System，MCS）3种。其中，建模模块常用前两种坐标系形式，如图1-10所示。

图1-10 UG NX建模模块下的绝对坐标系及工作坐标系

（1）绝对坐标系　绝对坐标系是系统内置的参考坐标系，它唯一且不可改变。绝对坐标系通常显示在视图的左下角。

（2）工作坐标系　工作坐标系是当前正在使用的坐标系。由于建模常需在不同的平面上进行草图，所以为了方便，要经常转换工作平面。工作坐标系不唯一且可以改变，但是处于激活状态的工作坐标系只有一个。

由工作坐标系的概念可推知：

1）当前的工作平面是当前工作坐标系中的“XC-YC”平面。

2）初始状态下，工作坐标系与绝对坐标系重合。

1.2.2 工作坐标系的创建及编辑

一般可通过以下两种方式调用坐标系命令：

1）单击菜单栏“格式”→“WCS”下的相应命令按钮，如图1-11a所示。

2）在工具栏区域内单击鼠标右键，在弹出的快捷菜单中选择“实用工具”选项，即可将坐标系（“WCS方向”）控件调入工具栏，如图1-11b所示。

图1-11 调用坐标系命令的两种方法
a）“格式”菜单栏下的“WCS”命令
b）工具栏中的“WCS方向”命令控件

WCS中各操作子命令的介绍如下：

（1）动态 该命令会动态激活当前坐标系，操作者可通过将被激活的坐标系拖动到需要的位置或者直接输入新原点的坐标值来创建新工作坐标系。具体操作方法介绍如下：

1）单击“原点手柄”（见图1-12a），拖动鼠标可将坐标原点定位到相应位置。

2）单击“平移手柄”，拖动鼠标，或在图1-12b所示的“距离-捕捉”对话框中直接输入所要移动距离的数值即可将坐标原点定位到相应位置。

注意：“捕捉”后显示的数值提示“移动的精度”。

3）单击“旋转手柄”，拖动鼠标，或在图1-12c所示的“角度-捕捉”对话框中直接输入所要旋转的角度即可旋转坐标系到指定方位，此时坐标原点不移动。

（2）原点 该命令通过创建原点来建立新工作坐标系。其具体操作步骤如下：单击“原点”命令按钮，系统弹出如图1-13所示的“点”对话框。操作者可选择在空间中直接指定新坐标系原点的位置，或在“坐标”模块中输入新原点位置的绝对坐标值来创建新的坐标系。此时，新坐标系的XC、YC、ZC方向默认与原坐标系相同，且无法改变。

（3）旋转 该命令下，当前坐标系将绕指定的坐标轴旋转到指定角度，从而创建出新工作坐标系。具体操作如下：单击“旋转”命令按钮，系统弹出如图1-14所示的“旋转”对话框，操作者可

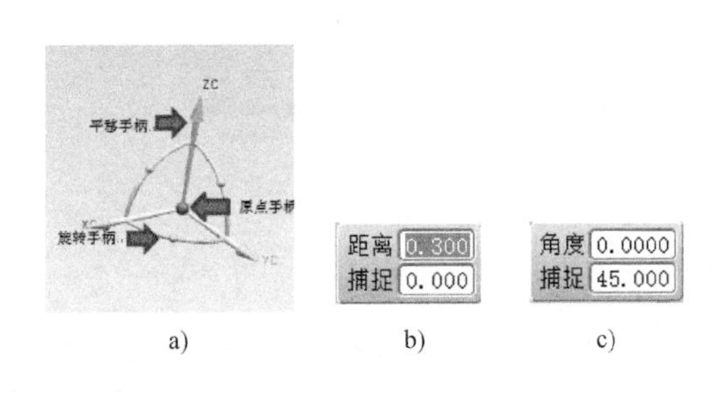

a) b) c)

图1-12 “动态”创建坐标系的方法
a）编辑状态下的坐标系视图 b）“距离-捕捉”对话框 c）“角度-捕捉”对话框

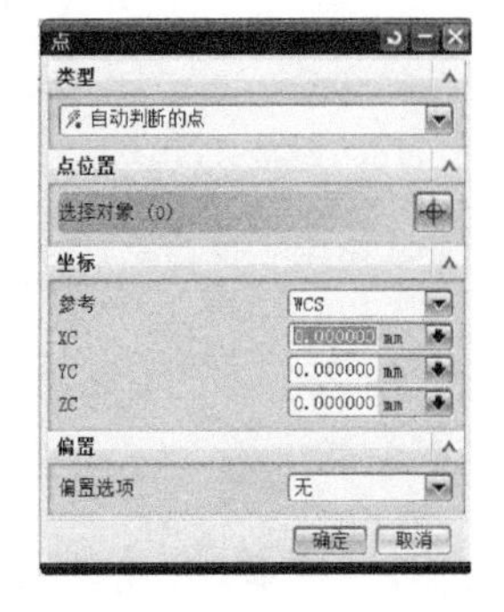

图1-13 “点”对话框

在该对话框中设置旋转轴及旋转角度。例如，选中“+YC 轴：ZC→XC”单选按钮，在“角度”文本框中输入“45”，单击“确定”按钮即可完成坐标旋转，如图 1-15 所示。

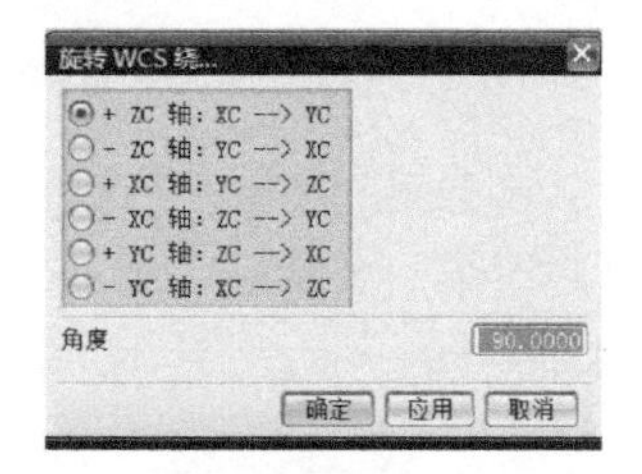

图 1-14 “旋转”对话框

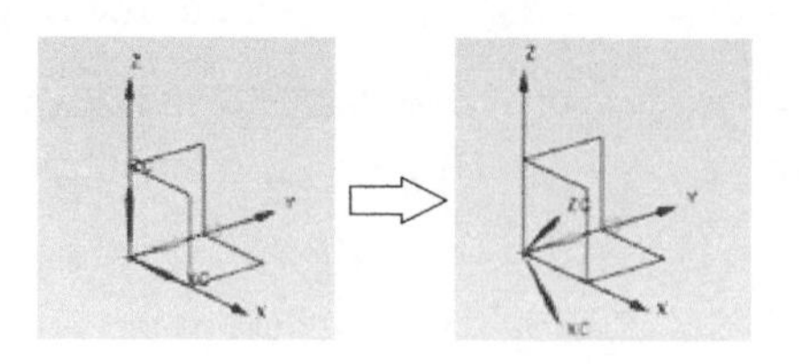

图 1-15 “旋转”创建的新坐标系

（4）定向 该命令可通过定量的方式创建新工作坐标系，是非常实用的坐标系创建命令。在 CSYS 对话框中的“类型”下拉列表中有多种用于创建新坐标系的方式，如图 1-16 所示。

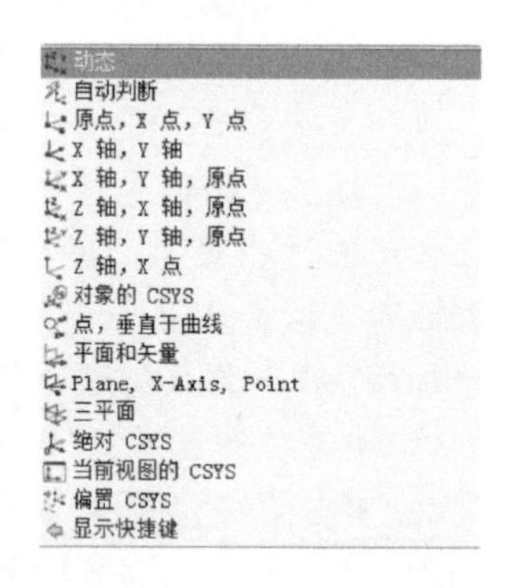

图 1-16 “类型”选项

1）“动态”：该命令下，操作者可通过在参考坐标系的基础上拖动鼠标或输入具体的原点坐标值来创建新工作坐标系，其命令窗口如图 1-17a 所示。其具体操作步骤如下：

① 设定参考坐标系：“动态”命令窗口中提供了 3 种参考坐标系形式：WCS（当前工作坐标系）、绝对（绝对坐标系）和选定 CSYS（即操作者可在已有的坐标系中选择一个作为参考坐标系）。

② 创建新坐标原点：参考坐标系确定之后，操作者即可通过拖动鼠标或是单击“点”命令按钮，在弹出的“点”对话框中输入原点坐标值的方式创建新的坐标原点，并进一步设定 XC、YC 矢量方向以建立新的坐标系。

> 注意：ZC 的矢量方向遵循右手定则。

2）“自动判断”：该命令需以已存在的点作为创建的基础，如图 1-17b 所示。具体操作时，在 激活的状态下，系统将提示操作者依次选中 3 个点，分别作为新坐标系的原点、XC 正向、YC 正向。

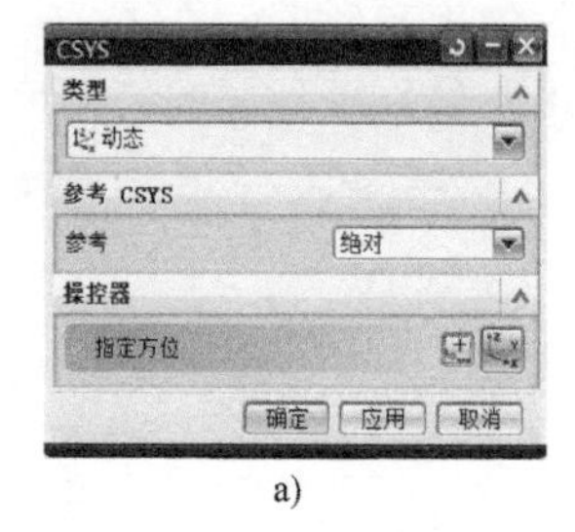

a)

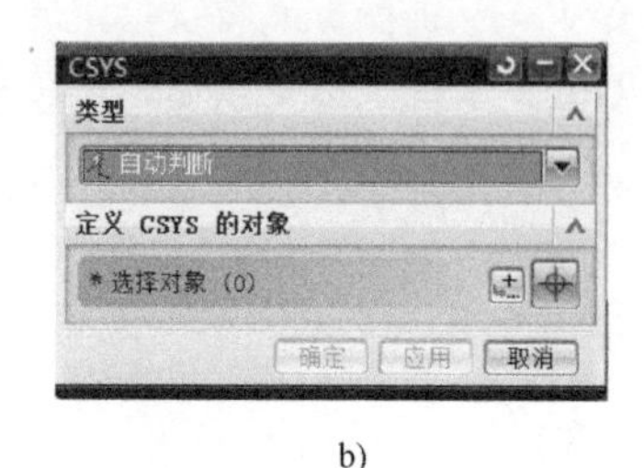

b)

图 1-17 CSYS 对话框（一）
a）“动态”选项 b）“自动判断”选项

3）“原点，X 点，Y 点”：该命令对话框如图 1-18a 所示，具体操作方法同“自动判断”。

4）“X 轴，Y 轴”：该命令通过指定两个矢量方向的方式创建新工作坐标系，其命令对话框如图 1-18b 所示。其具体操作步骤方法如下：

① 根据提示，在“X 轴”选项区中指定 XC 的位置及方向，如选择图 1-19a 中的边线 1，并单击

a)

b)

图 1-18 CSYS 对话框（二）

a）“原点，X 点，Y 点”选项 b）“X 轴，Y 轴”选项

按钮调整矢量正向方向。

② 根据提示，在“Y 轴”选项区中指定 YC 的位置及方向，如选择图 1-19a 中的边线 2，并单击按钮调整矢量正向方向。

③ 系统自动定义 XC 与 YC 的交点为新的坐标原点，以完成新的坐标系的创建，如图 1-19b 所示。

注意：ZC 的正向遵循右手定则。

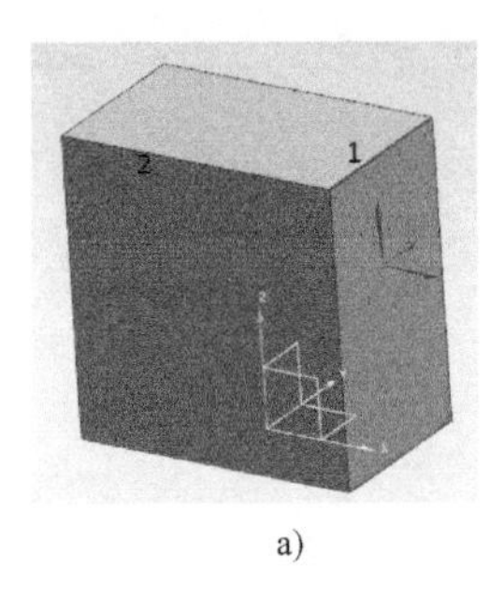

a)

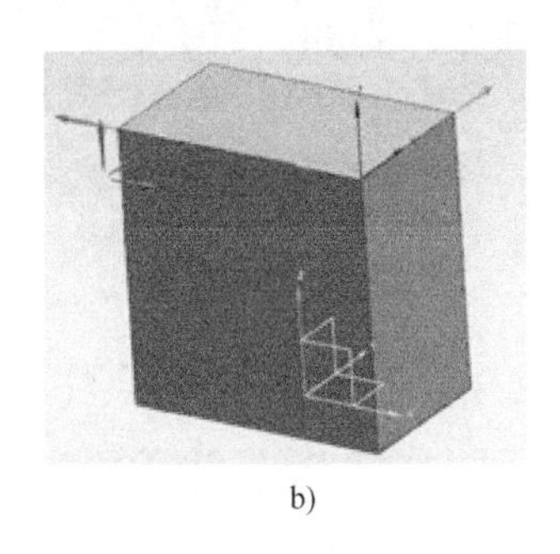

b)

图 1-19 “X 轴、Y 轴”坐标系创建方法

a）指定“XC”、“YC”方向 b）创建的新坐标系

5）“X 轴，Y 轴，原点”：该命令下，操作者需根据提示指定 XC 正向、YC 正向以及原点的位置以创建新工作坐标系。ZC 正向则由“右手定则”确定。

6）“Z 轴，X 轴，原点”：该命令操作方法同“X 轴，Y 轴，原点”。

7）“Z 轴，Y 轴，原点”：该命令操作方法同“X 轴，Y 轴，原点”。

8）“Z 轴，X 点”：该命令下，操作者需根据提示指定一个矢量和一个点来创建新工作坐标系，其命令对话框如图 1-20a 所示。其具体操作步骤如下：

① 根据提示，在“Z 轴”选项区中指定 ZC 的位置及方向，如选择图 1-20b 中的边线 1，并单击按钮调整矢量正向方向。

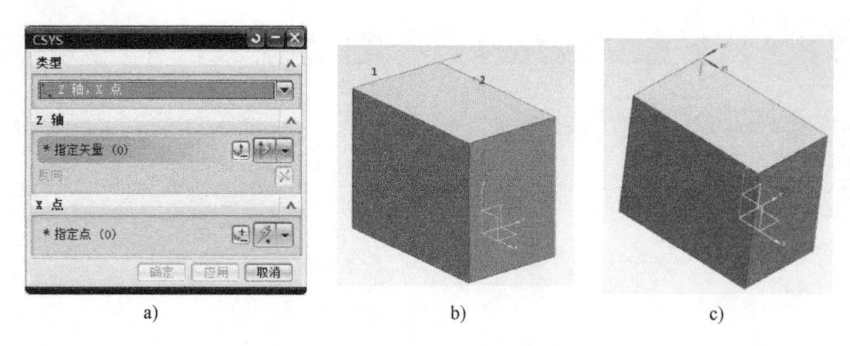

图 1-20 “Z 轴，X 点”坐标系创建方法

a)“Z 轴、X 点”选项 b）指定“ZC、XC”方向 c）创建的新坐标系

② 根据提示，在“X 点”选项区中指定一点，如选择图 1-20b 中的点 2，则 XC 即为与 ZC 垂直且经过该点的矢量，其正向为指向该点的方向。

③ 单击“确定”按钮以创建新坐标系，其中 YC 的位置由系统自动确定，方向根据“右手定则”确定；原点则取为三矢量的交点，如图 1-20c 所示。

9)“对象的 CSYS”：该命令下，操作者需根据提示指定一条平面曲线或一个实体表面为新 XOY 平面，系统将指定该平面曲线或实体表面中心为新工作坐标系原点，水平方向为 XC 方向，垂直方向为 YC 方向。

10)“点，垂直于曲线”：该命令下，操作者需根据提示选取一条曲线和曲线上的一个点来创建新工作坐标系。该命令在曲线操作中非常实用。其具体操作步骤如下：

① 根据提示，在“参考曲线”选项区中指定对象曲线，如选择图 1-21a 中的曲线。

② 根据提示，在“参考点”选项区中指定一点，如选择图 1-21b 中的点。该点即为新的坐标原点。

③ 单击“确定”按钮以创建新坐标系，如图 1-21c 所示。其中，ZC 为曲线切线，方向由曲线走向决定；YC 指向曲率中心；XC 由“右手定则”确定。

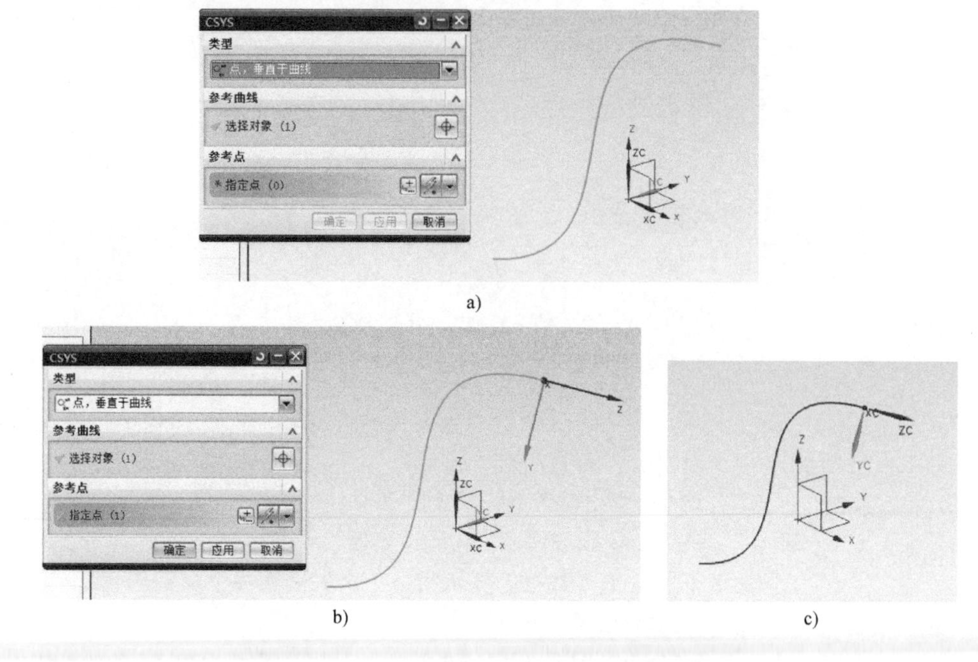

图 1-21 “点，垂直于曲线”坐标系创建方法

a）选取对象曲线 b）指定一点作为坐标原点 c）创建新坐标系

11）“平面和矢量”：该命令下，操作者需根据提示选择一个平面和一条直线以创建新工作坐标系。其中，选中平面将作为新坐标系的承载面，YC 则为所选直线在平面内的投影。系统自动指定平面与直线的交点作为新的坐标原点，XC 则默认为平面法向，以完成新坐标系的创建。其具体操作步骤如下：

注意：Y矢量不能为与选中平面平行或垂直的直线。

① 根据提示，在“XC 平面”选项区中指定对象平面，如选择图 1-22a 所示的平面。

② 根据提示，在“要在平面上投影的 Y 矢量”选项区中指定对象矢量，如选择图 1-22b 所示的直线，并单击按钮调整矢量方向。

③ 单击“确定”按钮以创建新坐标系，如图 1-22c 所示。其中，坐标原点为直线与平面的交点，XC 为平面法向，ZC 根据“右手定则”确定。

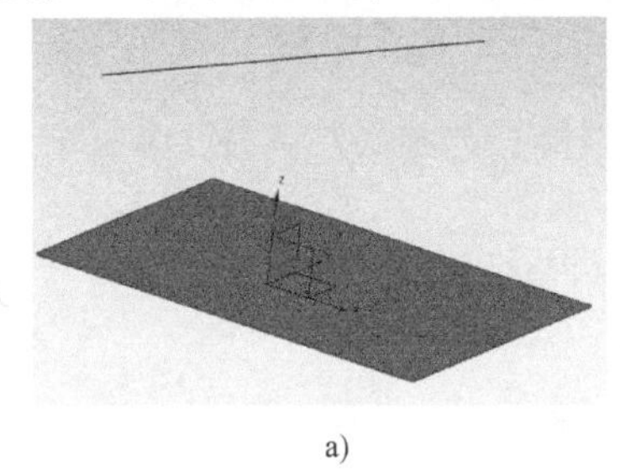

a)

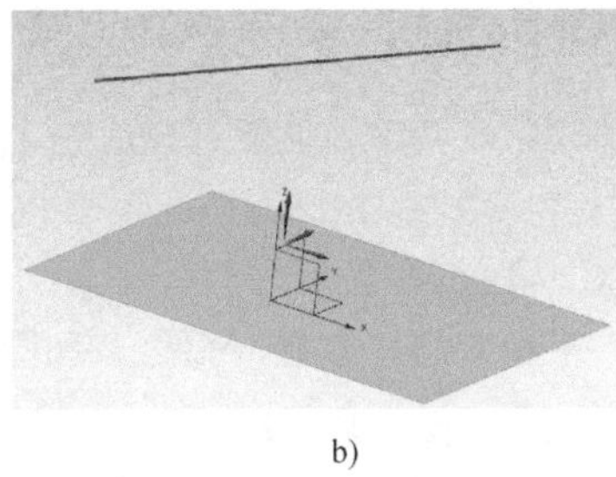

b)

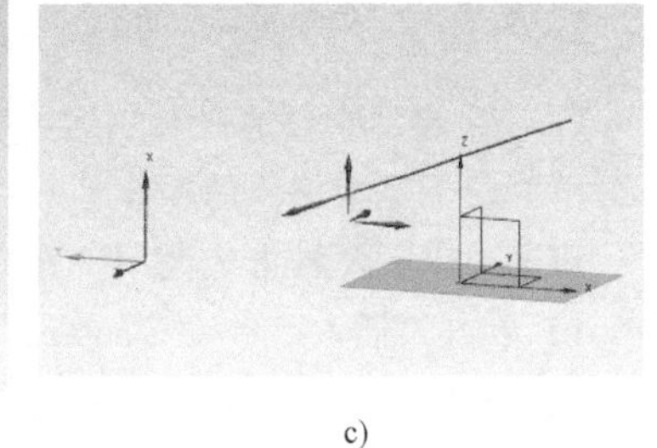

c)

图 1-22 “平面和矢量”坐标系创建方法

a）指定“XC”平面 b）指定“YC”方向 c）创建的新坐标系

12）“Plane，X-Axis，Point”：该命令下，操作者需根据提示选择一个平面作为新坐标系的承载面；选择一条直线作为 XC，其矢量方向可通过单击按钮调整；选择一个点作为新的坐标原点以创建新工作坐标系。其中，ZC 为所选定承载面的法线方向，YC 遵守“右手定则”。

注意：XC不能是与选中平面垂直的直线。

13）“三平面”：该命令下，操作者需根据提示选择 3 个平面来创建新工作坐标系，其中坐标原点为三平面的公共交点，XC、YC、ZC 分别所选 3 个平面的法向，如图 1-23 所示。

14）“绝对 CSYS”：该命令在绝对坐标（0，0，0）处重新创建一个新工作坐标系。

15）“当前视图的 CSYS”：该命令是以当前视图窗口为基准创建新工作坐标系的一种应用。系统指定视图中心为坐标原点，则 XC 为从原点出发的水平矢量，方向向右；YC 为从原点出发的竖直矢量，方向向上；ZC 依据“右手定则”确定，如图 1-24 所示。

16）“偏置 CSYS”：该命令是通过指定 XC、YC、ZC 方向的偏置值来创建新工作坐标系的。该方式需选择已存在的坐标系作为参考对象。

（5）Set WCS to Absolute 该命令用于回到系统默认的绝对坐标系方位与原点。

（6）更改 XC 方向 该命令下，操作者根据提示指定一个点作为新的 XC 方向，以创建新的工作坐标系。

（7）更改 YC 方向 该命令下，操作者根据提示指定一个点作为新的 YC 方向，以创建新的工作坐标系。

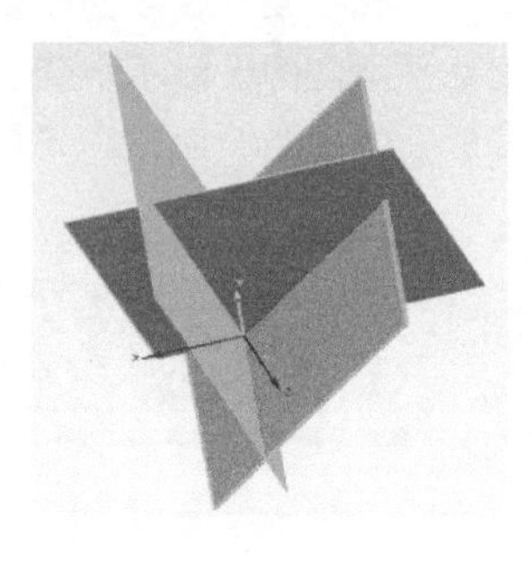

图 1-23 “三平面”命令下创建的坐标系

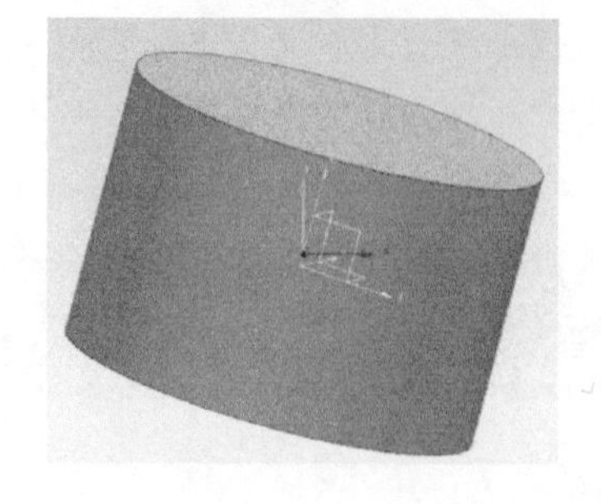

图 1-24 “当前视图的 CSYS”命令下创建的坐标系

（8）显示　该命令可显示当前的工作坐标系。

（9）保存　该命令可保存当前的工作坐标系。

1.2.3 “布尔”命令的使用方法

UG NX 建模中可通过布尔运算实现将多个单独体素合并成一个整体（如本例）或将一个复杂形体分解为若干基本形体的操作。

可通过以下两种方式调用“布尔”命令：

1）单击“插入”→“Combine”下相应的“布尔”命令，如图 1-25 所示。

2）在“特征”工具栏中单击按钮，直接调用相应的“布尔”命令。

“布尔运算”中各操作子命令简要介绍如下：

（1）求和　求和即求实体间的合集，用于将一个目标体和两个或两个以上工具体结合起来。

（2）求差　求差即将一个或多个工具体从目标体中挖出，也就是求实体或片体间的差集。使用“求差”命令时应注意以下两点：

1）工具体与目标体之间没有交集时，系统会自动提示“工具体完全在目标体外”，不能求差。

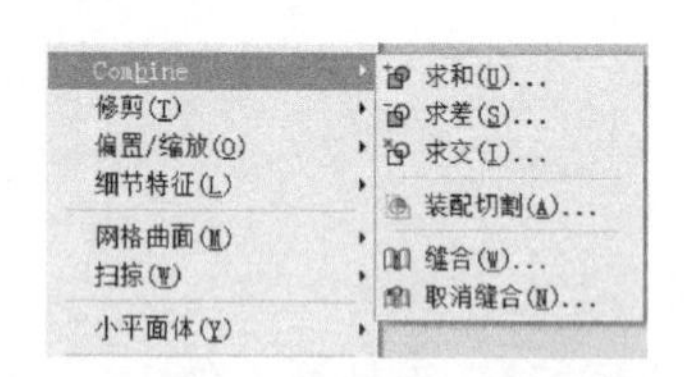

图 1-25 “格式”下拉菜单中的“Combine”命令

2）工具体与目标体之间的边缘重合时，将产生零厚度边缘，系统会自动提示“刀具和目标未形成完整相交”，不能求差。

（3）求交　求交即求实体间的交集。

注意：使用“求交”命令时所选的工具体必须与目标体相交，否则系统会自动提示“工具体完全在目标体外”，不能求交。求交的操作步骤与前面几种布尔运算类似。

1.3 实例演练及拓展练习

1. 完成如图 1-26 所示模型的建模。
2. 完成如图 1-27 所示模型的建模。
3. 完成如图 1-28 所示模型的建模。
4. 完成如图 1-29 所示模型的建模。

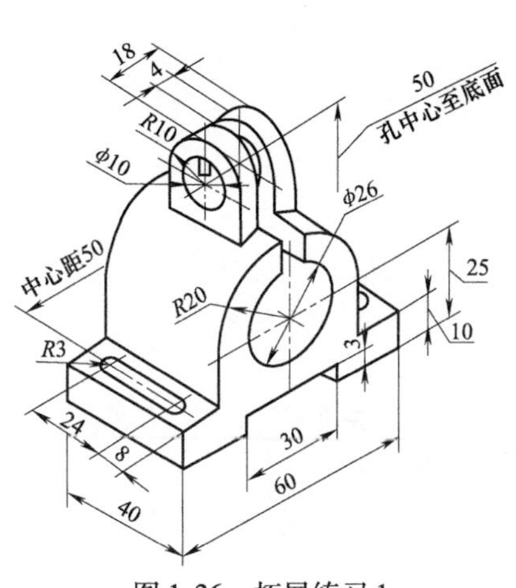

图 1-26 拓展练习 1

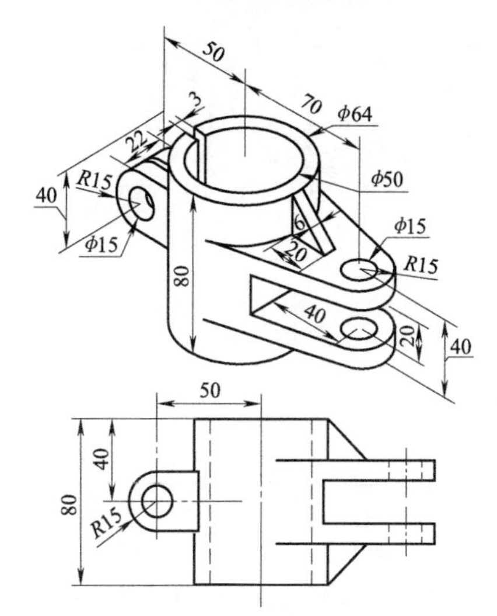

图 1-27 拓展练习 2

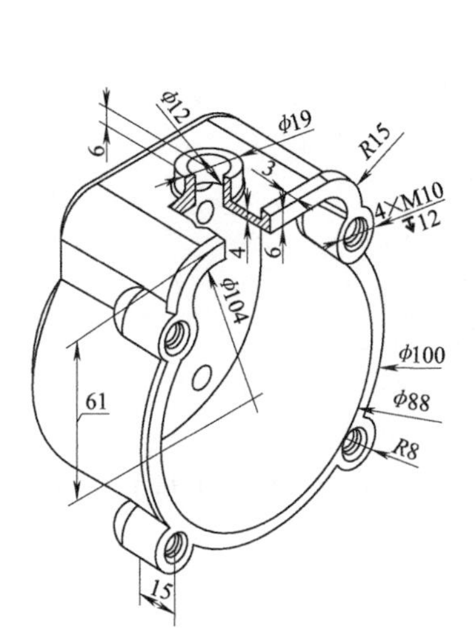

图 1-28 拓展练习 3

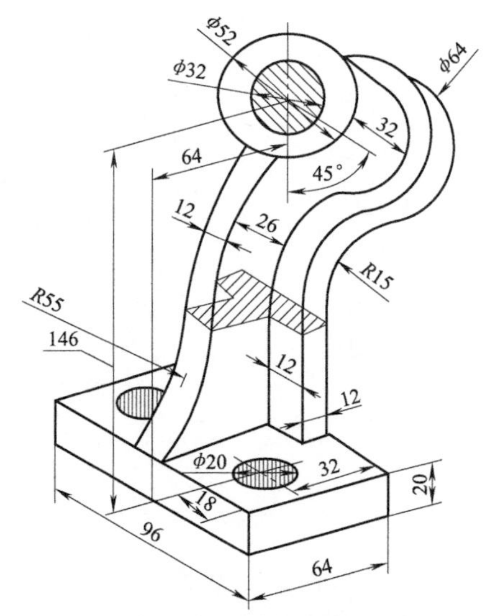

图 1-29 拓展练习 4

项目 2

轮毂的建模

【项目内容】

本项目将指导学生运用 UG NX 软件完成一个轮毂的三维建模，并在此过程中帮助学生掌握“回转”、“基准特征”和“实例特征”命令在建模中的操作方法及使用技巧。

【项目目标】

◇掌握“回转”命令对草绘的要求。

◇掌握“回转”命令的操作方法及应用技巧。

◇了解基准特征的概念及在特征建模中的作用。

◇掌握基准平面的基本概念、操作方法及应用技巧。

◇了解实例特征的概念。

◇掌握“环形特征”命令的操作方法及应用技巧。

【项目分析】

拟建一轮毂模型，如图 2-1 所示。其建模思路如下：

◇轮毂由外围圆轮、内部的轮毂及 5 根轮杆 3 部分组成。

◇外围圆轮为封闭的回转特征体，可考虑使用“回转”命令创建。

◇中部轮毂结构较简单，可使用拉伸命令创建。

◇单根圆杆可通过拉伸命令创建，但由于圆杆截面与另两个特征矢量方向不同，故需新建参考平面以作为草图承载面。剩余圆杆特征则可通过“环形阵列”命令实现。

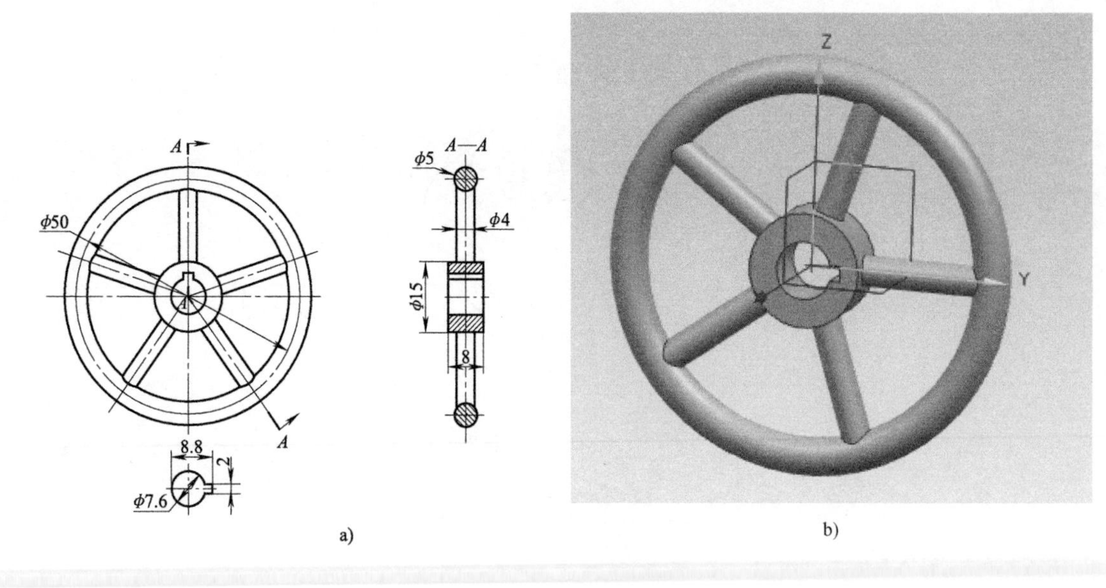

a)　　b)

图 2-1　轮毂

a）轮毂工程图　b）轮毂三维示意图

2.1 轮毂建模过程

新建项目，并设置合适的文件名及保存路径。

2.1.1 外围圆轮的建模

1. 创建圆轮截面草图

在默认坐标系下，在“XC-ZC”平面上绘制圆轮截面草图，如图 2-2a 所示。

2. 创建圆轮特征

单击“特征”工具栏中的“回转”命令按钮，在系统弹出的“回转”对话框中选择 1 所建草图为“截面”、X 轴及坐标原点分别为回转轴及基点，并设定回转角度为“360°”，单击“确定”按钮，即可得到如图 2-2b 所示的显示效果。

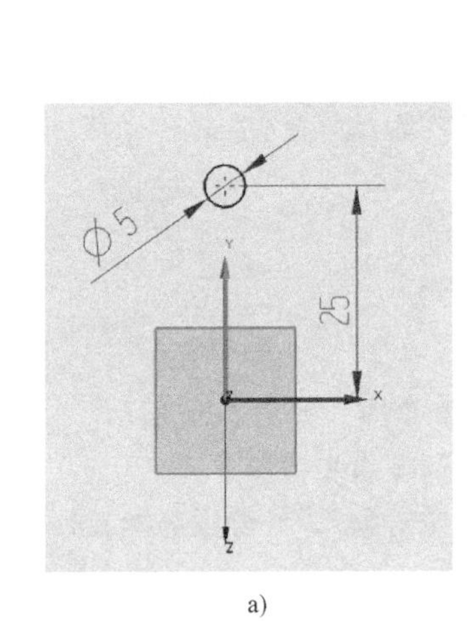

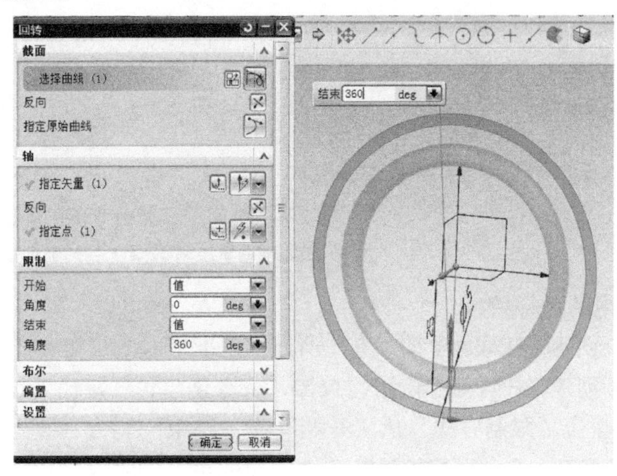

a) b)

图 2-2 外围圆轮建模

a）圆轮截面草图 b）使用“回转”命令创建的圆轮特征

2.1.2 中部轮毂的建模

1. 创建轮毂截面草图

在默认坐标系下，选择“YC-ZC”平面新建轮毂草图，如图 2-3a 所示。

2. 创建轮毂特征

使用“拉伸”命令创建轮毂特征，设定拉伸方式为双向拉伸，单边距离为 4，如图 2-3b 所示。

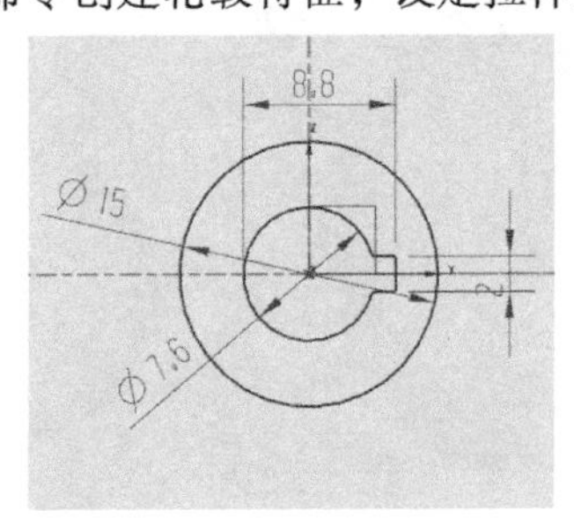

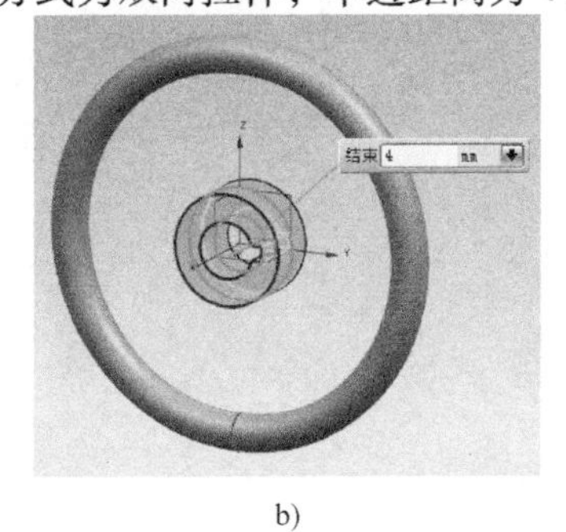

a) b)

图 2-3 中部轮毂建模

a）轮毂截面草图 b）“拉伸”创建的轮毂特征

2.1.3 轮杆的建模

轮杆可使用多种建模方式创建，下面介绍通过基准平面方式建模的方法。其具体操作步骤如下。

1. 创建轮杆截面草图的辅助平面

（1）创建辅助轨迹线　在默认坐标系下，在“YC-ZC”平面绘制辅助轨迹草图，如图2-4a所示。

（2）创建基准平面　单击“插入”→“基准/点”→“基准平面”，在系统弹出的“基准平面”对话框中选择“点和方向”的创建方式，并选择（1）所建草图为依托轨迹线、以该直线外侧端点的矢量方向为平面法向创建参考平面，如图2-4b所示。

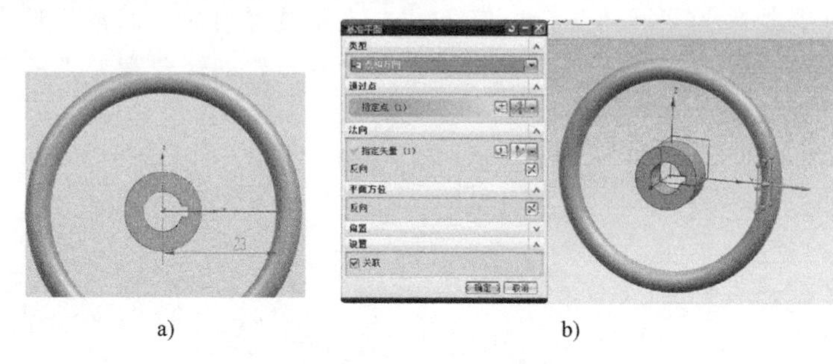

图2-4　创建轮杆截面草图的辅助平面
a）绘制辅助轨迹草图　b）创建辅助基准平面

2. 创建轮杆特征

（1）创建轮杆截面草图　在1所建的基准平面上绘制轮杆截面草图，如图2-5a所示。

（2）创建轮杆特征　使用“拉伸”命令创建轮杆特征，其具体操作步骤如下：

1）设定“限制方式”从“开始”至“结束”均为“直至选定对象”，并分别选择2.1.1节所建圆轮特征和2.1.2节所建轮毂特征为“拉伸至”的对象。

2）设定“布尔”方式为“求和”，并使轮杆特征与外围圆轮粘合，如图2-5b所示。

3）单击“确定”按钮，即可得到如图2-5c所示的显示效果。

（3）创建阵列的轮杆特征　单击“插入”→“关联复制”→“实例特征”，以（2）创建的轮杆特征为阵列对象，设定阵列“数量”为“5”、“角度”为“72”、“基准轴”为XC轴，如图2-6a所示。单击“确定”按钮，得到如图2-6b所示的阵列轮杆特征。

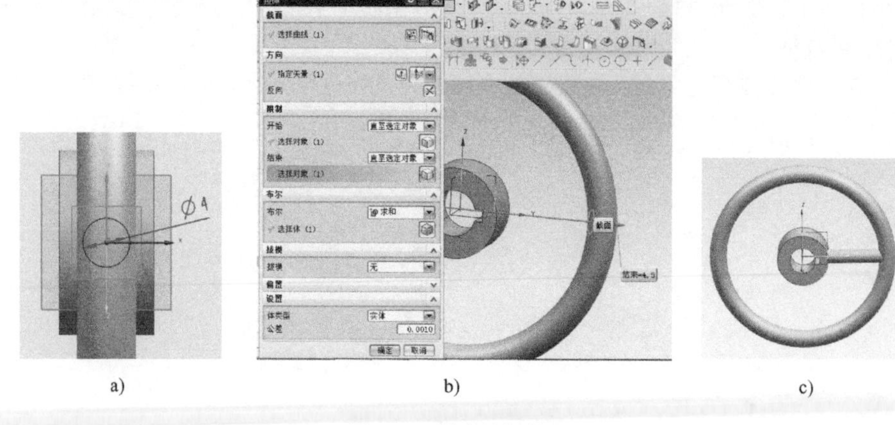

图2-5　创建轮杆特征
a）轮杆截面草图　b）对“拉伸”对话框的设置　c）“拉伸”创建的轮杆特征

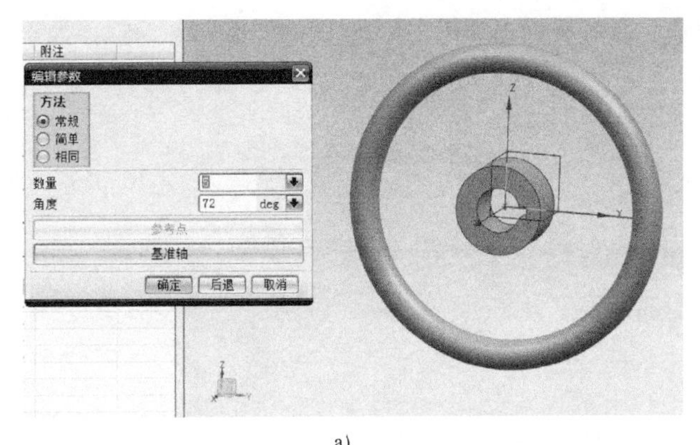

a)

b)

图 2-6 创建阵列的轮杆特征

a）阵列参数的设定 b）阵列创建的轮杆特征

2.2 知识技能点

2.2.1 “回转”命令的使用方法

回转特征是由特征截面曲线绕旋转中心线旋转而成的一类特征，它适于构造回转体零件。

单击“插入”→“设计特征”→“回转”，或者在“特征”工具栏中单击“回转”命令按钮，系统将弹出如图 2-7 所示的“回转”对话框。

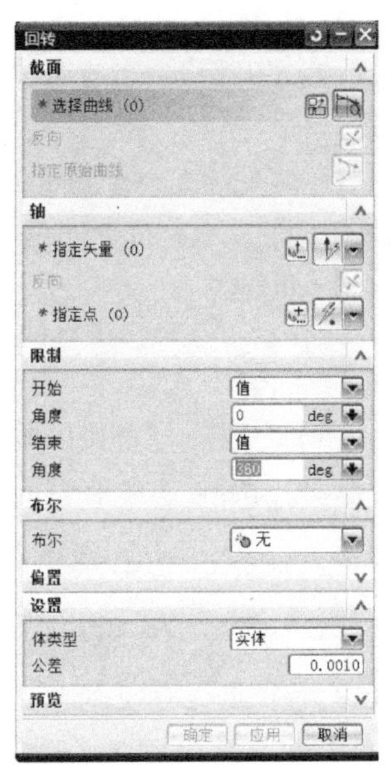

图 2-7 “回转”对话框

1. 截面

“回转”命令中提供了两种指定截面的方式。

（1）曲线 在图 2-7 所示的对话框中单击“曲线”命令按钮，以指定已有草图作为创建回转特征的截面。

（2）绘制截面 在图 2-7 所示的对话框中单击“绘制截面”命令按钮，以绘制草图作为创建回转特征的截面。

2. 轴

（1）“指定矢量” 该命令用于设置所选对象的旋转方向。该命令提供了以下两种“指定矢量”的方式：

1）选择已有曲线：操作者可在下拉列表中选择现有的曲线作为旋转方向。

2）创建曲线：单击“矢量”命令按钮，系统将弹出如图 2-8a 所示的“矢量”对话框，操作者可在该对话框中创建曲线作为旋转方向。

（2）“反向” 在如图 2-8a 所示的对话框中单击“反向”命令按钮，可使旋转轴的方向反向。

（3）“指定点” 该命令用于指定旋转原点。该命令提供了以下两种指定点的方式：

1）选择已有点：操作者可在下拉列表中选择“点”捕捉方式，该方式用于选择现有点作为原点。

2）创建点：单击“点”命令按钮，系统将弹出如图2-8b所示的“点”对话框，操作者可在该对话框下创建点作为旋转原点。

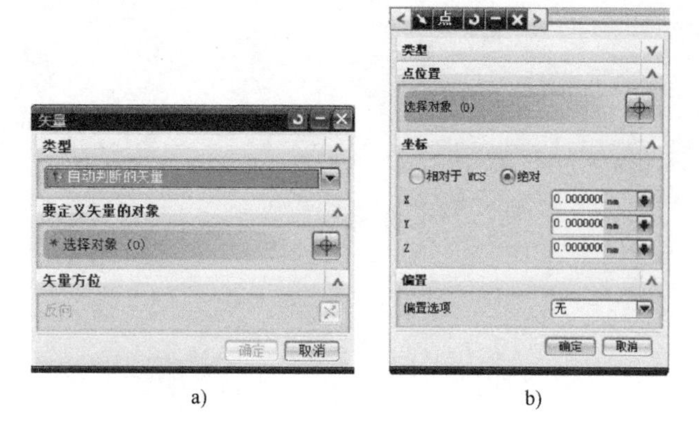

图2-8 “矢量”和“点”对话框
a）“矢量”对话框 b）“点”对话框

3. 限制

（1）“开始” 当使用“值”或“直至选定对象”方式进行旋转操作时，可用于限制旋转的起始角度。

（2）“结束” 当使用“值”或“直至选定对象”方式进行旋转操作时，可用于限制旋转的终止角度。

4. 布尔

操作者可在该选项区的下拉列表中选择布尔操作类型。

5. 偏置

（1）“无” 指直接以截面曲线生成回转特征。

（2）“两侧” 指在截面曲线两侧生成回转特征，以结束值和起始值之差作为实体的厚度。

2.2.2 “实例”命令的使用方法

“实例”命令主要包括“矩形阵列”命令、“圆形阵列”命令和“图样面”命令，可以快速地对已有特征进行有规律地复制，大大提高了建模效率。

单击“插入”→“关联复制”→“引用特征”，或在“特征”工具栏中单击“实例”命令按钮，系统将弹出如图2-9所示的“实例”对话框。

1. 矩形阵列

“矩形阵列”命令用于以矩阵阵列的形式来复制所选的实体特征，该阵列方式使阵列后的特征成矩形排列。单击实例按钮，系统将弹出如图2-9所示的“实例”对话框。根据对话框提示，操作者在选择了要阵列的特征后，单击“确定”按钮，系统将弹出如图2-10所示的“输入参数”对话框。该对话框中各操作命令简要介绍如下。

（1）“方法” 该选项区用于指定矩形阵列的3种建立方法。

1）“常规”：建立矩形阵列时，将检查所有的几何对象，允许越过表面边缘线从一个表面到另一个表面，其为默认选项。

2）“简单”：与“常规”方法类似，但将消除额外的数据检验和优化操作，可加速阵列的建立过程。建立的成员必须与原特征在同一表面上。

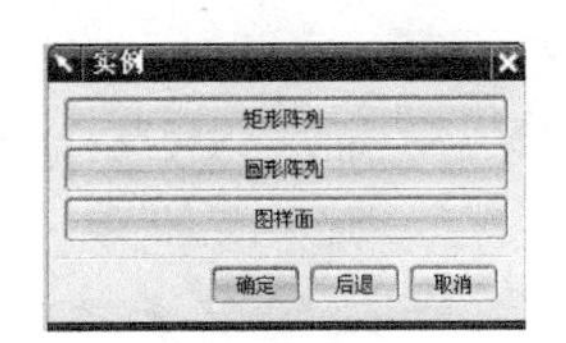

图 2-9 “实例”对话框

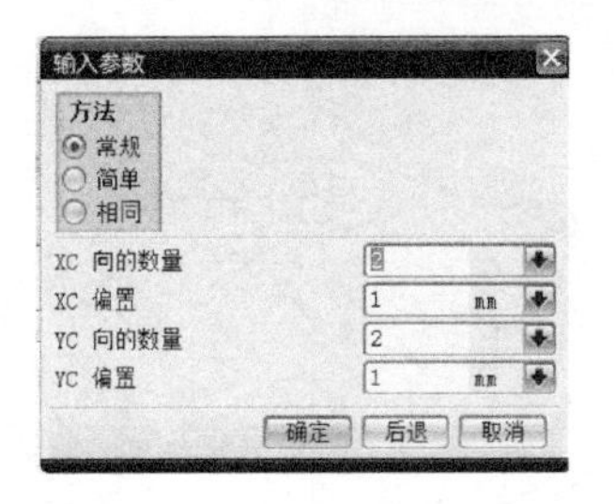

图 2-10 “输入参数”对话框

3）“相同”：建立阵列特征最快的方法，所做的检查操作最少，只简单地将原特征的所有表面和边缘线复制和移动，建立的阵列中每一个成员特征都是原特征的精确复制。当复制的数量很大，而又确信每个成员特征完全一样时，可使用这种方法。建立的成员特征必须与原特征在同一表面上。

（2）“XC 向的数量” 用于输入沿 XC 方向的成员特征的总数目。

（3）“XC 偏置” 用于输入沿 XC 方向相邻两成员特征之间的间隔距离。

（4）“YC 向的数量” 用于输入沿 YC 方向的成员特征总数目。

（5）“YC 偏置” 用于输入沿 YC 方向相邻两成员特征之间的间隔距离。

2. 圆形阵列

该命令用于以圆形阵列的形式来复制所选的实体特征，该阵列方式使阵列后的成员成圆周排列。

（1）“数量” 用于输入阵列中成员特征的总数目。

（2）“角度” 用于输入相邻两成员特征之间的环绕间隔角。

（3）“参考点” 用于定义圆形阵列旋转中心点。

（4）“基准轴” 用于定义圆形阵列旋转中心基准轴线。

2.3 实例演练及拓展练习

1. 创建如图 2-11 所示的模型实体。

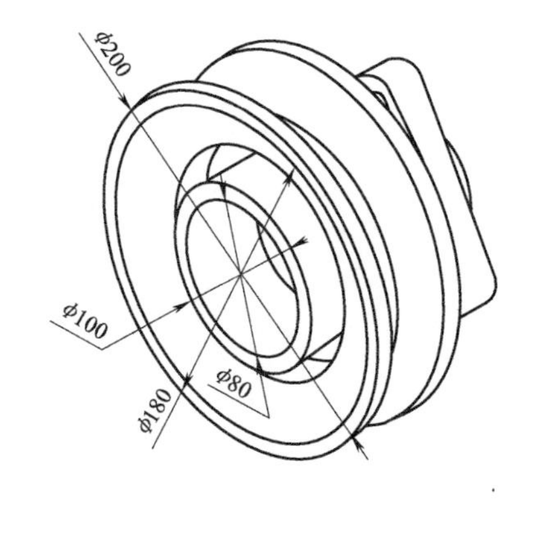

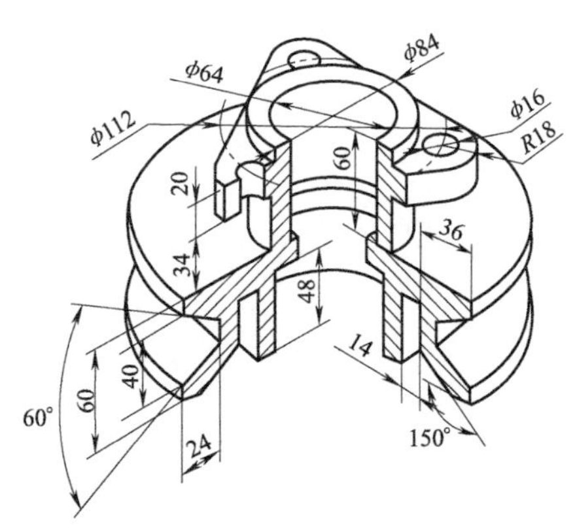

图 2-11 拓展练习 1

2. 创建如图 2-12 所示的模型实体。
3. 创建如图 2-13 所示的模型实体。

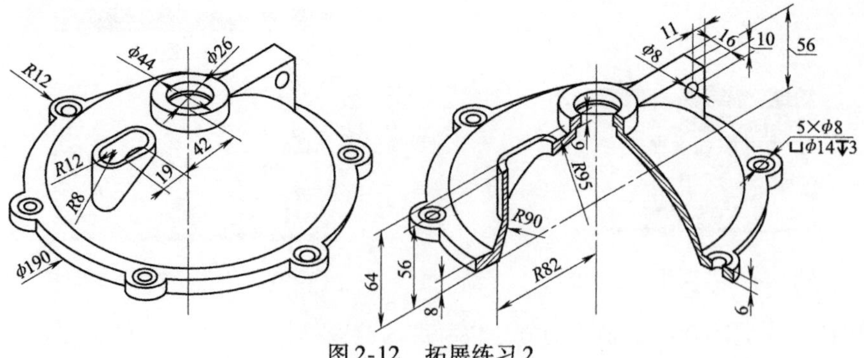

图 2-12　拓展练习 2

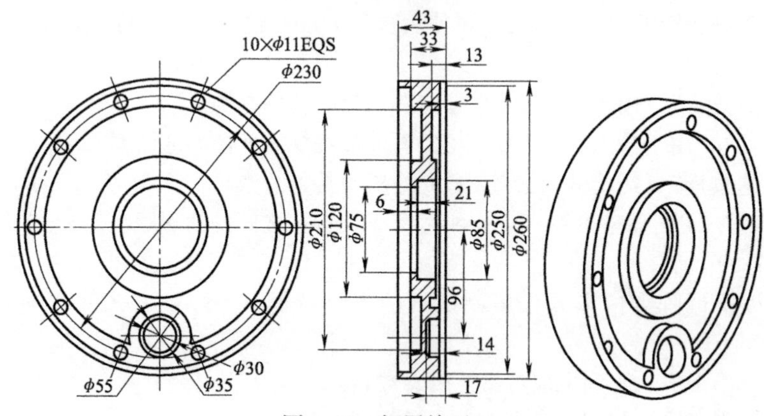

图 2-13　拓展练习 3

摇柄的建模

【项目内容】

本项目将指导学生运用 UG NX 软件完成一个摇柄的建模，并在此过程中帮助学生掌握“扫掠”、“螺纹”命令在特征建模中的操作方法及使用技巧。

【项目目标】

◇掌握“扫掠”命令的操作方法及应用技巧。

◇了解“螺纹”的基本概念。

◇掌握“螺纹”命令的操作方法及应用技巧。

【项目分析】

拟建一摇柄模型，如图 3-1 所示。其建模思路如下：

◇摇柄主体为一段弯管结构，且管道截面从右至左以 1∶25 的斜率呈递增变化，该特征可通过“扫掠”命令实现。

◇摇柄右端的球形手柄可通过“球”命令方式直接建模成形。

◇摇柄左端由 3 个特征结构组成：一段 2mm 的圆形凸台、2mm 的退刀槽和一段 10mm 的螺纹伸出端。其中，前两个特征可通过“拉伸”命令创建，而螺纹段则需要在已创建的实体表面上创建螺纹特征。

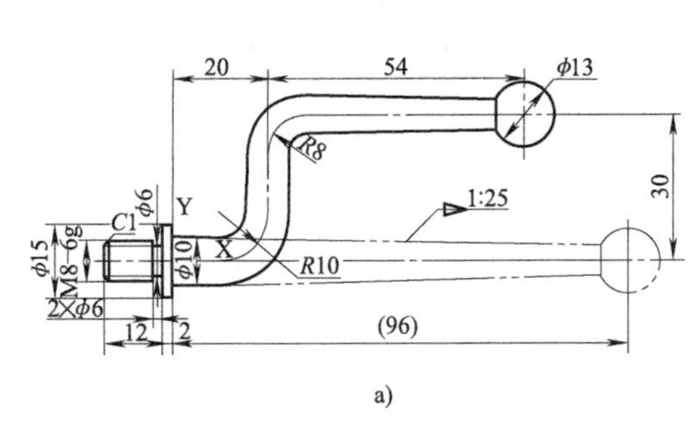

a)

b)

图 3-1　摇柄

a）摇柄工程图　b）摇柄三维示意图

3.1 摇柄建模过程

新建项目，并设置合适的文件名及保存路径。

3.1.1　中部变截面弯管的建模

1. 创建弯管的扫掠轨迹

在默认坐标系下，选择“YC-ZC”平面新建弯管的轨迹草图，如图 3-2 所示。

2. 创建变截面弯管左侧截面

在默认坐标系下，在“XC-ZC”平面绘制弯管的左侧截面草图，如图 3-3a 所示。

3. 创建变截面弯管右侧截面

在默认坐标系下，使用“基准平面”命令创建一个与“XC-ZC”平面相距74（20+54）的参考平面，并在此平面上绘制弯管的右侧截面草图，如图3-3b所示。

注：右侧截面的尺寸需根据相关计算得到。

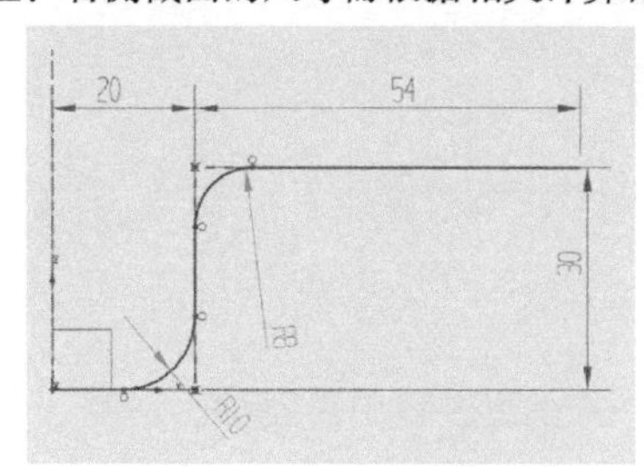

图3-2　弯管扫掠轨迹草图

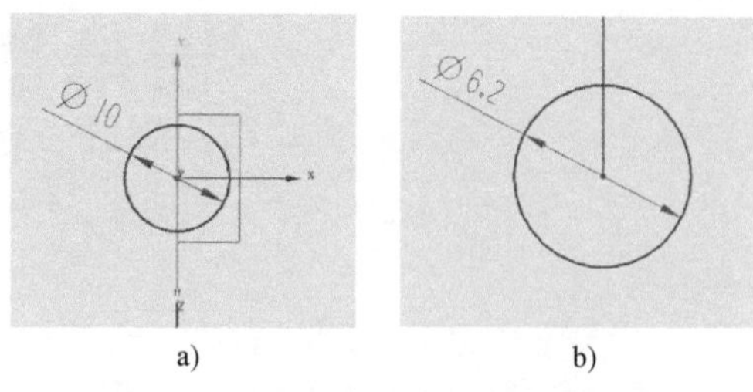

图3-3　变截面弯管左右截面的创建

a）弯管左侧截面草图　b）弯管右侧截面草图

4. 创建变截面弯管特征

单击“插入”→“扫掠”→“扫掠”，系统弹出如图3-4a所示的“扫掠”对话框。

（1）指定扫掠截面　在“截面”选项区内依次选择2、3创建的草图作为截面，并设定曲面收敛方向一致，如图3-4a所示。

> 注意：
>
> 1）每次需新增一个截面时，应先单击“添加”命令按钮；否则，系统会自动将其纳入上一个截面中。
>
> 2）可通过单击“反向”命令按钮，更改截面收敛方向。截面收敛方向不同会导致所建模型扭曲。

（2）指定扫掠路径　在“引导线”选项区内，选择1所建草图作为扫掠路径。其余选项采用默认设置，完成建模，如图3-4b所示。

（3）完成扫掠建模　其余选项采用默认设置，单击“确定”按钮，即可得到如图3-5所示的变截面弯管特征。

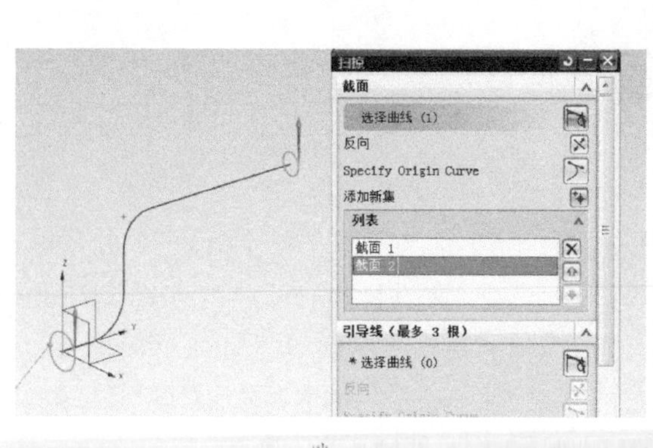

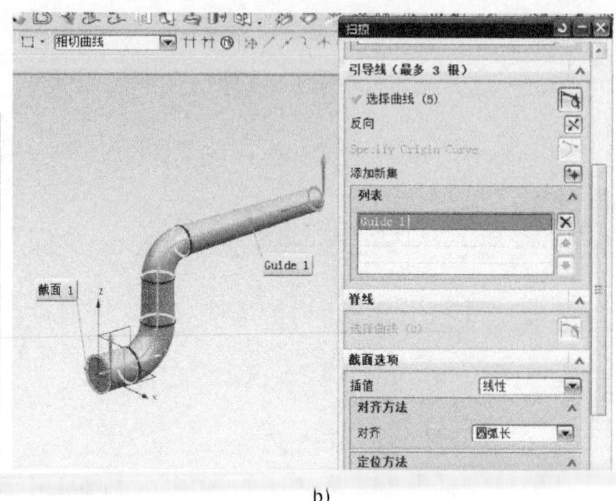

a)　　b)

图3-4　扫掠参数的创建

a）指定扫掠截面　b）指定扫掠“引导线”

3.1.2 弯管右侧球形手柄的建模

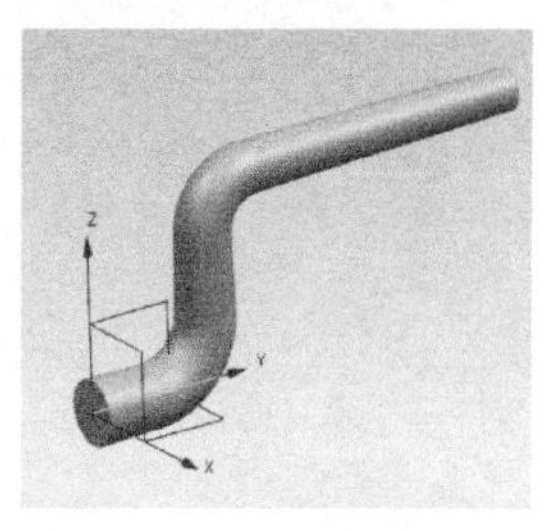

图3-5 变截图弯管特征

单击“特征”工具栏中“球”命令按钮，系统弹出如图3-6a所示的“球”对话框。在该对话框下，默认“类型”为“中心点和直径”，并指定“中心点”为右侧截面圆心，球“直径”为“13”，“布尔”形式为与3.1.1节所建弯管“求和”，其余选项采用默认设置。单击“确定”按钮，即可得到如图3-6b所示的显示效果。

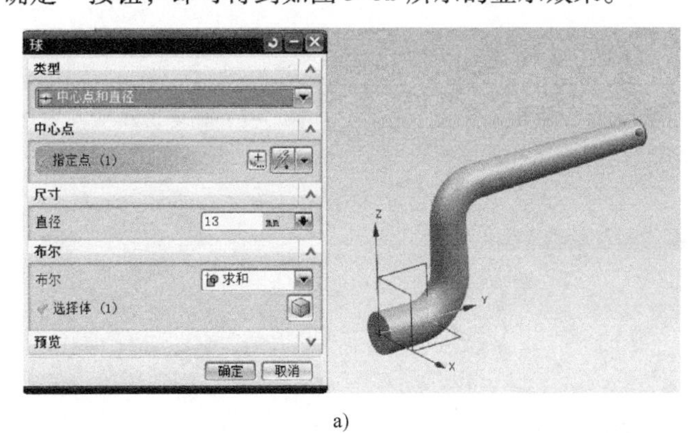

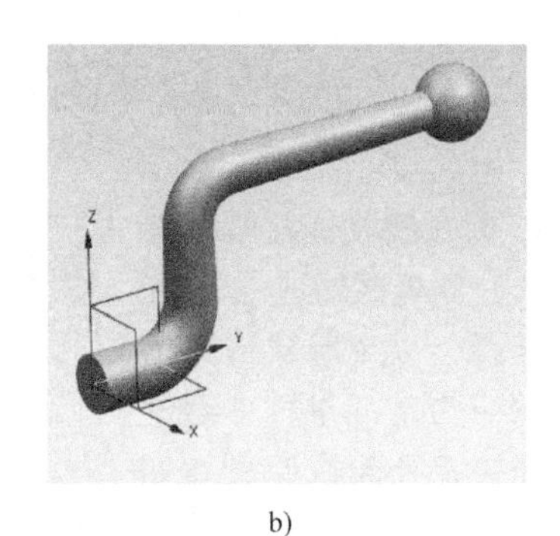

a) b)

图3-6 弯管右侧球形手柄的建模

a) 对“球”对话框的设置 b) 球形手柄特征

3.1.3 弯管左侧螺纹连接端的建模

1. 创建左侧凸台特征

(1) 创建凸台草图 在默认坐标系下，选择“XC-ZC”平面新建凸台草图，如图3-7a所示。

(2) 创建凸台特征 使用“拉伸”命令创建凸台特征，设定拉伸“距离”为“2mm”，并与右侧特征“求和”，如图3-7b所示。

2. 创建凸台与螺纹连接端之间的退刀槽特征

(1) 创建退刀槽草图 以1所建凸台左侧端面为基准平面，绘制退刀槽端面草图，如图3-8a所示。

(2) 创建退刀槽特征 使用“拉伸”命令创建退刀槽特征，设定拉伸“距离”为“2mm”，并与右侧特征“求和”，如图3-8b所示。

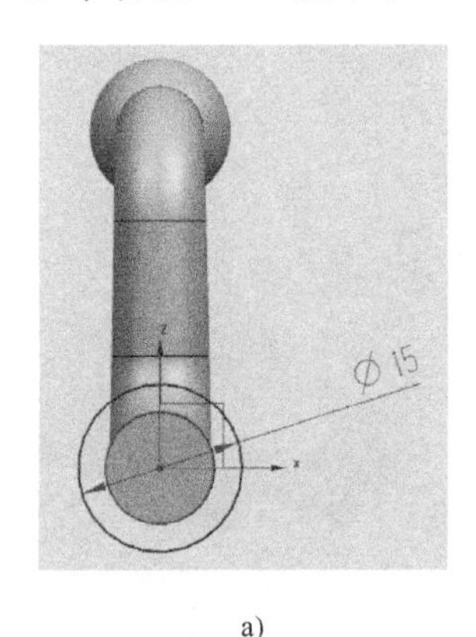

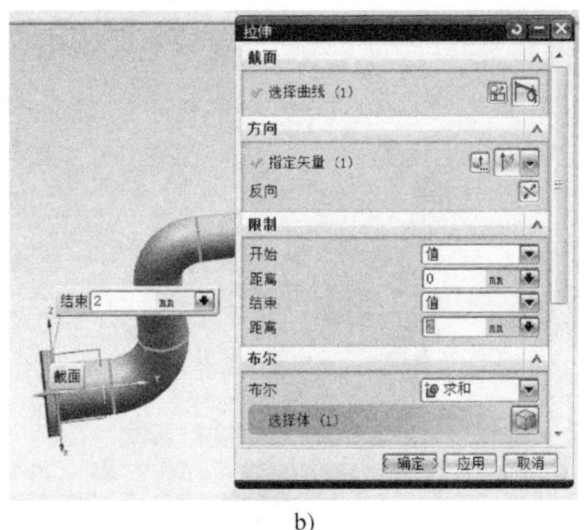

a) b)

图3-7 左侧凸台特征的创建

a) 凸台草图 b) 凸台特征

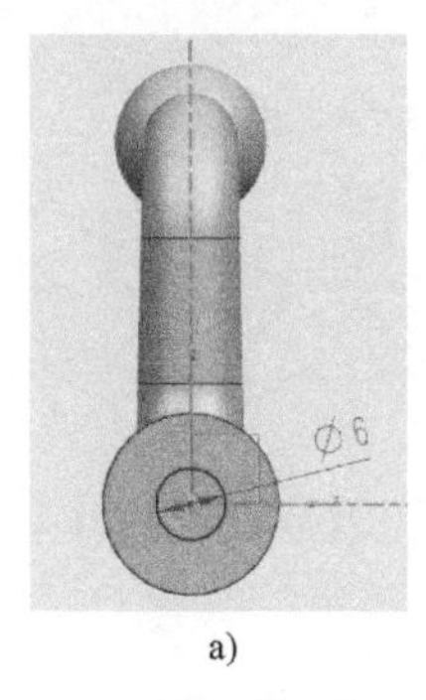

a)

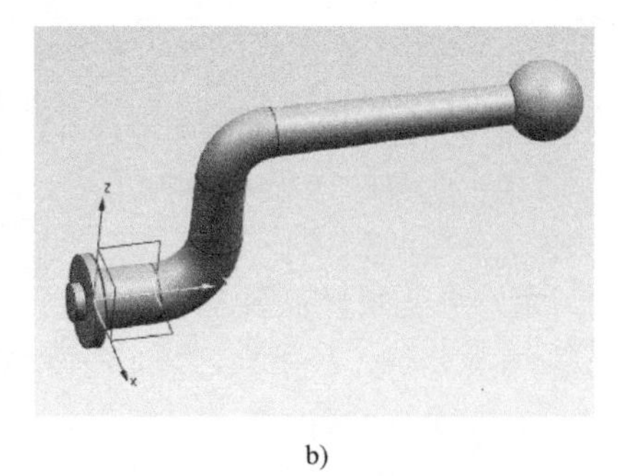

b)

图 3-8　凸台与螺纹连接端之间的退刀槽特征的创建
a）退刀槽草图　b）创建的退刀槽特征

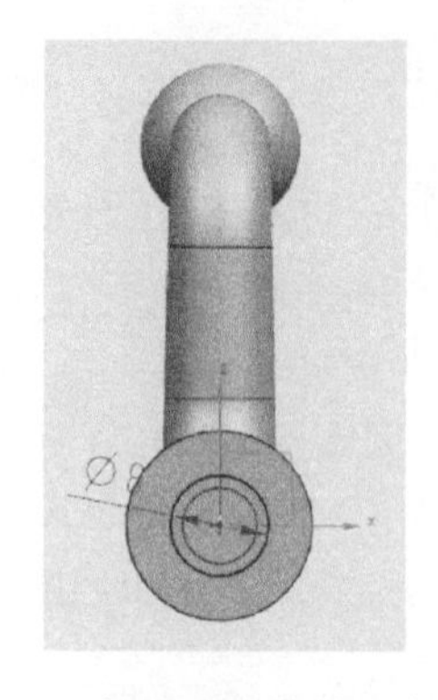

图 3-9　螺纹连接端外轮廓草图

3. 创建螺纹连接端特征

（1）创建螺纹连接端外轮廓草图　以 2 所建退刀槽左侧端面为基准平面，绘制螺纹连接端外轮廓草图，如图 3-9 所示。

（2）创建螺纹连接端外轮廓特征　使用“拉伸”命令，创建螺纹端外轮廓特征，设定拉伸“距离”为“10mm”，并与右侧特征“求和”，如图 3-10 所示。

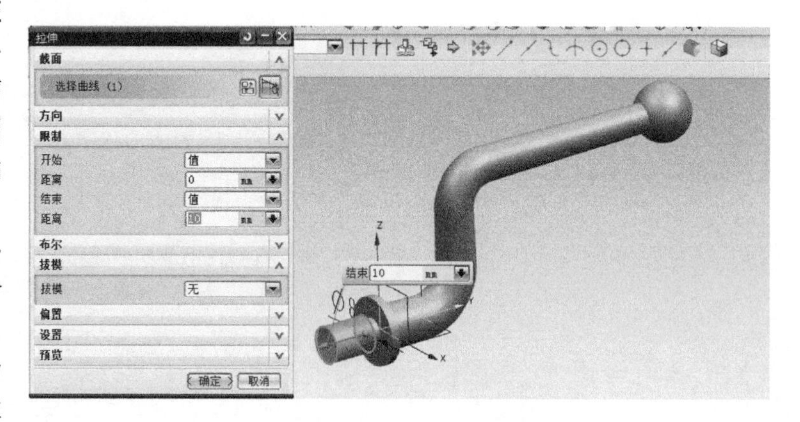

图 3-10　对“拉伸”对话框的设置

（3）创建螺纹特征　单击“插入”→“设计特征”→“螺纹”，系统弹出如图 3-11a 所示的“螺纹”对话框。

1）选择螺纹施加对象：选择（2）所建的圆柱体外表面作为螺纹施加对象。

2）设定螺纹参数：在“螺纹”对话框中设定“Method”为“Cut”，并选中“手工输入”复选

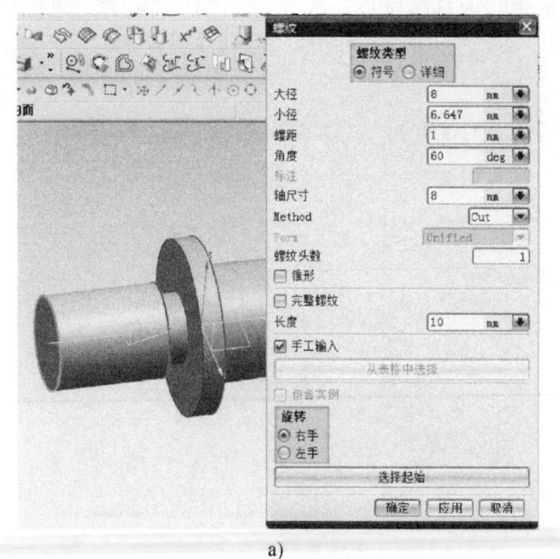

a)

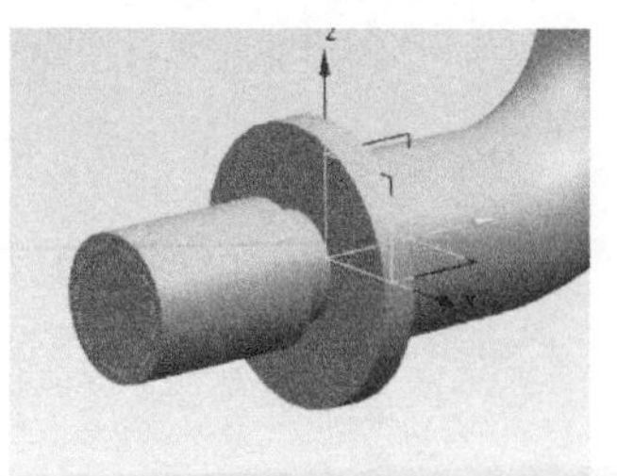

b)

图 3-11　螺纹特征的创建
a）对“螺纹”对话框的设置　b）螺纹特征的显示效果

框；之后设定螺纹“大径”为“8mm”、“小径”为“6.647mm”、“螺距”为“1mm”、螺纹“长度”为“10mm”、“轴尺寸”为“10”。

3）生成螺纹特征：其余选项采用默认设置，单击“确定”按钮，即可得到如图3-11b所示的显示效果。

3.1.4 创建螺纹连接端的倒角特征

单击“特征”工具栏中的“倒斜角”命令按钮，系统弹出如图3-12a所示的“倒斜角”对话框。根据提示，选择螺纹连接端左侧边线作为倒角“边”，并设定“偏置距离”为“1mm”，单击“确定”按钮，即可得到如图3-12b所示的摇柄模型。

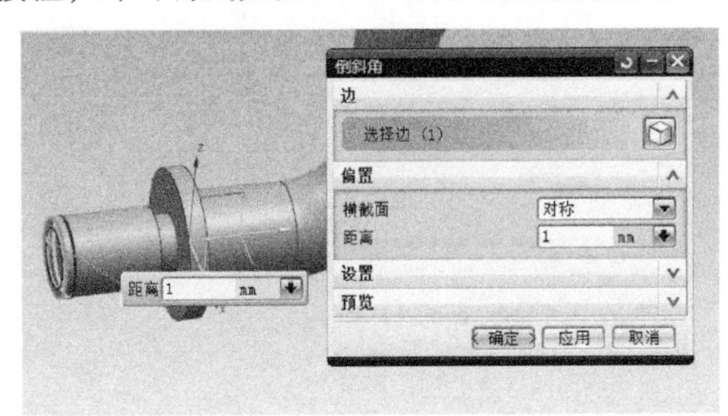

a)

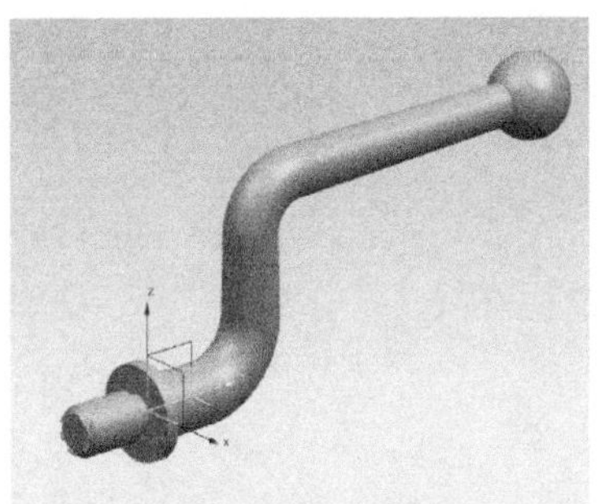

b)

图3-12 螺纹连接端倒角特征的创建
a）对“倒斜角”对话框的设置 b）创建的倒角特征

3.2 知识技能点

3.2.1 常见的“扫掠”命令及其使用方法

1. 常见的“扫掠”命令

UG NX中常见的“扫掠”命令有“扫掠”、“沿引导线扫掠”、“变化的扫掠”及“管道”4种。扫掠的命令控件均位于菜单栏的“插入”→“扫掠”下。

2. “扫掠”命令的使用

单击“插入”→“扫掠”→“扫掠”，或在工具栏中单击“扫掠”命令按钮，系统将弹出如图3-13所示的“扫掠”对话框。“扫掠”命令是将轮廓曲线沿空间路径曲线扫描，从而形成一个曲面。扫描路径称为引导线串，轮廓曲线称为截面线串。

(1) 引导线　引导线可由单段或多段曲线（各段曲线间必须相切连续）组成。引导线控制了扫掠特征沿V方向（扫掠方向）的方位和尺寸变化。在扫掠曲面功能中，引导线最多可有3条。

(2) 截面线　截面线可由单段或多段曲线（各段曲线必须连续）组成，如图3-14a所示。截面线串可有1～150条。如果选择两条以上截面线串，扫掠时需要指定插值方式（Interpolation Methods）。插值方式用于确定两组截面线串之间扫描体的过渡形状。两种插值方式的差别如图3-14b、c所示。

1）“线性（Linear）过渡”：指在两组截面线之间线性过渡。

2）“三次（Cubic）过渡”：指在两组截面线之间以三次函数形式过渡。

(3) 方向控制　当选择单一导线创建扫描曲面时，为了定义片体的方向，必须进入方位变化选项组。扫掠工具中提供了7种方位控制方法。

a) b)

图 3-13 “扫掠”对话框

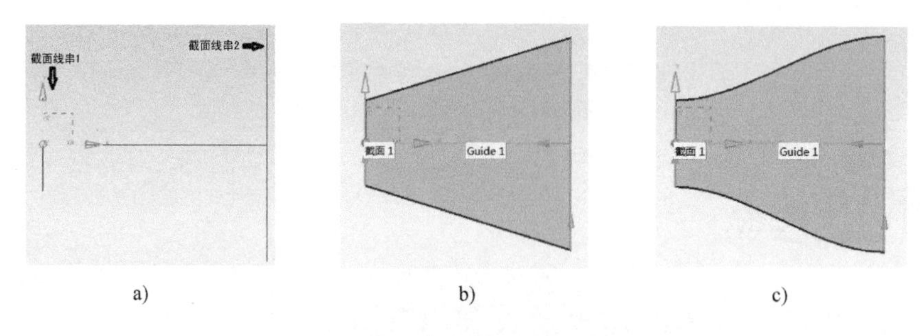

a) b) c)

图 3-14 截面线串及不同的插值方式

a）截面线串 b）线性过渡 c）三次过渡

1）固定（Fixed）：扫掠过程中，局部坐标系各个坐标轴始终保持固定的方向，轮廓线在扫掠过程中始终保持固定姿态。

2）面的法线（Faced Normals）：局部坐标轴的 Z 轴与引导线相切，局部坐标轴的另一轴的方向与面的法向方向一致，当面的法向与 Z 轴方向不垂直时，以 Z 轴为主要参数，即在扫掠过程中 Z 轴始终与引导线相切。

3）矢量方向（Vector Direction）：局部坐标系的 Z 轴与引导线相切，局部坐标系的另一轴指向所指定的矢量的方向。

注意：该矢量不能与引导线相切，若所指定的方向与 Z 轴方向不垂直，则以 Z 轴方向为主，即 Z 轴始终与引导线相切。

4）另一条曲线（Another Curve）：第二条引导线不起控制比例的作用，只起方位控制作用；引导线与所指定的另一曲线对应点之间的连线控制截面线的方位。

5）一个点（A Point）：与“另一条曲线”相似，在这种模式下，局部坐标系的某一轴始终指向一点。

6）角度规律（Angular Law）：局部坐标系的Z轴与引导线相切，局部坐标系的另一轴按指定的规律控制截面线的转动。

7）强制方向（Forced Direction）：局部坐标系的Z轴与引导线相切，局部坐标系的另一轴始终指向所指定的矢量方向。

注意：该矢量不能与引导线相切，若所指定的方向与Z轴方向不垂直，则以Z轴方向为主，即Z轴始终与引导线相切。

（4）比例控制 3条引导线方式中，方向与比例均已确定；两条引导线方式中，方向与横向缩放比例已确定，所以两条引导线中比例控制只有两个选择：横向缩放（Lateral）方式和均匀缩放（Uniform）方式。因此，比例控制只适用于单条引导线扫掠方式。单条引导线的比例控制有以下6种方式：

1）恒定（Constant）：在扫掠过程中，沿着引导线以同一个比例进行放大或缩小。

2）倒圆功能（Blending Function）：该方式下，可定义所产生片体的起始缩放值与终止缩放值，起始缩放值可定义所产生片体的第一剖面大小，终止缩放值可定义所产生片体的最后剖面大小。

3）另一条曲线（Another Curve）：若选择该选项，则所产生的片体将以指定的另一曲线为母线沿导引线创建。

4）一个点（A Point）：若选择该选项，则系统会以断面、导引线、点等3个对象定义产生的片体缩放比例。

5）面积法则（Area Law）：指定截面（必须是封闭的）面积变化的规律。

6）周长规律（Perimeter Law）：指定截面周长变化的规律。

（5）脊线 使用脊线可控制截面线串的方位，并避免在导线上不均匀分布参数导致的变形。在脊线的每个点上，系统构造垂直于脊线并与引导线串相交的剖切平面，将扫掠所依据的等参数曲线与这些平面对齐。

3.2.2 “螺纹”命令的使用方法

单击“插入”→“设计特征”→“螺纹”，系统将弹出如图3-15所示的“螺纹”对话框。

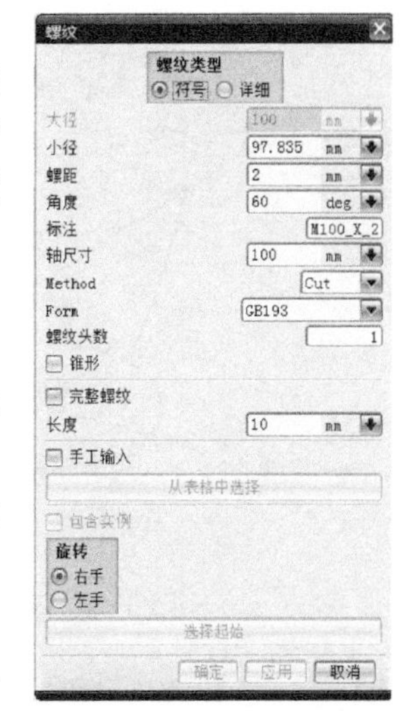

图3-15 “螺纹”对话框

UG NX中的螺纹特征是通过在特征对象表面附着螺纹参数（以虚线显示）而实现的。

1）螺纹特征需要有既定的施加对象，通常为孔或轴。

2）在“螺纹”对话框的“Method”下拉列表中，UN NX提供了4种螺纹成形方式，分别为Cut（车螺纹）、Rolled（滚螺纹）、Ground（磨螺纹）和Milled（扎螺纹）。不同的加工方式对应于“Form”下拉列表中不同的螺纹标准。

3）UG NX提供了两种附加螺纹特征的方式：自动输入、手工输入。

①“自动输入”：系统会根据“孔”或“轴”的直径值以及选用的螺纹标准，自动设定螺纹参数值。

②“手工输入”：操作者可根据具体情况设定螺纹的基本参数值，包括螺纹大径、小径、螺距、牙型、螺纹深度、旋向等。

注意：通常“轴尺寸”应与“大径”值相同。

3.3 实例演练及拓展练习

1. 独立完成项目3的摇柄建模。
2. 创建如图3-16所示的扫掠片体。

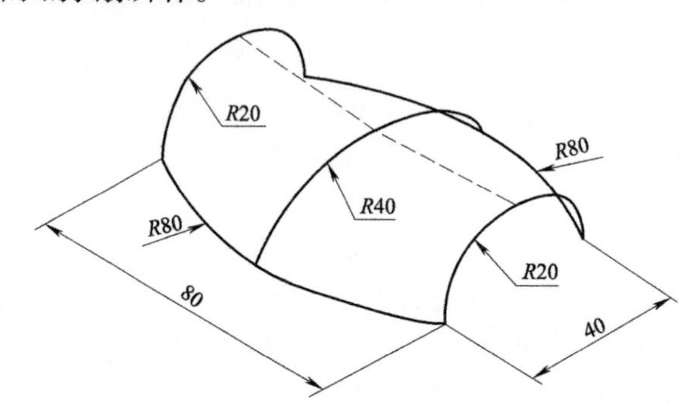

图3-16　拓展练习1

3. 创建如图3-17所示的扫掠片体。
4. 创建如图3-18所示的扫掠实体。

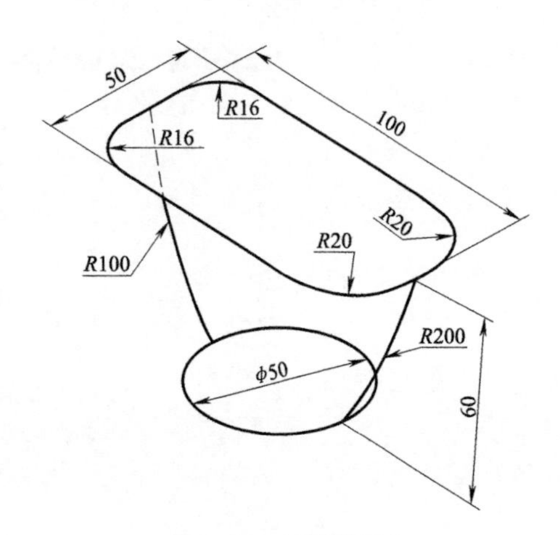

图3-17　拓展练习2

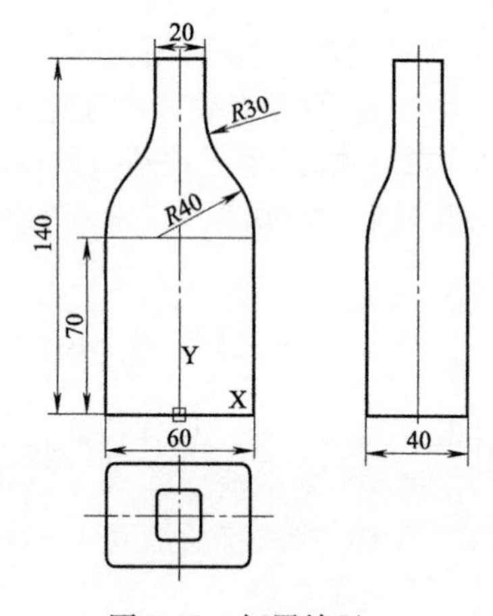

图3-18　拓展练习3

项目 4

连接管道的建模

【项目内容】

本项目将指导学生运用 UG NX 软件完成一个连接管道的建模，并在此过程中帮助学生掌握“沿引导线扫掠”命令在特征建模中的操作步骤及使用技巧。

【项目目标】

◇掌握“沿引导线扫掠”命令的操作方法及应用技巧。

◇掌握“螺纹”命令在特征建模中的应用技巧。

◇掌握“布尔”命令在特征建模中的应用技巧。

【项目分析】

拟建一连接管道的模型，如图 4-1 所示。其建模思路如下：

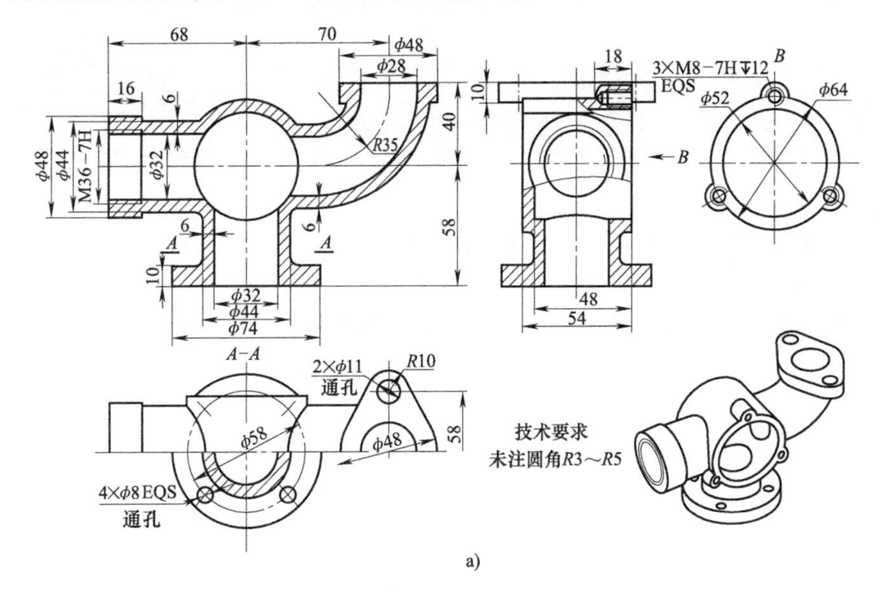

a)

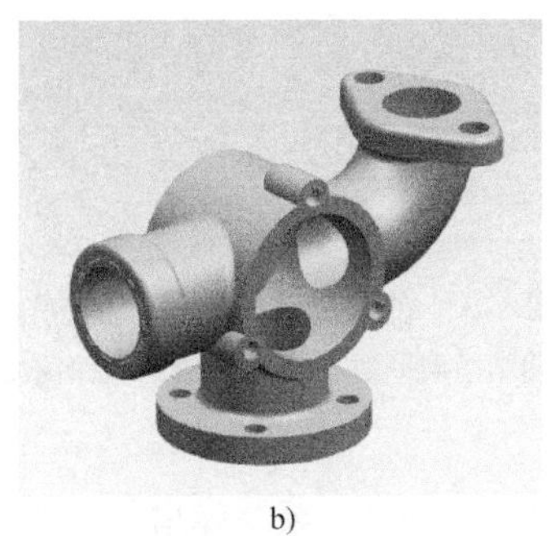

b)

图 4-1　连接管道

a）工程图　b）三维示意图

◇ 模型轴的两端分别由两段直径不相同的管道组成，采用“沿引导线扫掠”命令可实现这一特征的建模。

◇ 左侧管道末端为一段螺纹结构，可在实体模型的基础上调用“螺纹”命令创建该特征。

◇ 右侧管道末端有一段10mm的纺锤形凸台，可通过“拉伸”命令直接创建该特征。

◇ 模型中部为一段厚度为54mm的不贯通圆筒，该特征可通过“拉伸”命令直接创建得到，并通过“布尔”命令实现与两端的“粘合”。

◇ 中部圆筒端面分布有3个螺钉孔，该系列特征可通过“扫掠”+“螺纹”+“实例特征”命令得到。

◇ 管道底座可通过“拉伸”命令得到，通过“布尔”命令实现与上部主体之间的连接。

4.1 连接管道建模过程

新建项目，设置合适的文件名及保存路径。

4.1.1 右侧管道的建模

1. 创建右侧管道的扫掠轨迹

在默认坐标系下，在“YC-ZC”平面上绘制右侧管道轨迹草图，如图4-2所示。

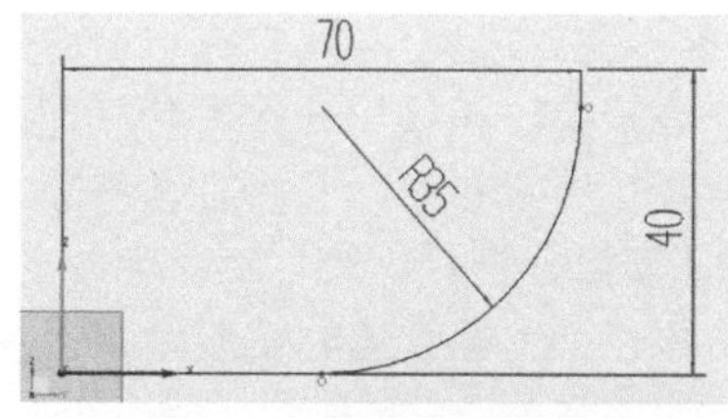

图4-2 右侧管道轨迹草图

注意：在轨迹草图的绘制过程中，需注意约束的设定。

2. 创建右侧管道的扫掠截面

（1）创建新的基准平面 使用“按某一距离”命令，创建一个距“XC-YC”基准平面40mm的新的基准平面，如图4-3a所示。

（2）创建扫掠截面草图 在新基准平面上新建扫掠截面草图，并约束圆心位置为轨迹端点，如图4-3b所示。

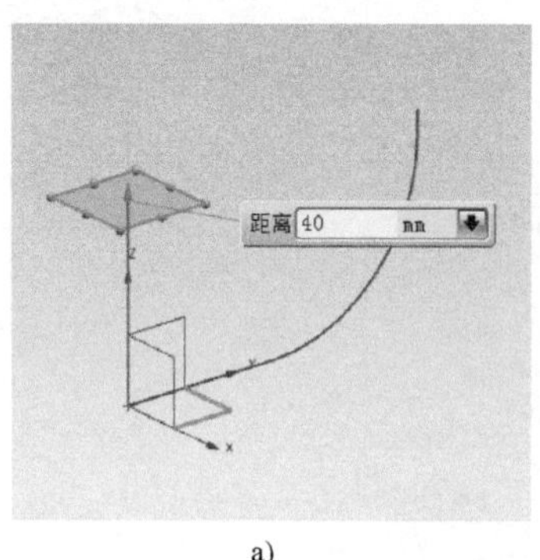

a)

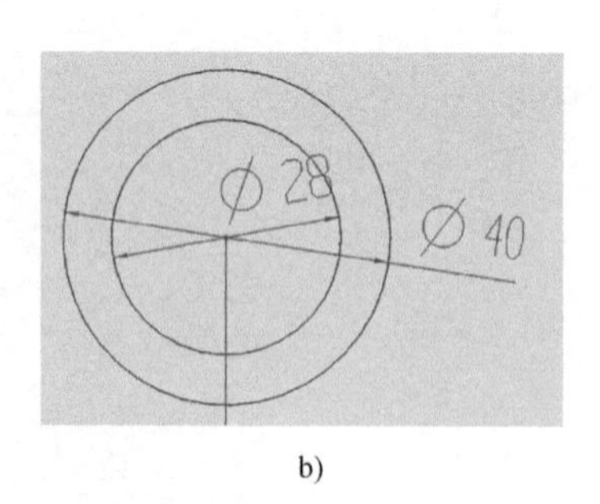

b)

图4-3 右侧管道扫掠截面的创建

a）创建新基准平面 b）右侧管道扫掠截面草图

3. 创建右侧管道特征

单击“插入”→“扫掠”→“沿引导线扫掠”，系统弹出如图4-4所示的“沿引导线扫掠”对话框。在该对话框下选择2所建草图的内径为40mm的大圆为“截面”，1所建草图为“引导线”，单击“确定”按钮，即可创建右侧管道外轮廓特征。

注意：此处不要连带扫掠孔特征，以防影响后续建模。

4. 创建纺锤形凸台

（1）创建纺锤形凸台草图　在2所建的基准平面上绘制纺锤形凸台的草图，如图4-5a所示。

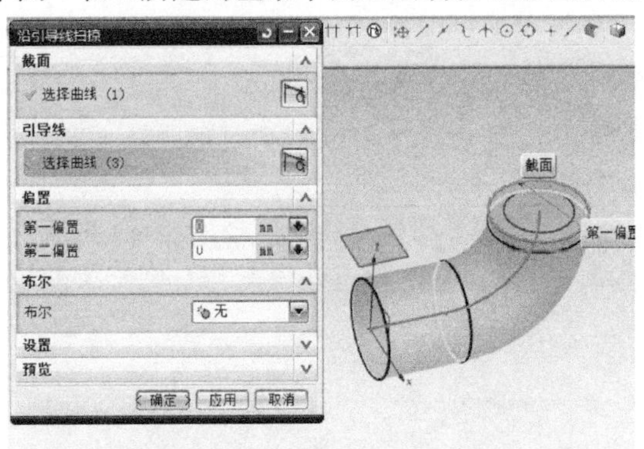

图4-4　对“沿引导线扫掠”对话框的设置

（2）创建凸台实体　使用“拉伸”命令创建凸台实体，设定拉伸高度为“10mm”，并在“布尔”选项区内指定凸台与之前创建的圆管实体“求和”，如图4-5b所示。

注意：

1）拉伸时，要注意方向的选择。

2）建模完成后，可对不需要的草图、参考曲线及参考平面进行隐藏，以免干涉后续建模。

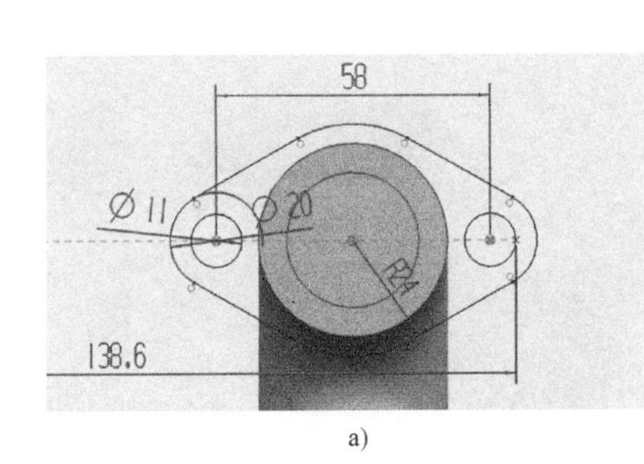

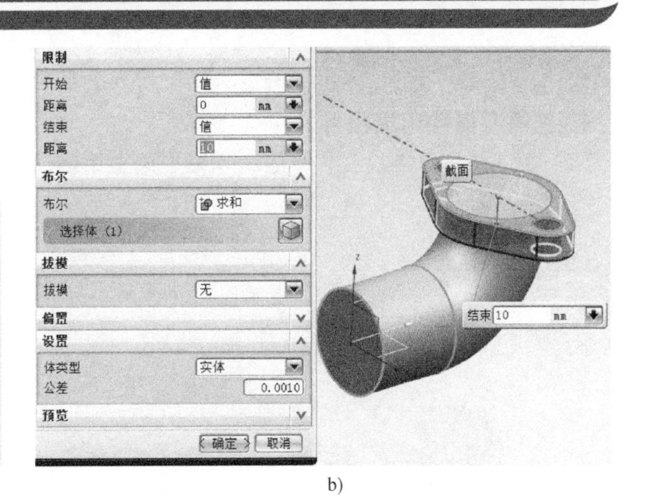

a)　　b)

图4-5　纺锤形凸台的创建

a）纺锤形凸台草图　b）对“拉伸”对话框的设置

4.1.2　左侧管道的建模

1. 创建左侧管道的扫掠轨迹

在默认坐标系下，选择“YC-ZC”平面新建左侧管道轨迹草图，如图4-6所示。

2. 创建左侧管道的扫掠截面

(1) 创建基准平面　使用“基准平面”命令，在系统弹出的如图4-7a所示的“基准平面”对话框中，切换“类型”至“点和方向”，并指定“点”为1所建轨迹线的左端点、“法向”矢量方向为“-YC”，单击“确定”按钮，创建基准平面。

(2) 创建扫掠截面草图　在(1)所建参考面上绘制如图4-7b所示的扫掠截面草图。

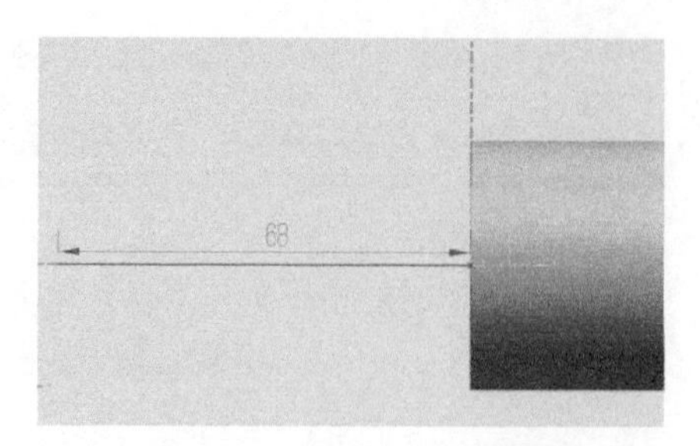

图4-6　左侧管道轨迹草图

3. 创建左侧管道外轮廓特征

使用“沿引导线扫掠”命令，选择2所建草图的内径为44mm的大圆为“截面”、1所建草图为“引导线”，并在“布尔”选项区内设定左侧管道外轮廓与右侧管道外轮廓“求和”，得到如图4-8所示的显示效果。

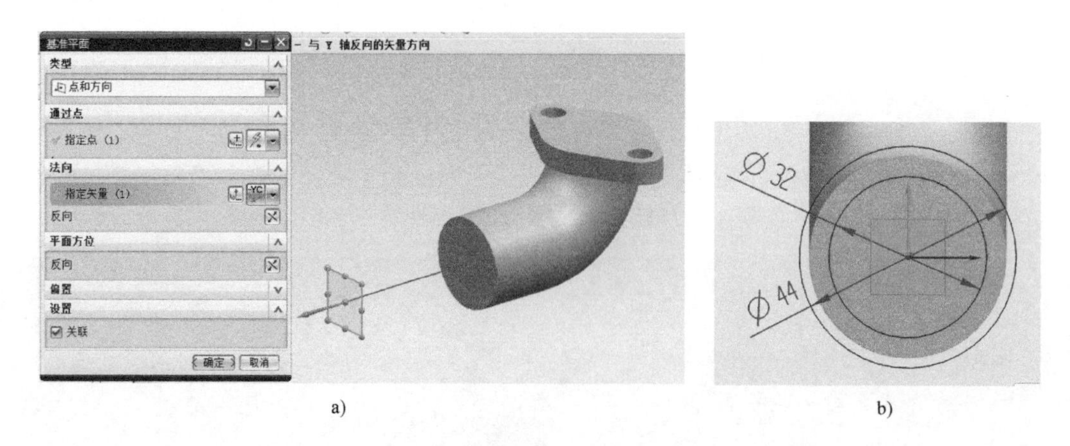

a)　　b)

图4-7　左侧管道扫掠截面的创建
a) 对“基准平面”对话框的设置　b) 左侧管道扫掠截面草图

4. 创建左侧伸出端凸台

(1) 创建凸台草图　在2所建新基准平面上绘制凸台草图，如图4-9所示。

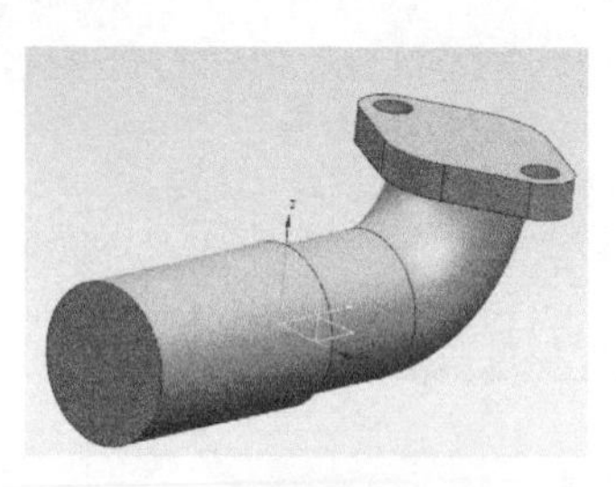

图4-8　左侧管道外轮廓特征

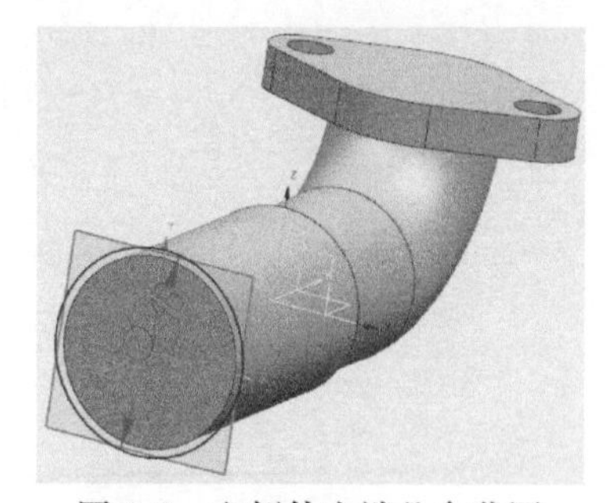

图4-9　左侧伸出端凸台草图

(2) 创建凸台外轮廓特征　使用“拉伸”命令，设定“截面”为(1)所建草图、“矢量”方向为“YC”、拉伸“结束距离”为“16mm”，并在“布尔”选项区内指定凸台与之前创建的圆管实体“求和”，如图4-10所示。

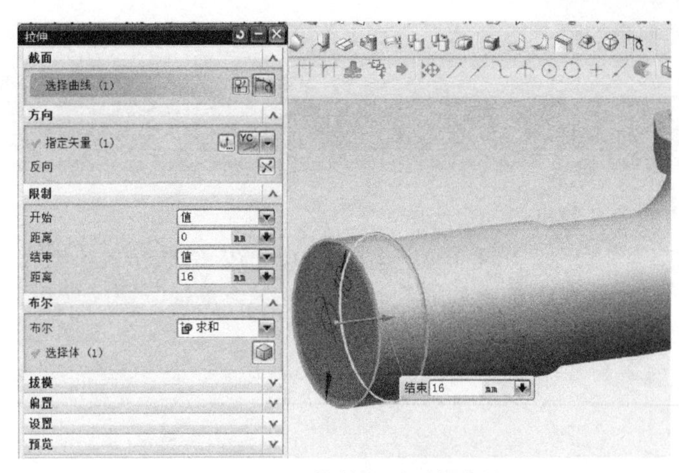

图4-10 对“拉伸”对话框的设置

4.1.3 中部圆筒的建模

1. 创建圆筒外轮廓草图

在默认坐标系下，在“YC-ZC”平面绘制圆筒外轮廓草图，如图4-11所示。

2. 创建圆筒外轮廓特征

使用“拉伸”命令，设定“截面”为1所建草图，“矢量”方向为“XC”，拉伸“开始距离”为“-27mm”、“结束距离”为“27mm”，并在“布尔”选项区指定其与之前创建的特征体“求和”，创建得到如图4-12所示的圆筒外轮廓特征。

3. 创建内孔草图

选择2步所建圆筒外轮廓特征的前表面作为草图平面，绘制如图4-13所示的草图。

4. 创建内孔特征

使用“拉伸”命令，设定“布尔”类型为“求差”、“选择体”为圆筒外轮廓特征，设置拉伸深度为“48”，创建得到如图4-14所示的显示效果。

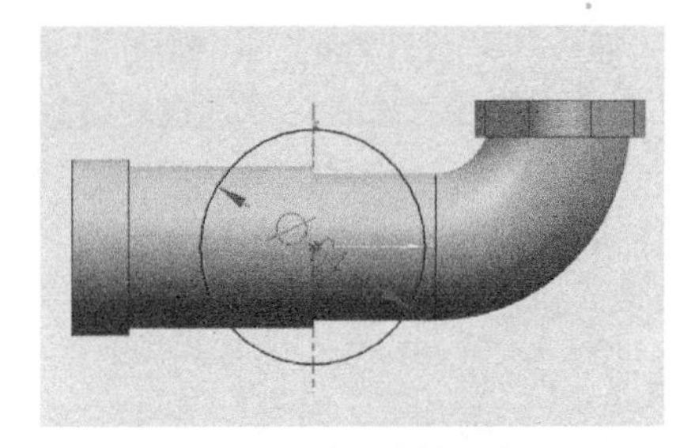

图4-11 中部圆筒外轮廓草图

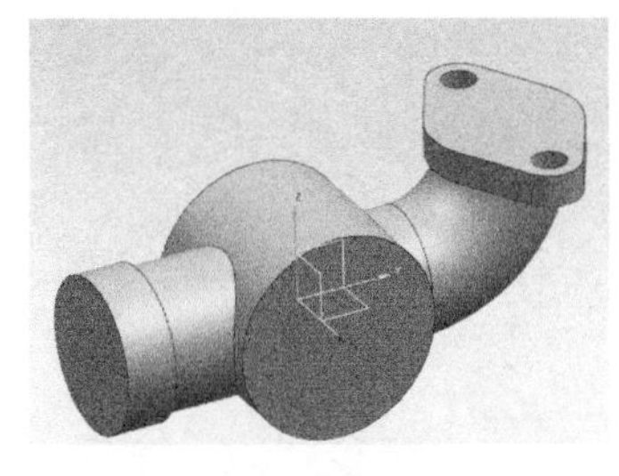

图4-12 中部圆筒外轮廓特征

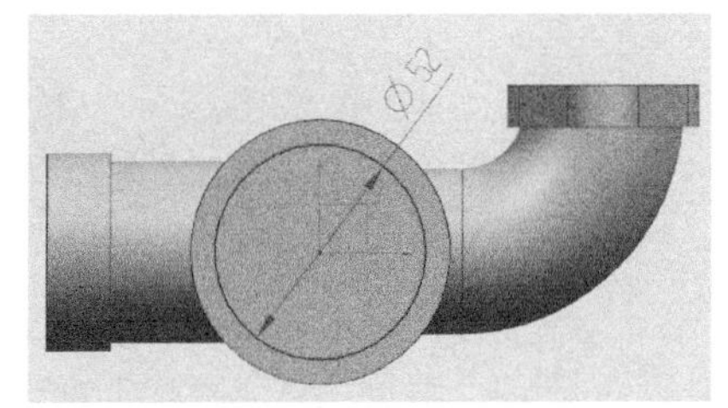

图4-13 内孔草图

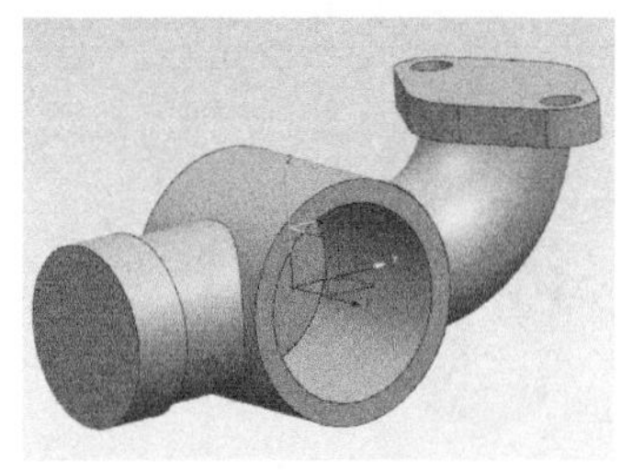

图4-14 内孔特征

4.1.4 创建左、右管道的通孔特征

1. 创建右侧管道的通孔特征

使用“沿引导线扫掠”命令，以4.1.1节2所建草图的内径为28的小圆为“截面”，4.1.1节1创建的草图为“引导线”，创建右侧管道的通孔特征，并在“布尔”选项区设定其与之前特征为

“求差”关系，其显示效果如图4-15所示。

注意：此处可将显示方式更改为“带有淡化边的边框”，以方便选择扫掠“引导线”。

2. 创建左侧管道的通孔特征

使用“沿引导线扫掠”命令，以4.1.2节2所建草图的内径为32的小圆为“截面”，4.1.2节1所建草图为“引导线”，创建左侧管道的通孔特征，并在“布尔”选项区内设定其与之前特征为“求差”关系，如图4-16所示。

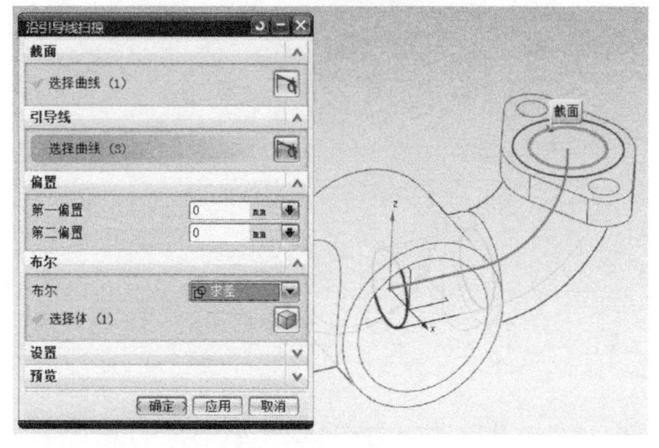

图4-15 对“沿引导线扫掠”对话框的设置

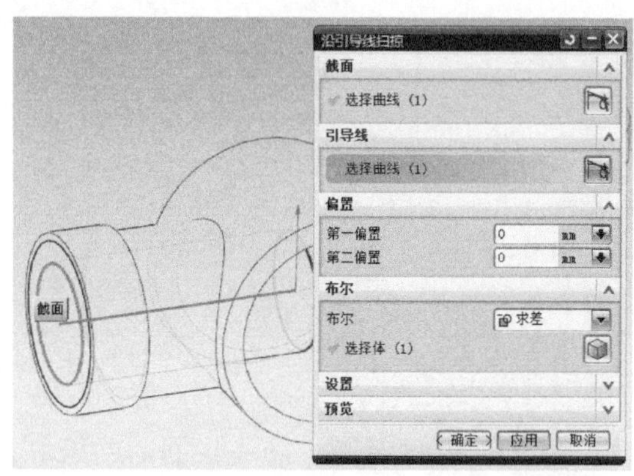

图4-16 对“沿引导线扫掠”对话框的设置

3. 创建左侧通孔螺纹特征

单击“插入”→“设计特征”→“螺纹”，在系统弹出的“编辑螺纹”对话框中设定“Method”为“Cut”，并在选中“手工输入”复选框后设定螺纹“大径”为“36mm”、“小径”为“32mm”、“螺纹钻尺寸”为“32mm”、螺纹“长度”为“16mm”，其余采用默认设置，如图4-17所示。

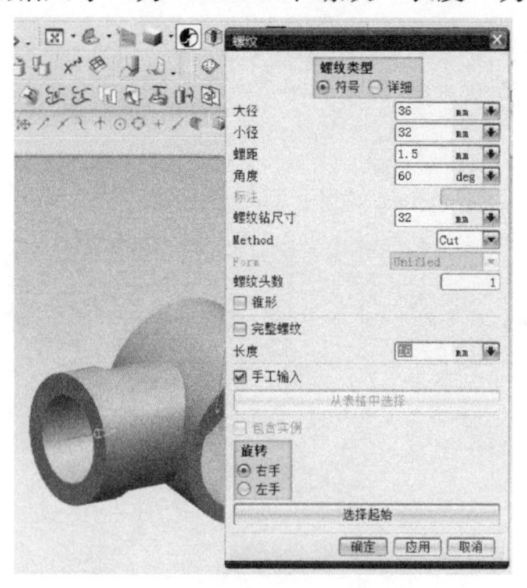

图4-17 对“螺纹”对话框的设置

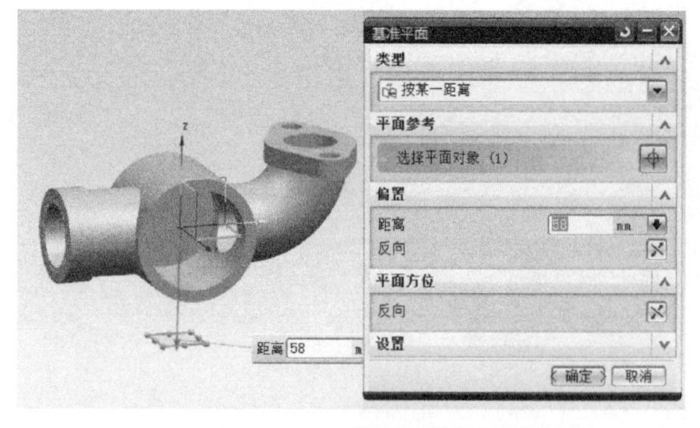

图4-18 创建新基准平面

4.1.5 底座的建模

1. 创建新基准平面

使用“基准平面”命令，以“XC-YC”为基础，创建与之相距58mm的基准平面，如图4-18所示。

2. 绘制底座圆台草图

在1所建的新基准平面上绘制底座草图，如图4-19a所示。

3. 创建底座圆台实体

使用“拉伸”命令，以2所建草图为“截面”、“ZC”向为“矢量方向”，并设定拉伸“结束距离”为“10mm”，创建得到如图4-19b所示的底座圆台。

4. 绘制圆筒支座外轮廓草图

以圆台实体上表面为草图平面，绘制圆筒支座外轮廓草图，如图4-20a所示。

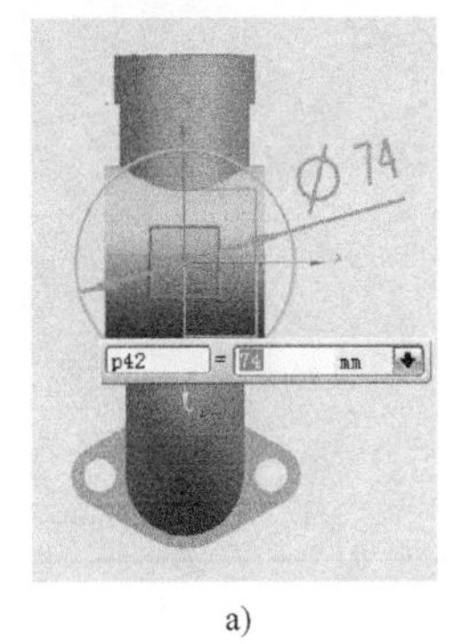

a)

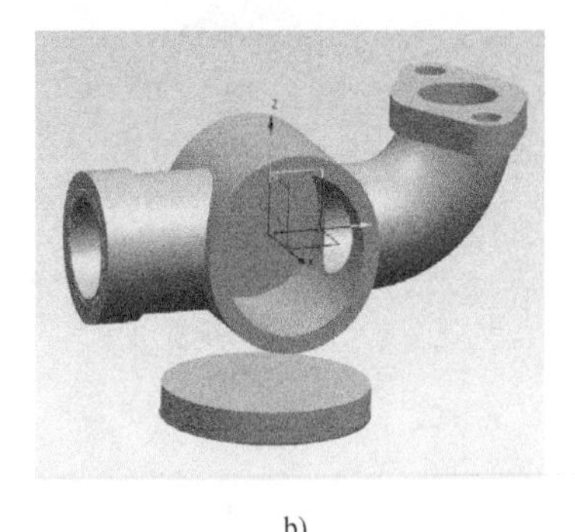
b)

图4-19 底座圆台实体的创建

a) 底座草图 b) 底座圆台

5. 创建圆筒支座外轮廓特征

使用“拉伸”命令，以4所建草图为“截面”；设定拉伸方式为“直至选定对象”，并选定圆筒特征的外表面为拉伸终止面；设定“布尔”类型为“求和”，并选定4所建的圆台实体为粘合对象，如图4-20b所示。

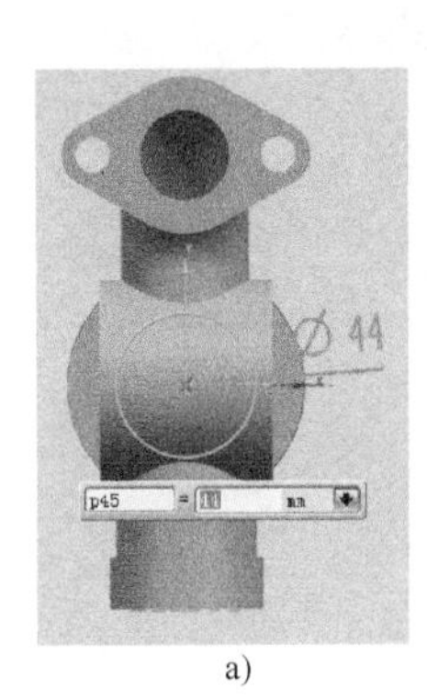

a)

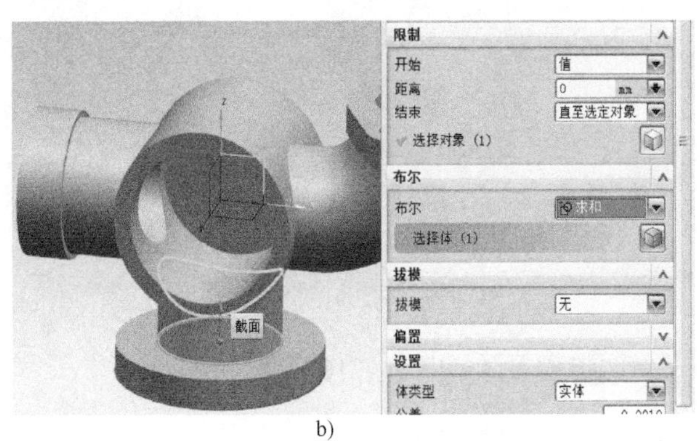

b)

图4-20 圆筒支座外轮廓特征的创建

a) 圆筒支座外轮廓草图 b) 对“拉伸”对话框的设置

6. 布尔运算

使用“求和”命令，将圆台底座与上部实体进行布尔“粘合”。

7. 创建底座通孔草图

在3所建圆台底座的下表面上绘制底座通孔草图，如图4-21a所示。

8. 创建底座通孔特征

使用“拉伸”命令，以7所建草图为拉伸“截面”，使用“求差”方式创建底座通孔特征；设定拉伸结束方式为“直至选定对象”，并选择“XC-YC”平面为所需选定的对象，如图4-21b所示。

9. 创建圆台环周通孔草图

以3所建圆台底座的下表面为草图平面，创建环圆台一周的通孔草图，如图4-22a所示。

10. 创建圆台环周通孔特征

以“求差”方式拉伸9所建草图，并设定拉伸深度为“10”，得到如图4-22b所示的通孔特征。

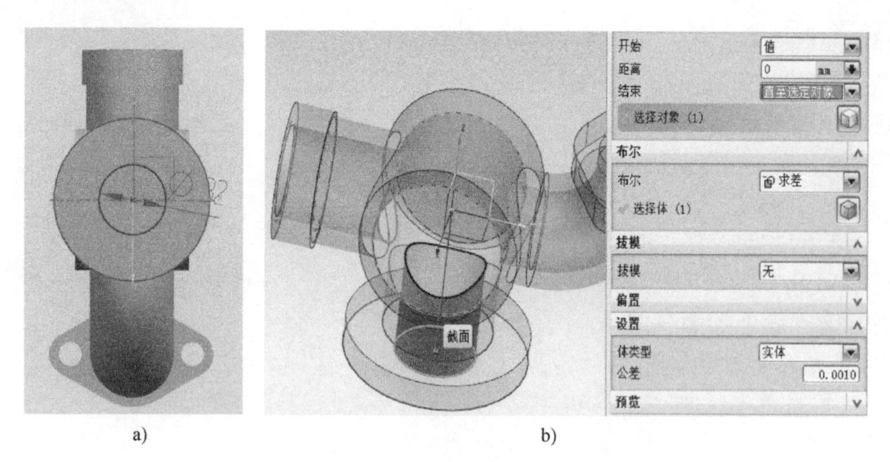

a)　　　　b)

图4-21　底座通孔特征的创建

a）底座通孔草图　b）对“拉伸”对话框的设置

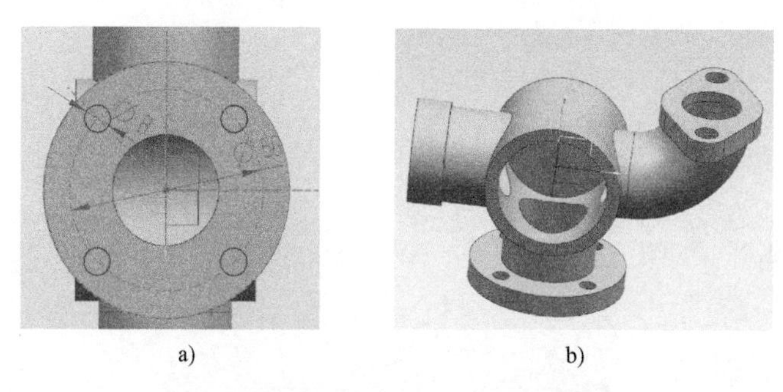

a)　　　　b)

图4-22　圆台环周通孔特征的创建

a）圆台环周通孔草图　b）通孔特征

4.1.6　圆筒前表面螺钉孔的建模

1. 创建螺钉孔外轮廓端面草图

以4.2.3所建圆筒的前表面为草图平面，绘制螺钉孔端面草图，如图4-23a所示。

2. 创建螺钉孔特征的扫掠轨迹草图

以“XC-ZC”为参考平面，绘制如图4-23b所示的螺钉孔扫掠轨迹草图。

注意：埋入段圆弧半径可自行设计，但必须保证埋入并不与圆筒的孔特征干涉。

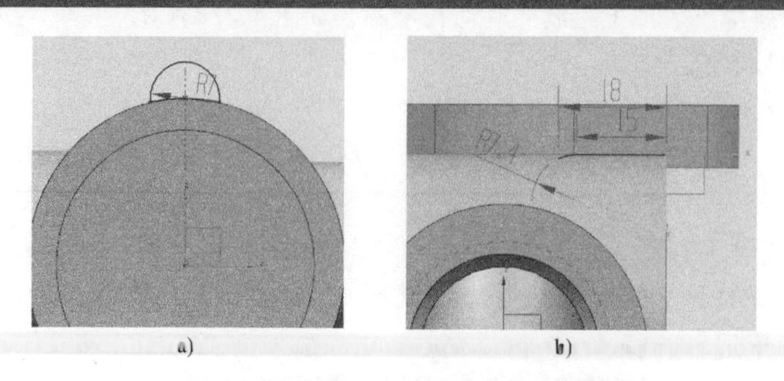

a)　　　　b)

图4-23　圆筒前表面螺钉孔特征的建模

a）螺钉孔外轮廓草图　b）螺钉孔扫掠轨迹草图

3. 创建螺钉孔外轮廓特征

使用“沿引导线扫掠”命令，选择1创建的草图为“扫掠截面”，以“相连曲线”的捕捉方式选择2所建轨迹草图为“引导线”，并设定“布尔”形式为与已有实体“求和”，得到如图4-24所示的螺钉孔外轮廓特征。

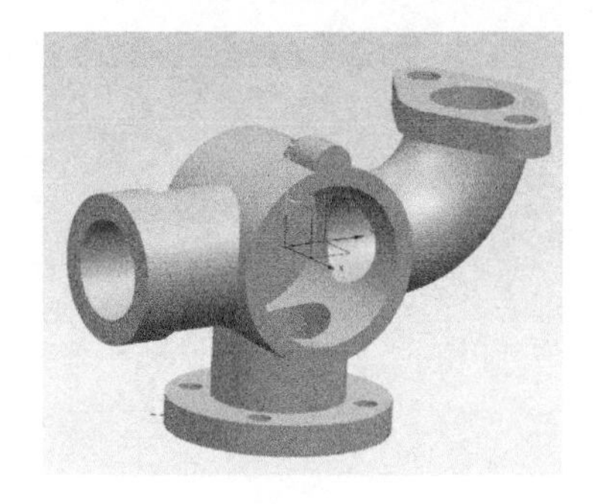

图4-24 螺钉孔外轮廓特征

4. 创建螺钉孔内孔草图

以4.1.3所建圆筒的前表面为草图平面，绘制螺钉孔内孔草图，如图4-25a所示。

5. 创建螺钉孔内孔特征

使用“沿引导线扫掠”命令，选择4所建草图为“扫描截面”，选择2所建的“直线”段扫掠轨迹为“引导线”，并设定“布尔”形式为与螺钉孔外轮廓“求差”，如图4-25b所示。

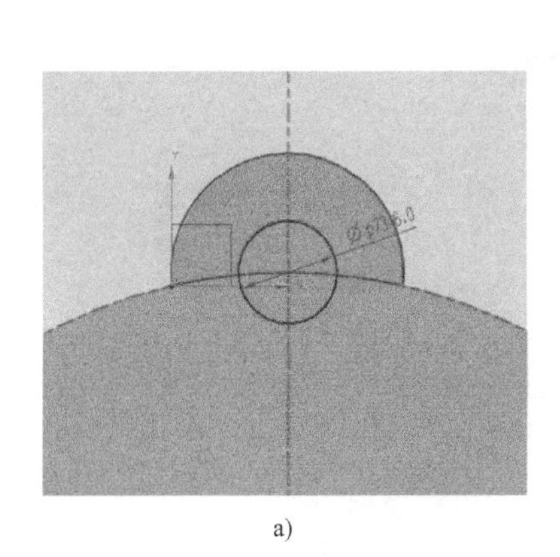

a)

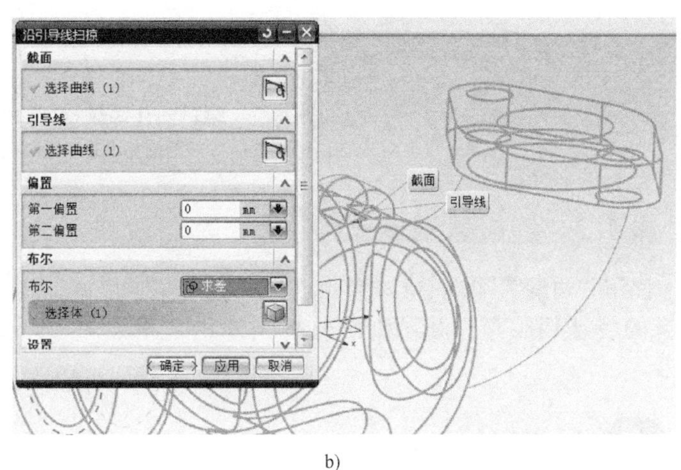

b)

图4-25 螺钉孔内孔特征的创建

a）螺钉孔内孔草图 b）对“沿引导线扫掠”对话框的设置

6. 创建另外两个螺钉孔特征

使用“圆形阵列”命令，依次以3、5创建的特征为阵列对象，设定阵列“数量”为“3”，“角度”为“120”，“基准轴”为“XC”轴，创建得到如图4-26所示的螺钉孔阵列特征。

图4-26 螺钉孔阵列特征

7. 创建螺钉内孔的螺纹特征

使用“螺纹”命令，依次在6创建的3个内孔特征上添加螺纹特征，设定“Method”为“Cut”，选中“手工输入”复选框，设定螺纹“大径”为“8mm”、“小径”为“6mm”、“螺纹钻尺寸”为“6mm”、螺纹“长度”为“12mm”，其余选项采用默认设置（见图4-27a），得到如图4-27b所示的螺纹特征。

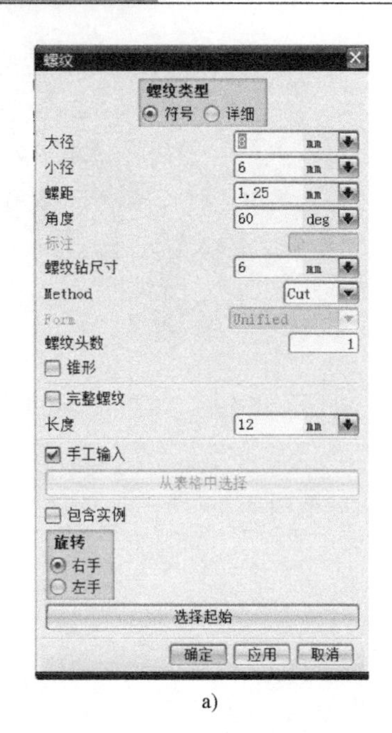

a)

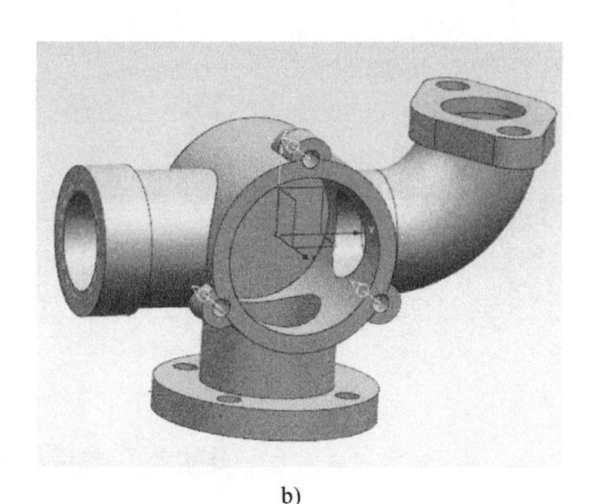

b)

图 4-27　螺钉内孔螺纹特征的创建

a）对“螺纹”对话框的设置　b）螺纹特征

4.1.7　连接管道倒圆角

使用“边倒圆”命令，以半径“3～5”的值对已有的特征倒圆角，得到如图 4-28 所示的显示效果。

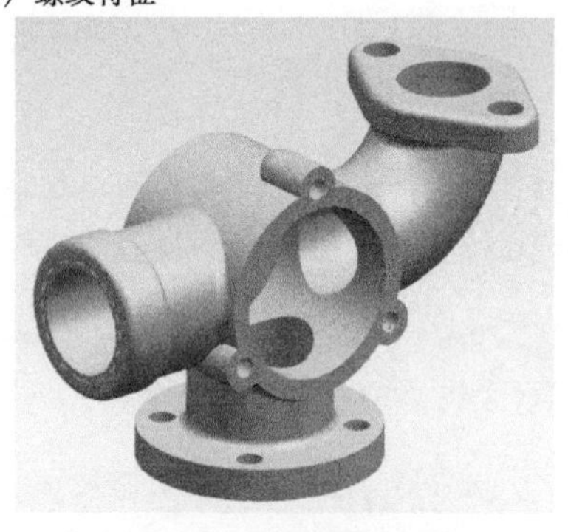

图 4-28　连接管道模型

4.2 知识技能点

沿引导线扫掠特征是指由截面曲线沿引导线扫掠而成的一类特征。选择“插入”→“扫掠”→“沿引导线扫掠”，或者单击“特征”工具栏中的“沿引导线扫掠”命令按钮，系统弹出如图 4-29 所示的“沿引导线扫掠”对话框。

1）截面：选择需要扫掠的截面草图。

2）引导线：选择用于扫掠的引导线草图，引导线必须为光顺、切向连续的曲线。

3）偏置：设定第一偏置和第二偏置。

4）布尔：确定布尔操作类型，即可完成操作。

在体类型设置为实体的前提下，满足以下情况之一将生成实体：

1）导引线封闭，截面不封闭。

2）截面线封闭，导引线不封闭。

3）截面进行偏置。

图 4-29　“沿引导线扫掠”对话框

4.3 实例演练及拓展练习

1. 独立完成项目 4 的连接管道建模。
2. 创建如图 4-30 所示的扫掠实体。

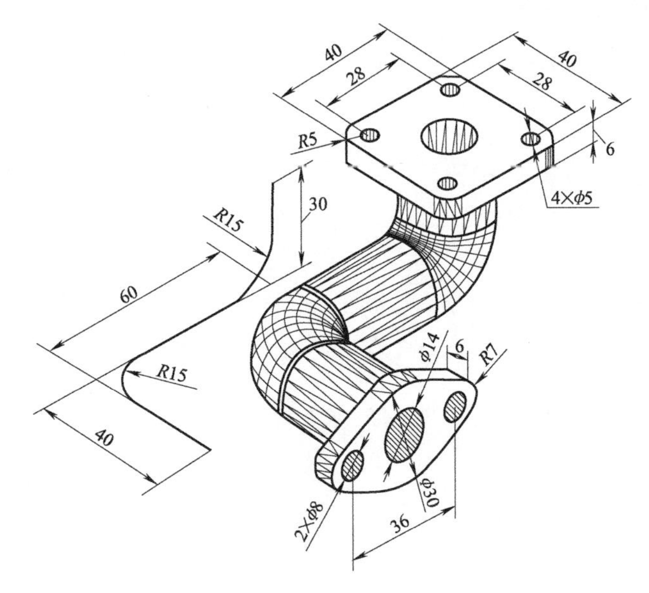

图 4-30　拓展练习 1

3. 创建如图 4-31 所示的扫掠实体。

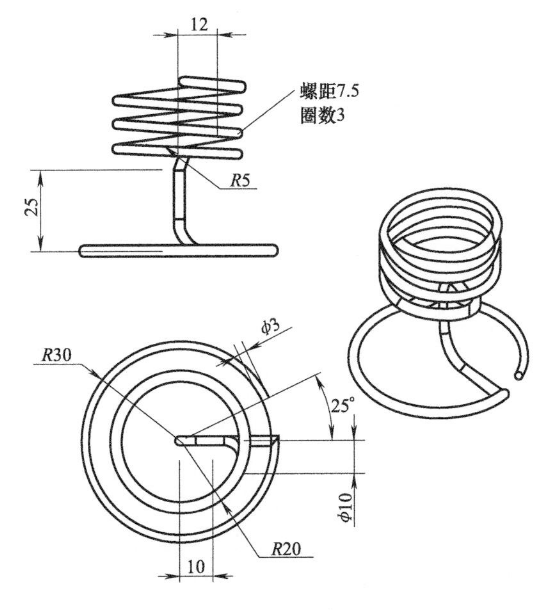

图 4-31　拓展练习 2

4. 创建如图 4-32 所示的扫掠实体。

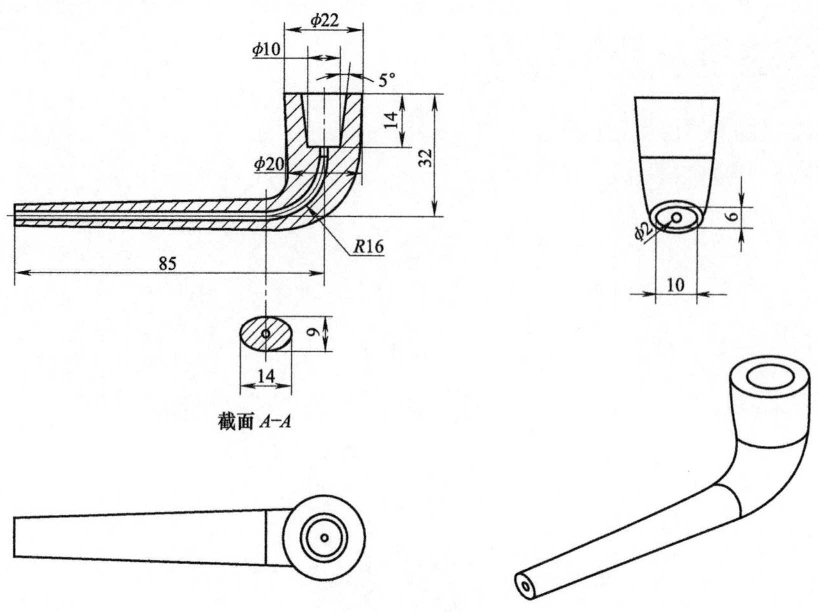

图 4-32　拓展练习 3

项目5

连接管道的高级出图

【项目内容】

本项目将指导学生运用 UG NX 软件完成一个连接管道的高级出图，并在此过程中帮助学生了解 UG NX 中工程出图的概念，掌握常见工程图出图的操作步骤及使用技巧。

【项目目标】

◇了解 UG NX 中工程图的概念。

◇掌握创建及编辑图框、标题栏的基本方法。

◇掌握创建及编辑基本视图、轴测图的基本方法。

◇掌握创建及编辑投影视图（向视图）、剖视图和局部放大图的基本方法。

◇掌握在已有视图的基础上创建局部视图、移出断面图等的基本方法。

◇掌握创建及编辑尺寸、技术要求等的基本方法。

◇熟悉将 UG NX 工程图导入 AutoCAD 的操作步骤及方法。

【项目分析】

拟绘制一连接管道的工程图，如图 5-1 所示。其建模思路如下。

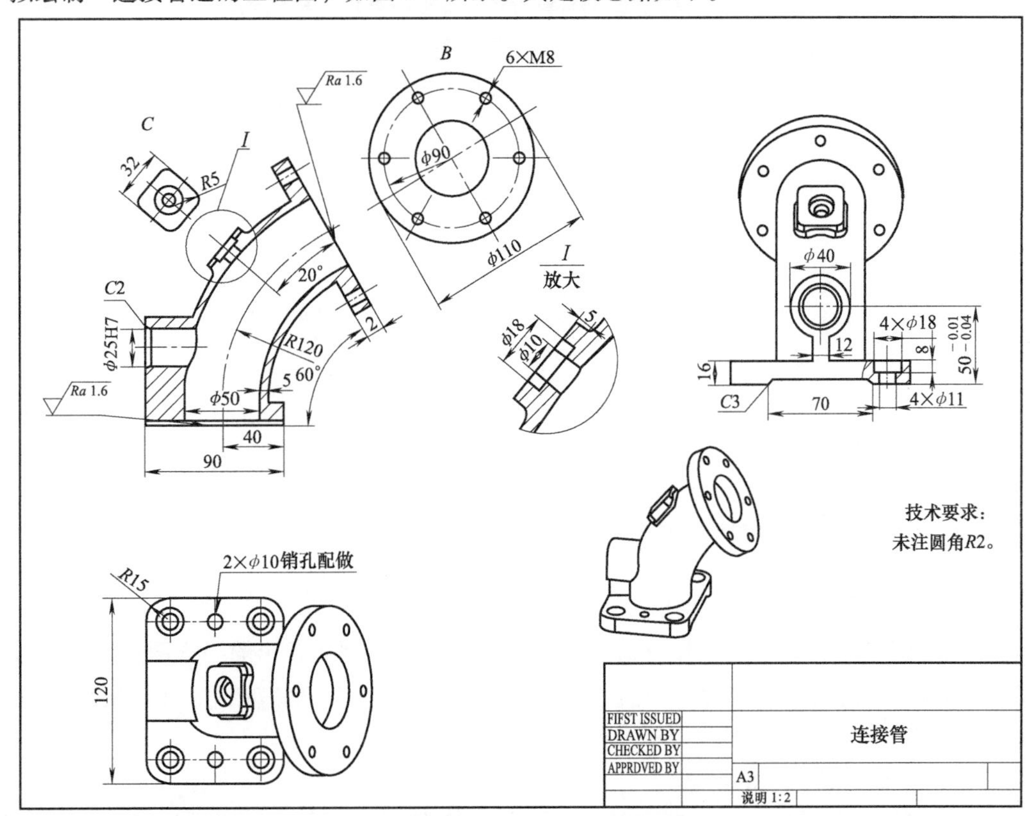

图 5-1　连接管道工程图

◇根据零件尺寸大小，考虑使用幅面A3、绘图方向横向、绘图比例为1:2的图纸。

◇该零件工程图由8个视图组成。

- 轴测图、俯视图、左视图均为基本视图，其中轴测图可使用“基本视图”命令创建，俯视图和左视图则应使用“投影视图”命令创建。
- 主视图为全剖视图，可使用“剖视图”命令创建。
- 表现左视图底座右侧通孔结构的局部剖视图可使用局部剖命令创建。
- 局部放大图可使用“局部放大图”命令创建。
- 视图B、视图C均为局部视图，可在“投影视图”的基础上通过改变视图的显示效果创建。

◇零件尺寸由公称尺寸、尺寸公差及表面粗糙度等组成，可通过直接标注、“文本标注”等命令创建。

◇图框与技术说明可通过修改层显示效果进行修改、编辑。

5.1 连接管道高级出图的过程

新建项目，设置合适的文件名及保存路径。

在界面窗口工具栏处单击鼠标右键，调用“曲线”、“图纸”、“制图”工具栏。

5.1.1 图纸的创建及基本参数的设定

1. 创建图纸

在“新建”对话框中单击“图纸”选项卡，选择“A3-无视图”作为图纸模板，零件“P5”为“要创建图纸的部件”，并默认绘图“单位”为“毫米”，如图5-2所示。

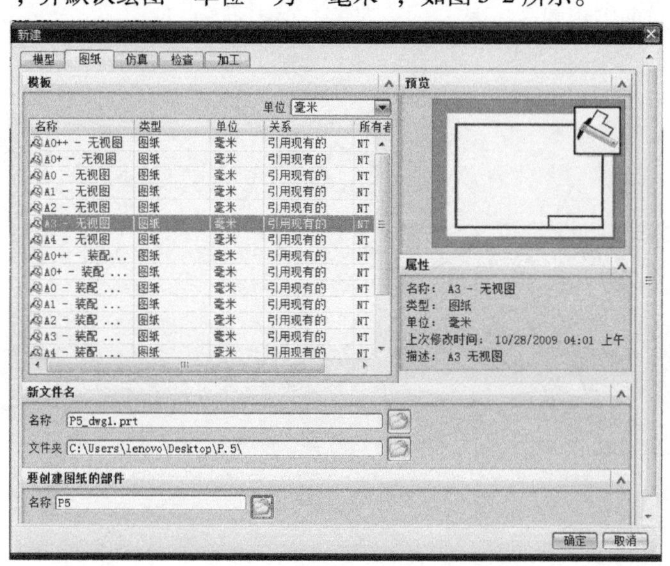

图5-2 对“新建”对话框的设置

2. “视图首选项”的设定

单击“图纸”选项卡中的“视图首选项”命令按钮，在系统弹出的“视图首选项”对话框中依次取消选中“虚拟交线”选项卡中的“虚拟交线”复选框及“光顺边”选项卡中的“光顺边”复选框，如图5-3所示。

3. “视图标签首选项”的设置

单击“图纸”工具栏中的“视图标签首选项”命令按钮，系统弹出如图5-4所示的“视图标

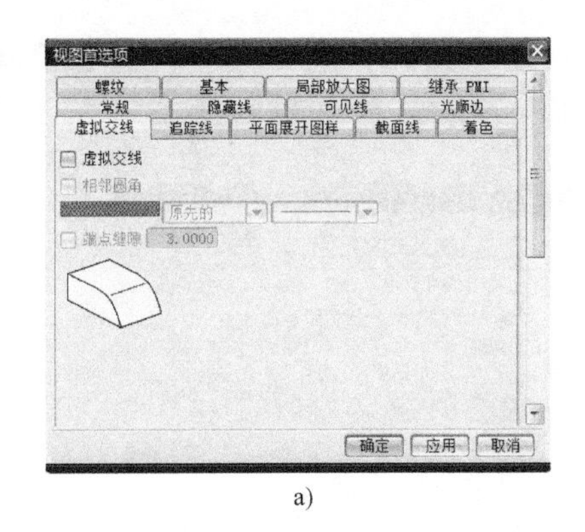

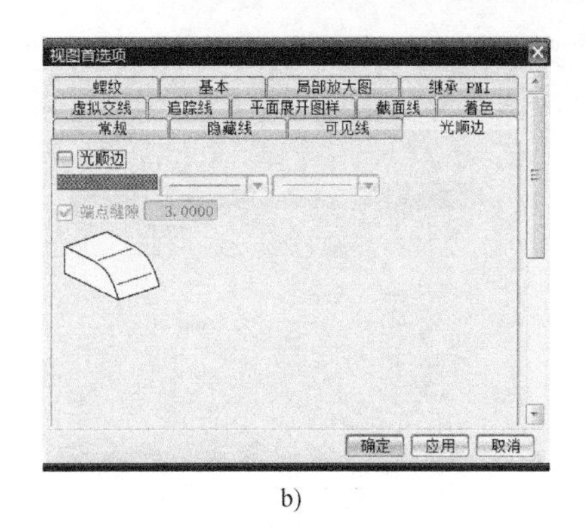

a) b)

图 5-3 对“视图首选项”对话框的设置

a) 对“虚拟交线”选项卡的修改 b) 对“光顺边”选项卡的修改

签首选项”对话框。在该对话框中进行如下设置：

1）在“局部放大图”→“视图字母”下，去掉“视图标签”与“视图比例”下“前缀”后的文字“DETAIL”和“SCALE”，如图 5-4a 所示。

2）在“截面”选项卡下，取消选中“视图标签”复选框，如图 5-4b 所示。

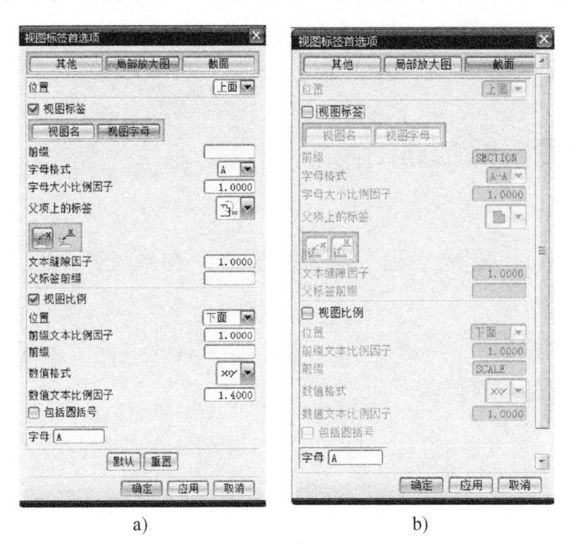

a) b)

图 5-4 对“视图标签首选项”对话框的设置

a) 对局部放大图标注样式的修改 b) 对截面标注样式的修改

注意：根据国家标准规定，当单一剖切面通过机件的对称平面或基本对称平面，且剖视图按投影关系配置，中间没有其他图形隔开时，可不标注。故此处应省略主视图全剖视图的剖切符号及标注。

4. “注释首选项”的设置

单击“制图”工具栏下的“注释首选项”命令按钮 A，系统弹出如图 5-5 所示的“注释首选项”对话框。在该对话框进行如下设置：

1）在“尺寸”选项卡下设定“小尺寸”的标注样式为“箭头之间有线”、倒角的标注样式全部更改为“C5”形式，其余选项采用默认设置，如图 5-5a 所示。

2）在“文字”选项卡下，设定“尺寸”、“附加文本”、“常规”的“字符大小”均为“5”，“尺寸”的文字样式为“chinesef_ fs”，其余选项采用默认设置，如图5-5b所示。

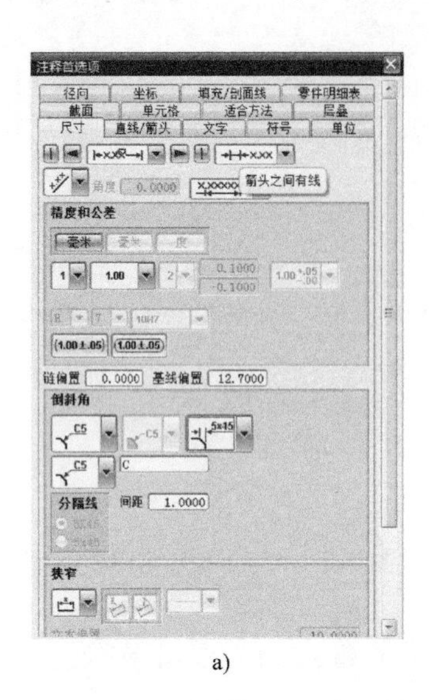

a)

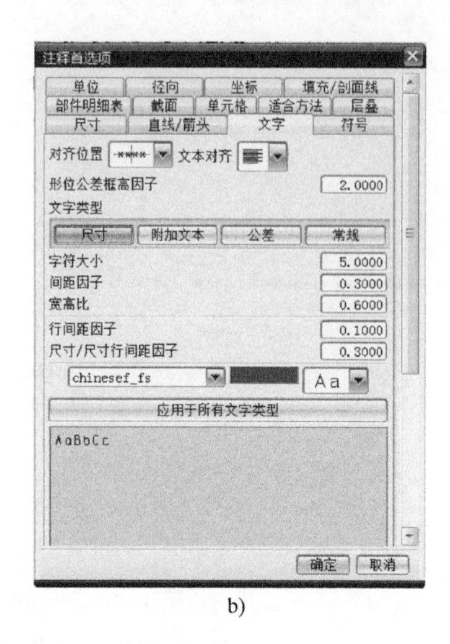

b)

图5-5 对“注释首选项”对话框的设置

a）对“尺寸”样式的修改 b）对“文字”样式的修改

5.1.2 “基本视图”的创建

1. 创建“父视图”

单击“图纸”工具栏中的“基本视图”命令按钮，在系统弹出的如图5-6a所示的“基本视图”对话框中进行如下设置：

1）模型视图：在“模型视图”选项区中的“Model View to Use”下拉列表中选择“FRONT”。

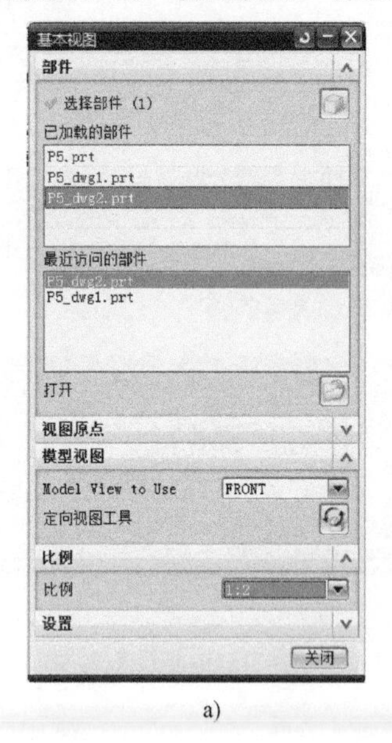

a)

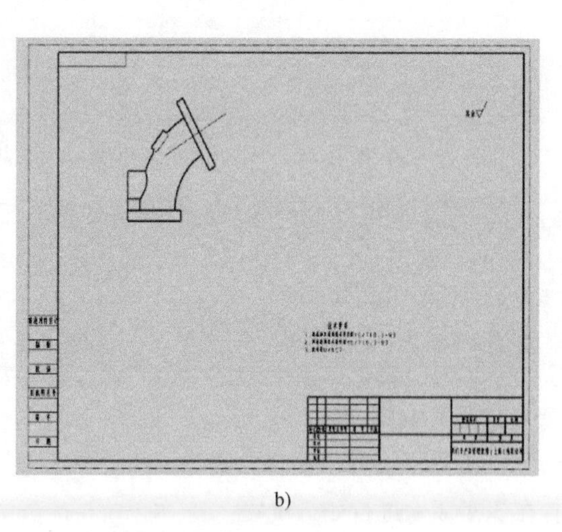

b)

图5-6 “父视图”的创建

a）对“基本视图”对话框的设置 b）“父视图”

2）比例：在“比例”下拉列表中选择“1:2”。

3）其余选项采用默认设置，如图5-6a所示。

移动光标，在图纸的合适位置创建如图5-6b所示的主视图作为“父视图”。

2. 创建轴测图

单击“基本视图”命令按钮，在弹出的对话框中进行如下设置：

1）模型视图：在该选项区内单击“定向视图”命令按钮，系统弹出如图5-7a所示的“定向视图”窗口，调整模型的三维形态至合理位置。

2）比例：设定“比例”为“1:2”。

移动动态模型至合理位置，创建如图5-7b所示的轴测图。

a)

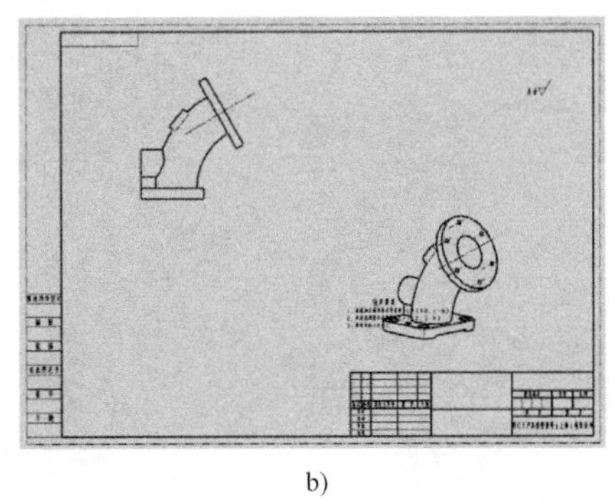

b)

图5-7　轴测图的创建

a）在“定向视图”窗口调整模型的三维显示效果　b）创建轴测图

3. 创建左视图

单击“插入”→“Projected/投影视图”命令，沿默认“铰链线”，在正交与主视图的位置上创建俯视图和左视图，并删除多余的中心线，其结果如图5-8所示。

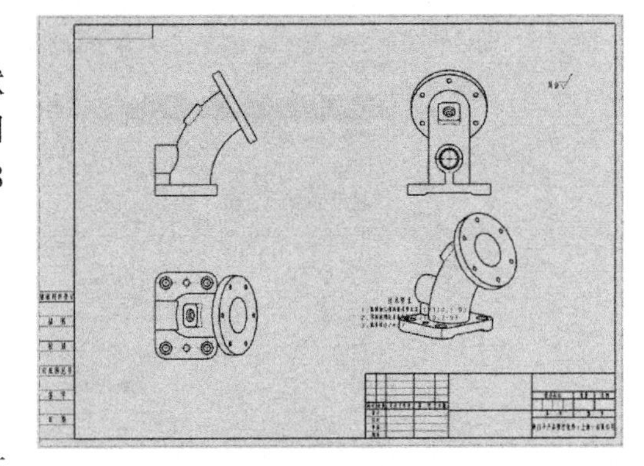

图5-8　创建俯视图与左视图

5.1.3　创建剖视图

1. 创建主视图的全剖视图

1）删除原主视图。

2）创建剖切位置。在俯视图动态框上单击鼠标右键，激活“添加剖视图”命令，在系统弹出的如图5-9a所示的“剖视图”对话框中，使用默认的自动添加铰链线的形式，并将铰链线布置在如图5-9b所示的位置上。

3）创建主视图的全剖视图。沿垂直方向向上移动系统自动产生的动态图框，创建主视图的全剖视图，如图5-9c所示。

4）调整剖视图位置。跟随系统自动产生的定位线，将主视图移至合理的位置，如图5-9d所示。

5）调整剖面线参数。双击视图的剖面线，系统弹出如图5-10a所示的“剖面线”对话框，在该对话框的“设置”选项区中设定“距离”为“5mm”、“角度”为“60”，单击“确定”按钮，即可得到如图5-10b的显示结果。

6）修改剖视图的显示效果。

① 隐藏剖切线和不必要的中心线：使用右键“隐藏”命令隐去剖切线及不必要的中心线。

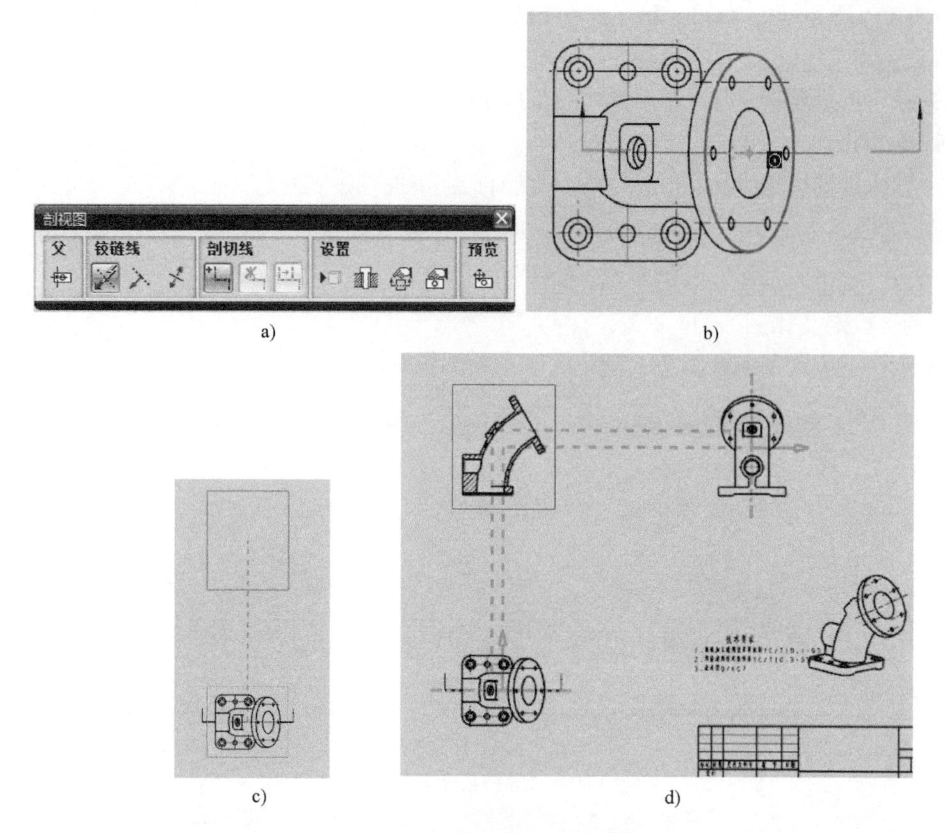

a) b) c) d)

图 5-9 创建主视图的全剖视图

a）调用“剖视图”对话框 b）布置铰链线 c）生成主视图全剖视图 d）调整剖视图的摆放位置

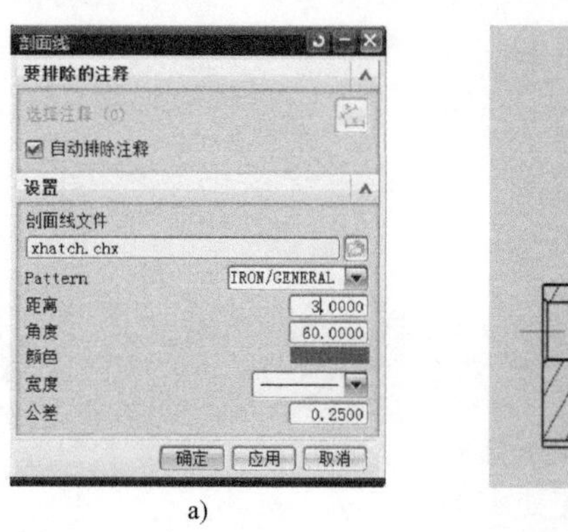

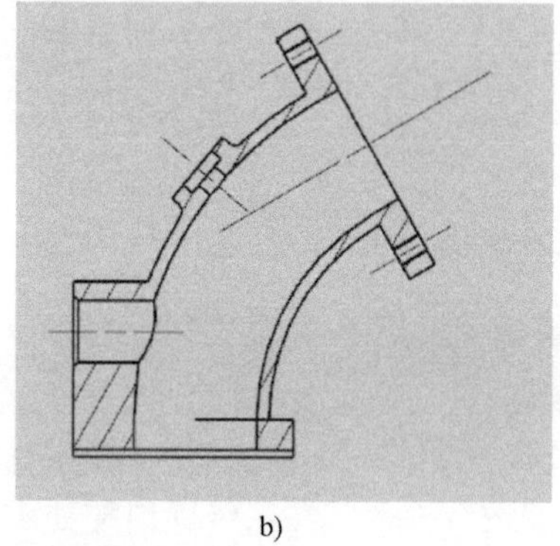

a) b)

图 5-10 剖面线参数的调整

a）“剖面线”对话框 b）调整后的剖面线

② 删除剖视图区域内的多余特征：选中视图后单击鼠标右键，激活“视图相关编辑”命令，在系统弹出的如图 5-11a 所示的对话框中单击“擦除对象”命令按钮，系统弹出如图 5-11b 所示的“类选择”对话框。在该对话框下，依次选中全剖视图中的多余特征，单击“确定”按钮，即可得到如图 5-11c 所示的显示效果。

③ 添加圆管中心线：单击“插入”→“中心线”→“3D 中心线”，系统弹出如图 5-12 所示的“3D 中心线”对话框。在该对话框的“面”选项区中“选择对象”为弯管边界轮廓，创建如图 5-12 所示的中心线。

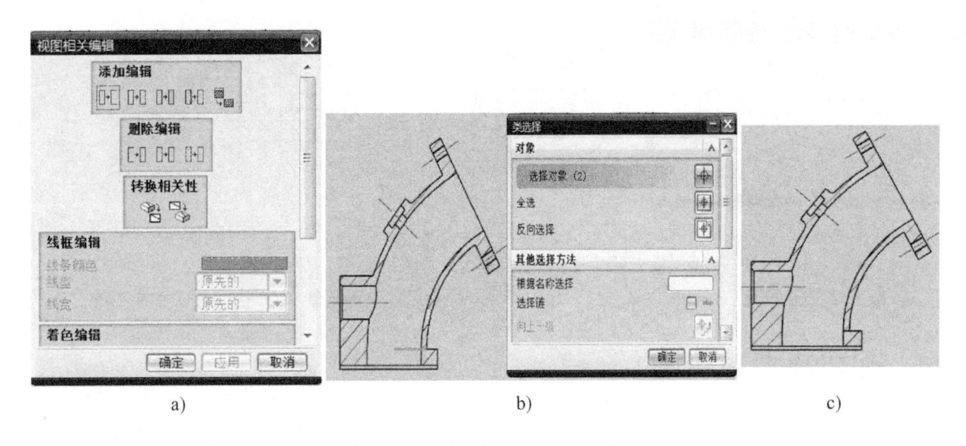

a) b) c)

图 5-11 剖视图显示效果的修改

a)“视图相关编辑”对话框 b)“类选择”对话框 c)修改了显示效果的剖视图

2. 创建左视图右侧底座通孔的局部剖视图

1）绘制剖视边界轮廓线。在左视图的动态框上单击鼠标右键，激活“扩展”命令，进入左视图的“扩展/展开”界面。在该界面中使用“艺术样条”命令，绘制如图 5-13 所示的局部剖边界轮廓线，之后退出“扩展”界面。

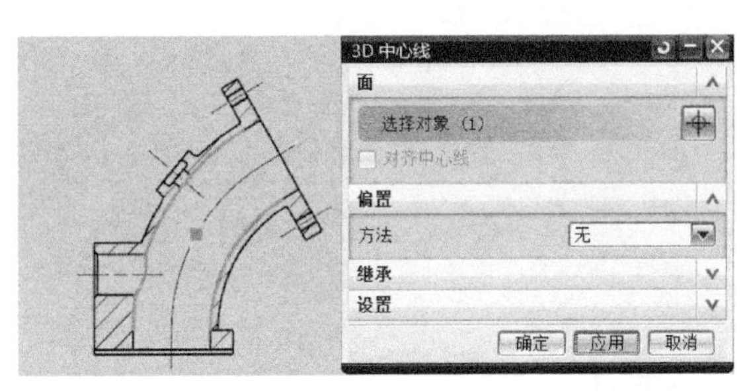

图 5-12 为中部弯管添加 3D 中心线

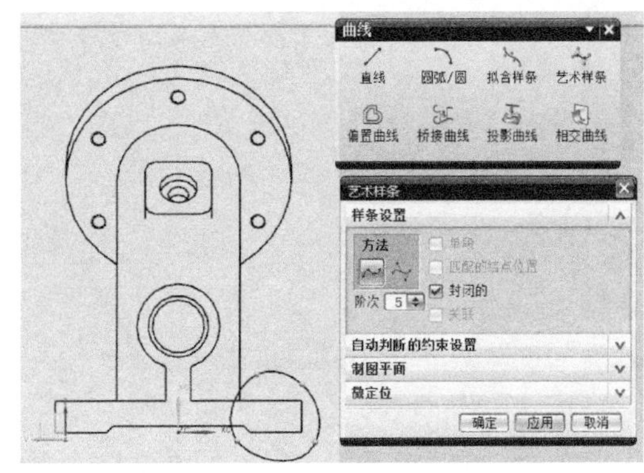

图 5-13 绘制的局部剖边界轮廓线

2）创建“局部剖视图”。单击“图纸”工具栏中的“局部剖”命令按钮，系统弹出如图 5-14a所示的“局部剖”对话框。在该对话框中进行如下操作：

① 选择剖视类型为“创建”。

② 单击沉入框的第一个选项标签，“选择视图”为“左视图”。

③ 单击沉入框的第二个选项标签，“选择基点”为底边右侧端点，如图 5-14b 所示。

注意：“基点”应选在边界区域内，且应避开孔或槽区域。

④ 单击沉入框的第三个选项标签，默认“拉伸矢量”为“自动选择”的方向。

⑤ 单击沉入框的第四个选项标签，“选择曲线”为（1）所建的边界轮廓线。

⑥ 单击“确定”按钮，得到如图 5-14c 所示的局部剖视图。

⑦ 单击“插入”→“中心线”→“2D 中心线”，为沉孔添加中心线，如图 5-14d 所示。

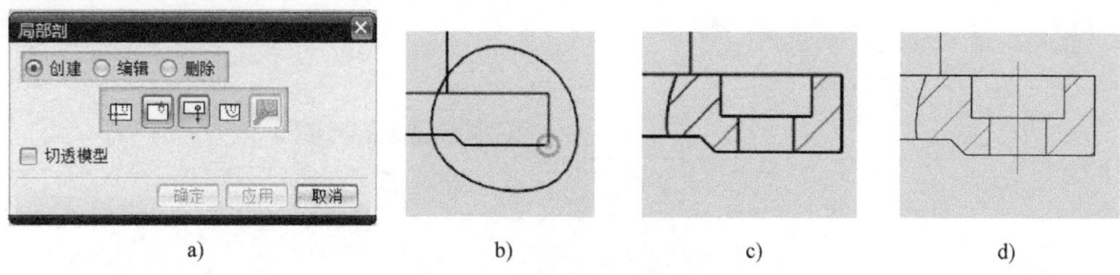

a)　b)　c)　d)

图 5-14　局部剖视图的创建

a）对“局部剖”对话框的设置　b）选择基点　c）局部剖视图　d）为沉孔添加中心线

5.1.4　创建局部放大图

单击“图纸”工具栏中的“局部放大图”命令按钮，在系统弹出的如图 5-15a 所示的对话框中进行如下设置：

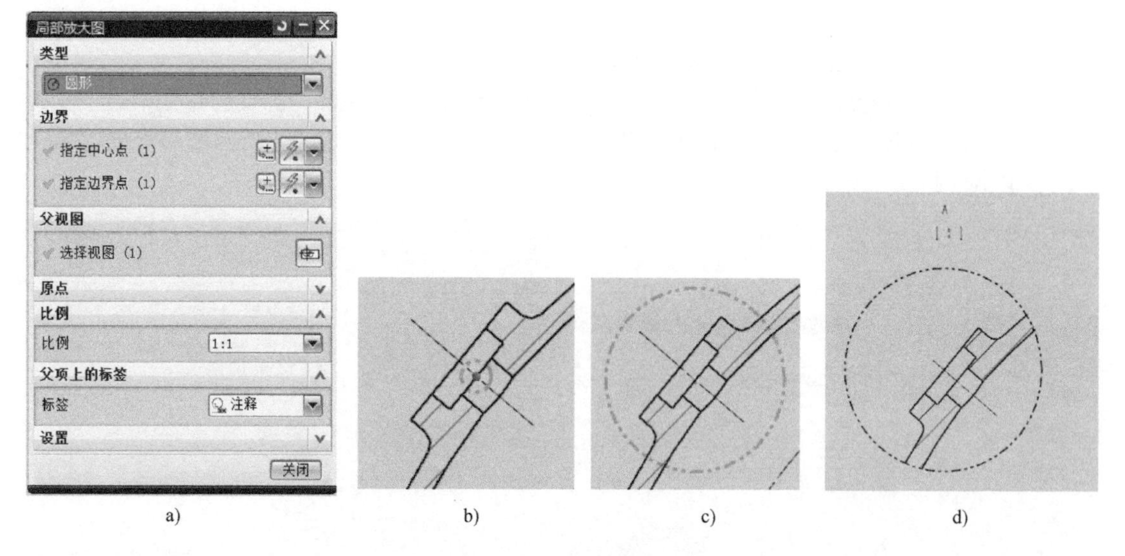

a)　b)　c)　d)

图 5-15　局部放大图的创建

a）“局部放大图”对话框　b）指定中心点　c）指定边界点　d）局部放大图

1）类型：默认“类型”为“圆形”。

2）边界：“指定中心点”为凸台沉孔大径的中点，如图 5-15b 所示。“指定边界点”为圆管区域内的一点，如图 5-15c 所示。

3）比例：在“比例”下拉列表中选择“1:1”。

移动局部放大图至合适位置，单击“确定”按钮，即可得到如图 5-15d 所示的局部放大图。

5.1.5　创建“局部视图”

1. 创建“局部视图”B

（1）创建投影视图　以主视图为“父视图”，创建投影方向垂直于右侧凸台端面的投影视图。选中主视图，单击“图纸”工具栏中的“投影视图”命令按钮，在系统弹出的“投影视图”对话框中进行如下设置：在“铰链线”选项区的“矢量选项”下拉列表中选择“已定义”、“指定矢量”方式为“两点”，并依次指定圆台内侧端面的端点为这“两点”，如图 5-16a 所示。在图纸的合适位置创建投影方向垂直于圆台端面的投影视图，如图 5-16b 所示。

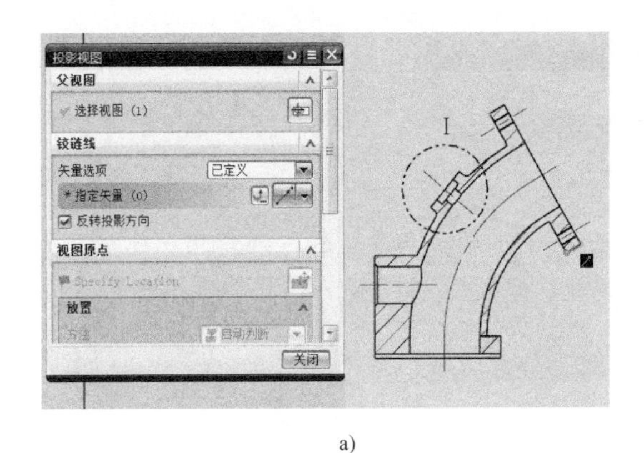

a)

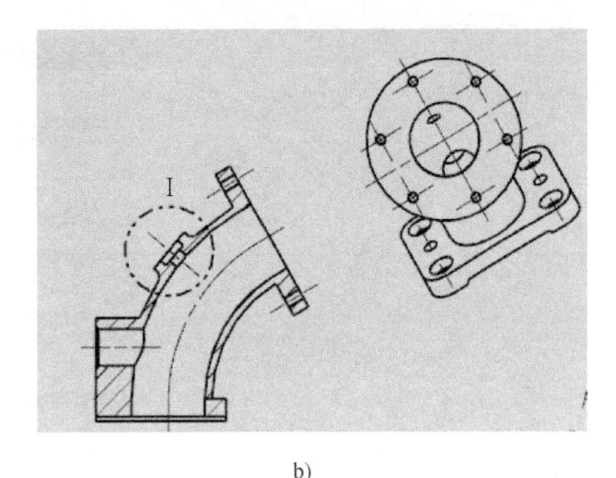

b)

图 5-16 投影视图的创建

a）定义投影的铰链线 b）投影视图

（2）编辑视图的显示边界 选中（1）创建的投影视图，单击鼠标右键进入“扩展”界面。在该界面下使用“艺术曲线”命令，沿圆台边沿绘制如图 5-17a 所示的边界曲线，完成后退出“扩展”界面。

（3）修改投影视图显示区域 选中添加了边界曲线的圆台端面投影视图，单击鼠标右键，激活“视图边界”命令，将“边界范围”切换为“截断线/局部放大图”，并选择（2）所建曲线为视图边界，如 5-17b 所示。

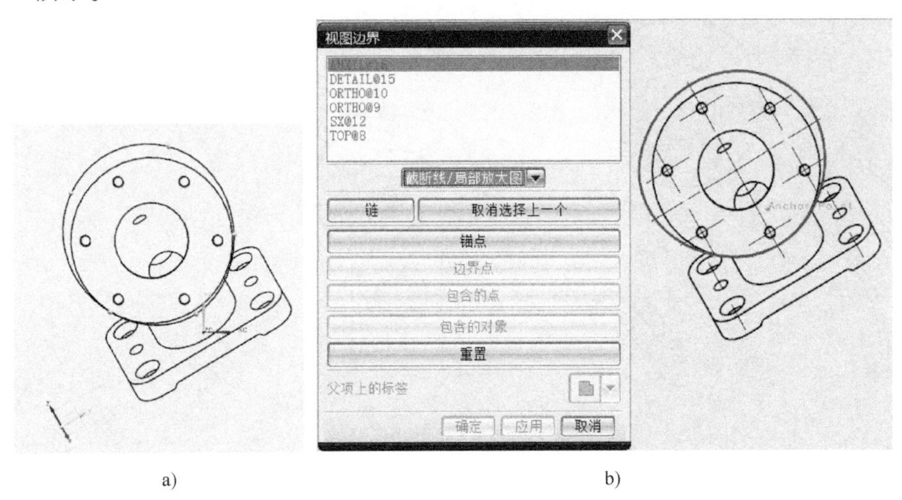

a) b)

图 5-17 对投影显示区域的编辑

a）在“扩展”界面下绘制边界曲线 b）选定的视图边界

（4）删除多余特征

1）删除螺孔中心线：使用 delete 命令删除 6 个螺孔的中心线。

2）删除多余的结构显示特征：使用“视图相关编辑”中的“擦除”命令，删去（2）所绘的边界曲线及（3）中圆盘中部多余的显示特征，得到如图 5-18a 所示的显示效果。

（5）添加环形中心线 单击“插入”→“中心线”→“螺栓圆”，系统弹出如图 5-18b 所示的“螺栓圆中心线”对话框。在该对话框下默认“类型”为“通过 3 个或更多点”，并按顺序依此选择 6 个螺孔的圆心，即可创建环形中心线，如图 5-18b 所示。

（6）移动视图至合适位置 移动（5）修改后的视图至其中心线与弯管右侧凸台端面垂直的位

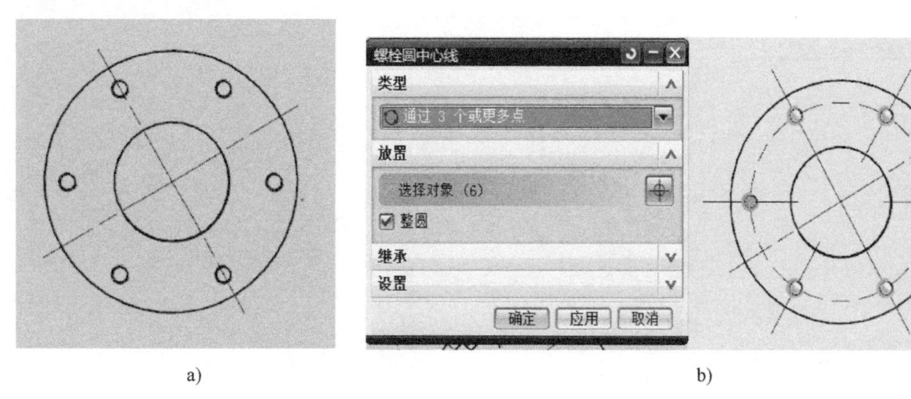

a)　　　　b)

图 5-18　中心线的添加

a）对“视图相关编辑”对话框的设置　b）删除多余特征

置，如图 5-19 所示。

注意：由于 UG NX 中无法直接对局部视图进行标注，故一般将局部视图移动至使其中心线与原特征中心线对齐的位置，以免引起歧义。

2. 创建“局部视图”C

采用同 1 的方式创建凸台端面的局部视图，其结果如图 5-20 所示。

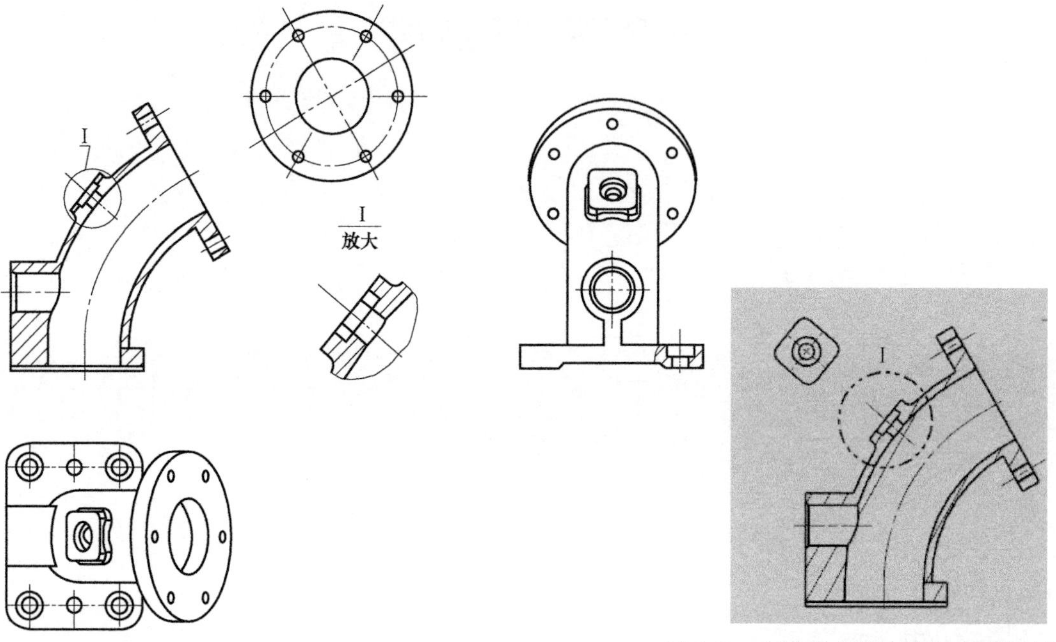

图 5-19　圆台端面的局部视图　　图 5-20　创建的弯管段凸台端面的局部视图

5.1.6　标注尺寸

1. 创建一般尺寸

（1）标注一般尺寸　单击“制图”工具栏中的“自动判断尺寸”命令按钮，即可实现对工程图一般尺寸的标注，如图 5-21 所示。

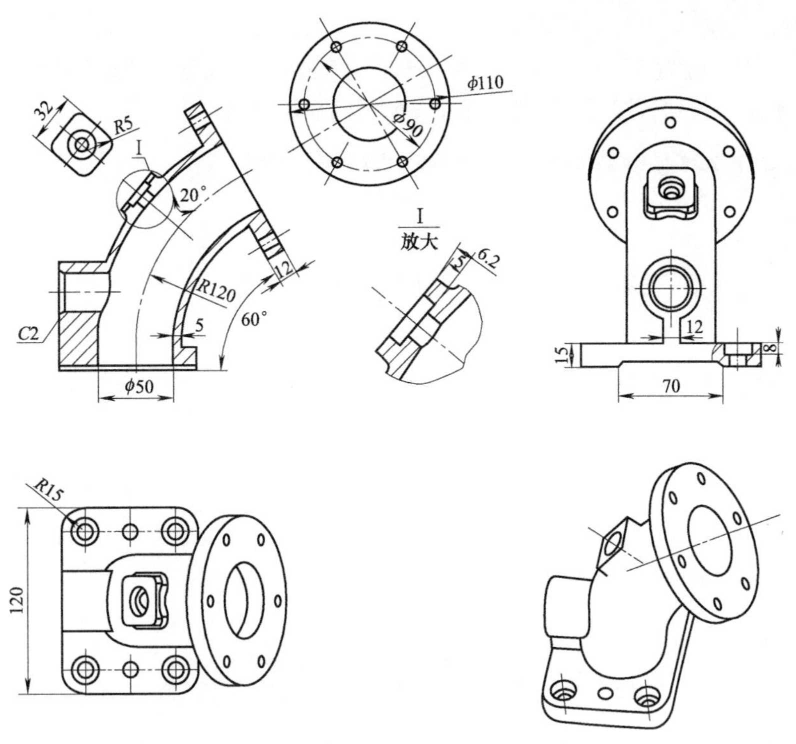

图 5-21 标注一般尺寸

(2) 修改角度尺寸的显示样式 选中角度尺寸，单击鼠标右键，激活“样式”命令。在系统弹出的“注释样式”对话框中修改尺寸“对齐方式”为“垂直”，如图 5-22a 所示。单击“确定”按钮，即可得到如图 5-22b 所示的显示效果。

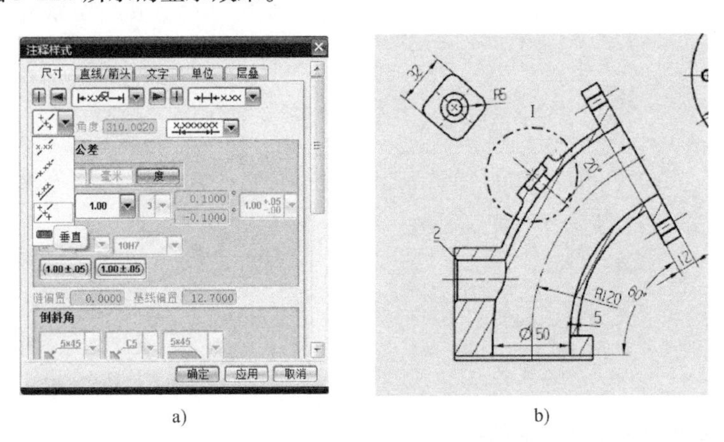

a) b)

图 5-22 角度尺寸显示样式的修改

a) 修改尺寸对齐方式 b) 修改后的角度尺寸显示效果

2. 创建特殊尺寸

(1) 创建销孔尺寸 其具体操作步骤如下：

1) 标注销孔基本尺寸：使用“自动判断尺寸”命令标准销孔直径。

2) 编辑尺寸文本显示：选中该尺寸，单击鼠标右键，在弹出的快捷菜单中单击“编辑附加文本”，系统弹出如图 5-23 所示的“文本编辑器”对话框。

① 在“附加文本”选项区中选中添加文字的位置为“在前面”，并在下面的文本框中输入

“2-”，如图5-23a所示。

② 切换添加文字的位置为“在后面”，并在下面的文本框中输入文字“销孔配做”，如图5-23b所示。

③ 单击“确定”按钮，即可得到如图5-23c所示的显示效果。

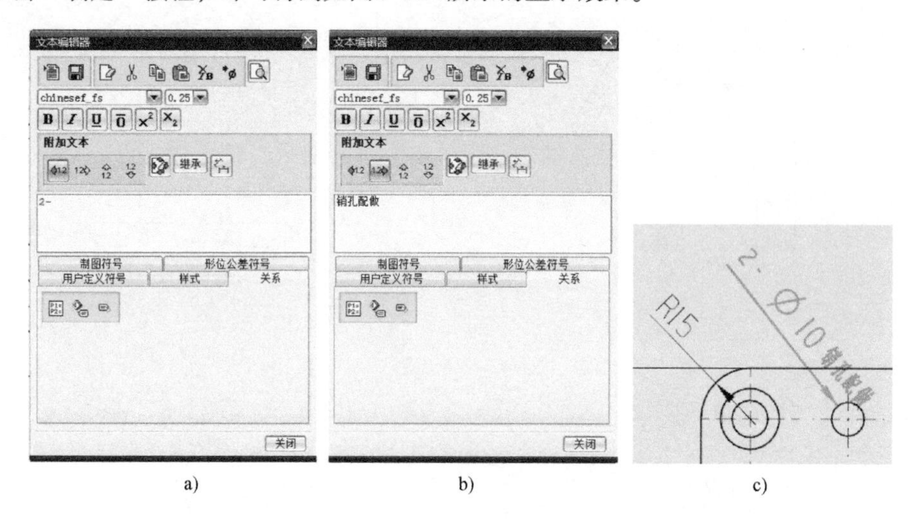

a) b) c)

图5-23 尺寸文本显示的编辑

a)“在前面”添加文字 b)“在后面”添加文字 c) 销孔的尺寸注释

(2) 编辑尺寸对齐样式 选中该尺寸，单击鼠标右键，在弹出的快捷菜单中单击“样式”。在系统弹出的“注释样式”对话框中修改尺寸“对齐方式”为“水平”，创建如图5-24所示的尺寸显示结果。

(3) 创建左侧连接端带配合公差的直径尺寸 标注方式同(1)，其结果如图5-25a所示。

(4) 创建左视图底座上带数量值的沉孔尺寸 标注方式同(1)，其结果如图5-25b所示。

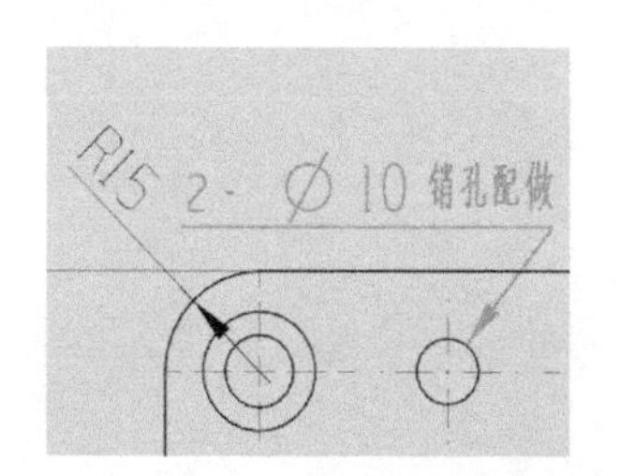

图5-24 修改了的尺寸对齐方式

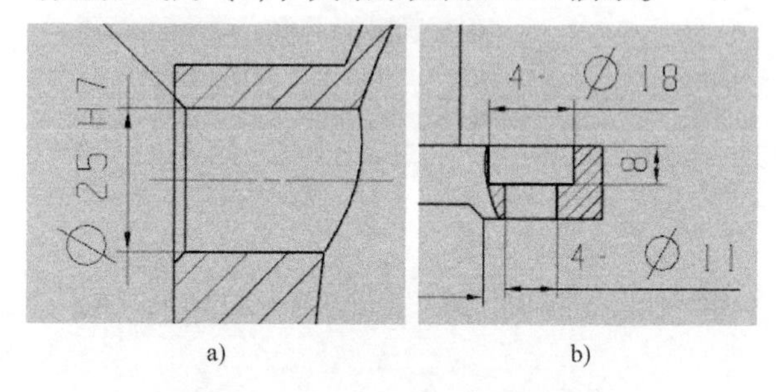

a) b)

图5-25 孔尺寸显示样式的编辑

a) 带配合公差的直径尺寸 b) 带数量值的沉孔尺寸

(5) 创建左视图底座上带数量值的沉孔尺寸

1) 创建基本尺寸：使用“自动判断的尺寸”命令，创建螺纹孔大径的基本尺寸，如图5-26所示。

图5-26 螺纹孔大径的基本尺寸

2) 修改尺寸表达方式：在选中该尺寸的情况下单击鼠标右键，在弹出的快捷菜单中单击“编辑”，系统弹出如图5-27a所示的“编辑尺寸”对话框。在该对话框的“设置”选项区中单击“尺寸标注样式”命令按钮，系统弹出“尺寸样式”对话框，如图5-27b所示。在该对话框的“径向”选项卡中修改“直径符号”为“用户定义”，并在后面的文本框中输入字母“M”。单击

“确定”按钮，即可得到如图5-27c所示的显示效果。

3）修改尺寸对齐方式及文本标注：采用（1）的方式分别修改尺寸“附加文本”及“对齐方式”，得到如图5-28所示的结果。

（6）创建左视图中带公差的圆孔中心高度尺寸

1）创建基本尺寸：使用“自动判断的尺寸”命令，创建圆孔高度的基本尺寸，如图5-29所示。

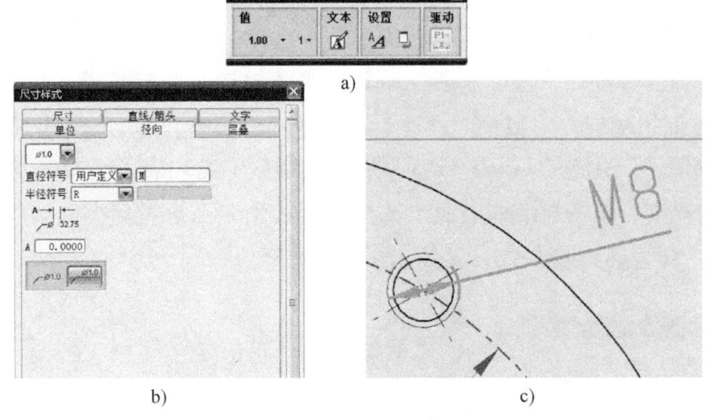

a)

b) c)

图5-27 尺寸表达方式的修改

a）“编辑尺寸”对话框 b）“尺寸样式”对话框 c）修改了直径符号的螺纹孔标注

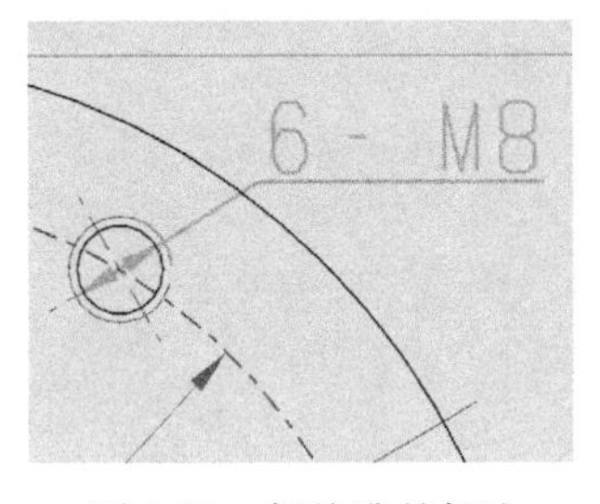

图5-28 螺纹孔的标注

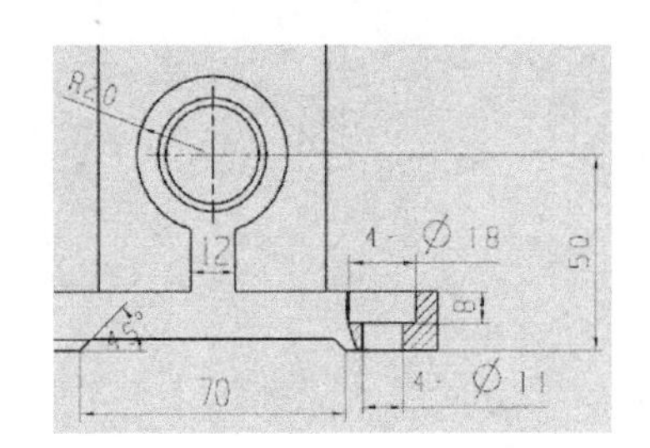

图5-29 圆孔高度的基本尺寸

2）修改尺寸表达方式：选中该尺寸后单击鼠标右键，在弹出的快捷菜单中单击“编辑附加文本”，系统弹出如图5-30a所示的“文本编辑器”对话框。单击该对话框中的“制图符号”选项卡，依次在上下文本框中输入公差值，并设置公差添加位置在“基本尺寸后面”。单击“确定”按钮，

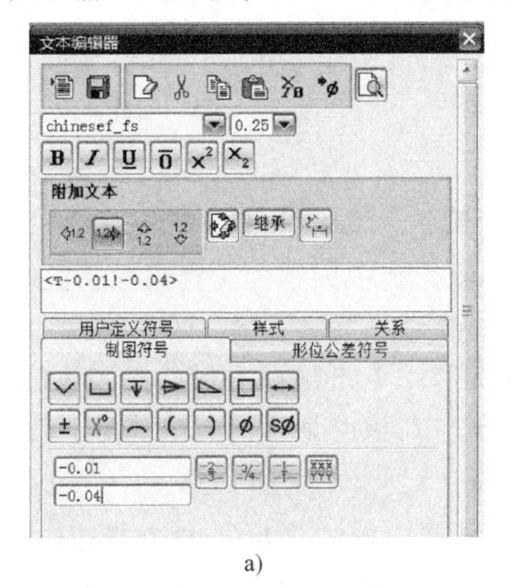

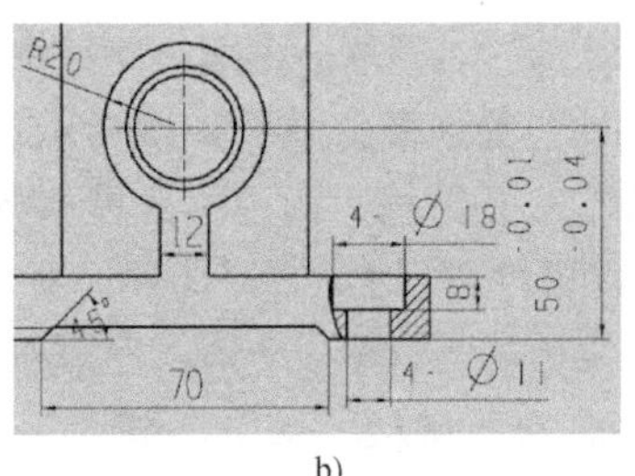

a) b)

图5-30 对尺寸表达方式的修改

a）“文本编辑器”对话框 b）添加了公差的圆孔高度尺寸

即可得到如图5-30b 所示的结果。

（7）创建表面粗糙度标注

1）激活 UG NX 中的表面粗糙度标注功能：在 UG NX 的安装根目录下的 UGII 文件夹中找到 ugii_ env_ ug. dat 文件（部分版本也可能是 ugii_ env. dat 文件），并用“记事本”打开。使用“查找”命令，在文件中搜寻“UGII_ surface_ Finish”字段，将当前的“OFF”状态修改为“ON”（见图5-31），保存文件并退出。

UGII_SURFACE_FINISH=ON

图5-31 激活 UG NX 表面粗糙度标注功能

2）设定表面粗糙度参数：单击“制图”工具栏中的“表面粗糙度符号”按钮，系统弹出如图5-32a 所示的“表面粗糙度”对话框。在该对话框中的“属性”选项卡下，选择“Material Removal”为“Open, Modifier”，并在“Cutoff（f1）”后的文本框中输入表面粗糙度值，如图5-32b 所示。

3）插入表面粗糙度：单击对话框中的“选择终止对象”命令按钮，在指定位置插入带引线的表面粗糙度符号，其结果如图5-32c、d 所示。

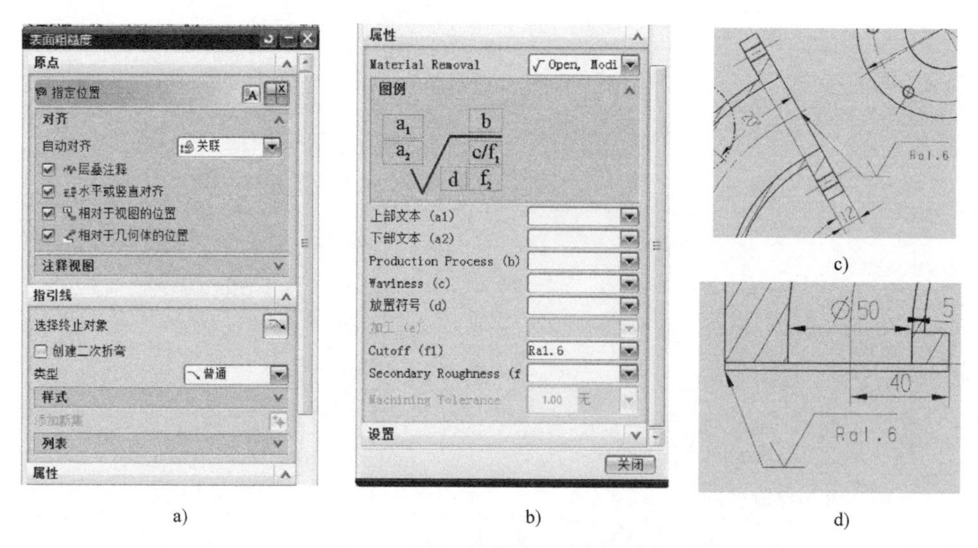

a) b) c) d)

图5-32 表面粗糙度标注的创建

a）“表面粗糙度”对话框 b）对“表面粗糙度”对话框的设置
c）旋转、移动表面粗糙度符号至与平面垂直位置 d）插入带引线的表面粗糙度符号

5.1.7 修改标题栏及技术说明

1. 标题栏的修改

（1）激活标题栏 单击“使用工具”工具栏中的“图层设置”命令按钮，系统弹出如图5-33所示的“图层设置”对话框。根据该对话框提示，选中标题栏，找到标题栏的所在层，取消选中该层前的“不可见”复选框，如图5-33 所示。单击“关闭”按钮，即可激活对话框。

（2）修改标题栏文字显示 选中所要修改的文字，单击鼠标右键，在弹出的快捷菜单中单击“编辑”，系统弹出如图5-34 所示的“注释”对话框。在该对话框的“文本输入”选项区的“格式化”文本框中，将当前文字替换为所需的内容即可。

（3）添加零件名称及材料 单击“制图”工具栏中的“注释”命令按钮，系统弹出如图5-35a所示的“注释”对话框。根据该对话框提示，指定插入零件名称或材料的位置，并在“文本输入”选项区的“格式化”文本框中输入文字内容，如图5-35b 所示。

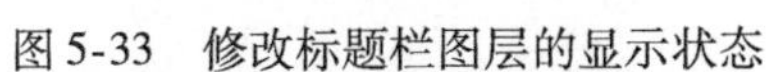
图 5-33 修改标题栏图层的显示状态

a)

b)

图 5-34 对“注释”对话框的设置

注意：在该对话框的“设置”选项区中单击“样式”命令按钮，可对注释文字的样式进行设置。

a)

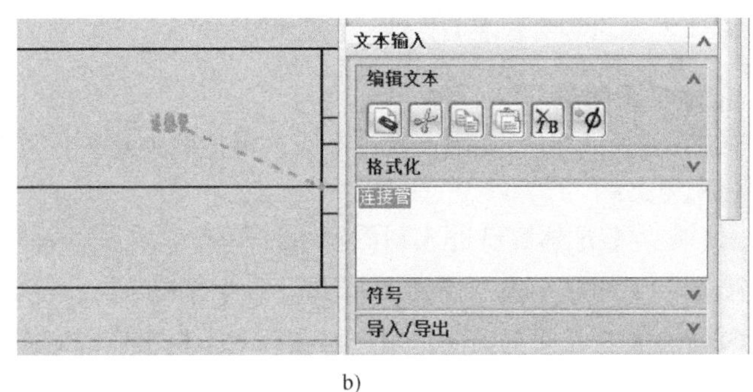

b)

图 5-35 零件名称等的添加

a)“注释”对话框 b）插入注释

2. 技术说明的修改

按照 1 的方式修改技术说明，其结果如图 5-36 所示。

3. 添加局部视图标注

按照 1 的方式，为局部视图 B 和 C 添加字母标注，如图 5-37 所示。

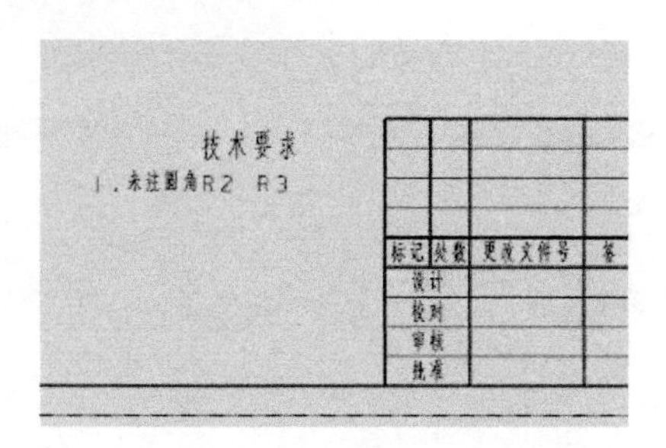

图 5-36 修改后的技术说明

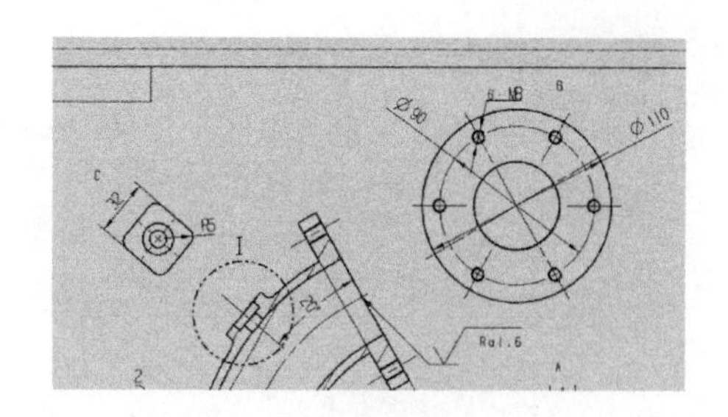

图 5-37 为局部视图添加标注

5.2 知识技能点

UG NX 下创建的零件和装配体模型均可以引用到制图（工程图）功能模块中，快速地生成二维工程图。

调用制图模块的方法有以下 3 种：

1）在模型/装配体窗口中，单击“应用”工具栏上的“制图”命令按钮。

2）在模型/装配体窗口中，单击“标准”工具栏中的“开始”下拉菜单中的“制图”。

3）在启动状态的“新建”对话框中，切换类型标签为“图纸”，通过加载目标模型/装配体文件，创建工程图。

UG NX 出图的一般流程如下：

1）创建图纸，设定图纸参数，包括幅面、比例、绘图方向等。

2）设置图纸首选项。

3）添加基本视图，包括主视图、俯视图、左视图及轴测图。

4）添加其他视图，包括局部视图、剖视图、局部放大图及断面图等。

5）视图布局及编辑。

6）添加标注，包括尺寸标注及技术说明。

7）保存图纸。

5.2.1 工程图纸的创建与编辑

1. 创建工程图纸

根据进入“工程图”模块方式的不同，图纸的创建可以通过以下两个途径来完成：

1）由模型/装配体窗口进入制图环境，单击“插入”→图纸页或单击“图纸”工具栏上的“新建图纸页”命令按钮，系统将弹出如图 5-38 所示的图纸页对话框，用户可在该对话框下完成对图纸格式的设定。

2）由“新建”直接进入制图环境，系统会根据用户选择的图纸模板自动生成相应规格的图纸。不过，一般情况下，系统生成工程图中的设置不一定完全适合于绘图者的建模需求。因此，在添加视图前，用户最好另行新建一张工程图，按输出二维实体的要求来指定工程图的图幅大小、绘图单位、视图比例和投影角度等。

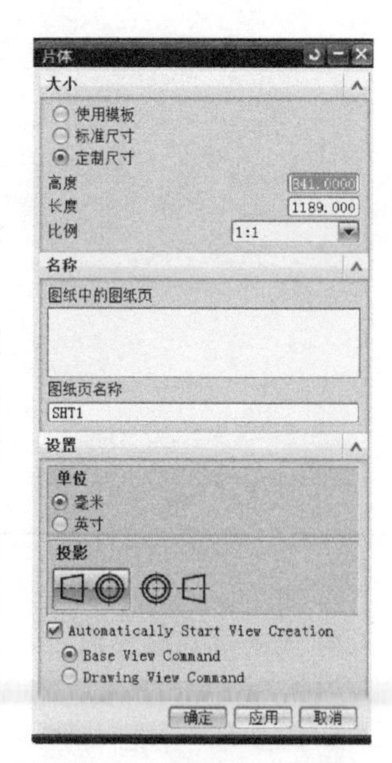

图 5-38 图纸页对话框

“图纸页”对话框中各操作命令简要介绍如下：

（1）大小　该选项区提供了3种图纸创建模式：使用模板、标准尺寸和定制尺寸。

1）使用模板：该选项下提供了UG NX中内置的图纸模板，用户可以根据幅面需要选择带有标题栏的图框。

2）标准尺寸：该选项下给出了标准化的图纸长宽尺寸，但需要用户另外绘制、编辑标题栏。

3）定制尺寸：该选项下，图纸的大小、比例、图框和标题栏等均需自行设置。

（2）名称　该选项区有图纸中的图纸页和图纸页名称两个文本框。

1）图纸中的图纸页：该文本框中列出了当前零件依附的所有图纸页。

2）图纸页名称：该文本框中可输入新建图纸的名称。

注意：输入的名称不能含有中文、空格等特殊字符。

（3）单位　该选项区有米制和英制两种度量单位可供使用者选择。国家标准标注一般为米制单位。

（4）投影　该选项区有两种视图投影方式，分别为第一象限角投影和第三象限角投影。国家标准规定的投影方式为“第一象限角投影”。

（5）Automatically Start View Creation　选中该选项前的复选框，创建图纸后系统会自动启动创建“基本视图”命令。

2. 编辑工程图纸

设定了参数的图纸也可进行修改。图纸编辑有以下两种方法：

1）在软件窗口左侧的“部件导航器”中选择需要修改的图纸名称，单击鼠标右键，在弹出的快捷菜单中单击“编辑图纸页”即可，如图5-39a所示。

2）单击“编辑”→“图纸页”，如图5-39b所示。

5.2.2　制图首选项

在绘制工程图前，应预先对制图参数进行设置，主要设置参数包括制图、注释、视图和视图标签。

1. 制图首选项

单击“首选项”→“制图”，系统将弹出如图5-40所示的“制图首选项”对话框。

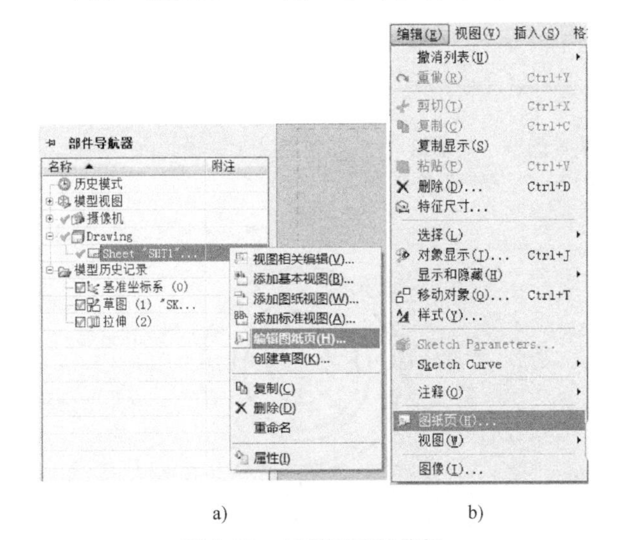

a)　　b)

图5-39　工程图纸的编辑

a）由“部件导航器”窗口编辑图纸

b）在“编辑”菜单中选择“图纸页”命令

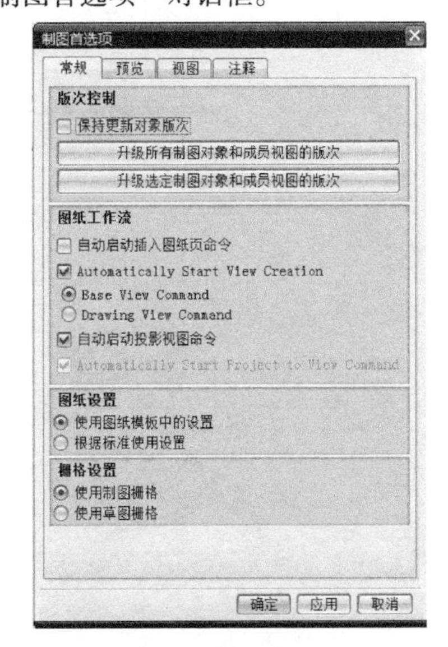

图5-40　“制图首选项”对话框

“制图首选项”对话框中有4个选项卡：“常规”、“预览”、“视图”和“注释”。

（1）“视图”选项卡（见图5-41a）

① 更新：该选项区的“延迟视图更新”复选框用于设定当系统初始化图纸更新时，控制视图是否同时更新。“创建时延迟更新”复选框用于设定当在图纸中创建视图、尺寸等更新时，控制视图是否同时更新。

注意：视图更新包括隐藏线、轮廓线、视图边界、剖视图及局部放大图的更新。

② 边界：UG NX工程图中每个投影视图都有一个边界，默认为自动边界（由系统根据视图大小所做的矩形包围圈），也可以是用户自定义的边界。视图边界的显示由该选项区的“显示边界”复选框控制。图5-42所示为选中与不选中“显示边界”复选框时的视图显示。

（2）“注释”选项卡（见图5-41b）　“保留注释”由于设计模型的修改，可能一些注释或标注对象的基准被删除，这些标注对象是否还存在，可由“保留注释”复选框控制。保留的注释或尺寸不能在制图范围内修改，只能在“制图首选项”对话框的“注释”选项卡中单击“删除保留的注释”按钮进行删除。

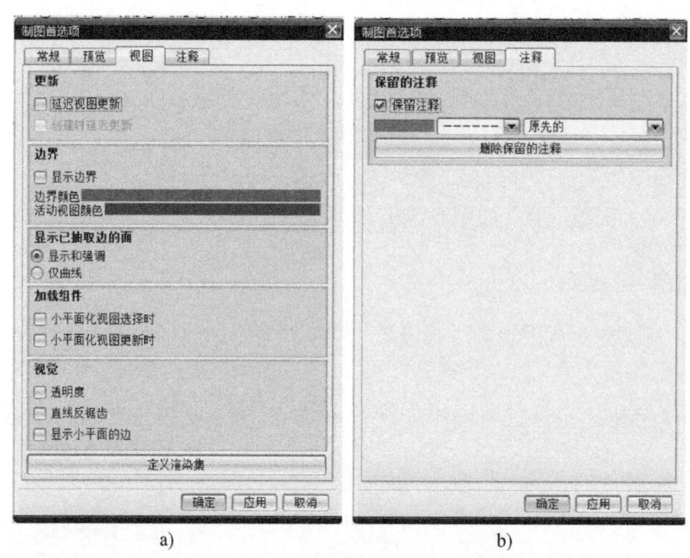

a)　　　　　　　　b)

图5-41　“制图首选项”的编辑

a）“视图”选项卡　b）“注释”选项卡

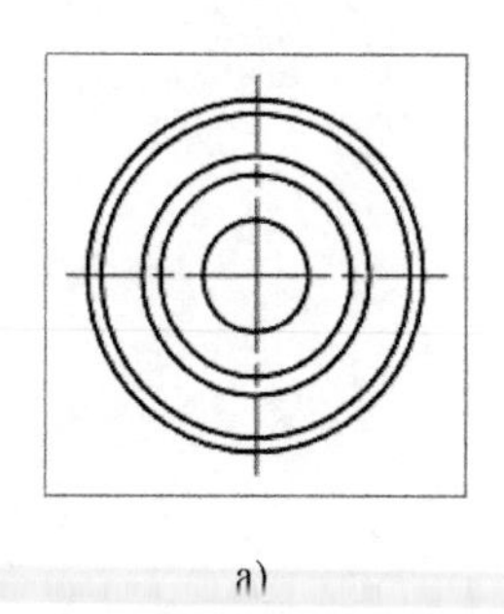

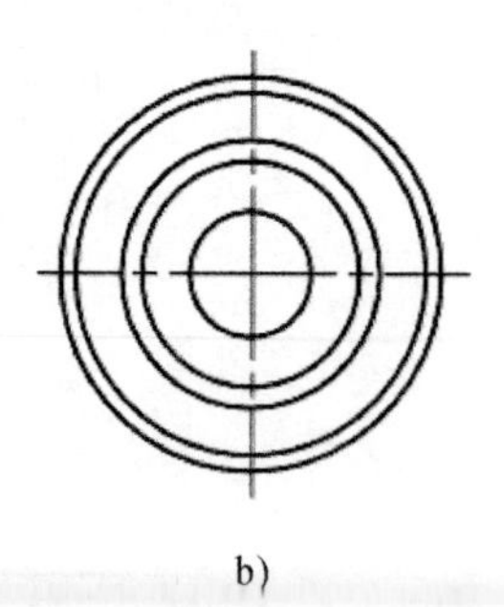

a)　　　　　　　　b)

图5-42　显示边界的设置

a）选中“显示边界”　b）不选中“显示边界”

2. 剖切线首选项

单击“首选项”→“剖切线”，或在“制图”工具栏中单击“剖切线首选项”命令按钮，系统将弹出如图5-43所示的“剖切线首选项”对话框。该对话框中各操作命令简要介绍如下：

（1）标签 选中“显示标签”复选框，系统将自动在剖切线及剖视图上添加标签；“字母”文本框中显示的是当前标注的字母。

（2）尺寸 该选项区用于设置剖切线的箭头、引线段尺寸。

（3）偏置 选中“使用偏置”复选框后，剖切线位置会较光标位置偏置一定的距离。

（4）设置 该选项区用于设置剖切线的标准、颜色和宽度。图5-43所示的“标准”为国家标准规定的剖切线样式。

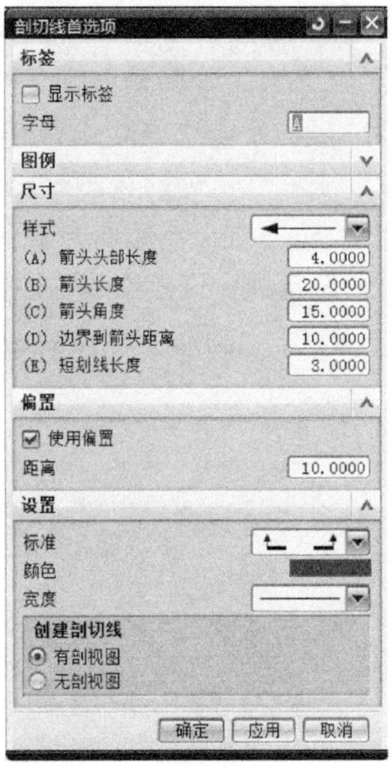

图5-43 “剖切线首选项”对话框

3. 视图首选项

“视图首选项”用于设定视图有关的显示特性，包括常规、隐藏线、可见线、光顺边、虚拟交线、追踪线、截面线、局部放大图及螺纹等。

单击“首选项”→“视图”，或单击“图纸”工具栏中的“视图首选项”命令按钮，系统将弹出如图5-44所示的“视图首选项”对话框。该对话框中各操作命令简要介绍如下：

（1）常规 该选项卡中各操作命令的功能如下：

1）参考：选中该复选框后，投影所得的视图只有参考符号和视图边界，不能表达模型特征，其对比效果如图5-45所示。

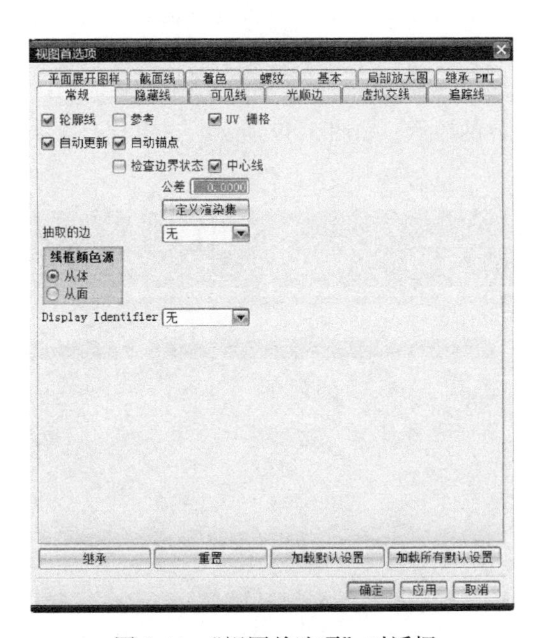

图5-44 “视图首选项”对话框

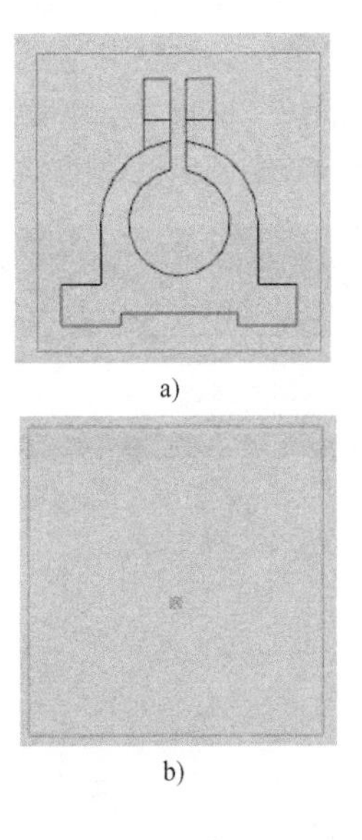

a)

b)

图5-45 “参考”控制的视图显示效果

a）未选中“参考”复选框 b）选中“参考”复选框

2）UV 栅格：该复选框主要用于曲面特性显示中，用于区别曲面特征和曲线特征。选中“UV 栅格”复选框后，曲面上将有 UV 栅格出现。

3）自动更新：该复选框主要用于修改模型后的视图自动更新。

4）中心线：创建视图时，若选中了该复选框，系统将在对称位置处自动添加中心线。

（2）隐藏线　该选项卡中（见图 5-46）各操作命令的功能如下：

1）隐藏线：该复选框主要用于设定模型内部不可见轮廓线的线型。图 5-47a、b 所示为选中“隐藏线”复选框，并设定隐藏线型分别为“不可见”和“虚线”时的显示效果。其余线型效果类似。

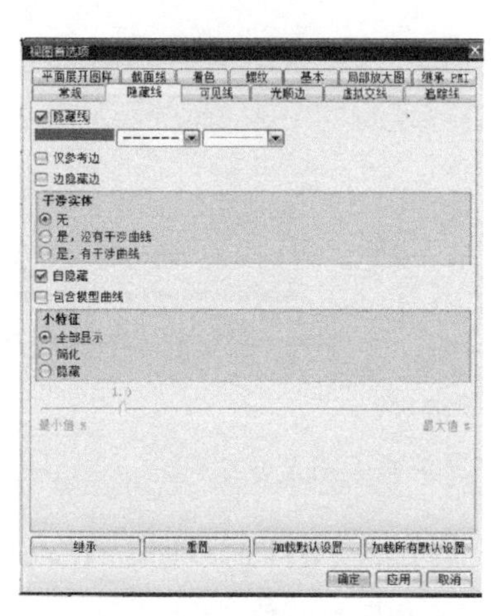

图 5-46 “隐藏线”选项卡

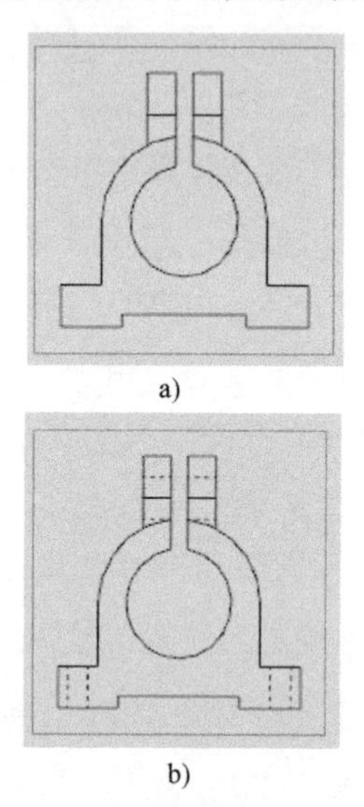

图 5-47　不同隐藏线的显示效果

a）设定隐藏线为不可见

b）设定隐藏线为虚线

2）边隐藏边：零件的棱边在投影的过程中可能会出现重叠的现象，选中该复选框后，视图将显示所有的隐藏边。该复选框在制图中通常都不选中。

（3）可见线　该选项卡主要用于控制视图轮廓线的颜色、线型与线宽，如图 5-48 所示。

（4）光顺边　该选项卡主要用于控制模型相切处边界的显示，如图 5-49 所示。选中与不选中该复选框的显示效果的区别如图 5-50 所示。

注意：国家标准中应选择不需要显示光顺边。

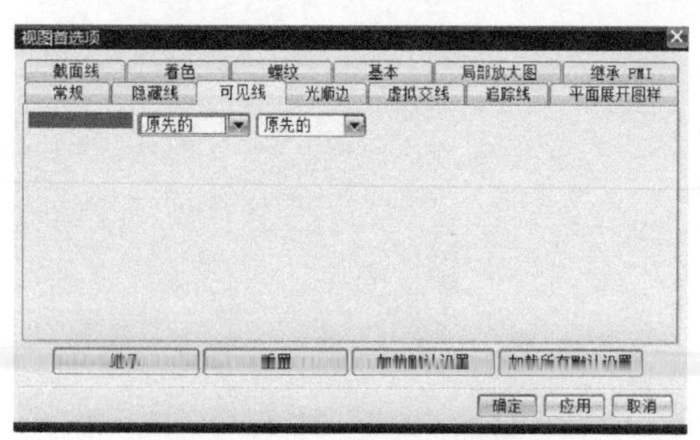

图 5-48 “可见线”选项卡

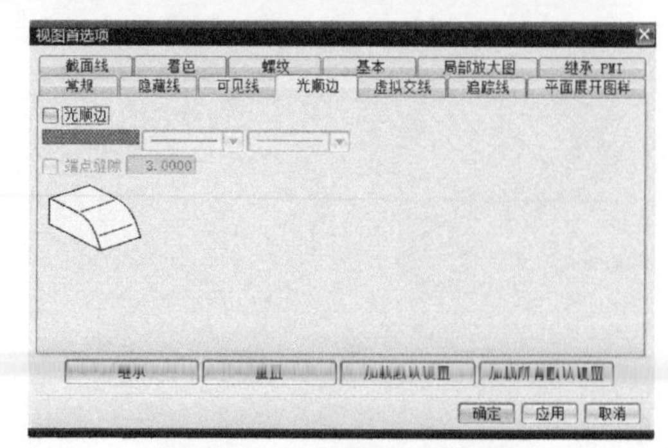

图 5-49 “光顺边”选项卡

（5）截面线　截面即剖面，该选项卡主要用于对剖视图轮廓边和剖面线的控制，一般选中如图5-51所示的4个复选框。该选项卡中各操作命令简要介绍如下：

1）背景：该复选框主要用于控制剖面与背面投影轮廓线的显示。选中该复选框，则显示背景线；否则，只显示剖面，如图5-52所示。

2）剖面线：该复选框主要用于控制剖视图中剖面线的显示。

3）装配剖面线：该复选框主要用于控制装配图中剖面线方向的显示。选中该复选框，则零件与零件之间的剖面线以不同的方向显示。

（6）螺纹　该选项卡主要用于选择工程图中螺纹的显示方式。按国家标准规定应默认“螺纹标准”为“ISO/简化的”，如图5-53所示。

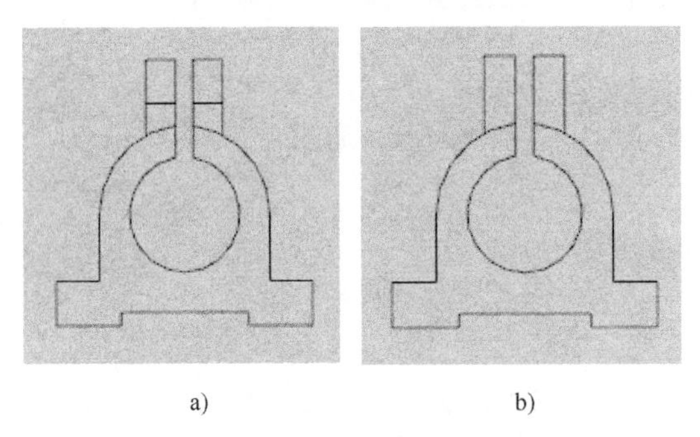

a)　　b)

图5-50　“光顺边”控制的视图显示效果

a）未选中“光顺边”复选框　b）选中“光顺边”复选框

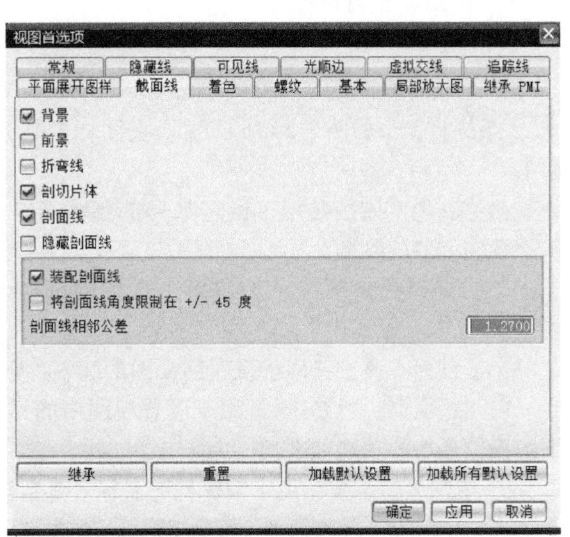

图5-51　“截面线”选项卡

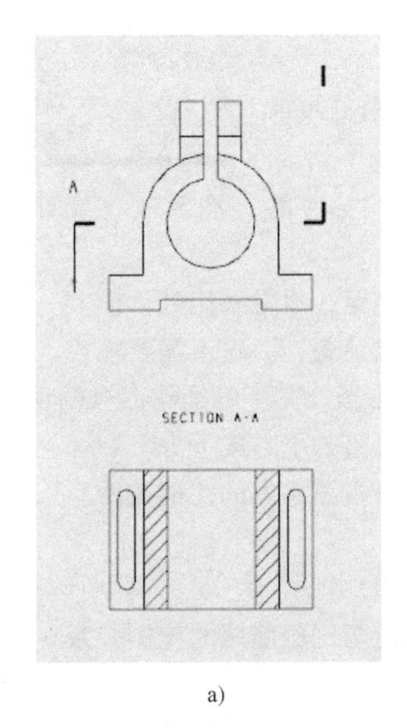

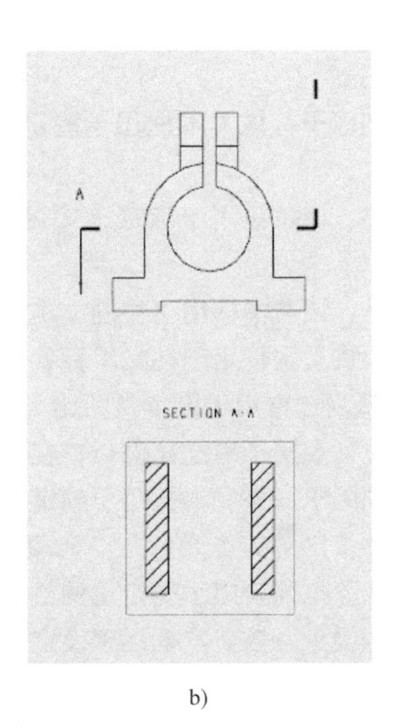

a)　　b)

图5-52　“背景”复选框控制的剖视图显示效果

a）选中“背景”复选框　b）未选中“背景”复选框

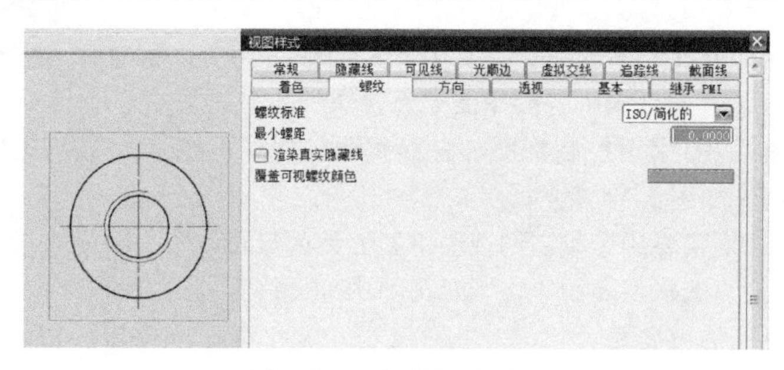

图 5-53 “螺纹”选项卡

4. 视图标签首选项

视图标签首选项主要是用于设定剖视图、向视图和局部放大图等特殊视图的标注样式。

单击“首选项”→“视图标签”，或单击“图纸”工具栏中的“视图标签首选项”命令按钮，系统将弹出如图 5-54 所示的“视图标签首选项”对话框。该对话框中各操作命令简要介绍如下：

（1）其他　该按钮用于设定除局部放大图、剖视图之外所有视图标签的参数。

（2）局部放大图　该按钮用于设置局部放大图的标签参数。

（3）截面　该按钮用于设置剖视图的标签参数。

1）视图标签：该复选框用于设置视图中的标签参数。其下各操作命令的功能如下：

① 视图名：该按钮用于编辑视图名标号参数。

② 视图字母：该按钮用于编辑视图标签的内容及参数。

③ 前缀：该文本框用于设定视图名称（系统默认的前缀为“VIEW”、局部放大图为“ETAIL”、截面为“SECTION”。

④ 字母格式：有 A、A-A 两种表达方式，操作者可根据不同的视图样式进行选择。

⑤ 字母大小比例因子：该文本框用于确定视图字母与前缀字体大小的比例。

⑥ 父项上的标签：该按钮用于确定“父视图”中标签的形式。

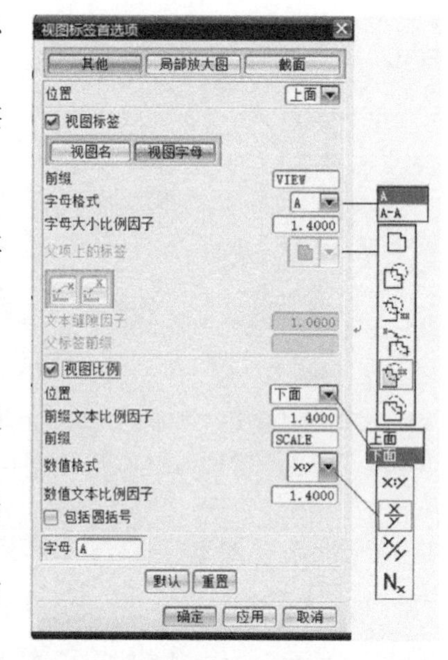

图 5-54 “视图标签首选项”对话框

⑦ 文本缝隙因子：该文本框用于控制文本间的间距，通常采用默认值。

⑧ 父标签前缀：该文本框用于在父组标签前添加前缀，一般不需要输入。

2）视图比例：该复选框用于设置视图比例标签参数。其下各操作命令的功能如下：

① 位置：该下拉列表用于确定比例标签在视图标签的上方或下方。

② 前缀文本比例因子：该文本框用于确定文本与视图文本的比例关系。

③ 前缀：系统默认比例的前缀名为“SCALE”。

④ 数值格式：该下拉列表用于确定比例值的格式。

⑤ 数值文本比例因子：该文本框用于设定比例值与比例前缀的比例关系。

5. 注释首选项

注释首选项主要是用于设定标注及注释中的文字、尺寸、箭头/直线等的样式。

单击“首选项”→“注释”，或单击“制图”工具栏中的“注释首选项”命令按钮，系统将弹出如图5-55所示的“注释首选项”对话框。该对话框中各操作命令简要介绍如下：

（1）“尺寸”选项卡

1）显示第1边延伸线和第1边箭头：该按钮可分别控制尺寸线第1边延伸线和第1边箭头的显示，如图5-56所示。

2）显示第2边延伸线和第2边箭头：该按钮可分别控制尺寸线第2边延伸线和第2边箭头的显示，如图5-56所示。

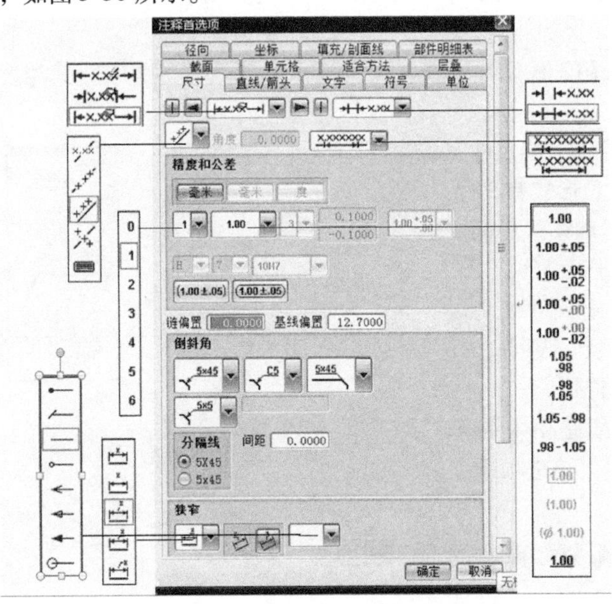

图5-55 “注释首选项”对话框

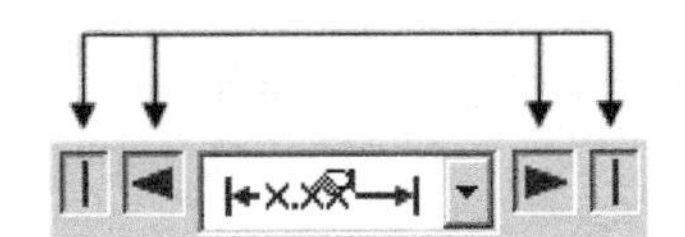

图5-56 “控制第1、2边延伸线”和“第1、2边箭头显示”的按钮

3）文本放置方式：该下拉列表提供了以下3个可选项：

①：使用这种样式，尺寸值将自动放置在尺寸线中间。

②：使用这种样式，箭头将手动放置在尺寸引出线外侧。

③：使用这种样式，箭头将手动放置在尺寸引出线内侧。

4）引出线内的尺寸线：该下拉列表提供了以下两个可选项：

①：使用这种样式，箭头之间没有连接的尺寸线。

②：使用这种样式，箭头之间有连接的尺寸线。

5）尺寸线上方文本放置方式：该下拉列表提供了以下5个可选项：

①：尺寸字符总是水平方向放置，常用来标注角度、半径、直径。

②：尺寸字符平行镶嵌在尺寸线内。

③：尺寸字符平行放置在尺寸线上方，是国家标准中常用的标注尺寸文本的方式。

④：尺寸字符垂直地镶嵌在尺寸线内。

⑤：尺寸字符与尺寸线成任意角度放置，可在角度文本框中输入角度值。

6）精度和公差：该选项区提供了以下两个可选项：

① 基本尺寸精度：该下拉列表用于设定小数点后的位数。

② 尺寸公差类型：该下拉列表用于选择相应的公差类型。

7）偏置值：该选项区提供了以下两个可选项：

① 链偏置：该文本框主要用于链标注尺寸，国家标准默认偏置值为零。

② 基准线偏置：两尺寸线间的偏置值，可根据两尺寸线需要的间隔输入偏置值。

8）倒斜角：该选项区提供了以下3个可选项：

① 文本式样：该下拉列表用于确定倒角文本的式样，如图5-57a所示。

② 文本与导引线位置关系：该下拉列表用于确定文本与导引线的相对位置，其类型如图5-57b所示。

③ 导引线与倒角位置关系：该下拉列表用于确定导引线与倒角成水平或垂直的关系，其类型如图5-57c所示。

9）狭窄：该下拉列表用于尺寸线较短的情况，当尺寸字符放不下时，可以指定字符的放置方法，其放置形式有5种：无、没有指引线、带有指引线、横线上的文本和横线后的文本。尺寸字符的放置位置可设置为水平或平行于尺寸线。

10）尺寸端部式样：该下拉列表用于指定尺寸线的端部式样，有8种形式：填充的圆点、横向、无、圆点、开放的箭头、封闭的箭头、填充的箭头及圆点符号。

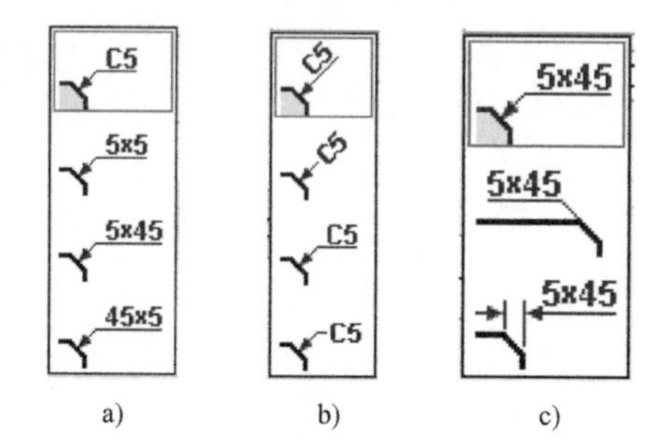

图5-57　倒角参数设置

（2）“直线/箭头”选项卡　尺寸标注线是由左右箭头、尺寸线、指引线构成的，如图5-58所示。该选项卡中各操作命令简要介绍如下：

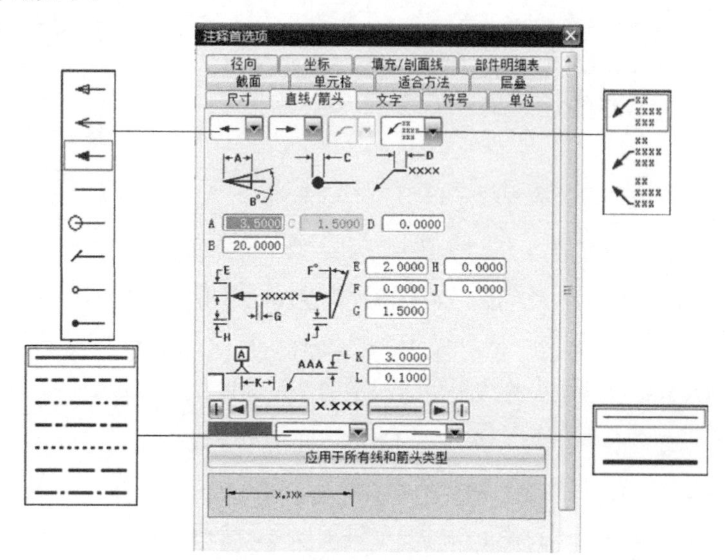

图5-58　“直线/箭头”选项卡

1）箭头类型：该下拉列表中列出了可选用的左、右箭头的样式，国家标准常用实心箭头。

2）指引线输出位置：该下拉列表中提供了3种可选类型：指引线出自顶部、指引线出自中间、指引线出自底部。

3）尺寸线颜色、线型、线宽：如果只是单独控制某个标注的左、右指引线，箭头，尺寸线的颜色、线型、线宽，可选择要设定的各部分 X.XXX 的颜色、线型、线宽，单击“应用”按钮即可。如果整个制图标注的尺寸线为同样的颜色、线型、线宽，则单击“应用于所有线和箭头类型”按钮。

（3）“文字”选项卡　该选项卡可用于设定文本之间的对齐方式、字体、字符大小及颜色等属性，如图5-59所示。

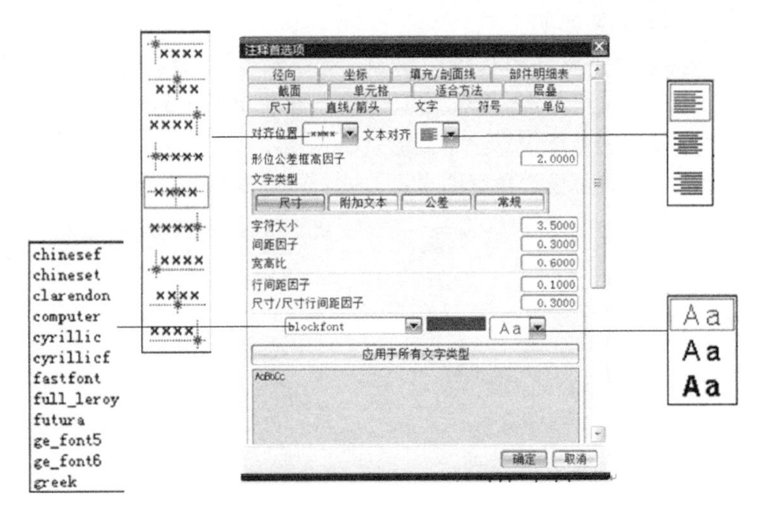

图5-59 “文字”选项卡

1）文字类型：该标签下提供了四个可选项。

① 尺寸：该按钮用于控制标注尺寸的属性，如字体的大小、间隙因子控制字符的间距、宽高比控制字体的宽度和高度。

② 附加文本：该按钮用于设定前后缀字符的大小，如“4-R5”中的“4-”为附加在尺寸前的前缀。

③ 公差：该按钮用于设定公差字符的大小。

④ 常规：设定一般字符的大小，如汉字标注的技术条件等。

2）其他属性：

① 对齐位置：该下拉列表用于指定字符的参考点，当进行定位时，以参考点作为定位的基准点。

② 文本对齐：该下拉列表用于指定文字的对齐方式：左对齐、中对齐及右对齐。

③ 形位公差（按照国家标准规定，形位公差应改为几何公差，但本书所用软件中仍为形位公差，为了与软件统一，此处仍用形位公差）框高因子：该文本框用于指定形位公差的框高。

④ 间距因子：该文本框用于控制多行的行距。

⑤ 字体：该下拉列表提供了多种字体样式。如果输入汉字，需要单击“一般”，然后设定字体为chinesef。在标注时可按一般的汉字输入法输入汉字。

⑥ 颜色：该下拉列表用于设定文字的颜色。

注意：如果对所有的字符设定同样的颜色、字型等，应选择颜色值和线型，并单击“应用于所有文字类型”按钮→“应用”按钮，以实现功能操作。

(4)“符号”选项卡　该选项卡主要用于设置各种符号的颜色、线型、线宽参数，如图5-60所示。该选项卡中各操作命令简要介绍如下：

1）标识：该选项区用于设定标注的标号样式，如装配图的零件引出号。

2）交点：该选项区用于设定线的交点样式，如倒圆后不存在的交点。

3）目标：该选项区用于指定一个任意点的属性设定，这一点可用于虚拟圆心等。

4）中心线：该选项区用于设定视图中的中心线样式。

5）形位公差：该选项区用于需标注的形位公差的属性设定。

(5)“单位”选项卡　该选项卡主要用于与国家标准有关的绘图单位的设置，如图5-61所示。该选项卡中各操作命令简要介绍如下：

1）小数点与抑制尾零：该下拉列表可设定小数点用圆点表示，小数点后有效数字后的尾零不显示。

2）公差形式：该下拉列表可设定公差放在尺寸后，如3.050±.005。

3）标注单位：该下拉列表可设定标注单位形式。

4）角度格式：该下拉列表可设定角度的显示方式：十进制或度分秒。

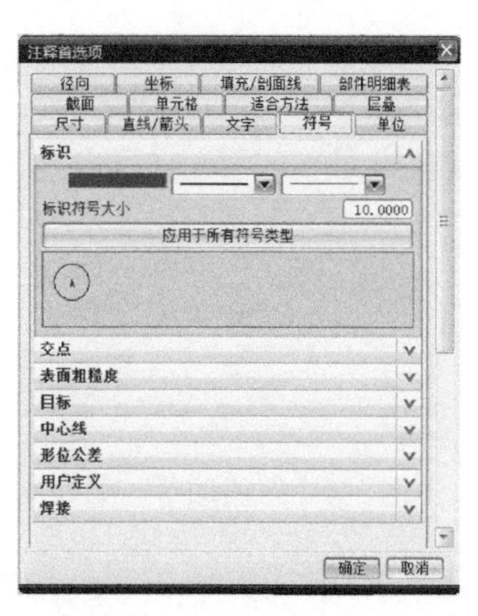

图5-60　“符号”选项卡

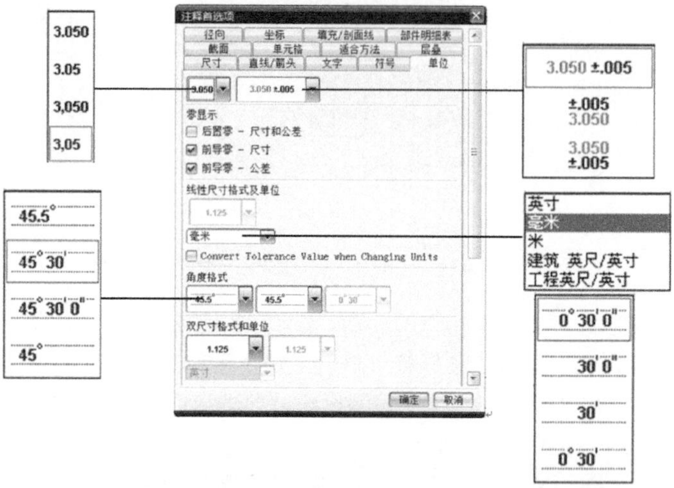

图5-61　“单位”选项卡

(6)“径向”选项卡　该选项卡主要用于对直径、半径标注符号进行设置，如图5-62所示。该对话框中各操作命令简要介绍如下：

1）径向符号放置位置：该下拉列表可设定径向符号的放置位置。

> 注意：国家标准规定，径向符号应放置在尺寸前。

2）直径符号：该文本框用于设定直径的符号。国家标准规定，以Φ表示直径。

3）半径符号：该文本框用于设定半径的符号。国家标准规定，以R表示半径。

4）径向尺寸值放置：该按钮用于设定尺寸线与尺寸值的位置。国家标准规定径向尺寸值在尺寸线上，即选择 ø1.0 选项。

5）直径符号Φ与值的间隔：该文本框用于设定符号及数字之间的距离值A。

6）折叠半径标注：该文本框用于设定折叠角度B。

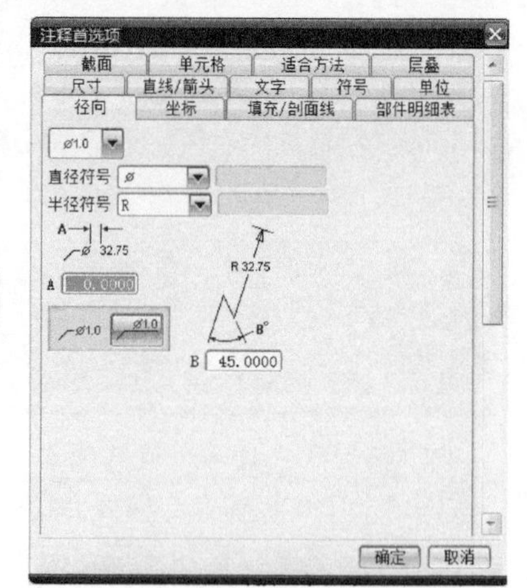

图5-62　“径向”选项卡

5.2.3　视图的创建与编辑

UG NX的工程图模块提供了多种可选的常用视图表达方式，如基本视图、投影视图（即向视图）、剖视图（包括全剖视图、半剖视图、局部剖视图和旋转剖视图等）及局部放大图等。

不过当前版本暂不支持直接生成“局部视图”和“移出断面图”，使用者可以通过对投影视图和全剖视图进行修改的方式，间接获取这两种视图表达。

1. 基本视图

基本视图包括前视图、后视图、左视图、右视图、上视图、俯视图及轴测图(正等轴测图和正二测视图)。

一张完整的 UG NX 工程图至少要包含一个基本视图，并以此为投影基础添加其他视图，该基本视图又称为“父视图”。

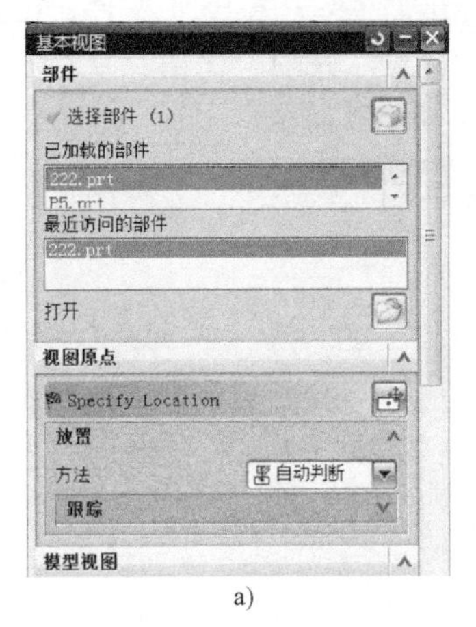

a)

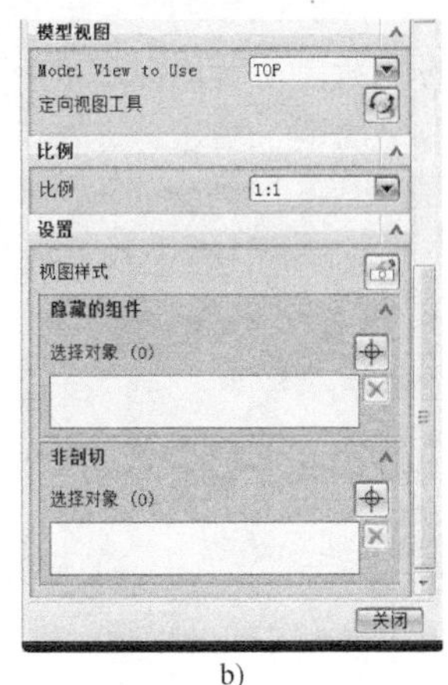

b)

图 5-63 “基本视图”对话框

单击菜单栏“插入”→“视图”→“基本”，或单击“图纸”工具栏中的“基本视图”命令按钮，系统将弹出如图 5-63 所示的“基本视图”对话框。该对话框中各选项简要介绍如下：

（1）部件　该选项区用于选择所需创建工程图的目标部件。使用者可在“已加载的部件”下的文本框中直接选中或单击打开按钮，调入目标部件。

（2）视图原点　该选项区可用于指定视图的原点位置，用于放置主视图。

注意：一般情况下，使用“自动判断”的方式，即通过移动光标来确定原点位置。

（3）模型视图　该选项区用于指定作为“主视图”的“基本视图”样式。

① “Model View to Use（使用的模型视图）”：该下拉列表中包含了 8 种基本视图样式，使用者可根据需要选择一种作为“主视图”。

② 定向视图工具：单击按钮，系统将弹出如图 5-64 所示的“定向视图”对话框，使用者可在该对话框下调整模型的预览方位。

注意：该命令多用于调整轴测图的显示方位。

（4）比例　该选项区可用于设置视图的缩放比例。除了下拉列表中提供的基本比例外，使用者还可以通过“比率”和“表达式”两种方式设定自定义的比例形式。

（5）设置　该选项区可用于设置绘图参数。单击“视图样式”后的按钮，系统弹出“视图样式”对话框，如图 5-65 所示。使用者可在该对话框中对图形隐藏特征的显示与否、线型、螺纹样式等绘图参数进行设定。

图 5-64 “定向视图”对话框

【例 5-1】 创建如图 5-66 所示的基本视图。

其具体操作步骤如下。

(1) 新建工程图文件　打开文件夹中的P5.1文件，在模型界面下单击“新建”命令。在系统弹出的“新建”对话框中单击“图纸”选项卡，在“模板”选项区中选择“空白”，如图5-67所示。单击“确定”按钮，进入“制图”界面。

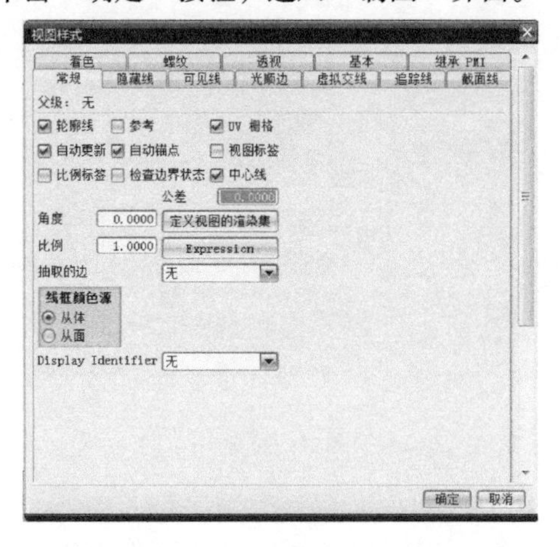

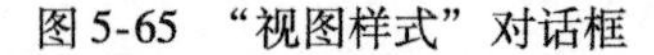
图5-65　“视图样式”对话框

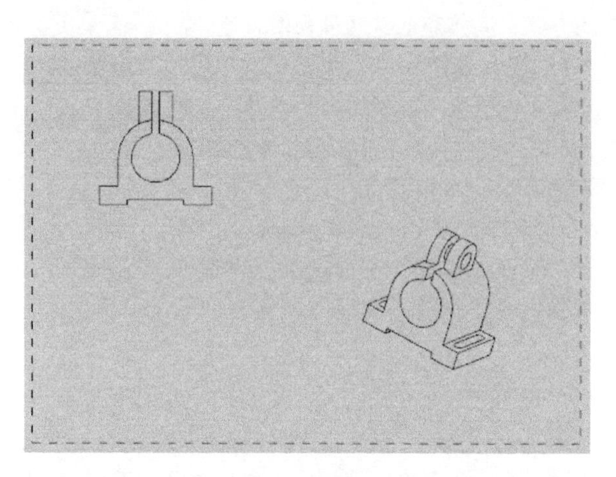

图5-66　【例5-1】图

注意：新建工程图有多种方式，使用者可自行尝试。

(2) 修改图纸参数　暂时关闭“基本视图”对话框，单击菜单栏“编辑”→“图纸页”，系统弹出如图5-68a所示的“图纸页”对话框。在该对话框中的“大小”选项区中选中“定制尺寸”单选按钮，在“高度”文本框中输入“210”，在“长度”文本框中输入“297”，如图5-68a所示。单击“确定”按钮，即可得到如图5-68b所示的图纸形式。

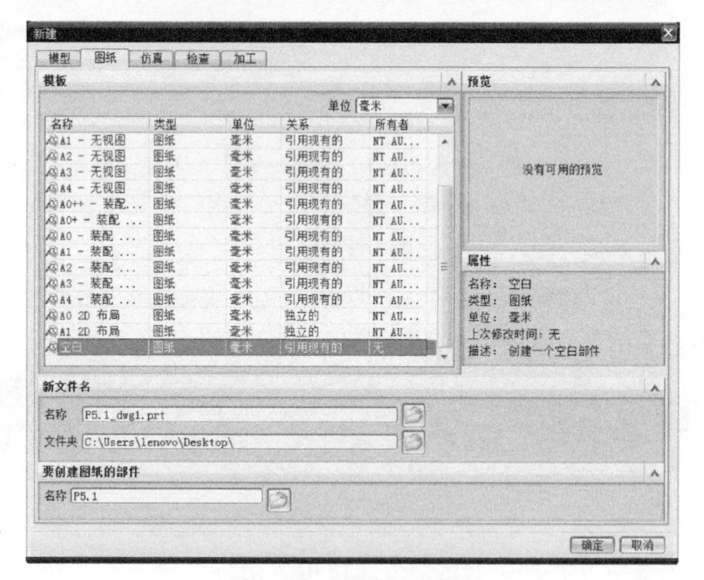

图5-67　“新建”对话框

(3) 创建“基本视图”　在“图纸”工具栏中单击“基本视图”命令按钮，系统弹出如图5-69a所示的“基本视图”对话框。在该对话框中的“Model View to Use”下拉列表中选择“FRONT”，并移动主视图至合适位置，单击“确定”按钮，即可得到如图5-69b所示的视图效果。

(4) 修改主视图的显示效果　选中主视图，单击鼠标右键，在弹出的快捷菜单中，单击“样式”，如图5-70a所示。系统弹出的“视图样式”对话框，在该对话框中单击“光顺边”选项卡，并取消选中“光顺边”复选框，如图5-70b所示。单击“确定”按钮，即可得到如图5-70c所示的主视图显示效果。

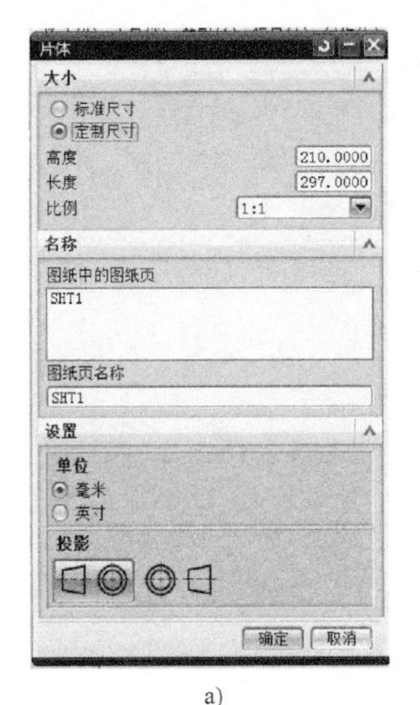

a)

b)

图 5-68 图纸页的创建

a）对“图纸页”对话框的设置 b）创建的 A4 幅面、无标题栏图框

a)

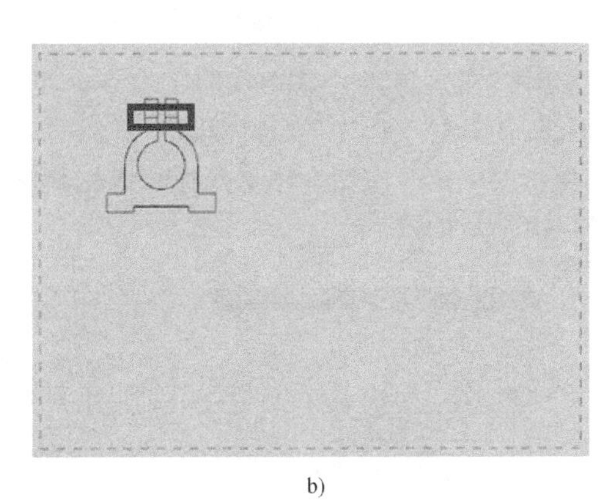

b)

图 5-69 基本视图的创建

a）“基本视图”对话框 b）创建的主视图

注意：

1）系统默认设置下的“基本视图”显示保留了曲面与平面间的相切过渡线，如图 5-69b 所示的红色矩形框部分。但根据制图习惯，这些过渡线是应该省略掉的，使用者在绘图过程中要特别注意这一点。

2）将光标移至主视图附近，可见主视图周围有一圈红色的动态矩形框，单击该红色矩形框即可选中主视图。选中后，矩形框变成橘色。

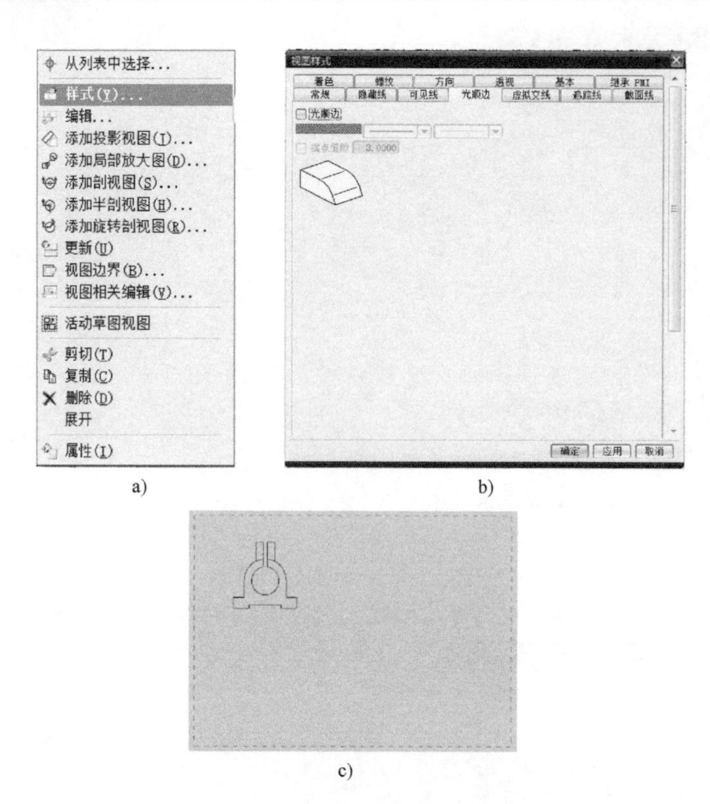

a)　　b)

c)

图 5-70　修改主视图的显示效果

a）快捷菜单　b）“视图样式”对话框　c）修改过显示样式的主视图

（5）添加轴测图　再次调用“基本视图”命令，在系统弹出的“基本视图”对话框中，单击“定向视图工具”命令按钮，弹出“定向视图”对话框。在该对话框中调整三维模型显示效果，如图 5-71a 所示。单击“确定”按钮，移动光标将该轴测图移至合适位置，再次单击“确定”按钮，即可得到如图 5-71b 所示的效果。

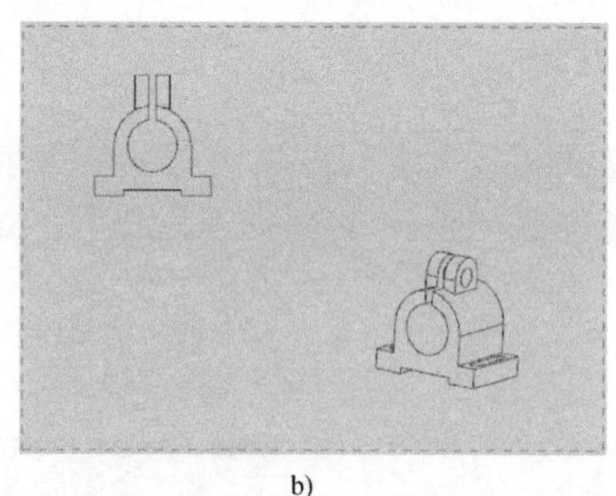

a)　　b)

图 5-71　添加轴测图

a）在“定向视图”窗口中调整模型　b）将轴测图移至图纸合适位置

（6）修改轴测图的显示效果　采用步骤（4）的方式，去掉轴测图中的“光顺边”，即可得到如图 5-66 所示的视图表达效果。

2. 投影视图

投影视图是根据“父视图”来创建正交视图或辅助视图的一种添加视图的方式(类似向视图的概念)。

（1）基本的投影视图　在菜单栏单击“插入”→“视图”→“投影”，或单击“图纸”工具栏中的“投影视图”命令按钮，系统弹出如图5-72所示的“投影视图”对话框。该对话框中各操作命令简要介绍如下：

1）父视图：该选项区主要用于指定决定新建视图投影关系的“父视图”。

2）铰链线：该选项区指导用户设定一条与投影方向垂直的参考线，视图将沿与铰链线垂直的方向投影。

3）移动视图：该选项区用于将已生成的投影视图移动至光标指定的位置上。

【例5-2】 创建如图5-73所示的投影视图。

图5-72 “投影视图”对话框

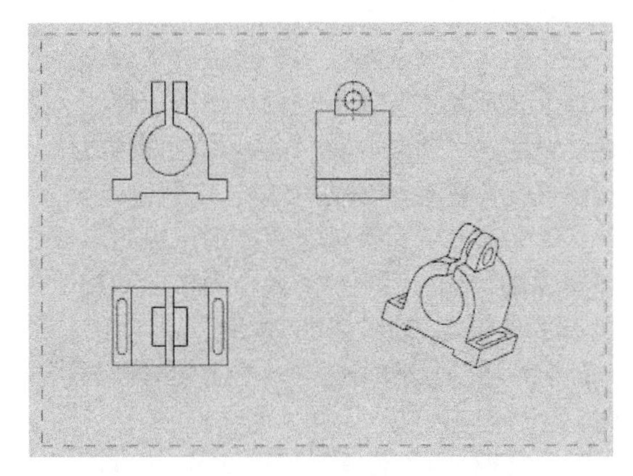

图5-73 【例5-2】图

其具体操作步骤如下。

（1）创建左视图 打开【例5-1】创建的“P5.1-dwg1.prt”文件，单击“图纸”工具栏中的“投影视图”命令按钮，在系统弹出的“投影视图”对话框中选择主视图作为“父视图”，在“铰链线”选项区中的→“矢量选项”下拉列表中选择“自动判断”，并移动动态图至合适位置，即可得到如图5-74所示的左视图。

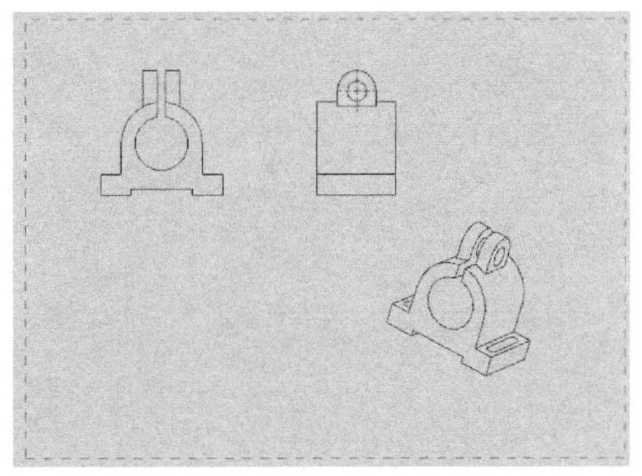

图5-74 创建的左视图

（2）创建俯视图 用步骤（1）的方式，即可创建如图5-73所示的俯视图。

3. 局部放大图

局部放大图是UG NX内置视图表达方式中的一种，即通过某一放大比例来表达零件上的细小结构。

在菜单栏单击“插入”→“视图”→“局部放大图”，或单击“图纸”工具栏中的“局部放大图”命令按钮，系统将弹出如图5-75a所示的“局部放大图”对话框。该对话框中各操作命令简要介绍如下：

（1）类型 该选项区用于指定放大区域边界线的图形类型，有圆形、按拐角绘制矩形、按中心和拐角绘制矩形3种形式，如图5-75b所示。

注意：国家标准中，局部放大区域的边界线用圆形来表示。

(2) 边界　该选项区用于指定局部放大的区域，其下有两个选项。

1) 指定中心点：用于指定放大区域的中点。

2) 指定边界点：用于指定放大区域的边界位置。

(3) 父视图　该选项区用于指定生成局部放大图的投影关系“父视图”。“父视图”通常由系统根据所选的放大区域自动指定。

(4) 比例　该选项区用于指定放大的比例。该下拉列表中除了给定的比例外，使用者还可以通过“比率”和“表达式”两种方式设定自定义的放大比例形式。

(5) 父项上的标释该选项区用于设定放大图标注的样式。该下拉列表中提供了6种可选的注释方式，如图5-75c所示。

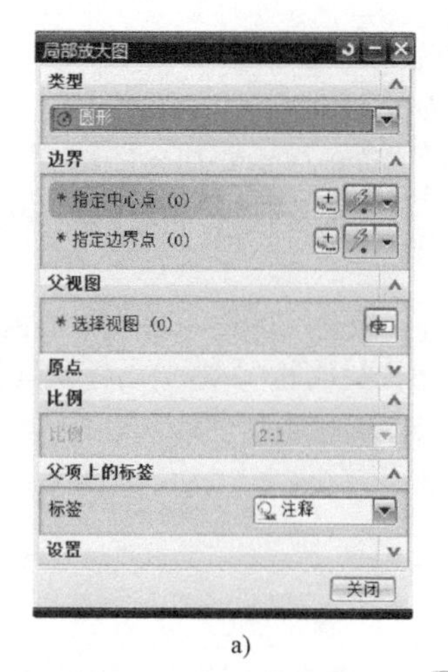

a)

b)

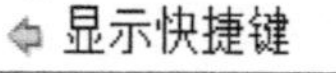

c)

图5-75　对“局部放大图”对话框的设置
a)“局部放大图”对话框　b)“类型”下拉菜单
c)“父项上的标释”下拉列表中的选项

【例5-3】　创建如图5-76所示的局部放大图。

打开【例5-2】创建的“P5.1-dwg1.prt”文件，单击“图纸”工具栏中的“局部放大图”命令按钮。在系统弹出的“局部放大图”对话框中，设置“类型”为“圆形”、“父视图”为俯视图、“比例”为“2:1”、“父项上的标释”为“注释”，如图5-77所示。单击“关闭”按钮，即可得到如图5-76所示的显示结果。

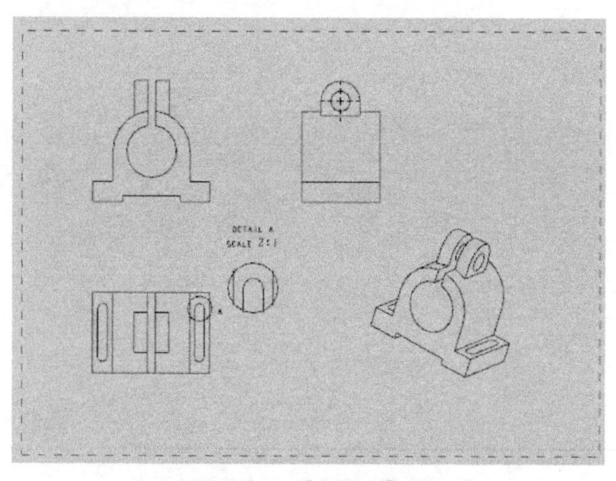

图5-76　【例5-3】图

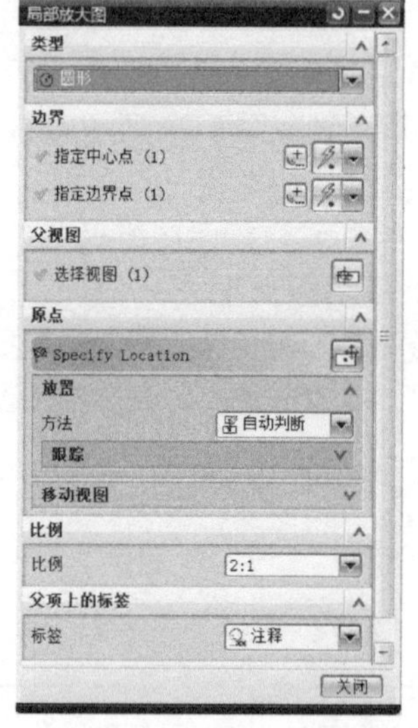

图5-77　“局部放大图”对话框的设定

4. 剖视图

剖视图是UG NX内置视图表达方式中的一种，包括剖视图、半剖视图、旋转剖视图和其他剖视图。

(1) 剖视图/阶梯剖　该剖视方式包含一个剖切段和两个箭头段，以一个平面或阶梯平面通过零件。在菜单栏单击“插入”→“视图”→“截面”，或在“图纸”工具栏中单击“剖视图”命令按钮，系统将弹出如图5-78所示的“剖视图”对话框。

图5-78 “剖视图”对话框（一）

根据该对话框提示，在选择了建立剖切关系的父视图后，对话框将展开成如图5-79a所示的形式。

1）“自动判断铰链线”命令按钮：单击该按钮，系统将自动产生动态的剖切线。使用者先指定剖切路径的中点，并以此为圆心将剖切线旋转至合理位置即可。

2）“定义铰链线”命令按钮：自动产生的铰链线，有时候难免不够精确，该命令允许使用者通过自定义的方式创建铰链线。单击该按钮，系统将弹出如图5-79b所示的用于自定义铰链线的下拉列表选项。

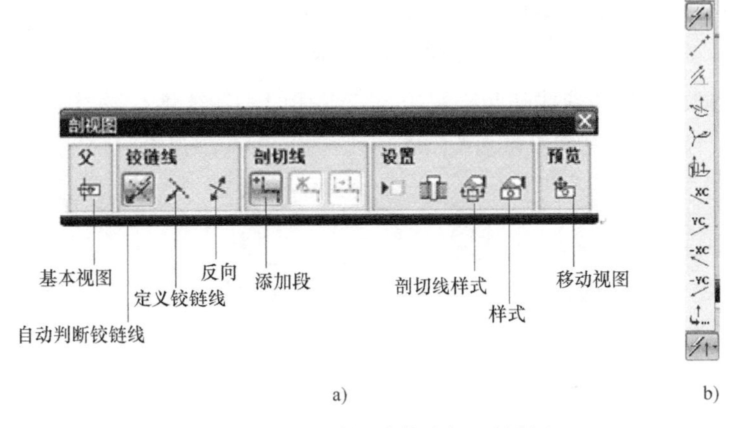

a) b)

图5-79 展开的“剖视图”对话框

a)“剖视图”对话框（二） b)“定义铰链线”下拉列表选项

3）“添加段”命令按钮：该按钮用于为阶梯剖添加剖切线。

4）“剖切线样式”命令按钮：该按钮可用于对剖切线及标注样式的设定。单击该按钮，系统将弹出如图5-43所示的对话框。

5）“样式”命令按钮：该按钮可用于对剖视图样式的设定。单击该按钮，系统将弹出如图5-44所示的对话框。

（2）半剖视图 该剖视方式由一个剖切段、一个箭头段和一个折弯段组成，最终将剖视图和未剖部分展现在一个平面上。单击“图纸”工具栏中的“半剖视图”命令按钮，或单击菜单栏“插入”→“视图”→“Half Section”，系统弹出如图5-80a所示的“半剖视图”对话框。

根据该对话框提示，在选择了建立半剖关系的“父视图”后，对话框将展开至如图5-80b所示，其具体操作方法同（1）。

（3）局部剖视图 UG NX中的局部剖视图分为立体局部剖及视图局部剖两种，现对视图局部剖的操作方法进行简要介绍。局部剖的原理是给定一个参考点，用曲线生成一个封闭的区域，该区域按照用户指定的拉伸方向拉伸出一个实体，并用这个零件布尔减去拉伸的实体得到剖切图。

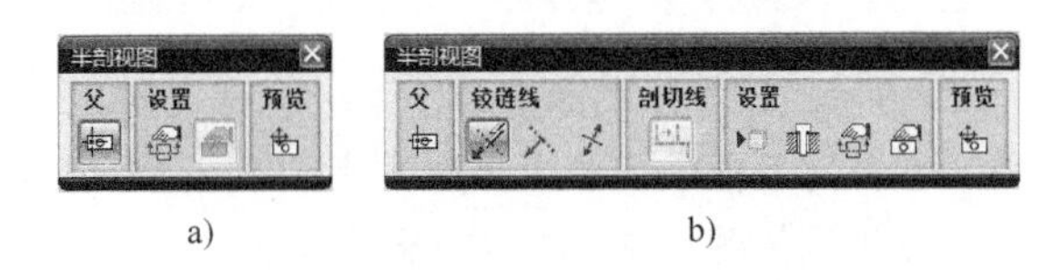

a) b)

图5-80 “半剖视图”对话框

a)“半剖视图”对话框（一） b)“半剖视图”对话框（二）

在菜单栏单击“插入”→“视图”→“局部剖”，或单击“图纸”工具栏中的“局部剖”命令按钮，系统将弹出如图5-81所示的“局部剖”对话框。对该对话框的具体操作步骤如下：

图5-81 “局部剖”对话框

1）在投影视图上单击鼠标右键，进入“扩展”视图界面，调用“艺术样条”命令绘制一根封闭曲线作为局部剖的边界，如图5-82a所示。单击鼠标右键，去掉“扩展”命令前的勾选，回到视图空间。

2）单击“局部剖”命令按钮，在系统弹出的如图5-81所示的“局部剖”对话框下，选择要剖切的视图作为“父视图”。

3）根据对话框提示，选择如图5-82b所示的圆心作为基点，并定义剖切面矢量方向为“垂直纸面向外”（一般由系统默认即可）。如需改变矢量方向，则可单击 矢量反向 命令按钮。

4）单击“局部剖”对话框中的“选择曲线”命令按钮，选择2）所建的封闭样条曲线作为剖视边界线（届时，系统将在该封闭曲线区域内生成剖视图）。单击“应用”命令按钮，即可得到如图5-82c所示的局部剖视图。

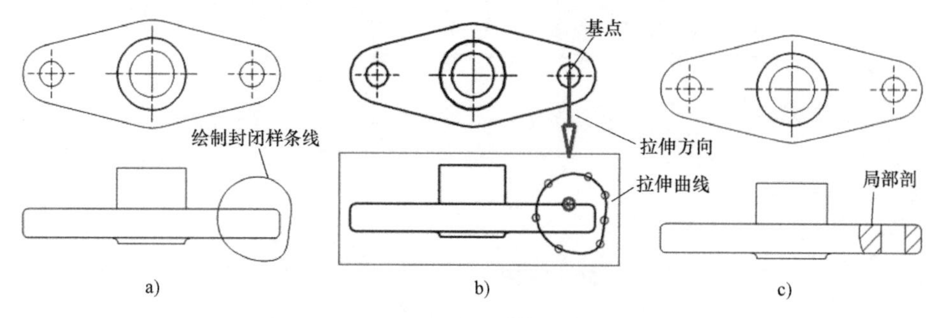

图5-82 创建局部剖视图

5. 局部视图

UG NX的固有视图模块中并没有提供局部视图的表达方式，但操作者可以通过改变投影视图的显示效果来创建局部视图。其具体操作步骤如下：

1）以投影视图的方式创建完整的视图，所需局部显示的区域应包含在该视图内，如图5-83a所示。

2）在投影视图上单击鼠标右键，进入“扩展”视图。使用“艺术样条”命令将需要局部显示的区域框选在一个封闭的曲线框内，如图5-83b所示。单击鼠标右键，去掉“扩展”选项前的勾选，回到视图空间。

注意：边界区域必须使用“艺术曲线”命令绘制，否则会造成系统的不识别。

3）再次在该投影视图上单击鼠标右键，调用“视图边界”命令，系统弹出如图5-84所示的对话框。在该对话框中切换边界形式为“截断线/局部放大图”，并选择（2）所绘封闭曲线为视图的边界，以得到如图5-83c所示的显示效果。

注意：可通过调节封闭曲线来实现不同的视图显示效果。

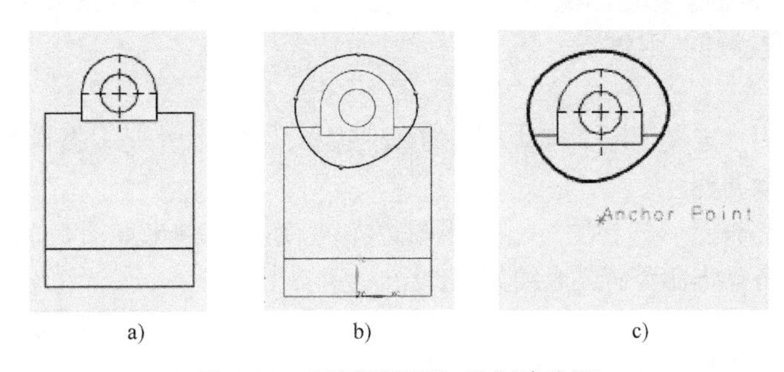

a)　　b)　　c)

图 5-83　“局部视图”的创建步骤

a）创建的“投影视图”　b）圈定局部显示的区域　c）修改视图边界后的效果

6. 移出断面图

UG NX 的固有视图模块中并没有提供“移出断面图”的表达方式，但操作者可以通过改变剖视图显示效果的形式来创建该视图效果。其具体操作步骤同局部视图。

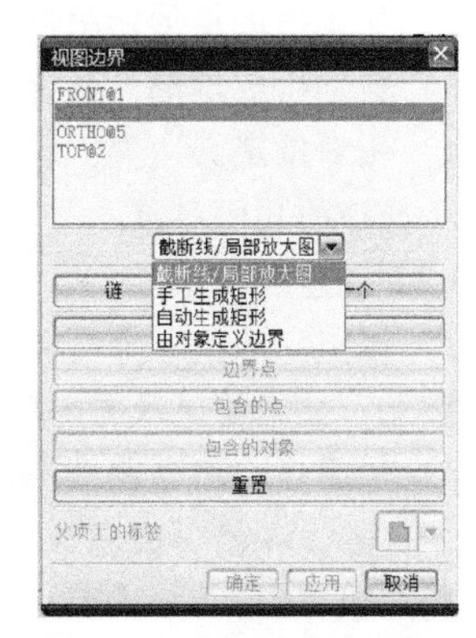

图 5-84　“视图边界”对话框

7. 移动视图

移动视图即调整视图的位置，主要有以下两种形式：

1）直接移动：选中视图并拖动时，系统会自动产生定位引导线，跟随引导线将视图放置在合理位置即可，如图 5-85a 所示。

2）命令移动：在菜单栏单击“编辑”→“视图”→“移动/复制视图”，系统将弹出如图 5-85b 所示的“移动/复制视图”对话框。该对话框中各操作命令简要介绍如下：

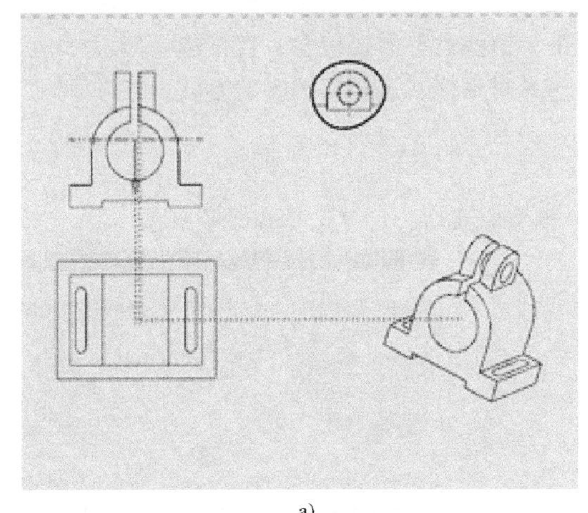

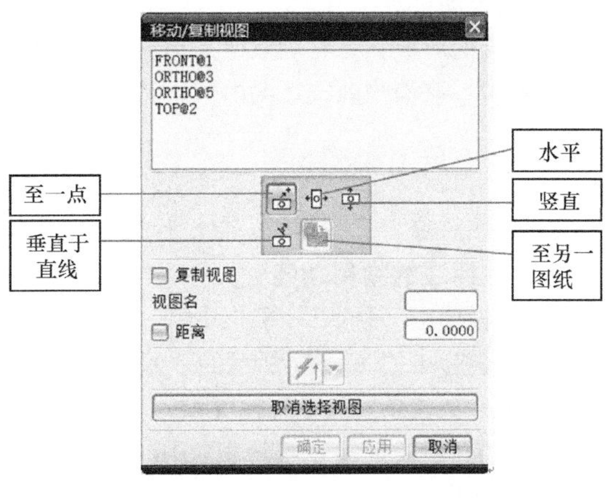

a)　　b)

图 5-85　移动视图的两种方式

a）直接移动视图　b）“移动/复制视图”对话框

1）“至一点”：移动到制图区内任一点，单击鼠标左键确定位置。

2）“水平的”：保证视图沿水平方向移动。

3）“竖直的”：保证视图沿垂直方向移动。

4）“垂直于直线”：视图沿着与折页线垂直的方向移动。

5）“至另一图纸”：将视图移动到另一图纸上。

6）“复制视图”：复制被移动的视图，可在“视图名”文本框中输入复制视图名称。

7）“距离”：确定移动的距离。

8. 视图边界

系统为每一个视图都定义了一个自动矩形的视图边界，它的大小是根据模型的最大尺寸确定的，并且在视图刷新时自动调整。

在菜单栏单击“编辑”→“视图”→“视图边界”，系统将弹出如图5-86所示的“视图边界”对话框。该对话框中各操作命令简要介绍如下。

（1）创建边界类型

1）截断线/局部放大图：用户自定义边界代替原有边界（在扩展成员视图内绘制新边界）。

2）手工生成矩形：用户自定义矩形大小确定视图边界。

3）自动生成矩形：系统原来默认的视图边界。

4）由对象定义边界：设计模型改变后，视图边界内的图形仍然包括所选择的几何对象。

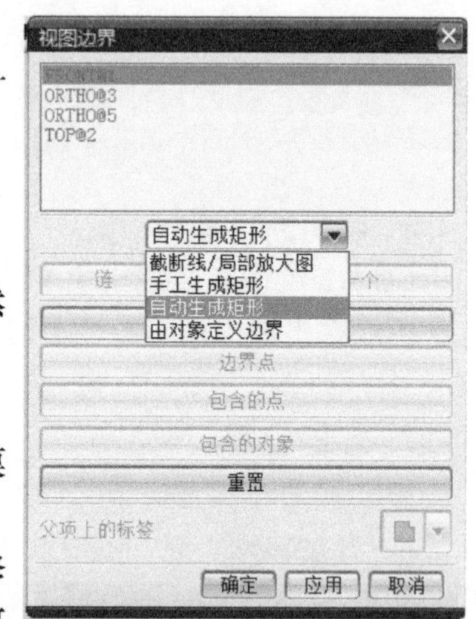

图5-86 “视图边界”对话框

（2）创建点类型

1）锚点：产生一个与模型相关的点，该点把边界区域定位在模型的点上，控制要显示的内容在边界内。

2）边界点：将断面线/详细的边界与模型特征相关，当模型修改后，视图边界相对模型改变，保证尺寸和位置修改后的模型几何仍在视图边界内。

3）包含的点：在有对象定义边界视图的情况下，哪些点需要包含，直接选择即可。

4）包含的对象：在有对象定义边界视图的情况下，哪些对象需要包含，直接选择即可。

5）重置：取消当前选择的内容，重新回到视图边界对话框，选择要编辑的参数。

5.2.4 尺寸标注

尺寸标注对象与视图相关，与设计模型也相关，模型修改后，尺寸数据自动更新。

1. 尺寸标注的常用功能

在菜单栏单击“插入”→“尺寸”或直接单击“尺寸”工具栏，都会弹出如图5-87所示的“尺寸”工具条。

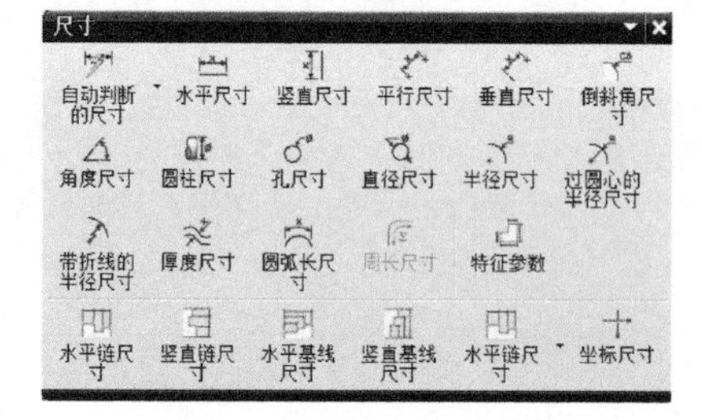

图5-87 “尺寸”工具条

（1）尺寸工具条及尺寸标注类型

1）自动判断的尺寸：系统根据用户选择线、点自动判断适合的标注尺寸。

2）水平尺寸：标注水平尺寸，可选择一条直线或两个点。

3）竖直尺寸：标注竖直尺寸，选择两点或一条直线。

4）平行尺寸：标注两点间最小距离，选择两点或直线。

5）垂直尺寸：标注一点到直线的最小距离，选择一点和一条直线。

6）倒斜角尺寸：标注倒角尺寸。

7）角度尺寸：标注两直线夹角的角度。

8）圆柱尺寸：标注圆柱形直径，在尺寸前添加直径符号“Φ”，选择两点标注。

9）孔尺寸：标注孔直径，选择圆。

10）直径尺寸：标注圆或圆弧的直径，选择圆或圆弧。

11）半径尺寸：标注半径不指向圆心，可选择圆或圆弧。

12）过圆心的半径尺寸：标注的半径指向圆心，用于圆的标注。

13）带折线的半径尺寸：标注一个虚拟圆心的半径，主要用于大半径的圆。

14）厚度尺寸：标注两个同心圆半径差。

15）圆弧长尺寸：标注圆弧的周长，用于圆弧的标注。

16）竖直链尺寸：标注一组垂直尺寸，需要选择3个点以上。

17）水平基线尺寸：标注一组水平尺寸，每个尺寸都选择第一点的基线，连续选择要标注的尺寸引出点。

18）竖直基线尺寸：标注一组竖直尺寸，每个尺寸都选择第一点的基线，连续选择要标注的尺寸引出点。

19）水平链尺寸：标注一组水平尺寸，各尺寸共享其相邻的尺寸端点，选择多个点。

20）坐标尺寸：标注点相对于原点的（X，Y）坐标值。

（2）标注悬浮工具条　选择标注类型后，在制图区域左上角出现对应的悬浮工具条，如图5-88a所示。以“水平尺寸”工具条为例，其操作命令简要介绍如下：

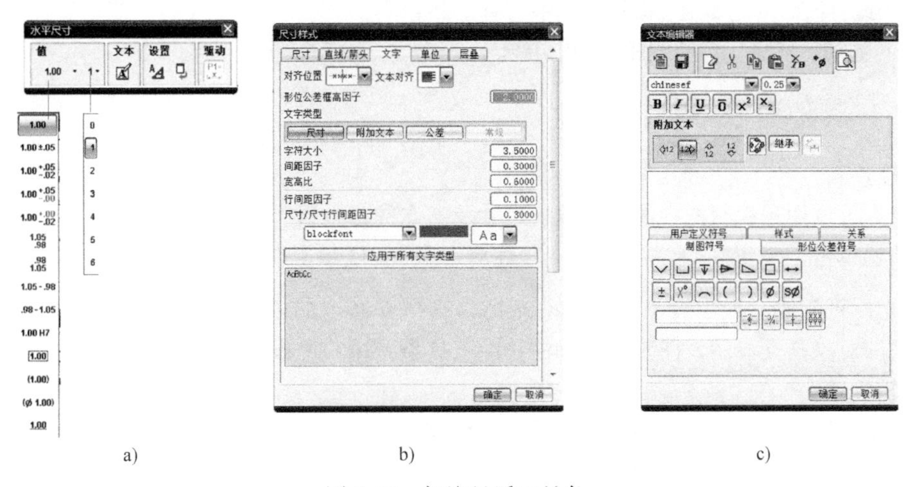

图5-88　标注悬浮工具条

a)“水平尺寸”工具条　b)“尺寸样式”对话框　c)“文本编辑器”对话框

1）尺寸样式：用于设置标注的各项参数，包括尺寸、直线，箭头、文字、单位的设置。在“水平尺寸”工具条中单击“尺寸样式”命令按钮，系统弹出如图5-88b所示的“尺寸样式”对话框，对其的设定方法同“注释首选项”。

2）尺寸精度：用于确定基本尺寸精度，即基本尺寸保留几位小数。如果需要标注的尺寸为整数，系统默认消除后续零。

3）尺寸公差：用于编辑尺寸的公差样式。

4）文本编辑器：根据不同的表达需要可在尺寸上下、左右添加标记和文本。在“水平尺寸”工具条中单击“文本编辑器”命令按钮，系统弹出如图5-88c所示的对话框。该对话框中各操作命令简要介绍如下：

① 文本编辑区：该区域主要用于文本的编辑，包括文本剪切、复制、保存等。

② 附加文本区：该区域主要用于设置附加文本添加位置，可以放在尺寸值的上、下、左、右4

个方向。

③ 文本输入区：该区域主要用于输入文本内容。

④ 符号添加区：该区域主要用于设置相应的符号。

2. 尺寸标注的修改

尺寸标注的修改一般是指标注形式的修改，而不是修改尺寸值。大多数修改在编辑或首选项中的标注对话框中进行。修改的方法是选中要修改的尺寸对象，选择要修改的内容，输入新的参数，所有的修改方法都类似于尺寸标注方法。

编辑原点主要是修改尺寸线、尺寸值、公差值的位置。编辑原点包括原点、指引线等命令。

1）原点：该命令主要用于编辑尺寸线和尺寸值的位置。在菜单栏单击“编辑”→“注释”→“原点”，系统将弹出如图 5-89 所示的“原点工具”对话框。

2）指引线：该命令主要用于编辑视图中已有的指引线，可添加、移除、编辑视图中的指引线。

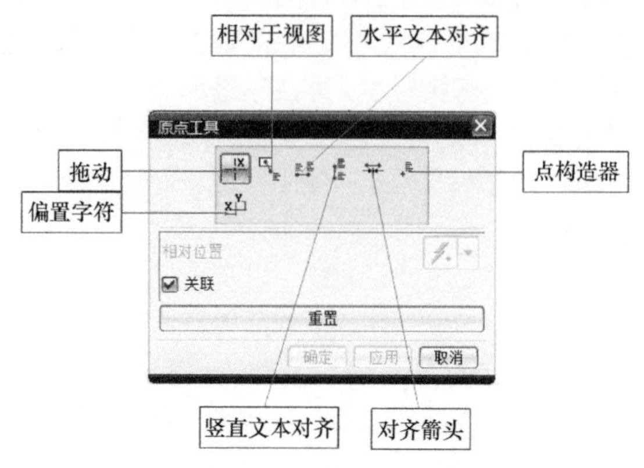

图 5-89 “原点工具”对话框

5.2.5 其他编辑

1. 编辑注释

编辑注释可以用来编辑图中的中心线、尺寸及文本的参数值。

在菜单栏单击“编辑”→“注释”→“注释对象”，或单击“制图”工具栏中的编辑注释命令按钮，光标将变成一个小扳手状。移动光标，选择要修改的中心线、尺寸或文本，单击鼠标左键，被选中的对象高亮显示，同时弹出标注悬浮工具条，用户可根据需要进行修改。

2. 编辑文本

编辑文本可用来编辑尺寸各参数，另外还可更改尺寸值，这是与编辑注释的区别。

在菜单栏单击“编辑”→“注释”→“文本”，或单击“制图”工具栏中的“编辑文本”命令按钮，光标将变成一个小扳手状，同时弹出文本悬浮工具条。移动光标，选择要修改的文本，单击鼠标左键，弹出文本框，在文本框内对文本进行修改，修改完后关闭文本框即可。

5.2.6 边框与标题栏

1. 编辑固有标题栏内容

图纸（包括标题栏与图纸的边框）可以做成模板，作为资源使用，放在右侧资源条中。固有图框内容的编辑方法如下。

（1）激活标题栏　单击菜单栏“格式”→“图层设置”，系统弹出如图 5-90a 所示的“图层设置”对话框。选中标题栏、技术说明等模板固有注释项目，系统会自动显示这些项目的所在图层，取消选中“不可见”复选框，即可激活相应注释。

（2）编辑标题栏　双击激活的注释，系统弹出如图 5-90b 所示的“注释”对话框，在该对话框中即可对注释内容进行编辑。

2. 自定义标题栏

用户也可以直接定义边框和标题栏，使用时只要调入内存即可。它们的创建、储存方式有两种：

“仅图样数据”和“一般文件方法”。

（1）仅图样数据

1）建立模式文件。下面以A4竖放图纸为例（只需首次建立），介绍该模式下的图纸创建步骤。

① 以新建模型的形式，建立一个文件名为New的新文件。

② 进入“制图”模块：在“建模”窗口的“标准”工具栏中单击“开始”→“制图”，或在工具栏区域单击鼠标右键，在弹出的“应用”工具栏中单击“制图”命令按钮，系统将进入制图模块。

③ 设置图纸页属性：在菜单栏单击“插入”→“图纸页”，或单击“图纸”工具栏中的“新建图纸页”命令按钮，系统将弹出如图5-91a所示的“图纸页”对话框。在该对话框中的“大小”选项区中选中“使用模板”单选按钮，并默认使用“A4-图纸”。单击“确定”按钮，系统将生成如图5-91b所示的默认图纸。

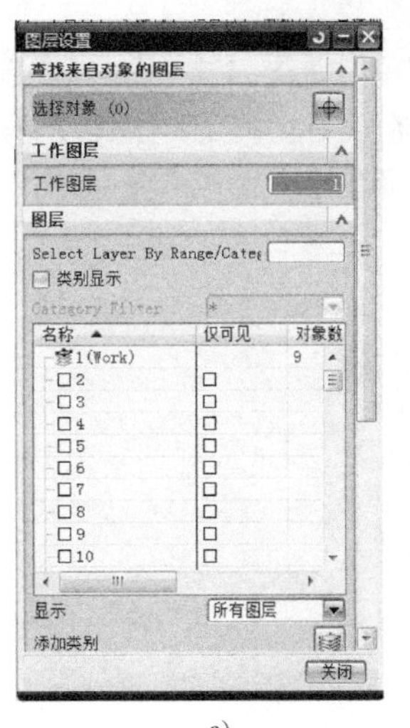

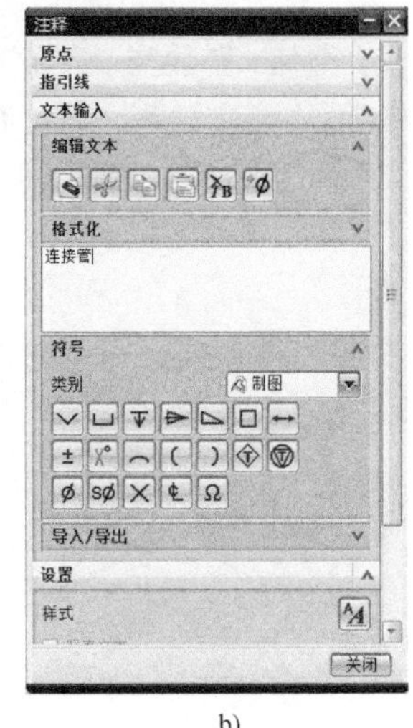

a)　　b)

图5-90　固有标题栏的编辑

a）“图层设置”对话框　b）“注释”对话框

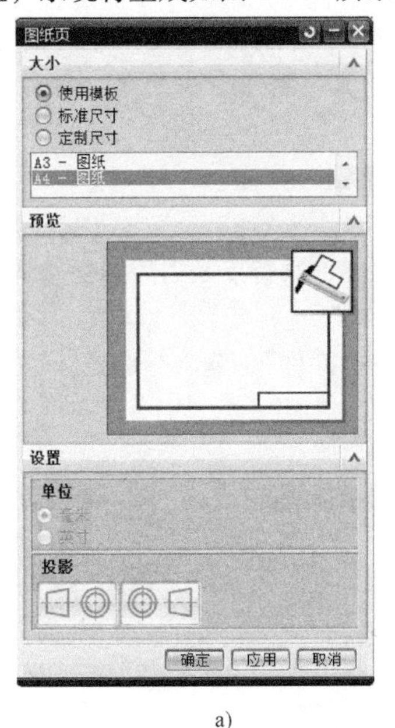

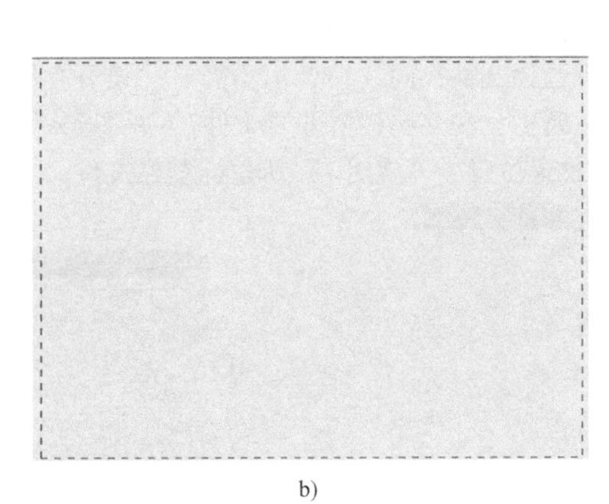

a)　　b)

图5-91　创建模式图纸页

a）“图纸页”对话框　b）生成的默认图纸

④ 绘制图框及标题栏：在菜单栏单击“插入”→“草图曲线”→“矩形”与“直线”，绘制图框及标题栏，其中图框尺寸为：长“297”、宽“210”，标题栏尺寸为：长“120”、宽“21”，如图5-92所示。

⑤ 填写标题栏：在菜单栏单击“首选项”→“注释”，在系统弹出的如图5-93所示的“注释首选项”对话框中单击“文字”选项卡，并在该选项卡中设定“字体”形式为“chinesef”，颜色为白色，“字符大小”为“5”。以此设计在步骤④所绘标题栏中输入相应汉字。在菜单栏单击“插入”→“注

释”→“注释”，即可激活汉字输入命令。

⑥ 存储文件设置：在菜单栏单击“文件”→“选项”→“保存选项”，系统将弹出如图5-94所示的“保存选项”对话框。在该对话框的“保存图样数据”选项区中选中“仅图样数据”单选按钮，单击“确定”按钮，即可存储标题栏以备后用。

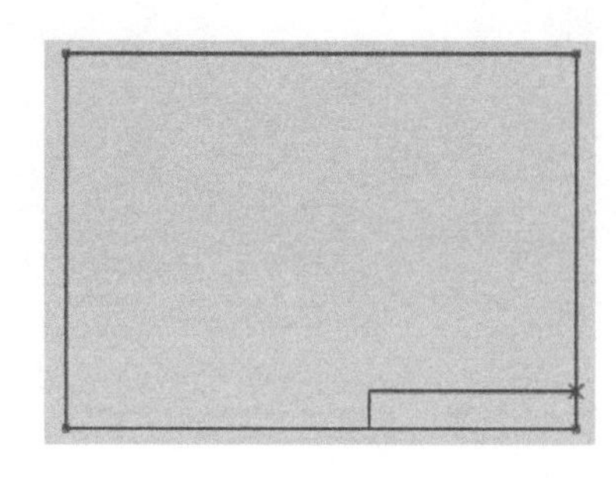

图5-92 绘制的图框及简易标题栏

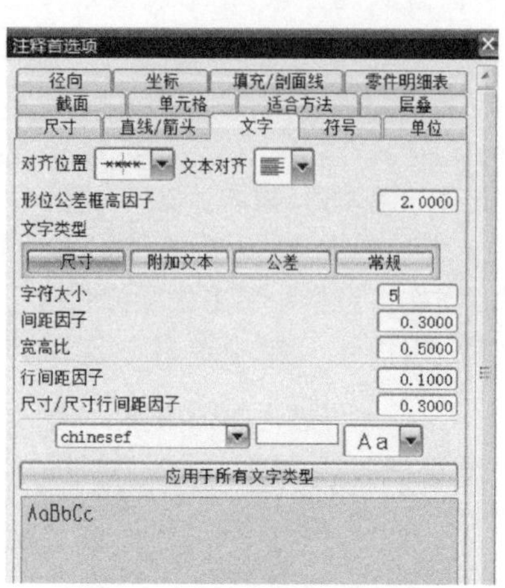

图5-93 “注释首选项”对话框

2）使用标题栏。调用标题栏的操作步骤如下：

① 新建空白工程图文件。

② 在菜单栏单击“格式”→“图样”，系统弹出如图5-95a所示的“图样”对话框。在该对话框中单击“调用图样”按钮，系统弹出如图5-95b所示的“调用图样”对话框。在该对话框中输入各种参数（如比例），单击“确定”按钮。

③ 选择已存储的标题栏文件名（如“New”），单击“确定”按钮。

④ 在图纸的合适位置插入“New”图框及标题栏。

（2）一般文件方法　该方法用于创建、存储边框与标题栏，其特点是占用内存空间较大。

1）建立标题栏文件：同（1），但不需要“设置存储格式”这一步。

2）使用标题栏：在菜单栏单击“文件”→“导入”→“部件”，输入标题栏，输入文件名，并指定标题栏的放置位置，可使用1）所建标题栏文件。

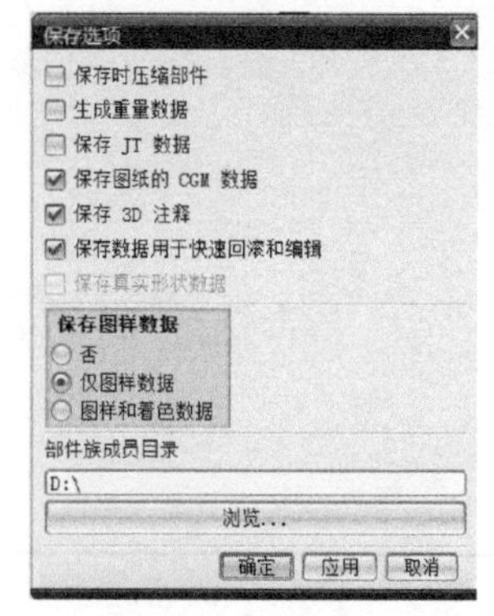

图5-94 “保存选项”对话框

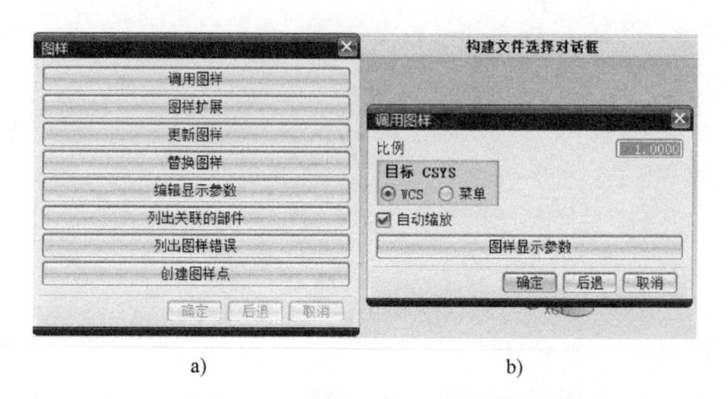

图5-95 对“调用图样”对话框的设置

5.2.7 其他制图对象

其他制图对象包括绘制中心线、标注表面粗糙度、用户自定义符号、标注形位公差、输入编辑文以及绘制表格数据等。

1. 绘制中心线

由模型转为工程图时，系统只标注对称位置的中心线，其他的中心线需要用户自己添加。

在菜单栏单击“插入”→“Centerline”选项集，或在“注释”工具条中单击中心线命令集，即可调用如图5-96所示的“中心标记”下拉列表选项。

（1）中心标记 该命令用于添加直线、圆、两条直线间的中心线。系统会自动捕捉所选择图素的中点、端点、圆心。在绘制两条直线的中心线时，应在直线中心附近单击鼠标左键。

（2）螺栓圆中心线 该命令适用于沿圆周方向阵列的圆，依次选择要标注的小圆，中心线过点或弧的圆心，如图5-97所示。

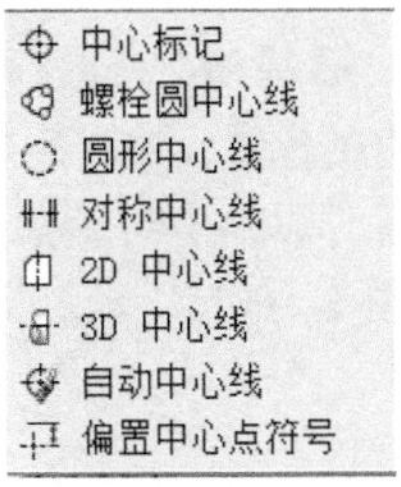

中心标记
螺栓圆中心线
圆形中心线
对称中心线
2D 中心线
3D 中心线
自动中心线
偏置中心点符号

图5-96 “中心标记”下拉列表选项

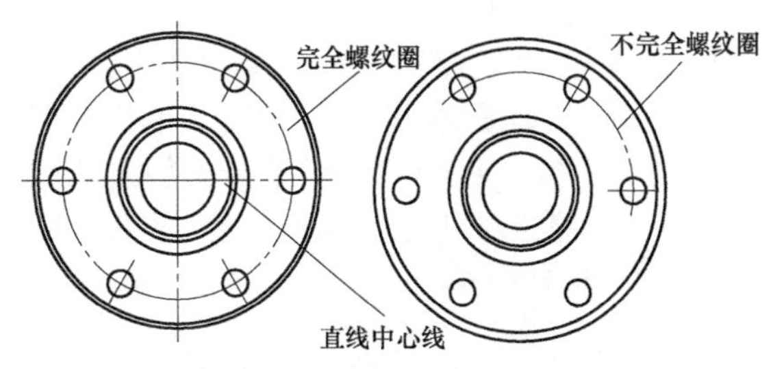

图5-97 螺栓圆中心线

（3）圆形中心线 意义同螺栓圆中心线，只是中心线是一个圆。

（4）对称中心线 该命令需选择对称两点，系统将在两点处添加对称符号。

（5）2D 中心线 该命令适用于长方体创建两条垂直中心线。

（6）3D 中心线 该命令适用于圆柱类中心线的标注，创建圆柱中心线。选择要标注的圆柱，并指定中心线两端的位置。

（7）自动中心线 该命令需选择要添加中心线的视图，系统自动在对称图形处添加中心线。

（8）偏置中心点符号 该命令适用于标注半径很大的圆，设定一个虚拟的圆心标注尺寸。偏置的距离有如下不同的基准：

1）从圆弧算起的水平距离、从中心算起的水平距离和从点算起的水平距离。

2）从圆弧算起的竖直距离、从中心算起的竖直距离和从点算起的竖直距离。

2. 标注表面粗糙度

对于UG NX软件而言，表面粗糙度的标注并不是其默认的系统参数。故若要在工程图中是实现表面粗糙度的标注，需在启动UG NX之前激活该模块。具体的表面粗糙度标注步骤如下：

（1）激活UG NX中的表面粗糙度标注功能 进入UG NX的安装根目录，在该目录下的UGII文件夹中找到“ugii_ env_ ug. dat”文件（部分版本也可能是“ugii_ env. dat”文件），并用“记事本”打开。使用“查找”命令，在文件中搜寻“UGII_ surface_ Finish”字段，将当前的“OFF”状态修改为“ON”（见图5-98），保存文件并退出。

注意：在修改根文件前，应先关闭UG工程项目，以免影响软件对即时改动的读取。

UGII _ SURFACE _ FINISH = ON

图5-98 激活UG NX表面粗糙度标注功能

(2) 设定表面粗糙度的显示特性　重新打开 UG 工程图项目，在菜单栏单击“插入”→“Annotation”→“表面粗糙度符号”，或在“注释”工具栏中单击“表面粗糙度”命令按钮，系统弹出如图 5-99 所示的“表面粗糙度”对话框。

UG NX 提供了 9 种表面粗糙度符号，其中符号是国家标准规定的表面粗糙度标示符。选定类型后，操作者可根据对话框下部的示意图，在合适的位置输入相应的表面粗糙度值。

另外，在该对话框中还可以设定表面粗糙度是否带圆括号、表面粗糙度的标注单位和表面粗糙度符号的大小。

(3) 插入表面粗糙度符号　根据表面粗糙度位置的不同，有如下 3 种插入方式：

1）直接插入表面粗糙度：若显示表面粗糙度位于常规位置，只需将其移动至特征面，并在插入点上单击鼠标左键即可。

2）旋转表面粗糙度：若表面粗糙度位于斜面或左侧轮廓线上，需在 1）的基础上，鼠标右键单击“编辑”命令，拖动图片中的白点，将表面粗糙度移动至其中轴与平面边界垂直的位置，如图 5-100a 所示。

3）添加引线：若表面粗糙度位于右侧面或底面，应在插入表面粗糙度时，单击对话框中的“指引线”→“选择终止对象”，在指定位置插入带引线的表面粗糙度符号，如图 5-100b 所示。

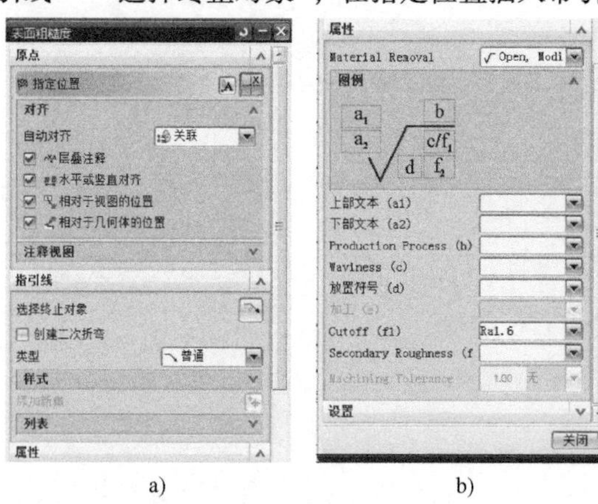

a)　　b)

图 5-99　“表面粗糙度”对话框

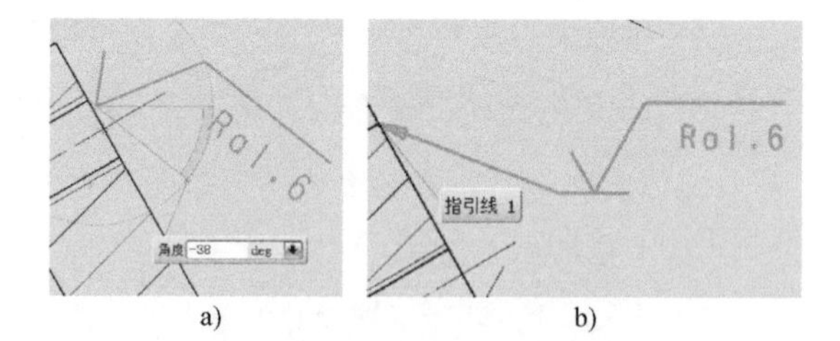

a)　　b)

图 5-100　表面粗糙度符号的插入

a）添加倾斜一定角度的表面粗糙度

b）添加带引线的表面粗糙度

3. 标注形位公差

(1) 形位公差　形位公差是将几何尺寸和公差符号组合在一起的符号，其内容包括指引线、形位公差符号、公差尺寸、基准、公差图框。操作者要生成一个形位公差符号，只需选择符号的框架，然后填充框架内的符号和字符，指出引出点和原点即可。

在菜单栏单击“插入”→“注释”→“特征控制框”，或在“注释”工具栏中单击“特征控制框”命令按钮，系统弹出如图 5-101a 所示的“特征控制框”对话框。

(2) 基准特征　单击“插入”→“注释”→“基准特征符号”，或在“注释”工具栏中单击“基准特征符号”命令按钮，系统弹出如图 5-101b 所示的“基准特征符号”对话框。

【例 5-4】　创建如图 5-102 所示的形位公差。

1）在“注释”工具栏中单击“特征控制框”命令按钮，系统弹出“特征控制框”对话框。

2）帧的设定，该选项区的设置如图 5-103a 所示。

① 特性：在该下拉列表中选择“垂直度”。

② 框样式：在该下拉列表中选择“单框”。

③ 公差：在第二个文本框中输入“0.02”。

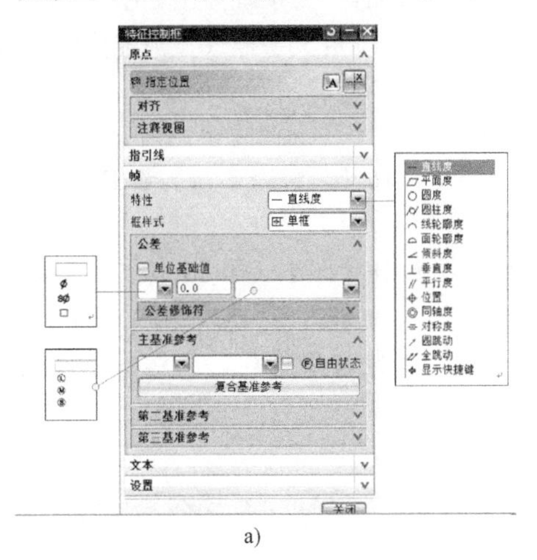

a)

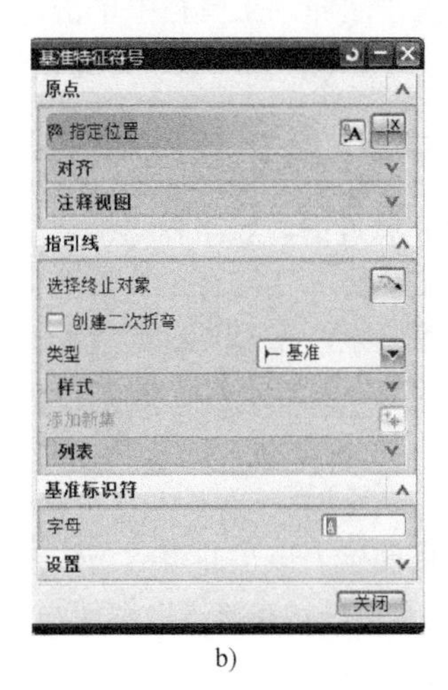

b)

图 5-101 形位公差对话框

a)“特征控制框”对话框 b)“基准特征符号”对话框

④ 主基准参考：在第一个下拉列表中选择“A”。

3）添加形位公差标注：单击指引线按钮，在合理的位置标注形位公差，如图 5-103b 所示。

4）单击“基准特征符号”命令按钮，弹出“基准特征符号”对话框。

5）指引线：在该选项区的“类型”下拉列表中选择“基准”。

6）添加基准特征符号标注：单击指引线按钮，在合理的位置标注形位公差，如图 5-102 所示。

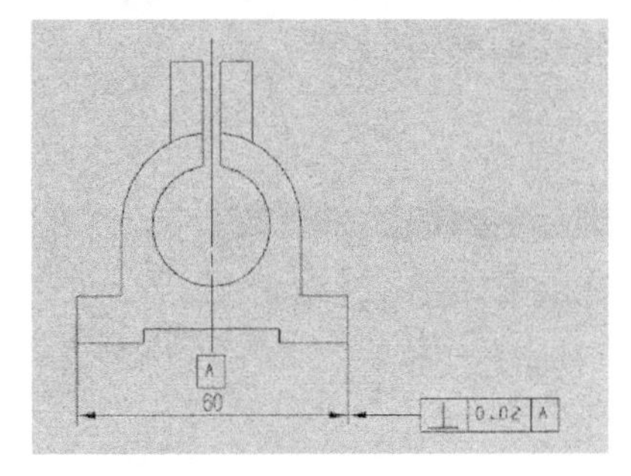

图 5-102 【例 5-4】

4. 输入注释文本

“注释编辑器”用于向图纸插入文本或对已有文字标注进行编辑。单击菜单栏“插入”→“注释”

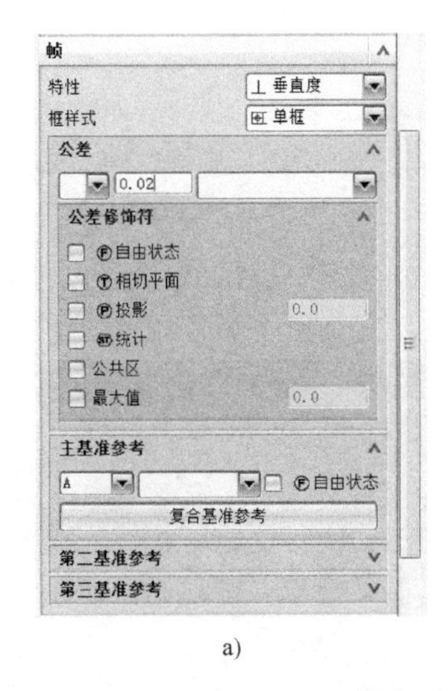

a)

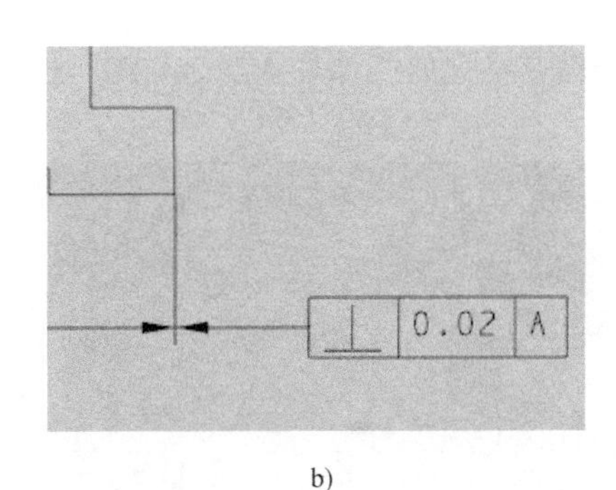

b)

图 5-103 形位公差的标注

a）帧的设定 b）添加形位公差标注

→“注释”，或在“注释”工具栏中单击“注释”命令按钮，系统弹出如图5-104所示的“注释”对话框。在该对话框中，操作者可进行输入、编辑文本，设定文字样式，指定注释插入位置等操作。

5.2.8 UG NX工程图导入AutoCAD

由于UG NX软件的内置工程图模块功能尚不完美，在某些场合下还需将UG的工程图导入AutoCAD软件中进行修改。

UG NX工程图导入AutoCAD的过程比较特殊，大致分为以下5个步骤：

1）将文件转换为CGM格式保存：在菜单栏单击“文件”→“导出”→“CGM”，系统弹出如图5-105a所示的“导出CGM”对话框，操作者可对文件的保存路径、名称、属性及分辨率等进行设定。

2）新建空白图纸：以当前模型为依托，创建一个空白图纸。

3）导入CGM文件：在该空白图纸中，在菜单栏单击“文件”→“导入”→“CGM”，导入1）保存的CGM格式文件。

4）将文件转换为DXF/DWG格式保存：在菜单栏单击“文件”→“导出”→“Dxf/Dwg”，系统弹出如图5-105b所示的“导出至DXF/DWG选项”对话框。在该对话框中可对导出文件的路径、模型数据等进行设置。

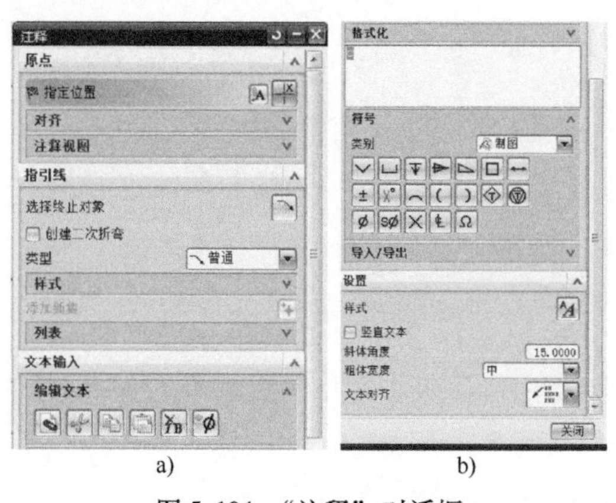

图5-104 “注释”对话框

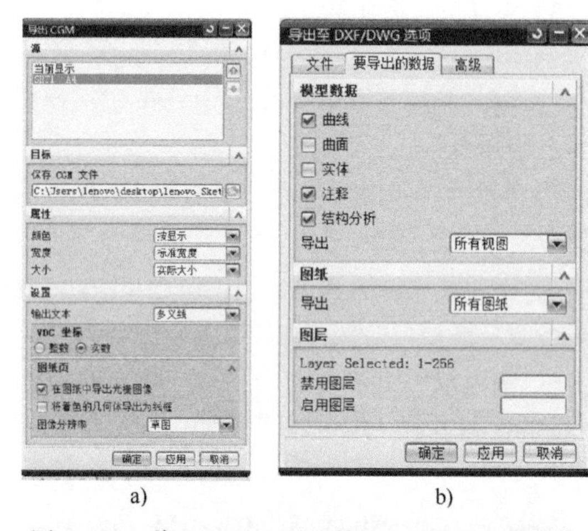

图5-105 将UG NX工程图导入AutoCAD的操作
a）“导出CGM”对话框 b）“导出至DXF/DWG选项”对话框

5）将DXF/DWG格式的文件导入AutoCAD：打开AutoCAD软件，导入4）所创建的图纸文件即可。

注意：

① 如果直接以“DXF/DWG”格式导出UG NX工程图文件，会出现AutoCAD软件无法识别文件类型的情况。

② 应注意AutoCAD和ProE版本之间的配型，尽量避免低版本配高版本。

③ 导入AutoCAD中的UG NX工程图是放置在“布局”空间中的，故操作者应先将工程图移至“模型”空间，并对图形的线层进行修改。

5.3 实例演练及拓展练习

1. 独立完成项目5的工程图出图。
2. 根据图5-106创建实体模型并出图。

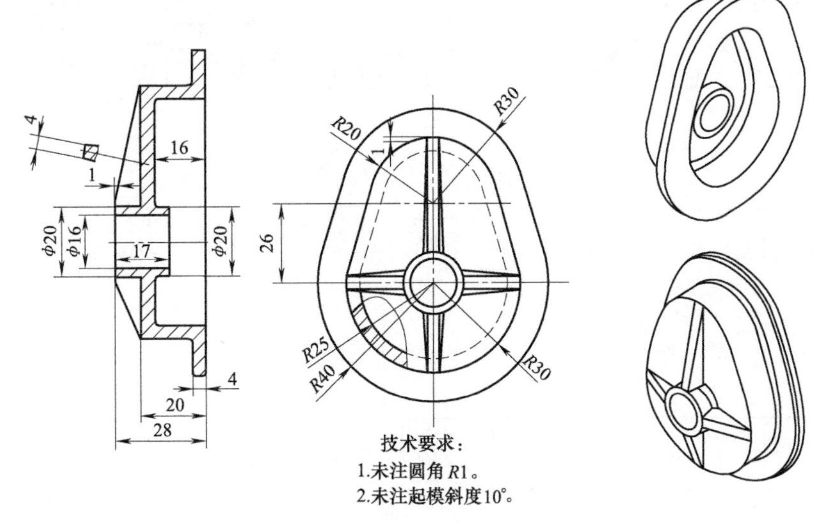

图5-106 拓展练习1

3. 根据图5-107创建实体模型并出图。

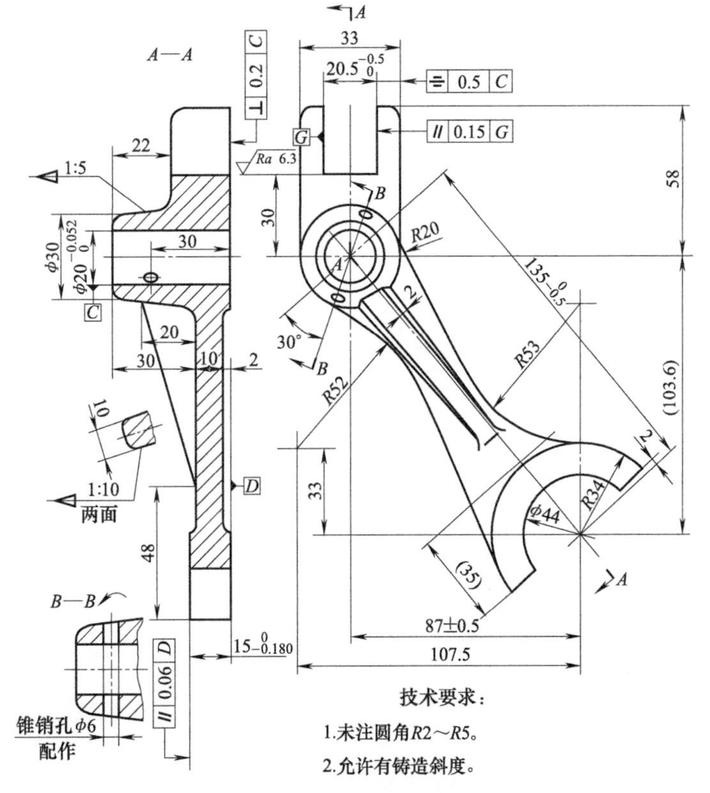

图5-107 拓展练习2

4. 根据图 5-108 创建实体模型并出图。

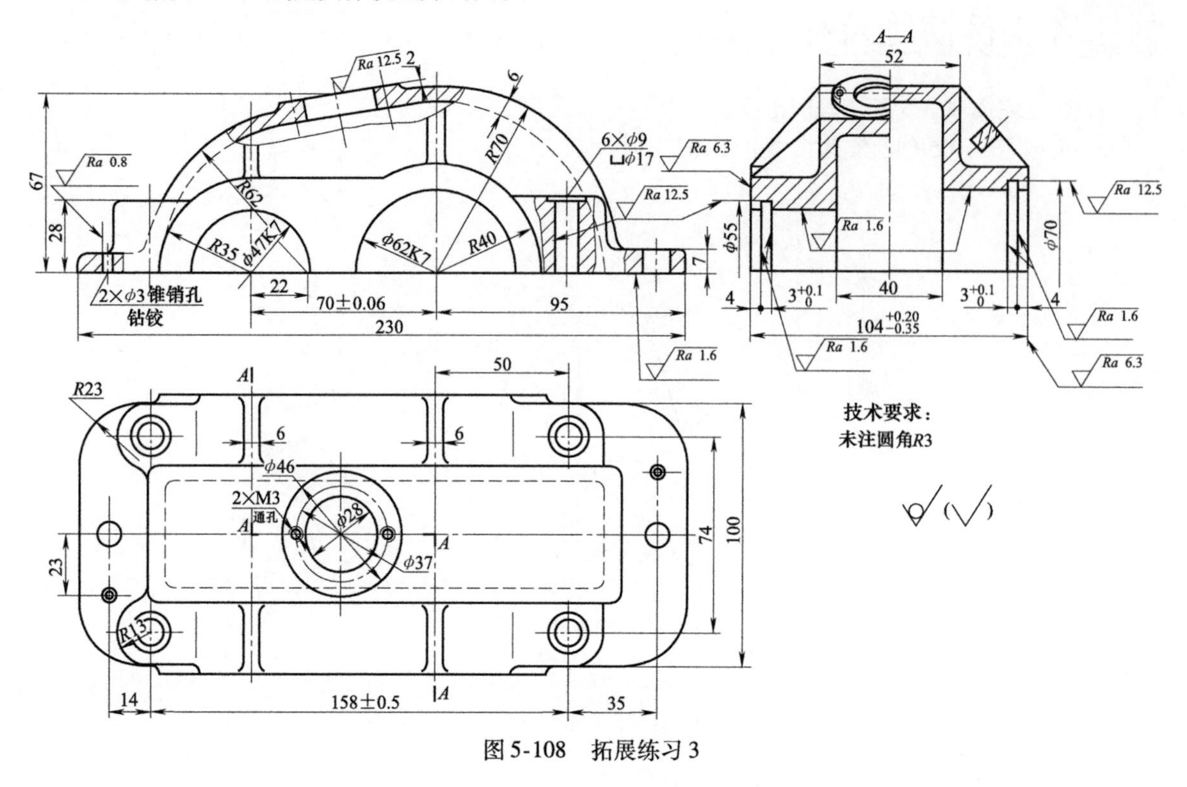

图 5-108 拓展练习 3

项目 6

小车轮的装配

【项目内容】

本项目将指导学生运用 UG NX 软件完成一个小车轮的装配及高级出图，并在此过程中帮助学生掌握组件装配及装配体出图的基本步骤与方法。

【项目目标】

◇了解 UG NX 中装配的概念。

◇掌握创建、编辑装配的操作步骤及方法。

◇掌握“添加组件”命令的操作方法及应用技巧。

◇掌握“装配约束”命令的操作方法及应用技巧。

◇掌握创建、编辑爆炸图的操作步骤及方法。

◇掌握“新建爆炸图”命令的操作方法及应用技巧。

◇掌握“编辑爆炸图”命令的操作方法及应用技巧。

◇掌握装配体出图的操作步骤及方法。

【项目分析】

拟建一小车轮的装配体模型并进行高级出图，如图 6-1 所示。其具体操作思路如下：

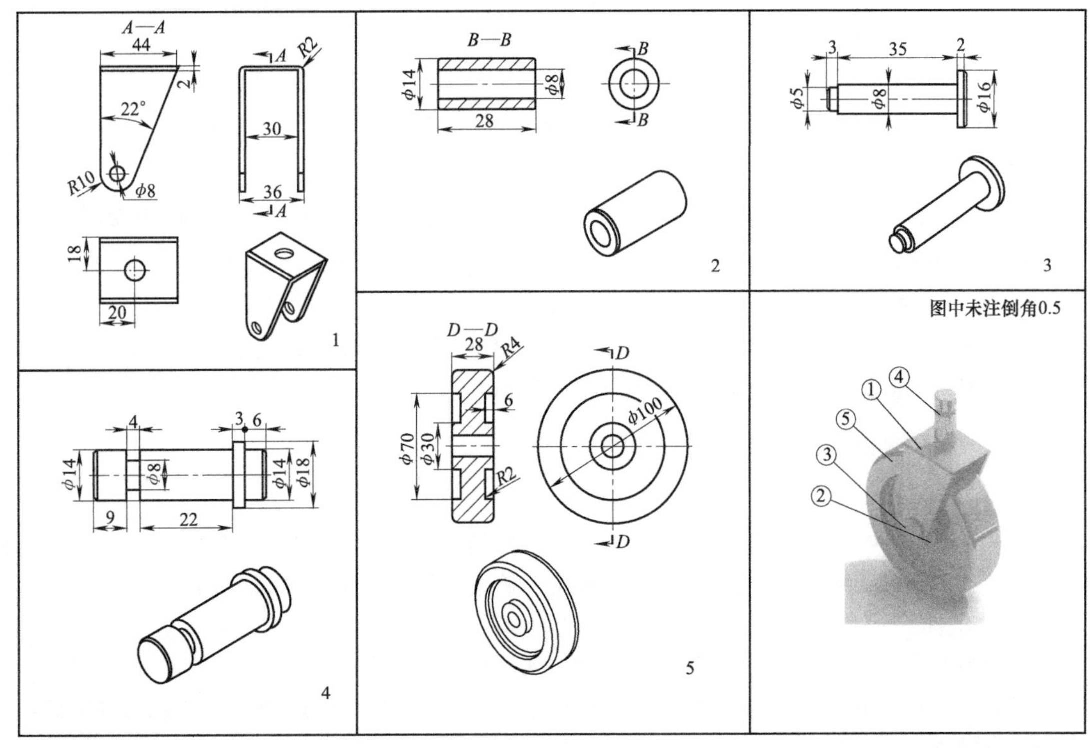

图 6-1　小车轮的装配

◇小车轮是由车轮、轮轴、套筒、挡板和制动杆与个零件装配而成的。

◇对模型进行分析，选定车轮零件作为“母零件”。

◇通过中心线“对齐”及约束端面“距离”实现车轮与挡板之间的装配。

◇通过中心线“对齐”及端面“对齐”实现车轮与套筒之间的装配。

◇通过与挡板端面“对齐”及与车轮中心线“对齐”实现对轮轴的装配。

◇通过中心线“对齐”及端面“对齐”实现车轮与制动杆之间的装配。

◇使用“新建爆炸图”命令创建小车轮装配体的爆炸图，并使用“编辑爆炸图”命令对零件的爆炸位进行编辑。

◇根据装配体尺寸大小，考虑使用幅面 A4、绘图方向横向、绘图比例为 1∶1 的图纸。

◇图框和标题栏可通过“矩形”、“直线”命令创建。

◇零件明细表可通过“零件明细表”命令创建。

◇该装配体工程图由两个视图组成。

- 主视图为基本视图，可使用“基本视图”命令创建。
- 左视图为局部剖视图，可用“局部剖”命令创建。

◇左视图上分布有 5 个零件序号，可使用“自动符号标注”命令和“符号标示”命令创建。

◇零件尺寸由公称尺寸、尺寸公差、表面粗糙度、技术说明等组成，可通过直接标注、“文本标注”等命令创建。

6.1 小车轮的装配过程

新建项目，设置合适的文件名及保存路径。在界面窗口工具栏处单击鼠标右键，调用“装配”、“爆炸图”工具栏。

6.1.1 添加母零件并定位

1. 选定“母零件”

分析装配体模型，选定“lingjian5. prt”（即车轮）作为“母零件”。

2. 调入“母零件”

在默认坐标系下，单击“添加组件”命令按钮，系统弹出如图 6-2a 所示的“添加组件”对话框。在该对话框中，单击“打开”命令按钮，找到相关路径并加载“lingjian5. prt”。

3. 定位“母零件”

零件加载后，在“放置”模块下选择“定位”方式为“绝对原点”，其余参数默认设置，如图 6-2a 所示。单击“确定”按钮，完成对车轮零件的加载，如图 6-2b 所示。

6.1.2 装配挡板

1. 添加挡板组件

使用“添加组件”命令，在“添加组件”对话框的“放置”选项区中修改“定位”关系为“通过约束”，其余参数不变，如图 6-3 所示。单击“确定”按钮，加载“lingjian1. prt”。

2. 定位组件

在如图 6-3 所示的状态下单击“确定”按钮，系统弹出如图 6-4 所示的“装配约束”对话框及“组件预览”窗口。“lingjian1. prt”需与“lingjian5. prt”设定两个位置约束关系后才能完全定位，其具体操作步骤如下。

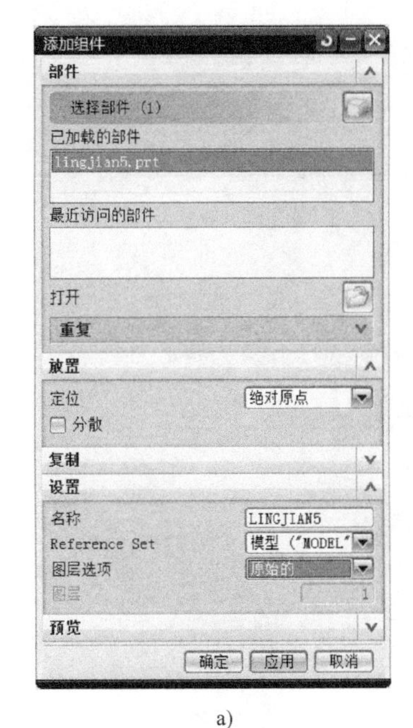

a)

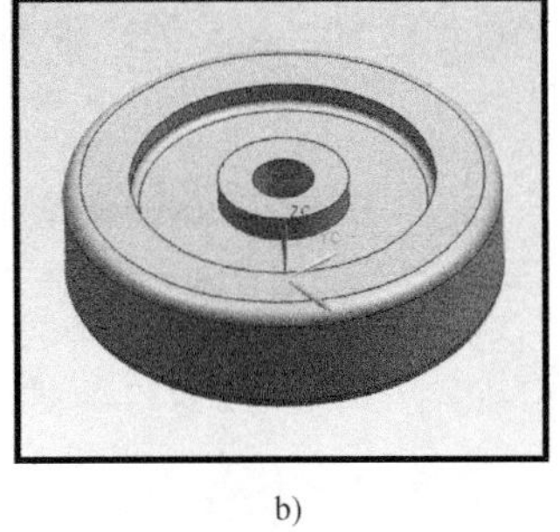

b)

图6-2 “母零件”的添加及定位

a）对“添加组件”对话框的设置 b）加载“母零件”

图6-3 对“添加组件”对话框的设置

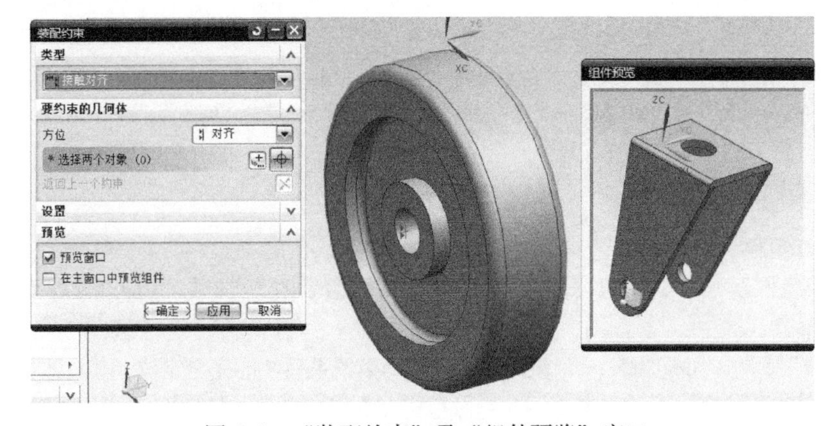

图6-4 “装配约束”及“组件预览”窗口

（1）设定端面“距离” 在“装配约束”对话框中切换约束“类型”为“距离”后，系统激活“要约束的几何体”选项区中的“选择两个对象”选项。根据该选项提示，选择“lingjian5. prt”一侧凸台端面和“lingjian1. prt”对应侧耳板内表面，并在“距离”文本框中设定“距离”为“1”，如图6-5所示。单击“应用”按钮，创建约束关系。

注意：设定“距离”约束时，应根据图中所示的箭头方向调节距离值前的正、负号。

（2）设定中心线“对齐”约束 在“装配约束”对话框中切换“类型”为“接触对齐”，在“要约束的几何体”选项区中设定“方位”为“对齐”，并根据“选择两个对象”选项提示，分别在主窗口中选择“lingjian5. prt”内孔中心线，在“组件预览”窗口中选择“lingjian1. prt”下侧对称孔中心线，如图6-6a所示。单击“确定”按钮，完成装配，其显示效果如图6-6b所示。

图6-5 以“距离”约束装配“lingjian1. prt”和“lingjian5. prt”

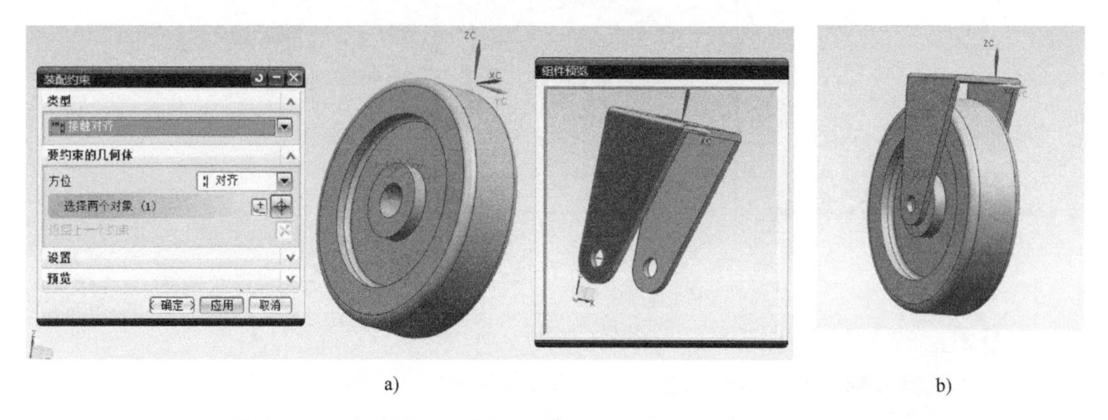

a) b)

图6-6 以“对齐”约束装配“lingjian1. prt”和“lingjian5. prt”

a) 约束“lingjian1. prt”和“lingjian5. prt”中心线“对齐” b) 装配好的“lingjian1. prt”和“lingjian5. prt”

6.1.3 装配套筒

1. 添加套筒组件

使用“添加组件”命令，默认“定位”关系为“通过约束”，加载“lingjian2. prt”。

2. 定位组件

“lingjian1. prt”需与“lingjian5. prt”设定两个位置约束关系后才能完全定位，其具体操作步骤如下。

注意：为方便定位，此处可先隐藏“LINGJIAN1. PRT”。在“装配导航器”中选中“LINGJIAN1. PRT”，单击鼠标右键，在弹出的快捷菜单中选择“隐藏”，即可隐藏该零件，如图6-7所示。

(1) 设定端面“对齐”约束 使用“装配约束”命令，默认“类型”为“接触对齐”、“方位”为“对齐”，依次选择主窗口中的“lingjian5. prt”内孔凸台端面及“组件预览”窗口中的“lingjian2. prt”端面，以形成约束关系，如图6-8a所示。

(2) 设定中心线“对齐”约束 使用“装配约束”命令，默认(1)的约束方式，依次选择主窗口中的“lingjian5. prt”内孔中心线及“组件预览”窗口中的“lingjian2. prt”中心线，以形成约束关系，如图6-8b所示。其装配后的显示效果如图6-8c所示。

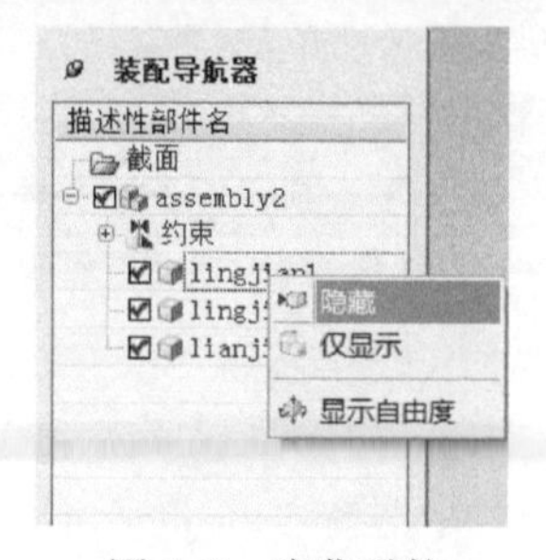

图6-7 隐藏零件

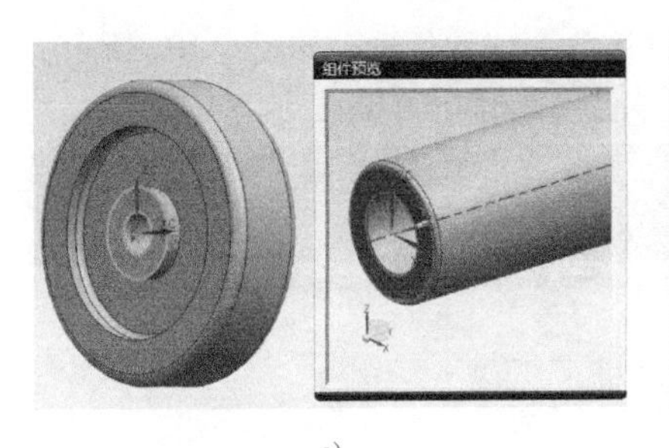

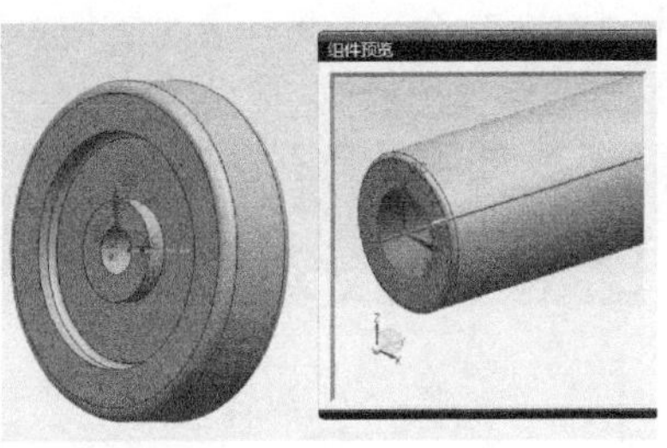

a) b) c)

图6-8 以端面与中心线“对齐”约束装配“lingjian2. prt”和“lingjian5. prt”

a）约束端面对齐 b）约束中心线对齐 c）装配好的“lingjian2. prt”和“lingjian5. prt”

6.1.4 装配轮轴

1. 添加轮轴组件

使用“添加组件”命令，默认“定位”关系为“通过约束”，加载“lingjian3. prt”。

2. 定位组件

“lingjian3. prt”需与“lingjian1. prt”、“lingjian2. prt”各约束一个位置关系后才能完全定位。其具体操作步骤如下。

注意：

① 上步隐藏了“LINGJIAN1. PRT”，此处可用同样的方式使其显示。

② 为方便定位，此处可隐藏“LINGJIAN2. PRT”和“LINGJIAN5. PRT”。

（1）设定端面“对齐”约束 使用“装配约束”命令，默认“类型”为“接触对齐”、“方位”为“对齐”，依次选择“lingjian1. prt”的左侧耳板外端面及“lingjian3. prt”的底座内侧端面，以创建约束关系，如图6-9a所示。

（2）设定中心线“对齐”约束 使用“装配约束”命令，默认“类型”为“接触对齐”、“方位”为“对齐”，分别选择“lingjian1. prt”耳板上孔的中心线及“lingjian3. prt”的中轴线，以创建约束关系，如图6-9b所示。其装配后的显示效果如图6-9c所示。

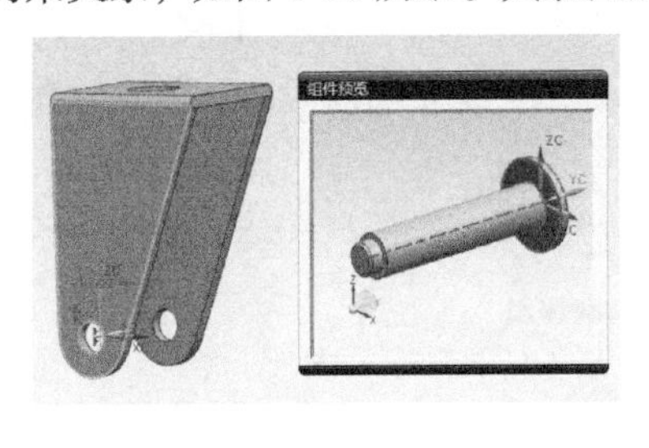

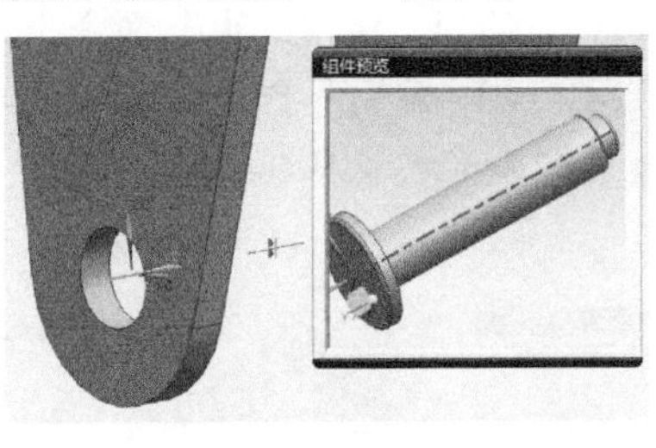

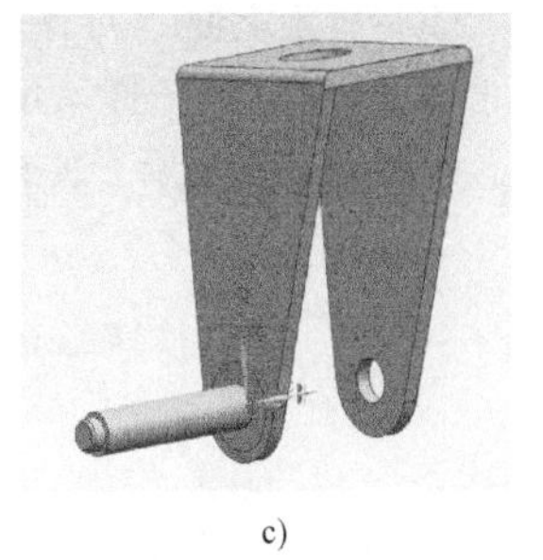

a) b) c)

图6-9 以端面、中心线“对齐”约束装配“lingjian1. prt”和“lingjian3. prt”

a）设定端面“对齐”的约束关系 b）设定中心线“对齐”的约束关系

c）设定了装配关系的“lingjian1. prt”和“lingjian3. prt”

3. 修改组件定位关系

如图6-10所示的装配在2（1）的端面对齐方向出现了偏差，需对其进行修改。具体修改方法如下。

（1）抑制中心线“对齐”约束 UG NX中不允许跃层修改约束关系，故此处需先抑制位于端面

“对齐”命令下层的中心线“对齐”命令，操作者可直接去掉该命令前的勾选，如图6-10a所示。或在该约束命令上单击鼠标右键，在弹出的快捷菜单中选择“抑制”，如图6-10b所示。

注意：若强行跃层修改约束关系，UG NX系统将会报错，如图6-11所示。

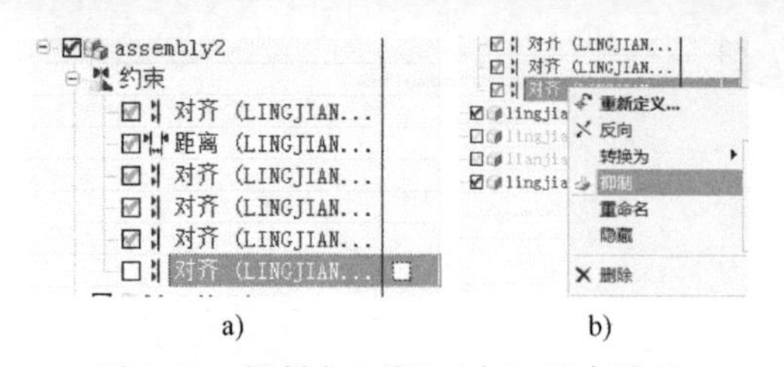

图6-10　抑制中心线“对齐”约束关系
a）去掉中心线“对齐”前的勾以抑制该约束
b）使用动态菜单“抑制”该约束

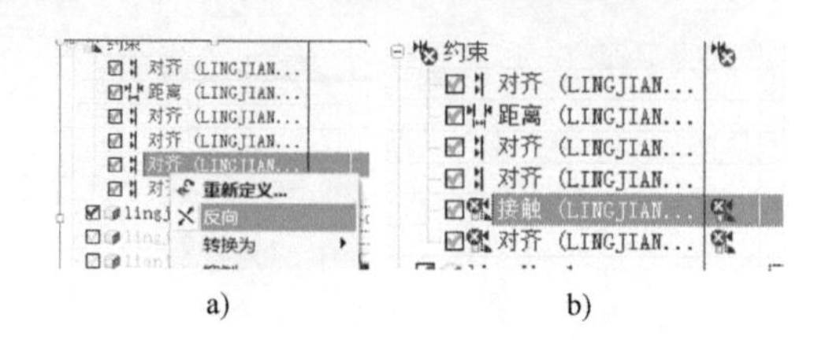

图6-11　错误的约束修改方式
a）跃层直接修改约束关系　b）系统报错

（2）修改端面“对齐”方向　单击鼠标右键，在弹出的快捷菜单中选择“反向”，修改端面的“对齐”方向，如图6-12所示。

6.1.5　装配制动杆

1. 添加制动杆组件

使用“添加组件”命令，默认“定位”关系为“通过约束”，加载“lingjian4. prt”。

2. 定位组件

“lingjian4. prt”需与“lingjian1. prt”设定两个位置约束关系后才能完全定位。其具体操作步骤如下：

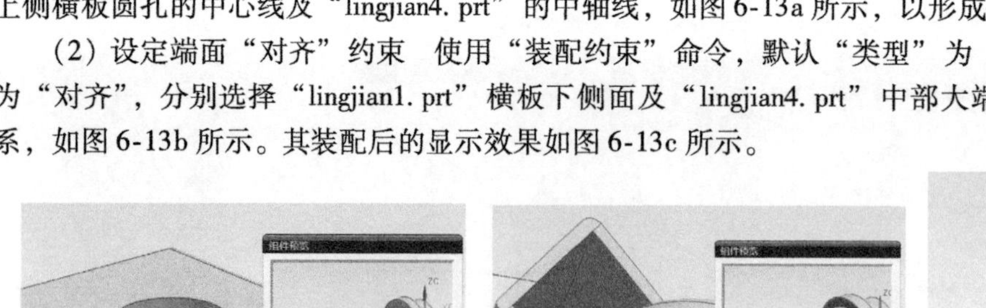

图6-12　修改端面“对齐”方向

（1）设定中心线“对齐”约束　使用“装配约束”命令，默认“类型”为“接触对齐”、“方位”为“对齐”，依次选择“lingjian1. prt”上侧横板圆孔的中心线及“lingjian4. prt”的中轴线，如图6-13a所示，以形成约束关系。

（2）设定端面“对齐”约束　使用“装配约束”命令，默认“类型”为“接触对齐”、“方位”为“对齐”，分别选择“lingjian1. prt”横板下侧面及“lingjian4. prt”中部大端端面，以形成约束关系，如图6-13b所示。其装配后的显示效果如图6-13c所示。

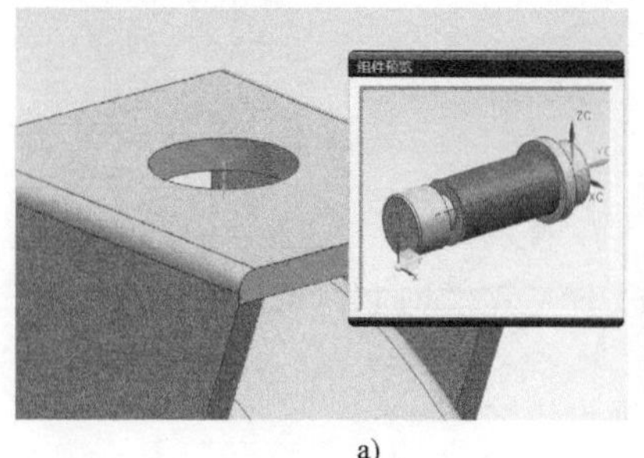
a)

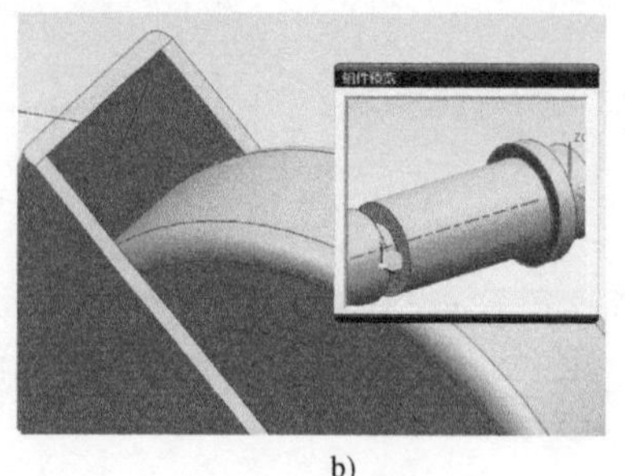
b)

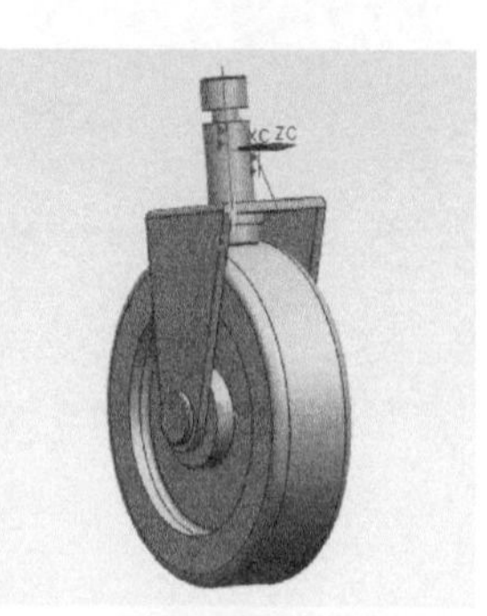
c)

图6-13　以端面、中心线“对齐”约束装配“lingjian1. prt”和“lingjian4. prt”
a）设定中心线“对齐”的约束关系　b）设定端面“对齐”的约束关系
c）设定了装配关系的“lingjian1. prt”和“lingjian4. prt”

6.1.6 创建爆炸视图

1. 新建爆炸视图

在“爆炸图”工具条上单击“创建爆炸图”命令按钮，系统弹出如图6-14a所示的“爆炸图”对话框。在该对话框的“名称”文本框中设定爆炸图名称为“Bang1”，如图6-14b所示，单击“确定”按钮。

2. 创建“lingjian4”的爆炸位

单击“爆炸图”工具栏中的“编辑爆炸图”命令按钮，系统弹出如图6-15所示的“编辑爆炸图”对话框。根据该对话框提示，按照“选择对象”→“移动对象”/“只移动手柄”的步骤创建“liangjin4”的爆炸位。其具体操作步骤如下。

a) b)

图6-14 新建爆炸图

a）“爆炸图”对话框 b）“新建爆炸图”对话框

（1）选定爆炸对象 根据对话框提示，选择“lingjian4”作为将要“爆炸”的对象，如图6-16所示。

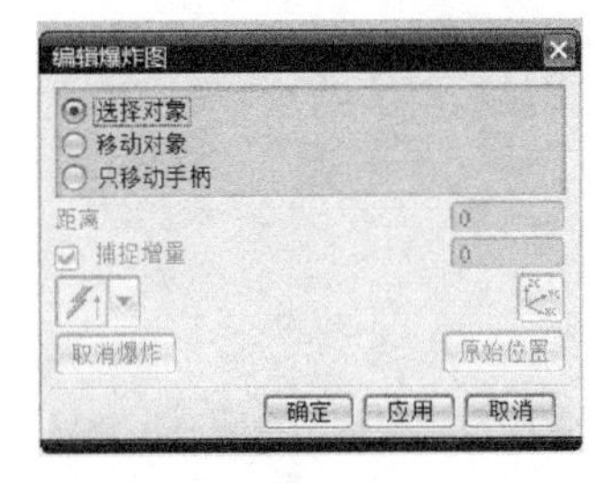

图6-15 “编辑爆炸图”对话框

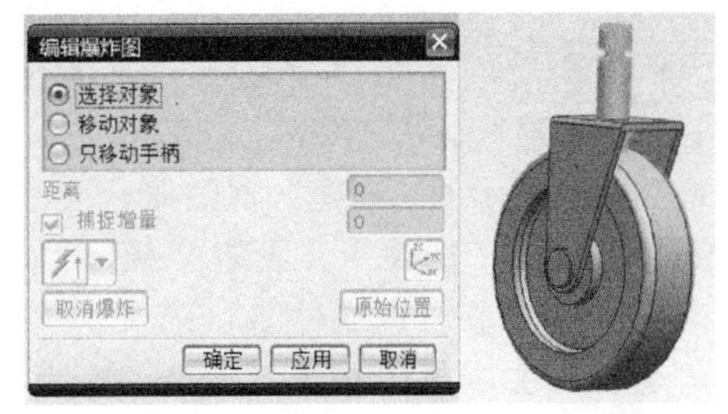

图6-16 选择需要“爆炸”的对象

（2）移动爆炸对象 选中“移动对象”单选按钮，系统随即在“lingjian4”上产生一个动态手柄，如图6-17a所示。选中该手柄并拖动对象组件至理想的爆炸位置后，单击“确定”按钮，即可得到如图6-17b所示的爆炸效果。

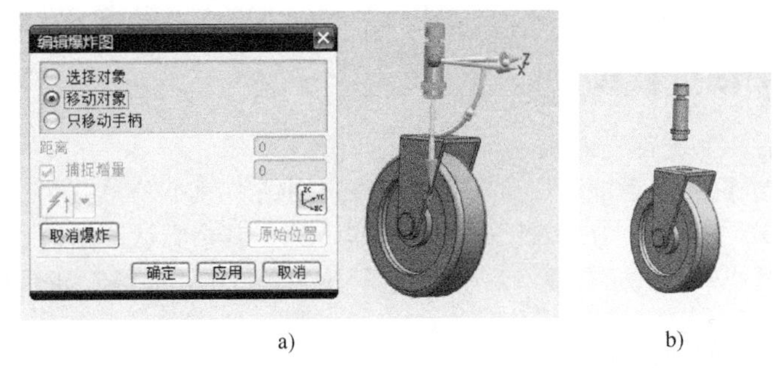

a) b)

图6-17 移动零件“lingjian4”至爆炸位

a）在“lingjian4”上产生的动态坐标系 b）手动创建的“lingjian4”爆炸位

3. 创建“lingjian1”的爆炸位

同步骤2，创建如图6-18a所示的“lingjian1”的爆炸位。

4. 创建“lingjian3”的爆炸位

同步骤2，创建如图6-18b所示的“lingjian3”的爆炸位。

5. 创建“lingjian2”的爆炸位

同步骤2，创建如图6-18c所示的“lingjian2”的爆炸位。

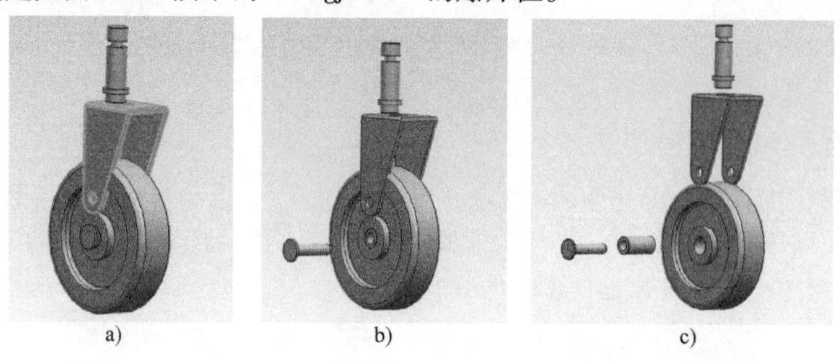

图6-18 移动“lingjian1”、“lingjian2”、“lingjian3”至爆炸位

a）手动创建的“lingjian1”爆炸位 b）手动创建的“lingjian3”爆炸位 c）手动创建的“lingjian2”爆炸位

6.2 工程图出图

6.2.1 创建工程图

在装配体界面下，单击“标注”工具栏中的“新建”命令按钮，系统弹出如图6-19所示的“新建”对话框。

单击“图纸”选项卡，设定“模板”为“空白”，在“新文件名”选项区的“名称”文本框中输入“draft_all”，并确定默认的绘图单位为毫米，在“要创建图纸的部件”选项区的“名称”文本框中输入“assembly1”（当前装配体名称），之后设定合理的保存路径，单击“确定”按钮。

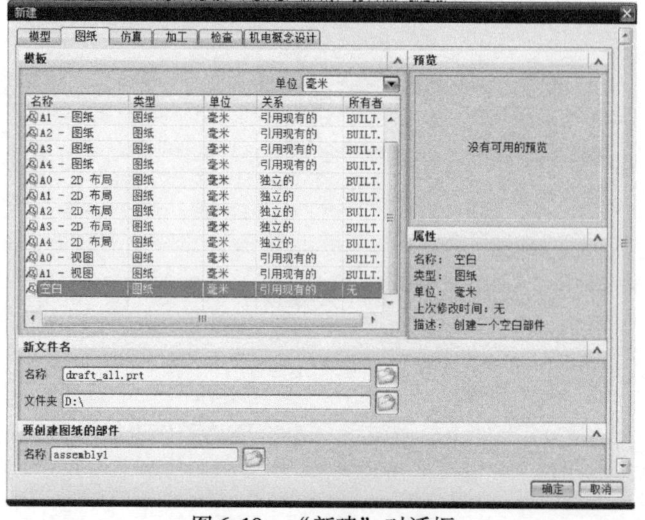

图6-19 “新建”对话框

6.2.2 创建图纸页参数

进入工程图界面后，系统首先弹出如图6-20所示的“图纸页”对话框。在该对话框中设定图纸“大小”形式为“定制尺寸”，并依此设置“高度”为“210”“长度”为“297”、比例为“1:2”，其余默认原始值。单击“确定”按钮。

在界面窗口工具栏处单击鼠标右键，调用“制图”、“图纸”、“曲线”工具栏。

6.2.3 设置首选项参数

1. 设置制图首选项

单击菜单栏“首选项”→“制图”，在系统弹出的“制图首选项”对话框中进行如下设置：

1）在“常规”选项卡中取消“自动启动投影视图命令”复选框前的勾选，如图6-21a所示。

2）在“视图”选项卡中取消“显示边界”复选框前的勾选，如图6-21b所示。

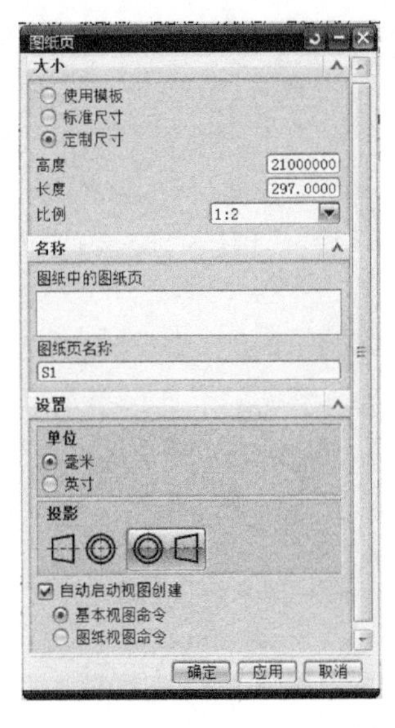

图 6-20 “图纸页”对话框

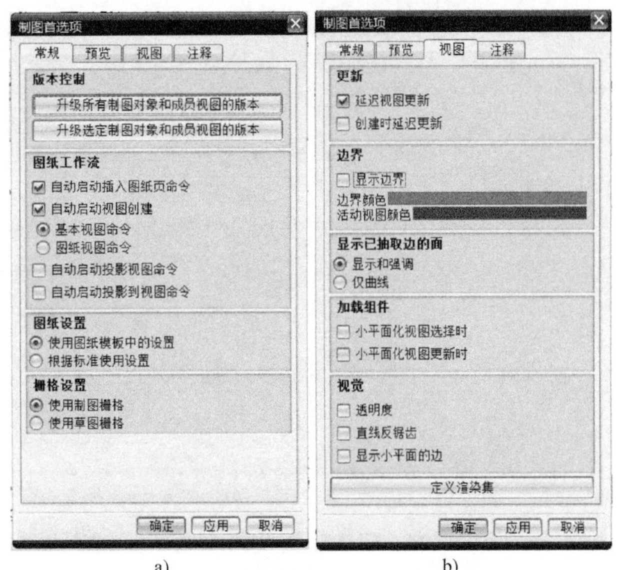

a) b)

图 6-21 对“制图首选项”对话框的设置

a）对“常规”选项卡设置 b）对“视图”选项卡设置

2. 设置视图首选项

单击菜单栏“首选项”→“视图”，在系统弹出的“视图首选项”对话框中进行如下设置：在“可见线”选项卡中，设定颜色为“Black”，线型为“细实线”，如图 6-22 所示。

3. 设置注释首选项

单击菜单栏“首选项”→“注释”，在系统弹出的“注释首选项”对话框中进行如下设置：

1）在“文字”选项卡中设定“尺寸”的“字符大小”为“3”、颜色为“Blue”，如图 6-23 所示。对“附件文本”、“公差”和“常规”进行相同的设置。

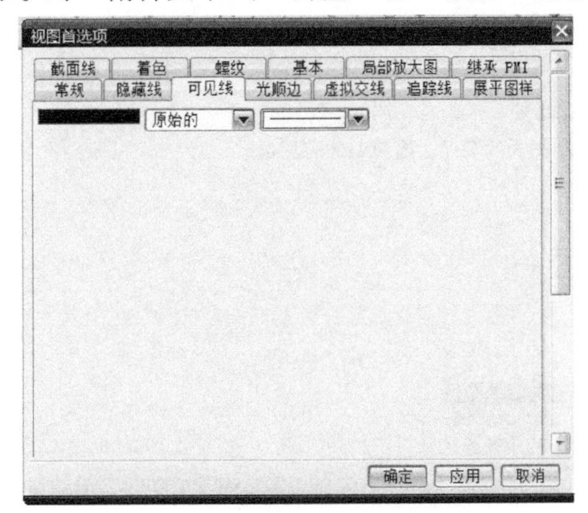

图 6-22 对“视图首选项”对话框中“可见线”选项卡的设置

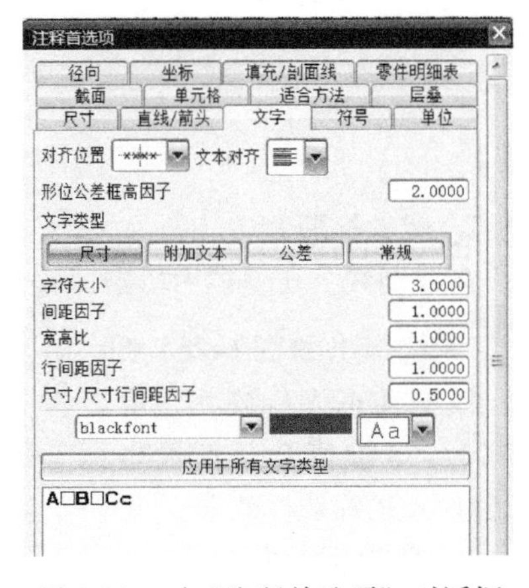

图 6-23 对“注释首选项”对话框中的“文字”选项卡的设置

2）在“直线/箭头”选项卡中设定箭头“A”的尺寸为“2”、颜色为“Blue”，如图 6-24a 所示。

3）在“尺寸”选项卡中设定尺寸位置为“居中”、尺寸“精度”为“0”，如图 6-24b 所示。

6.2.4 创建图框及标题栏

由于选择了“空”模板，此处需要绘制图框及标题栏。

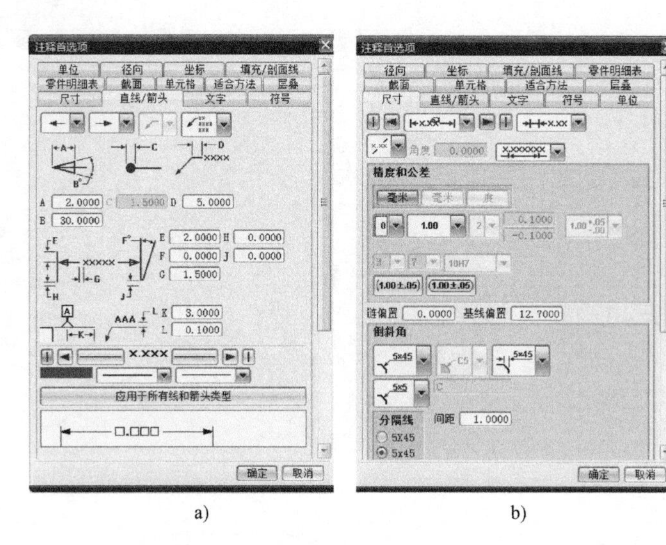

图6-24　对“注释首选项”对话框中的“直线/箭头”、“尺寸”选项卡的设置
a）对“直线/箭头”选项卡的设置　b）对“尺寸”选项卡的设置

1. 创建图框

在“曲线”工具栏中单击“矩形”命令按钮，系统弹出如图6-25a所示的“矩形”对话框。使用默认的“按对角线2点”方式，依次在动态光标中输入“XC：0，YC：0”、“XC297：YC：210”（见图6-25b），即可得到如图6-25c所示的图框效果。

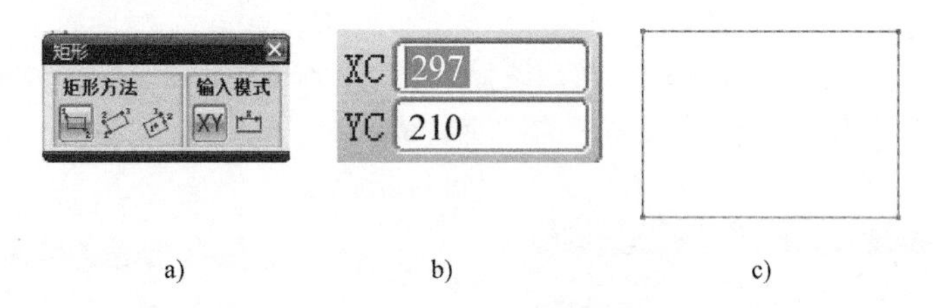

图6-25　图框的创建
a）“矩形”对话框　b）动态光标　c）绘制的长为297、宽为210的图框

2. 创建标题栏

在“曲线”工具栏中单击“直线”命令按钮，系统弹出如图6-26a所示的“直线”对话框。根据动态光标提示，输出相应的直线起点XC、YC坐标值及几何极坐标，即可得到如图6-26b所示的标题栏效果。

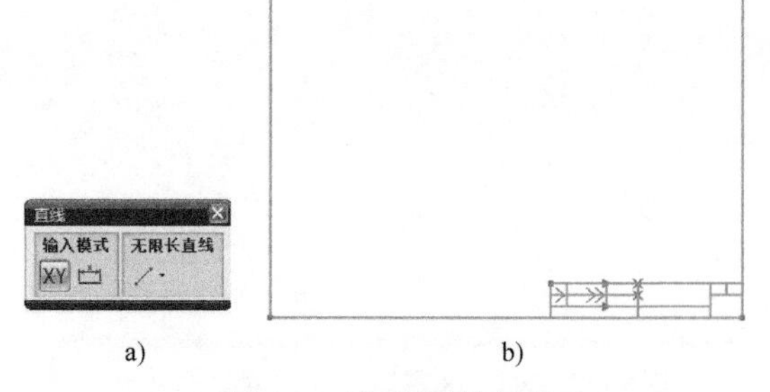

图6-26　标题栏的创建
a）“直线”对话框　b）创建基于国标标准的标题栏

3. 编辑标题栏

使用“注释”命令，在标题栏相应的位置输入装配图信息，如装配图名称、绘图者、绘图比例等，如图6-27所示。

注意：UG NX默认的输入方式为英文，故若要输入中文，操作者应将字体样式修改为“CHINESEF”或类似类型以达到想要的显示效果，如图6-28所示。

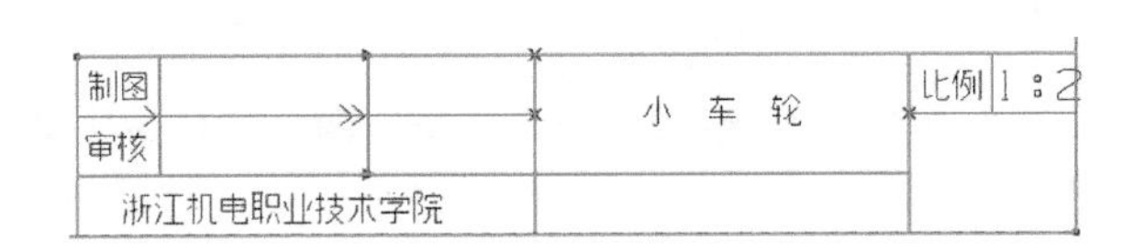

图 6-27 编辑标题栏

图 6-28 修改字体样式以适合中文输入

6.2.5 创建基本视图

1. 添加主视图

单击“图纸”工具栏中的“基本视图”命令按钮，系统弹出如图 6-29 所示的“基本视图”对话框。

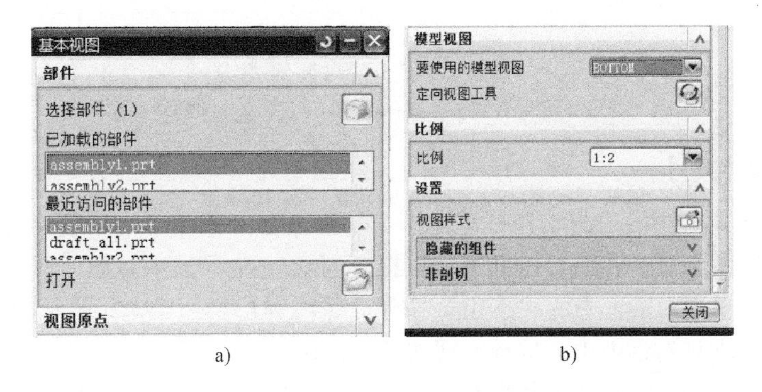

a) b)

图 6-29 对“基本视图”对话框的设置

在该对话框的“部件”选项区中加载“assembly1”文件，在“模型视图”选项区中的“要使用的模型视图”下拉列表中选择“Bottom”，单击“确定”按钮，移动光标在图纸的合适位置加载主视图，如图 6-30a 所示。

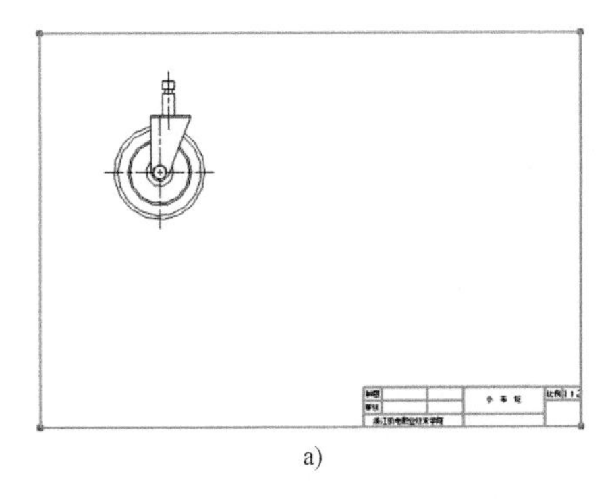

a)

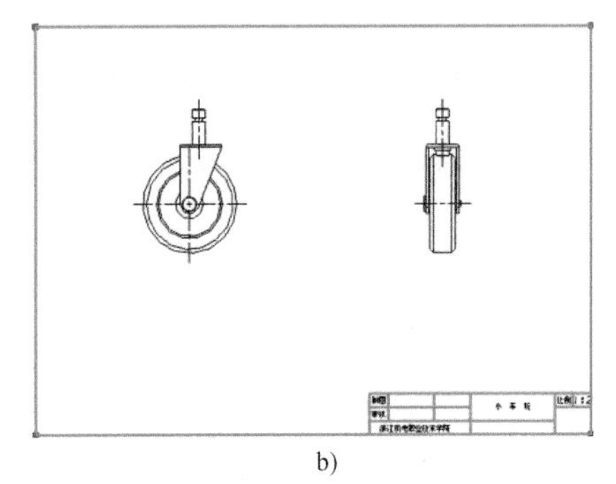

b)

图 6-30 添加基本视图

a）添加的主视图 b）添加的左视图

2. 添加左视图

使用“投影视图”命令，选择 1 生成的主视图作为“父视图”，根据光标提示在图纸合适的位置生成如图 6-30b 所示的左视图。

6.2.6 生成序列号及零件明细表

1. 插入零件明细表

插入零件明细表的步骤如下：

1）单击“制图”工具栏中的“零件明细表”命令按钮，跟随光标，在窗口的合适位置放置明细表，如图6-31a所示。

2）将光标移至表格边框处以调整表格大小，类似Word软件中的表格调整，使其与标题栏对齐。

3）使用“编辑文本”命令将默认英文改成中文，同时修改字体类型为“chinesef”，得到如图6-31b所示的显示效果。

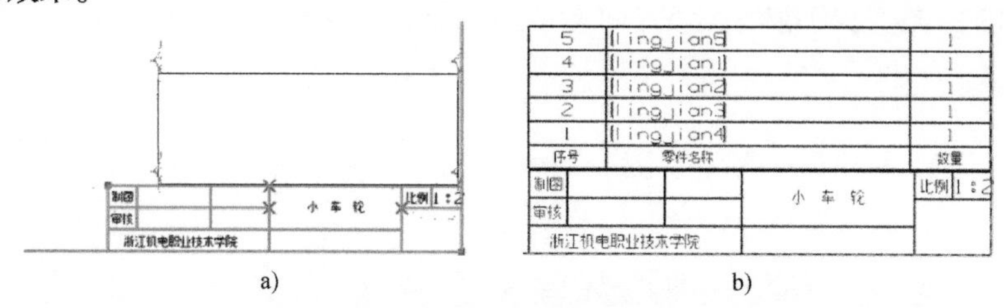

图6-31 插入零件明细表

a）跟随光标将明细表移至合适位置 b）修改了的明细表

2. 自动生成零件编号

单击“制图”工具栏中的“自动符号标注”命令按钮，系统弹出如图6-32a所示的“零件明细表自动符号标注”对话框。在该对话框中，根据“对象”→“选中对象”提示，在选中（1）插入的零件明细表后，单击对话框中的“确定”按钮，系统弹出如图6-32b所示的“零件明细表自动符号标注”对话框。在该对话框中，选择主视图“BOTTOM@3”作为序号布置图，并单击“确定”按钮，即可得到如图6-32c所示的显示效果。最后，逐一拖动序号标示符中的箭头，将其布置至合适位置以尽量满足国家标准对序号标注的要求，如图6-32d所示。

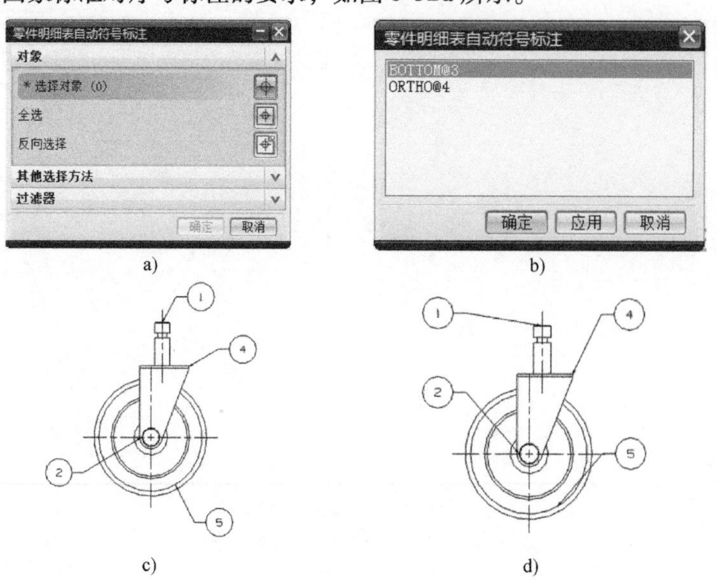

图6-32 添加零件序号

a）对“零件明细表自动符号标注”对话框的设置（一） b）对“零件明细表自动符号标注”对话框的设置（二） c）在主视图添加自动生成的零件序号 d）调整后的序号标注

3. 手动添加零件序号

由于位置关系，自动生成的序号中少了序号3，故此处需手动添加该序号。在“制图”工具栏中单击“标识符号”命令按钮，系统弹出如图6-33所示的“标识符号”对话框。

在该对话框中，设定“类型”为“圆”、“文本”为“3”，并选中“创建折线”复选框，单击鼠标中键，移动光标至合适位置即可创建序号3的标识符，如图6-34所示。

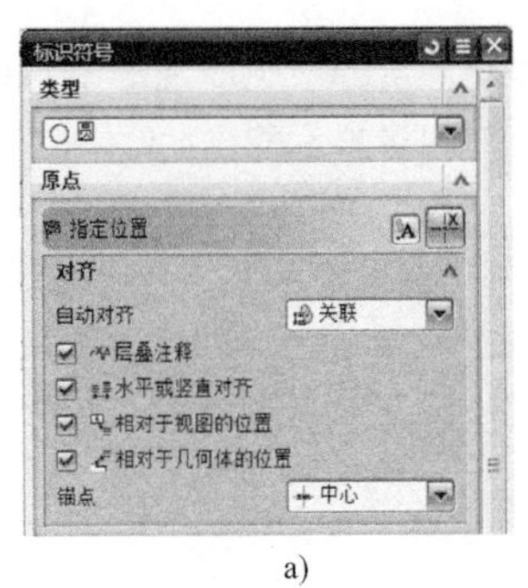

a)

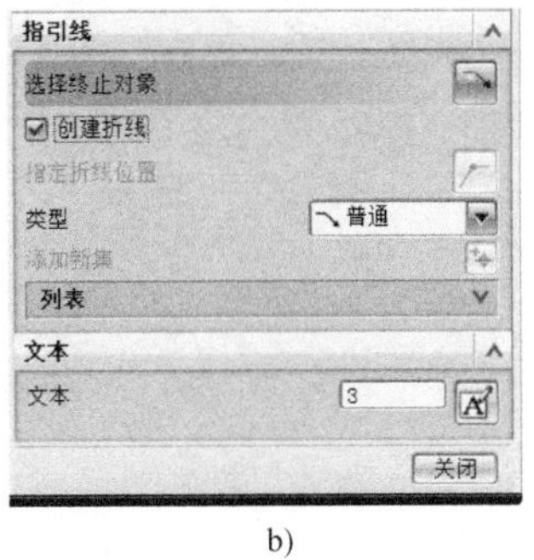

b)

图6-33 对“标识符号”对话框的设置

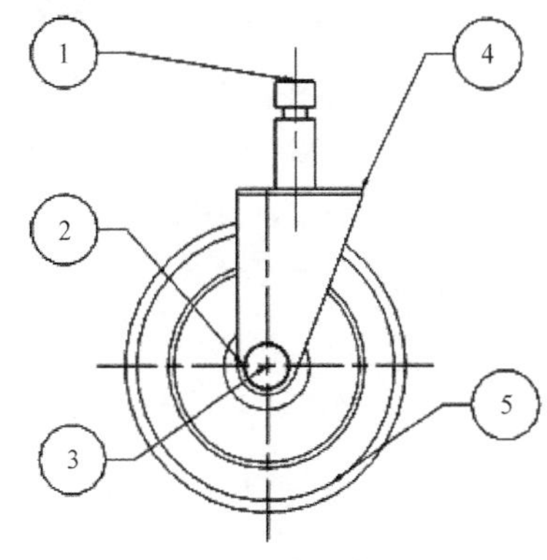

图6-34 添加序号3

6.2.7 创建车轮装配部位的局部剖视图

生成局部视图的步骤如下：

（1）创建封闭样条环 单击左视图，进入“扩展”界面。在该界面下使用“艺术样条”命令，绘制如图6-35所示的封闭样条环。单击鼠标右键退出“扩展”状态。

（2）创建局部剖视图 单击“图纸”工具栏中的“局部剖”命令按钮，系统弹出如图6-36a所示的“局部剖”对话框。在该对话框下进行如下操作：

1）选择左视图作为“父视图”。

2）在封闭区域内选择一点作为“基点”，如图6-36b所示。

3）默认“拉伸矢量”方向为系统自定方向。

4）选择（1）创建的封闭环作为所需选择的“曲线”，单击“应用”按钮，得到如图6-36c所示的显示效果。

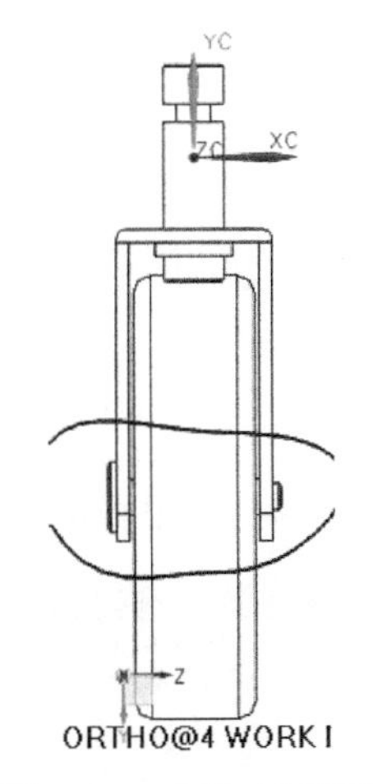

图6-35 在需要剖视的区域绘制封闭样条环

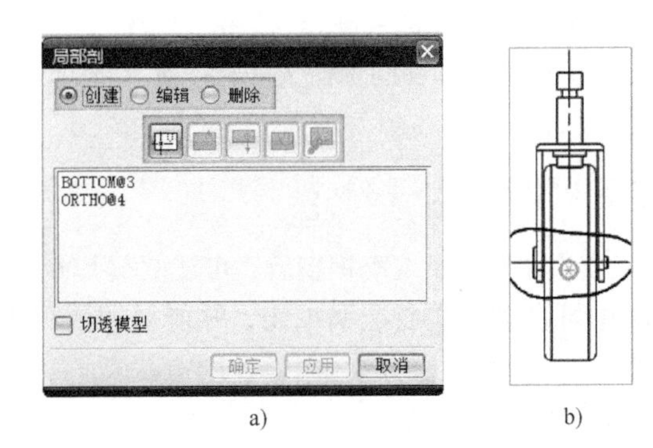

a) b) c)

图6-36 创建局部剖视图

a）对“局部剖”对话框的设置 b）选择合适点作为基点 c）创建的剖视图

（3）编辑剖视区域　单击菜单栏“编辑”→“视图”→“视图中的剖切”，系统弹出如图6-37a所示的“视图中剖切”对话框。在该对话框中，选择“左视图”（ORTHO@4）作为“视图”、螺钉杆（即lingjian3）作为“体或组件”，并选择“操作”为“变成非剖切”，如图6-37b所示。

注意：国家标准规定，在剖视图中螺纹紧固件均按不剖处理。

（4）更新视图　单击菜单栏“编辑”→“视图”→“更新视图”，在系统弹出的“更新视图”对话框中选择“ORTHO@4”作为要更新的“视图”，单击“确定”按钮，得到如图6-38所示的显示效果。

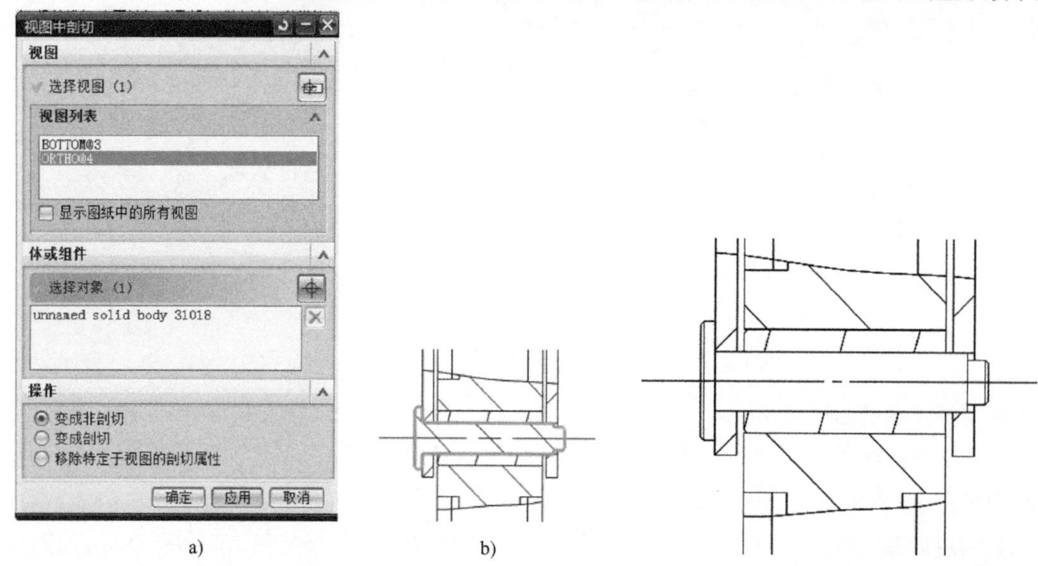

a)　b)

图6-37　对剖视区域的编辑

a）对“视图中剖切”对话框的设置　b）选择“lingjian3”作为“非剖切”件

图6-38　更新视图后的显示效果

6.2.8　标注装配图尺寸

使用“尺寸标注”工具集对装配图进行标注，此处省去操作介绍。

6.3　知识技能点

UG NX的装配过程是通过在部件间建立以装配条件为基础的链接关系而实现的。整个装配过程中，部件是被装配体引用的，部件间保持关联性。如果某部件被修改，则引用它的装配部件自动更新，反映部件的最新变化。

6.3.1　装配界面及术语简介

UG NX的装配模块在建立了装配模型后，可建立爆炸视图，并可将其引入到装配工程图中；同时，在装配工程图中可自动产生装配明细表，并能对轴测图进行局部剖切等操作。

1. 装配模块的调用

在工具栏中单击鼠标右键，在弹出的快捷菜单中单击“装配”，调用“装配”工具栏，如图6-39所示。

图6-39　“装配”工具栏

2. 装配术语简介

（1）装配　UG NX 软件及大部分通用软件的装配模块都是对装配部件的引用，而不是复制。也就是说，一个装配体中实际并不包括任何实质性的部件，而是通过建立一个个指向子装配或零件（统称装配部件）的指针（组件对象）来实现对其的引用的。

注意：由于 UG NX 中并没有包括实际的几何体，因此各个零部件文件应与装配文件放在同一个目录下，否则会发生再生失败。

（2）子装配　本身即为装配体，同时也可被更高层次的装配体所引用。

（3）装配部件　装配部件可为单个部件（即单个零件）或子装配体。在 UG NX 中，部件和零件没有明确区分。

（4）组件对象　组件对象为一个从装配部件链接到部件主模型的指针实体。一个组件对象记录的信息有部件名称、层、颜色及配对条件等。

（5）组件　组件即组件对象所指向的部件文件。UG NX 中的组件既可以是单个零件（部件）也可以是子装配体。

（6）自顶向下装配　自顶向下装配是指在装配级中创建与其他部件相关的部件模型，再进行装配的方法。

（7）自底向上装配　自底向上装配是指在已有部件或子装配的基础上生成装配部件的装配方法。

（8）混合装配　混合装配是指将自顶向下和自底向上装配结合在一起的装配方法。

3. NX 装配界面

UG NX 的装配界面主要包括装配导航器、装配工具栏、菜单栏及装配窗口等，如图 6-40 所示。

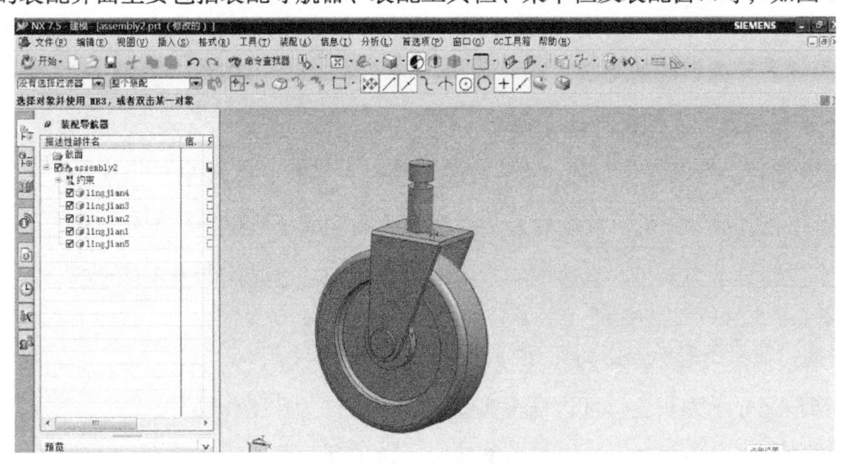

图 6-40　UG NX 装配界面

4. 装配导航器

装配导航器位于装配窗口左侧，在导航器中装配流程以树形结构来表示，每个部件在该装配树上显示为一个节点。

（1）装配导航器名词介绍

1）工作部件：当前正在创建或编辑的部件即为工作部件。将装配体中的某个部件设为工作部件的方法如下：

① 在“装配导航器”中的相应部件上单击鼠标右键，系统弹出如图 6-41a 所示的快捷菜单，单击“设为工作部件”，则该部件将单独显示在图形窗口中。

② 在“装配导航器”中双击相应部件，将其设定为工作部件。

注意：在一个装配体中，当一个部件被设定为工作部件后，其余部件将自动转入“非工作状态”，如图6-41B所示。操作者可直接在装配窗口中对“工作部件”进行特征编辑、修改。

2）显示部件：当前显示在窗口中的部件即为显示部件。在“装配导航器”中的相应部件上单击鼠标右键，在系统弹出的快捷菜单中单击“设为显示部件”，则该部件将单独显示在图形窗口中。该命令使得操作者可快捷地在单独的窗口中对需要修改的部件进行编辑。

3）引用集：在一个单独的零件中定义的一系列几何体的集合。引用集中通常包括以下内容：

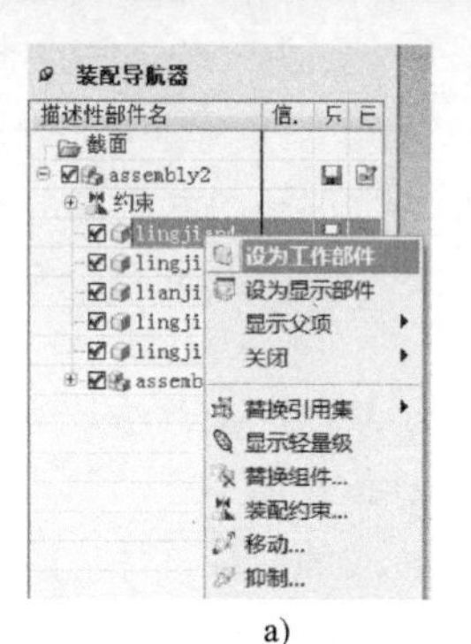

a)

b)

图6-41 工作部件的设定

a）将当前组件设为工作部件 b）其余部件转入非工作状态

① 名称、原点和方位。

② 几何体、基准平面、坐标系、组件及链接几何等。

③ 属性等。

引用集的存在使得操作者可以对组件中部分不需要的信息进行过滤，以简化大装配或复杂装配体的数据量，以提高系统工作性能。

(2) 装配导航器按钮介绍　UG装配导航器以树形结构来表示装配过程，一个装配部件显示为一个节点。导航器中各个按钮的功能如下：

1）：该按钮表示一个装配体或子装配。

①：当按钮显示为彩色实影时，该装配或子装配为当前工作部件。

②：当按钮显示为灰色，且边框为实线时，该装配或子装配为非工作部件。

③：当按钮显示为灰色，且边框为虚线时，该装配或子装配为被关闭状态。

2）：该按钮表示一个组件。

①：当按钮显示为彩色实影时，该部件为当前工作部件。

②：当按钮显示为灰色，且边框为实线时，该组件为非工作部件。

③：当按钮显示为灰色，且边框为虚线时，该组件为被关闭状态。

3）：该复选框表示组件的显示状态。

①：该状态下，组件处于显示状态。

②：该状态下，组件处于隐藏状态。

③：该状态下，组件处于关闭状态。

(3) 装配导航器动态菜单介绍

1）设为工作部件：用于将所选组件设置为工作部件。

2）设为显示部件：用于将所选组件设置为显示部件。

3）显示父项：用于将所选组件的父项设定为显示部件。

4）关闭：用于关闭所选组件。

5）替换引用集：用于替换所选组件的引用集。

6）替换组件：用另一组件来替换所选组件。

7）装配约束：用于编辑所选组件的约束关系。

8）移动：用于移动所选组件。

9）抑制/解除抑制：用于从装配体中消除/取消消除所选组件数据。

10）隐藏/显示：用于隐藏/显示所选组件。

11）仅显示：使用该命令，装配窗口中将仅显示所选组件。但此时组件不可编辑。

12）剪切/复制/删除：用于剪切/复制/删除所选组件。

13）属性：使用该命令，系统将显示所选组件的属性信息，如图6-42所示。

6.3.2　自底向上的装配

自底向上的装配方式即先创建装配体中所需部件，再将部件添加到装配体中逐级进行装配。这种装配方式的装配顺序清晰，便于准确定位各个组件在装配体的位置。

1. 添加组件

在“装配”工具栏上单击“添加组件”命令按钮，系统弹出如图6-43所示的“添加组件”对话框。

（1）部件　该选项区用于加载装配部件，基本加载方式有以下两种：

1）从硬盘中添加装配部件：在“部件”选项区内单击“打开”命令按钮，即可在硬盘目录中选择目标部件并加载。操作完成后，该部件将自动添加到“已加载的部件”列表中。

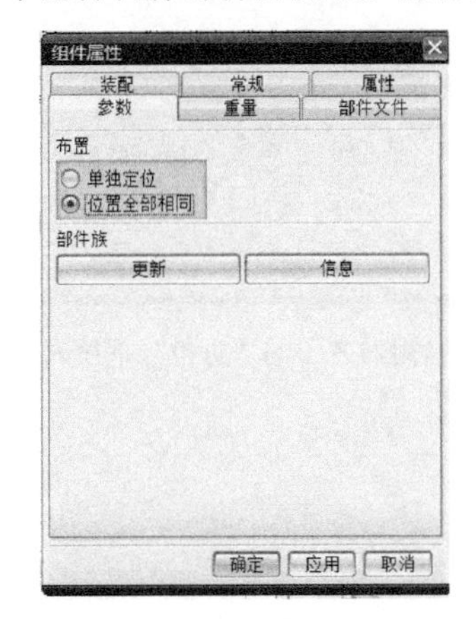

a)

b)

图6-42　“组件属性”对话框

图6-43　“添加组件”对话框

2）从“已加载的部件”中添加装配部件：从对话框中的“已加载的部件”下拉列表中直接添加部件。

①“选择部件”：该选项用于显示本次加载的部件数。

②“重复”：该选项用于设定是否一次添加多个所选部件。

③“数量”：该文本框用于指定一次添加的所选部件的个数，默认值为“1”。

（2）放置　该选项区用于放置装配部件的方式。“定位”用于指定添加装配部件后定位部件的方式，有以下4个选项：

1）绝对原点：将添加的装配部件放在装配空间的绝对原点（0，0，0）处。

2）选择原点：将添加的装配部件放在指定原点处。

3）通过约束：通过设定与已有部件的约束关系来定位添加的装配部件。

4）移动：以移动的方式来定位添加的装配部件。

(3) 复制　该选项区用于设定是否重复多个添加组件。“数量”文本框用于输出重复添加组件的数量值。

(4) 设置　该选项区用于设定加载部件的基本参数。

1）名称：用于设定加载部件的名称，其默认值为部件原始名称。

2）Reference Set：用于设定加载的引用集类型，其默认值为“整个部件”。

3）图层选择：用于设定加载部件在装配文件中的层位置。

2. 装配约束

添加组件并将定位方式设为“通过约束”，单击“确定”按钮，即可进入定位约束状态，系统弹出如图6-44所示的“装配约束”对话框。

“装配约束”对话框包括类型、要约束的几何体和设置3个选项区。其中，“类型”下拉列表中提供了10种可选的约束类型，分别为“接触对齐”、“同心”、“距离”、“固定”、“平行”、“垂直”、“拟合”、“胶合”、“中心”和“角度”，如图6-45所示。

(1) 接触对齐　UG NX中，将“对齐”和“接触”合为一个约束类型，即以接触或对齐的方式来约束组件与组件之间的位置关系。

将约束类型设为“接触对齐”后，操作者需在“要约束的几何体”选项区中的“方位”下拉列表中细化具体的接触、对齐方式，如图6-46所示。

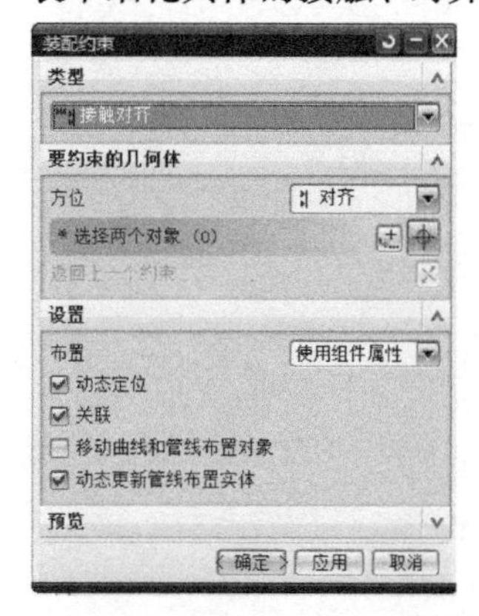

图6-44 “装配约束”对话框

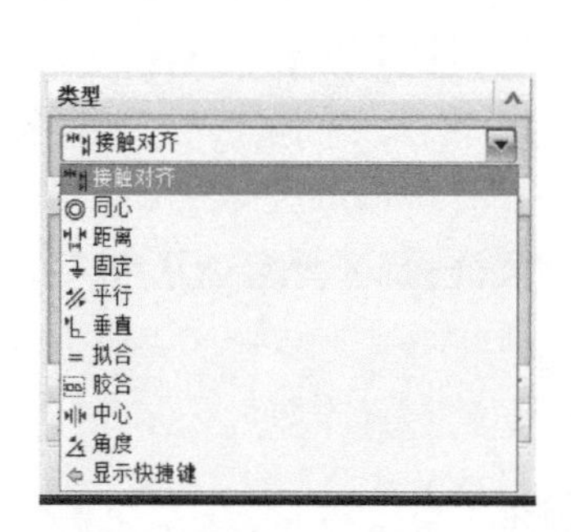

图6-45 UG NX中提供的约束方式

图6-46 “接触对齐”的“方位”下拉列表

1）首选接触：用于当“接触”、“对齐”均可时，优先使用“接触”约束。

2）接触：使被约束组件的面特征相接触（即法向方向相反）。

3）对齐：使被约束组件的面特征相对齐（即法向方向相同）。

4）自动判断中心/轴：使被约束组件的中心线/轴对齐。

图6-47所示为同一组件分别使用“接触”、“对齐”两种约束方式后的不同装配效果对比。

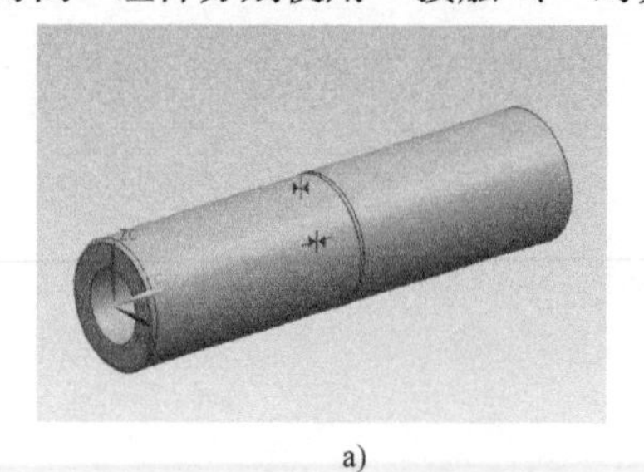

a)

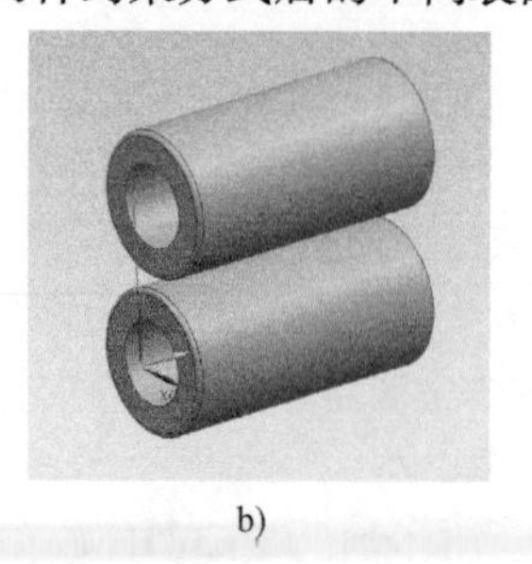

b)

图6-47 “接触”约束与“对齐”约束的对比

a)“接触”约束　b)“对齐”装配

（2）同心　同心约束是指使两个回转体装配对象的中轴线共线的定位方式。

（3）距离　距离约束用于指定两个装配对象对应参照面之间的最小距离。距离可以是正值也可以是负值，正负号决定相配组件在基础组件的哪一侧。

（4）固定　固定约束用于将组件固定在指定位置。使用该命令时需要有位置参照，系统将组件放置在指定的参照特征上。使用固定约束后，组件不可移动。

（5）平行　平行约束是使两个装配对象的方向矢量彼此平行。

> 注意：平行约束类似于对齐约束，但对齐约束在使装配对象相互平行的同时，还使其位于同一水平线/面上。平行约束不具备该功能。

（6）垂直　垂直约束是使两装配对象的方向矢量相互垂直。它可被视为是一种特殊的角度约束。

（7）拟合　拟合是指将具有等半径的两个圆柱面合起来，其定位效果如图6-48所示。该约束常用在螺栓和孔或销和孔的定位中。

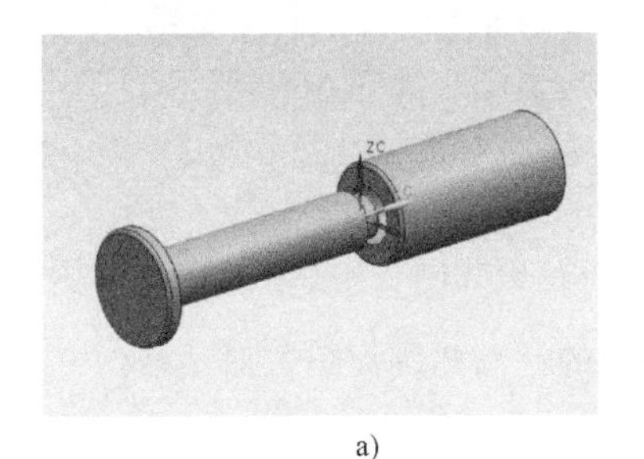

a)

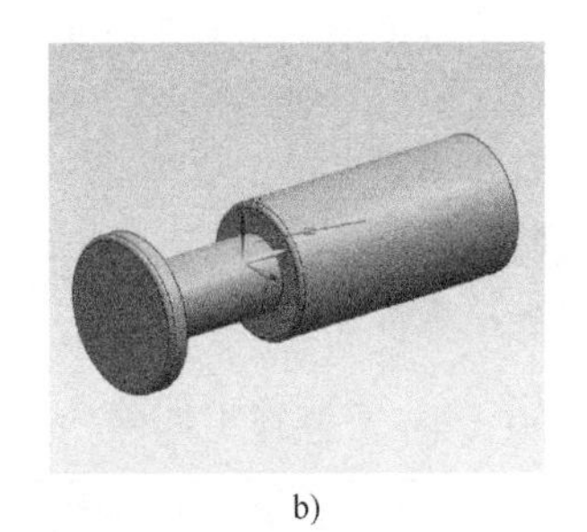

b)

图6-48　“拟合”约束

a）未装配的两个组件　b）“拟合”后的两个组件

（8）胶合　胶合是指将组件“粘”在一起，在这种约束状态下，被装配组件将跟随装配件运动。

（9）中心　中心是指使被装配对象的中心与装配对象中心重合，其下有3个子类型：

①“1对2”：在后两个所选对象之间使第一个所选对象居中，如图6-49a所示。在“1对2”的选项下依次单击车轮的基准面1和轮架的内表面2和3，即可得到如图6-49b所示的装配效果。

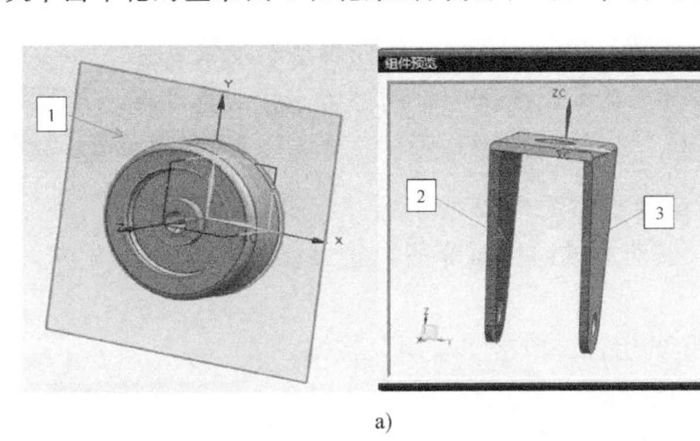

a)

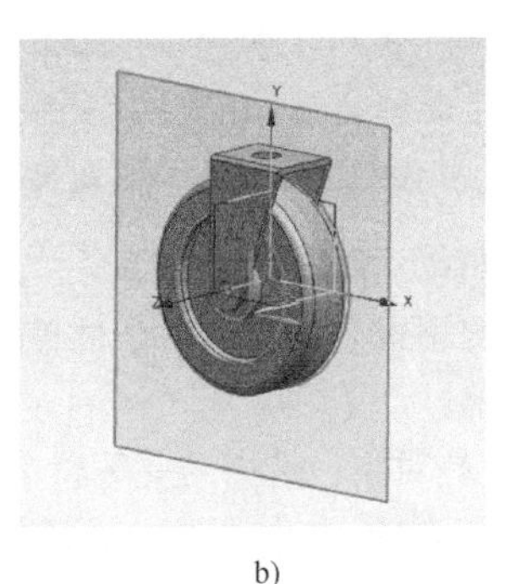

b)

图6-49　“1对2”的使用方法

②“2对1”：使两个所选对象沿第三个所选对象居中，和“1对2”刚好相反。

③“2对2”：使两个所选对象在两个其他所选对象之间居中。

（10）角度　角度约束是指以一定角度对装配对象进行约束。

6.3.3 自顶向下的装配

自顶向下装配有以下两种基本的装配方式。

1. 移动几何体

1）在装配中创建几何体。

2）创建一组件并将其添加到几何体中进行装配。

2. 空部件

1）在装配中创建一“空”组件。

2）将“空”组件作为工作部件。

3）在该组件中创建几何体。

6.3.4 爆炸视图

爆炸图也是一种视图表达方式，它以类似“炸开”的形式将装配体中的各个组件分散地显示出来。利用爆炸视图可清楚地显示出装配体或子装配体中各个组件的装配关系。

在工具栏区域单击鼠标右键，调用“爆炸图”工具栏，如图6-50所示。

生成爆炸图的具体步骤如下：

1. 创建爆炸视图

在菜单栏中单击“装配”→“爆炸图”→“新建爆炸图”，或单击“爆炸图”工具栏中的“新建爆炸图”命令按钮，系统弹出如图6-51所示的“新建爆炸图”对话框。

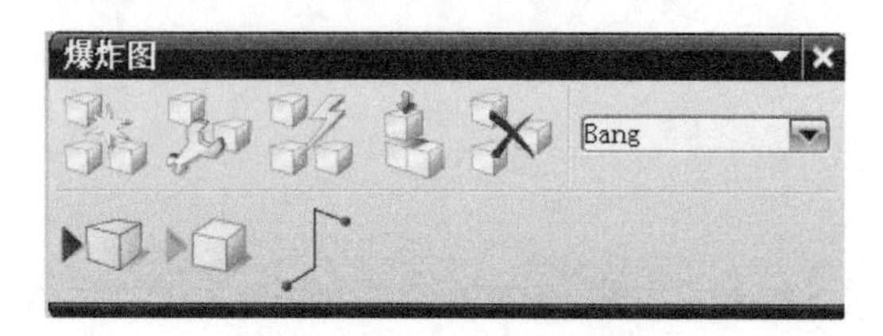

图6-50 “爆炸图”工具栏

图6-51 “新建爆炸图”对话框

操作者可在“名称”文本框中输入自定义的爆炸图名称，或使用系统默认的名称。

2. 生成爆炸视图

UG NX中提供了两种创建爆炸图的方式：手动创建爆炸图和自动创建爆炸图。

（1）手动创建爆炸视图 该命令通过手动编辑所选组件的位置来生成爆炸图。在菜单栏中单击“装配”→“爆炸图”→“编辑爆炸图”，或单击“爆炸图”工具栏中的“编辑爆炸图”命令按钮，系统弹出如图6-52所示的“编辑爆炸图”对话框。根据该对话框提示，手动生成组件爆炸图需经过以下两个步骤：

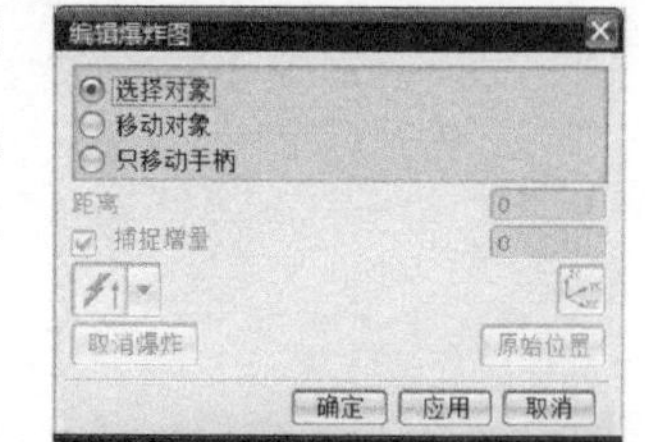

图6-52 “编辑爆炸图”对话框

1）选择对象：选中需要编辑爆炸位的组件，单击“应用”按钮。

2）移动对象：选中“移动对象”单选按钮，此时步骤（1）中选中的组件上将产生一动态的坐标手柄，操作者只需移动该手柄，即可将组件移至所需的爆炸位。

注意：“移动对象”中的手柄即可移动也可转动，若操作者选中“只移动手柄”单选按钮，则生成的动态手柄只可做X、Y、Z向的移动。

（2）自动创建爆炸视图　该命令通过给予指定组件统一的爆炸距离值，使每个组件在其轴向、径向等矢量方向进行自动爆炸。生成自动爆炸图需经过以下两个步骤。

1）选择部件对象：在菜单栏中单击“装配”→“爆炸图”→“自动爆炸组件”，或单击“爆炸图”工具栏中的“自动爆炸组件”命令按钮，系统弹出如图6-53所示的“类选择”对话框。在该对话框中，操作者可单击“对象”选项区域中的“全选”命令按钮选中装配体的全部组件或根据“选择对象”命令提示指定部分组件，作为自动爆炸的对象。

2）设定爆炸距离：选定组件对象后，在“类选择”对话框中单击“确定”按钮，系统弹出如图6-54所示的“自动爆炸组件”对话框。

① 距离：该文本框用于输入爆炸距离。

② 添加间隙：选中该复选框，则指定的距离将为有配对关系组件间的相对距离值；反之则为绝对距离。单击“确定”按钮即可生成爆炸图。

3. 编辑爆炸视图

UG NX中还可以对爆炸视图进行位置编辑、复制、删除和切换等操作。

（1）取消爆炸组件　该命令用于取消指定组件的爆炸状态。在菜单栏中单击“装配”→“爆炸图”→“取消爆炸组件”，或单击“爆炸图”工具栏中的“取消爆炸组件”命令按钮，系统弹出与图6-53相同的“类选择”对话框。根据对话框提示，选中对象组件，单击“确定”按钮，即可取消该组件的爆炸状态。

（2）删除爆炸图　当不需要再显示装配体的爆炸效果时，还可将其删除。在菜单栏中单击“装配”→“爆炸图”→“删除爆炸图”，或单击“爆炸图”工具栏中的“删除爆炸图”命令按钮，系统弹出如图6-55所示的“爆炸图”对话框。该对话框中列出了当前所有爆炸图的名称，在对话框中选中需要删除的爆炸图名称，单击“确定”按钮，即可删除此爆炸图。

注意：当前窗口中显示的爆炸图不能直接删除。如果要删除它，先要将其复位，方可进行删除爆炸视图的操作。

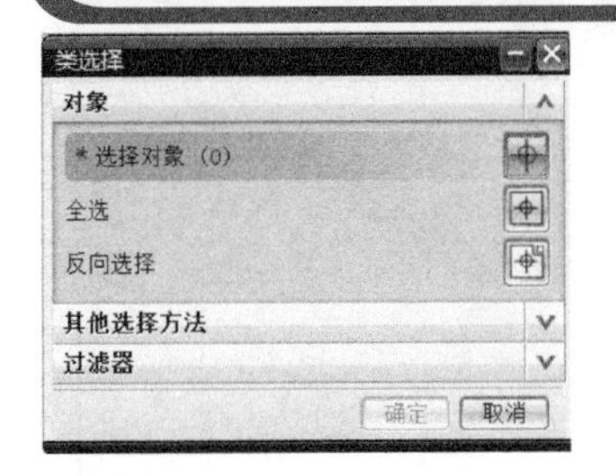

图6-53 “类选择”对话框

图6-54 “自动爆炸组件”对话框

图6-55 “爆炸图”对话框

6.4 实例演练及拓展练习

1. 独立完成项目6的小车轮装配及高级出图。
2. 对如图6-56所示的航模发动机零件进行建模、装配及装配体高级出图。

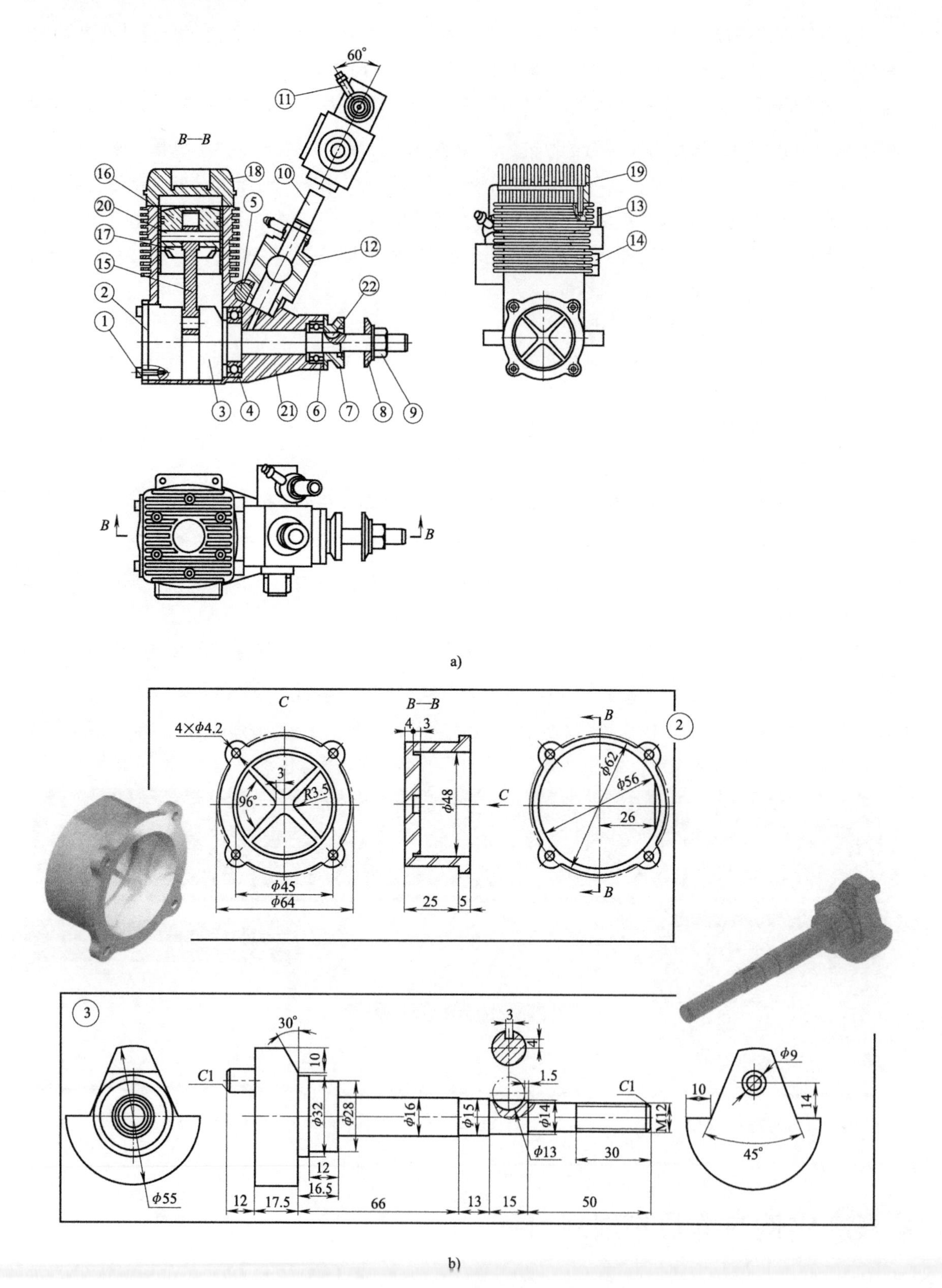

图 6-56　拓展练习

a）航模发动机装配示意图　b）零件 2、3 的工程图

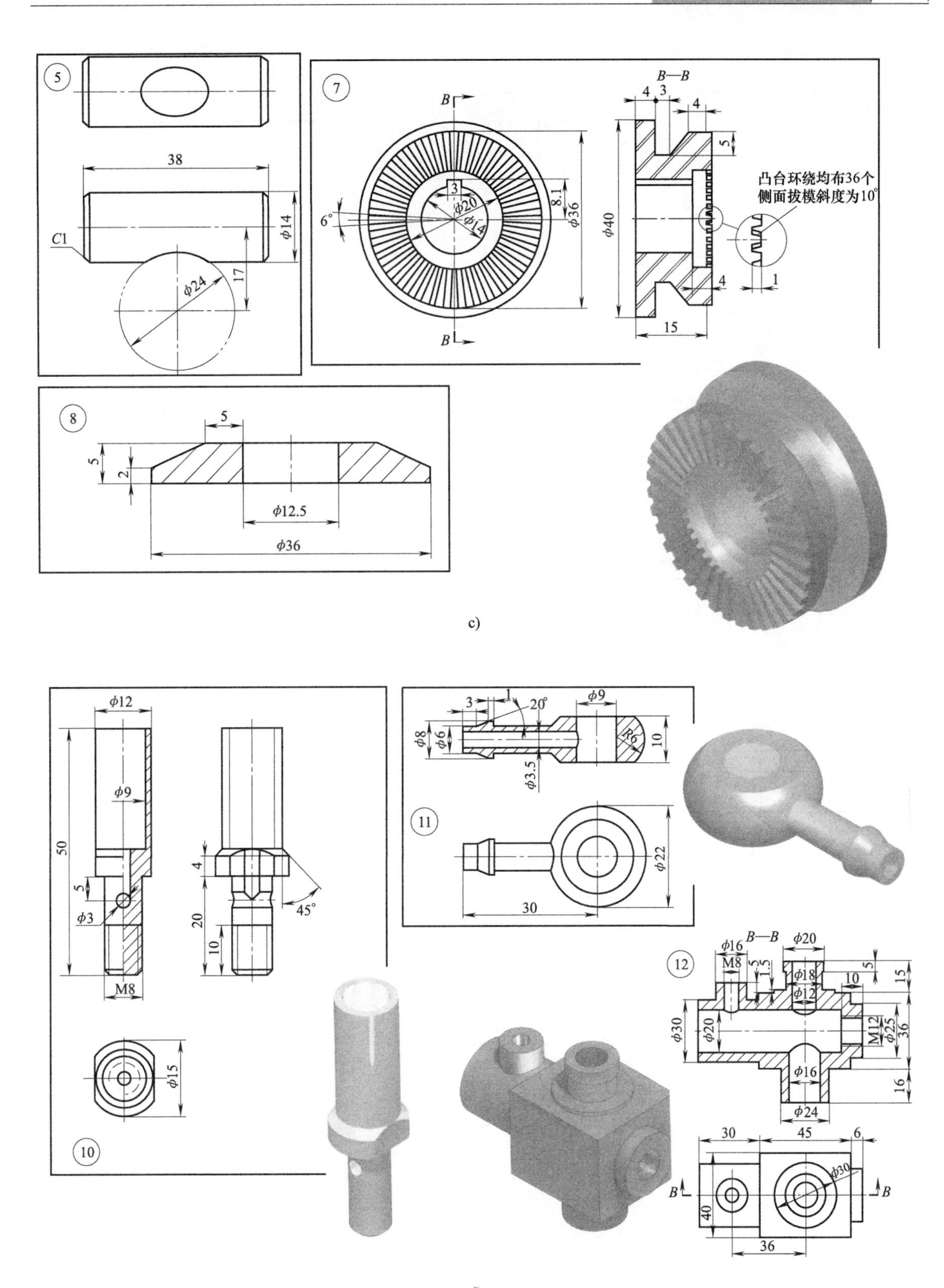

图6-56 拓展练习（续）

c）零件5、7、8的工程图 d）零件10、11、12的工程图

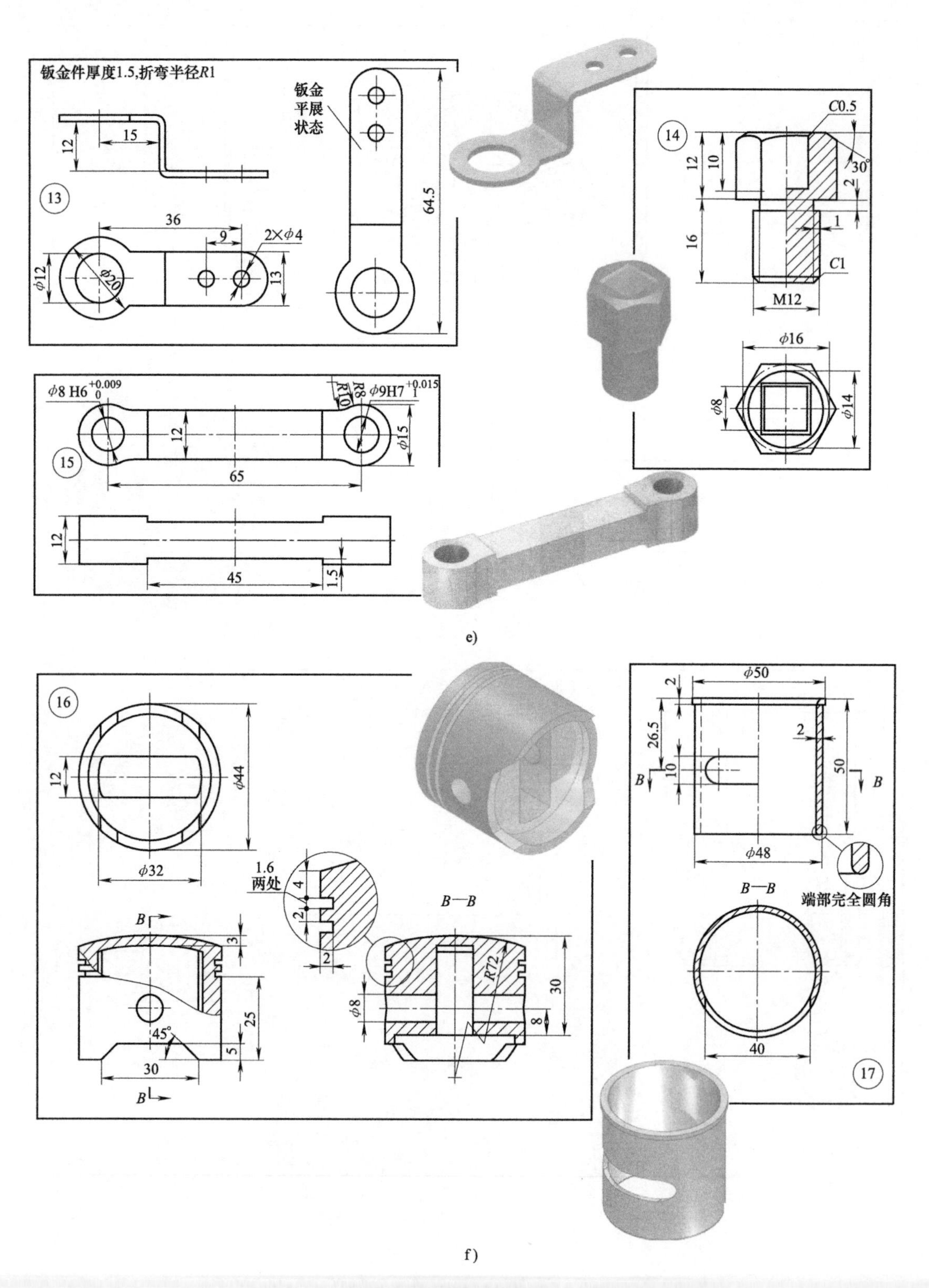

图 6-56　拓展练习（续）

e）零件13、14、15的工程图　f）零件16、17的工程图

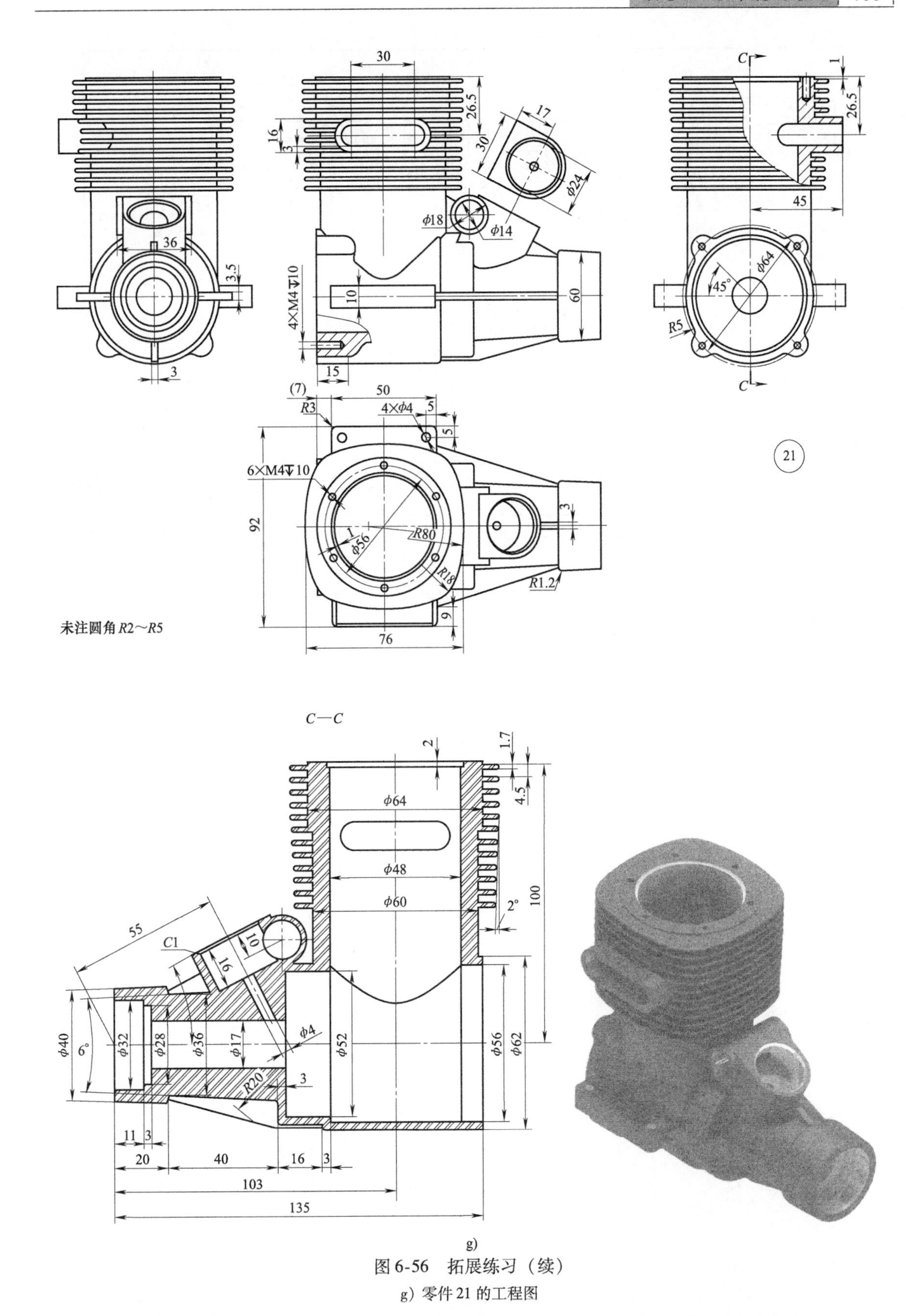

g)

图6-56 拓展练习（续）

g）零件21的工程图

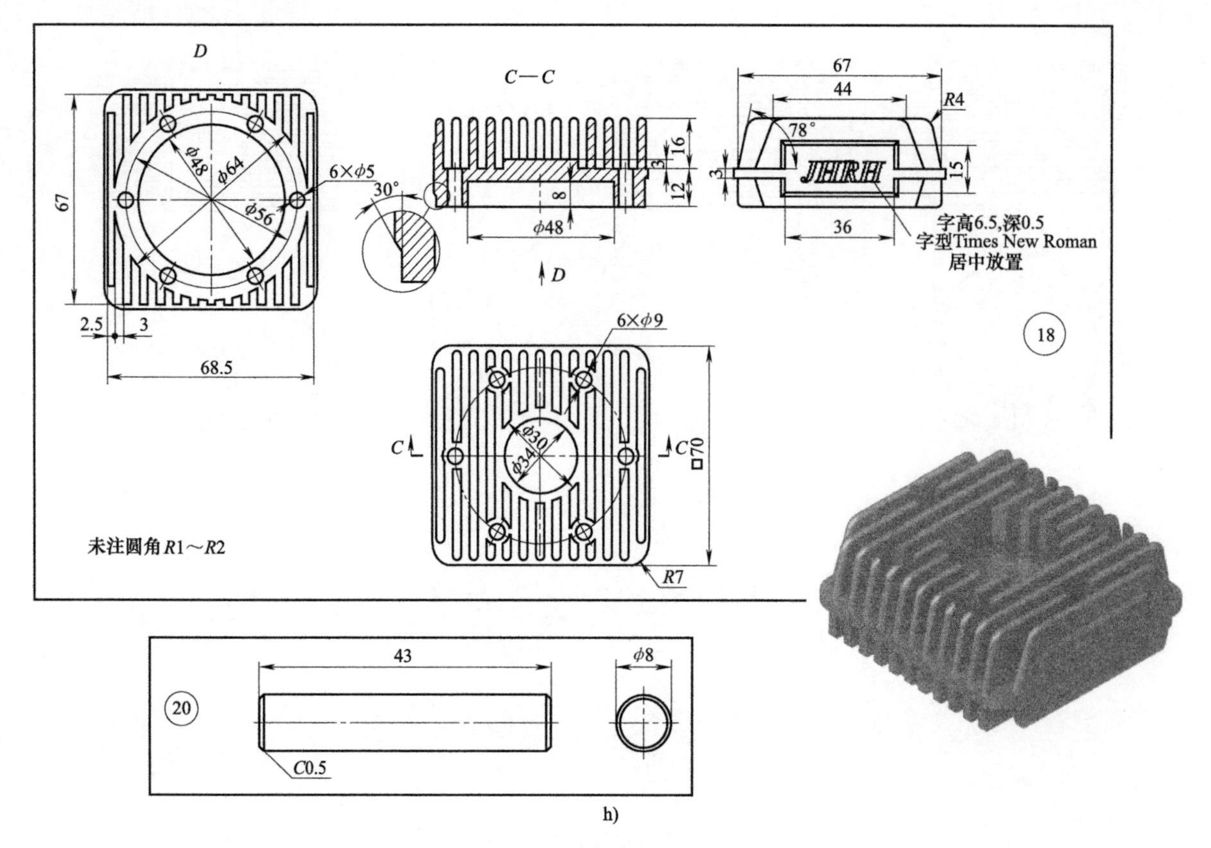

图 6-56　拓展练习（续）

h）零件 18、20 的工程图

项目7

开关外壳的建模

【项目内容】

本项目将指导学生运用UG NX软件完成一个开关外壳建模，在此过程中帮助学生了解曲面建模的基本概念，并掌握使用“拉伸”、“回转”、“修剪片体”、“面缝合”、“边倒角”、“加厚”命令进行曲面建模及编辑的操作方法及使用技巧。

【项目目标】

◇ 了解曲面建模的概念。

◇ 掌握通过“拉伸”、“回转”命令创建曲面的基本方法及应用技巧。

◇ 掌握“修剪片体”命令的操作方法及应用技巧。

◇ 掌握“面缝合”命令的操作方法及应用技巧。

◇ 掌握“边倒角”命令的操作方法及应用技巧。

◇ 掌握“加厚”命令的操作方法及应用技巧。

【项目分析】

拟建一开关的外壳模型，如图7-1所示。其建模思路分析如下：

◇ 该开关模型可分成底座及按钮两个部分，整体为薄壁结构，壁厚约为1.5mm。

对于具有此类特征的模型一般的建模思路有以下两种：

- 实体建模→抽壳。
- 曲面建模→加厚。

由于开关按钮部分的上表面为曲面，故此处选用第二种建模方案较为合适。

◇ 使用“回转”命令创建底座“片体”。

◇ 使用“拉伸”命令创建按钮的上表面和侧面“片体”。

◇ 使用“修剪片体”、“缝合”命令修剪并合并各个“片体”。

◇ 使用“边倒圆”命令创建三处圆角。

◇ 使用“加厚”命令赋予模型壁厚。

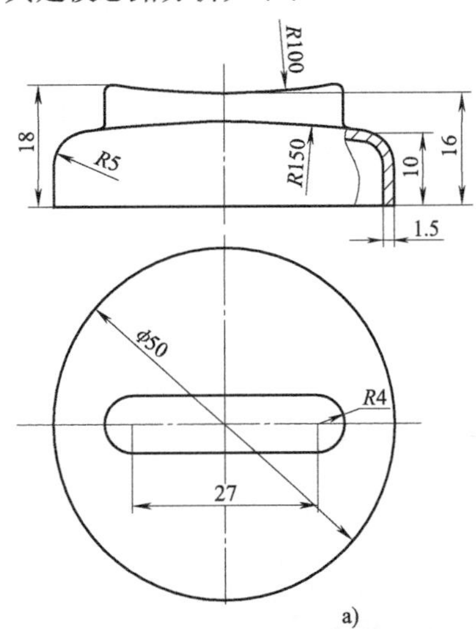

技术说明
1.未注圆角R1
2.壁厚1.5

a)

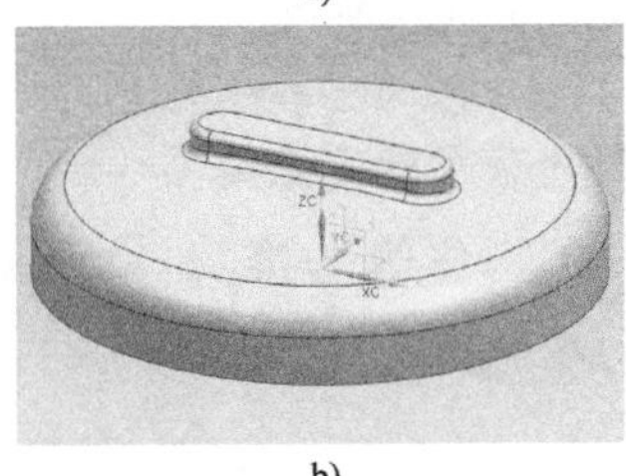

b)

图7-1　开关外壳
a）开关外壳工程图　b）开关外壳三维示意图

7.1 开关外壳建模过程

新建“模型”项目，并设置合适的文件名及保存路径。

在界面窗口工具栏处单击鼠标右键，调

用“特征”、“曲面”及“编辑曲面”工具栏。

7.1.1 开关底座建模过程

1. 创建底座轮廓草图

在默认坐标系下，选择“YC-ZC”作为基准面，创建如图 7-2 所示的轮廓草图。

> 注意：在草图界面下，在菜单栏中单击“任务”→“草图样式”，系统将弹出如图 7-3 所示的“草图样式”对话框。在该对话框的“尺寸标签”下拉框列表中选择“值”，即可改变草图尺寸的显示效果。

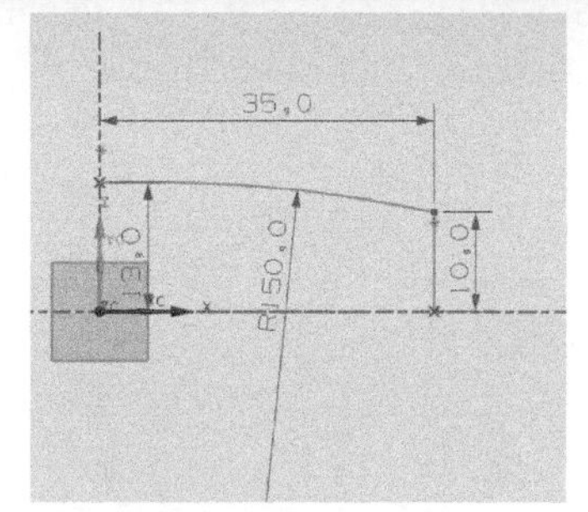

图 7-2 底座的轮廓草图

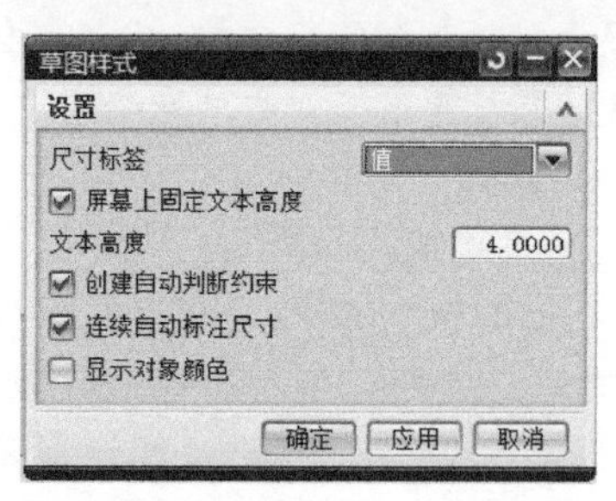

图 7-3 对“草图样式”对话框的设置

2. 创建底座回转特征

在“特征”工具栏中单击“回转”命令按钮，系统弹出如图 7-4a 所示的“回转”对话框。在该对话框中，设置“截面”为 1 所建草图、“指定矢量”为“ZC”、“指定点”为“坐标原点”、旋转角度为“360”，并在“设置”选项区中设定“体类型”为“片体”，单击“确定”按钮，即可得到如图 7-4b 所示的显示效果。

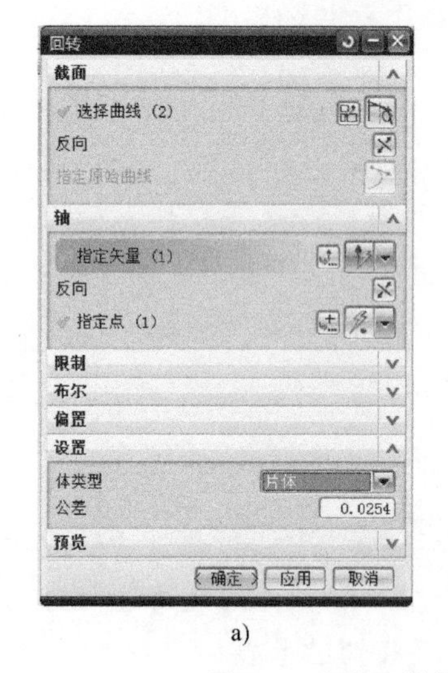

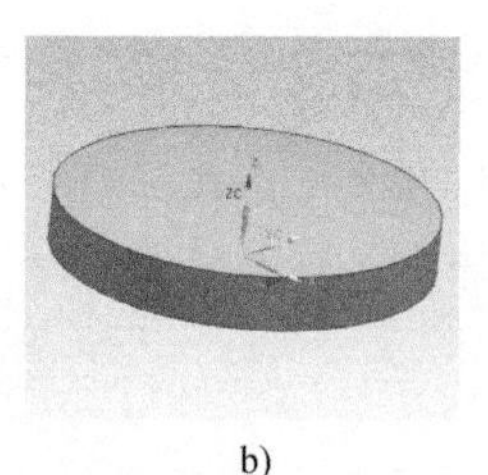

a) b)

图 7-4 底座回转特征的创建

a) 对“回转”对话框的设置 b) 创建的底座回转特征

7.1.2 按钮建模过程

1. 创建按钮上表面轮廓草图

选择“YC-ZC”作为基准面，创建如图 7-5 所示的轮廓草图。

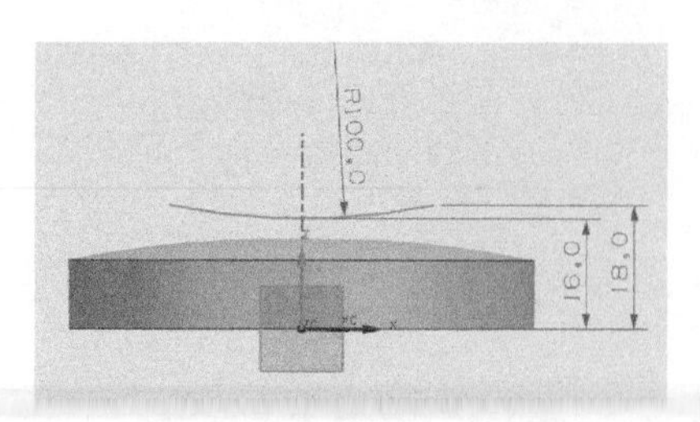

图 7-5 按钮上表面草图

2. 创建上表面拉伸特征

在“特征”工具栏中单击“拉伸”命令按钮，系统弹出如图7-6a所示的“拉伸”对话框。在该对话框中，设置“截面”为1所建草图、拉伸“距离”为双向各25、“体类型”为“片体”，单击“确定”按钮，即可得到如图7-6b所示的显示效果。

3. 创建按钮侧面草图

选择“XC-YC”作为基准面，创建如图7-7a所示的轮廓草图。

4. 创建按钮侧面拉伸特征

单击“拉伸”命令按钮，在系统弹出“拉伸”对话框中设置“截面”为3所建草图、拉伸“距离”为“20”、“体类型”为“片体”，单击“确定”按钮，即可得到如图7-7b所示的显示效果。

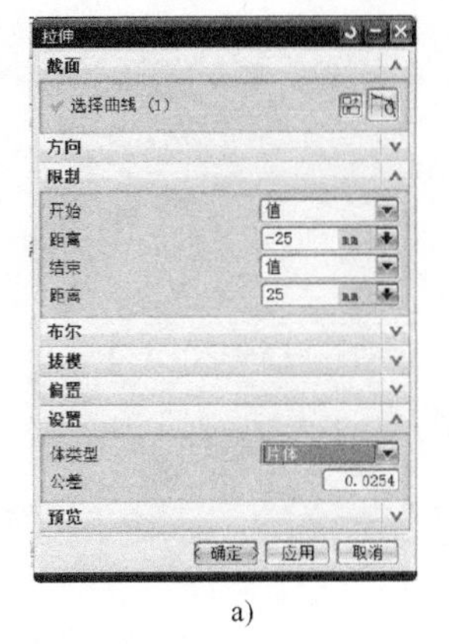

a)

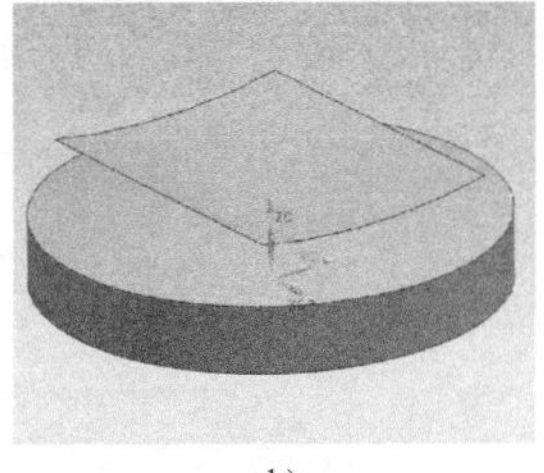

b)

图7-6 按钮上表面拉伸特征的创建

a) 对“拉伸”对话框的设置 b) 创建的按钮上表面拉伸特征

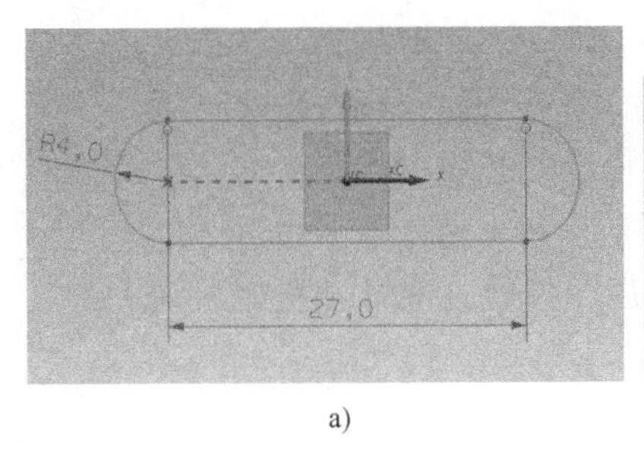

a)

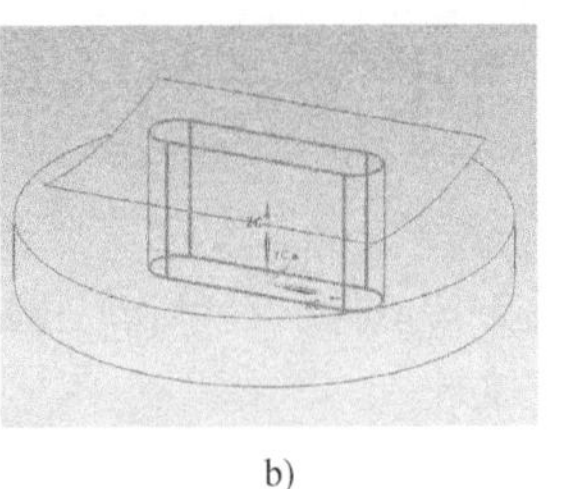

b)

图7-7 按钮侧面拉伸特征的创建

a) 按钮侧面轮廓草图 b) 创建的按钮侧面拉伸特征

7.1.3 片体间的修剪与合并

1. 修剪按钮顶面

单击“特征”工具栏中的“修剪片体”命令按钮，系统弹出如图7-8a所示的“修剪片体”对话框。在该对话框中，设置“目标”片体为7.1.2节2所建顶面拉伸特征、“边界对象”为7.1.2节4所建按钮侧面拉伸特征，最后在“区域”选项区中单击“选择区域”按钮，选择顶面外侧作为“舍弃”区域，如图7-8a中的淡色区域所示。单击“确定”按钮，即可得到如图7-8b所示的修剪效果。

注意：在设定好修剪的“目标”和“边界对象”后，单击“区域”选项区内的“选择区域”按钮，系统将自动激活一块区域作为对象区域，并以亮黄色显示，下面的“保留”或“舍弃”操作都将针对该区域进行。操作者也可单击“选择区域”后的按钮，对对象区域进行选择。

2. 修剪底座

在“修剪片体”对话框中，设置“目标”片体为7.1.1节2所建底座旋转特征、“边界对象”为7.1.2节4所建按钮侧面拉伸特征、在“区域”选项区中设置按钮外侧为“保留”区域。单击“确定”按钮，即可得到如图7-9所示的修剪效果。

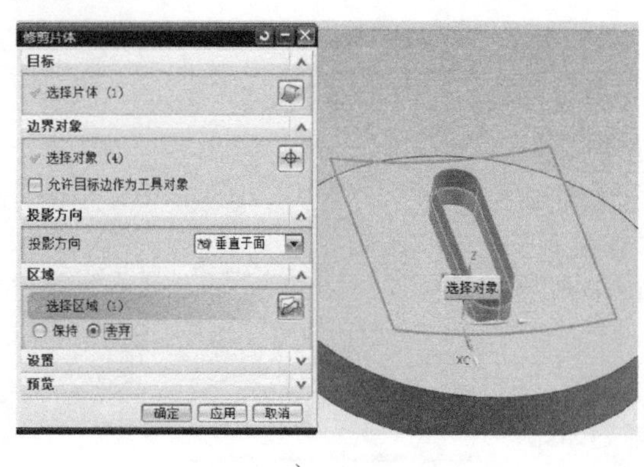

a)

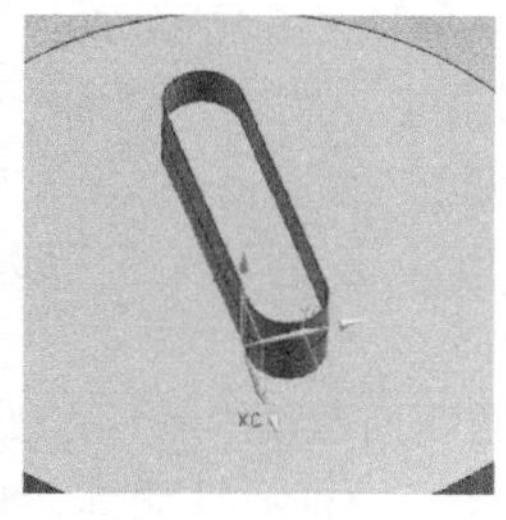

b)

图 7-8　修剪按钮顶面

a）对“修剪片体”对话框的设置　b）修剪后的按钮顶面显示效果

注意：该步操作非常重要，缺少底座修剪，最后的成品将缺少底部镂空的显示效果。

3. “修剪”按钮侧面

在“修剪片体”对话框中，设置“目标”片体为按钮侧面拉伸特征、“边界对象”为1、2修剪后的按钮顶面和开关底座，在“区域”选项区中使用“选择区域”按钮按选择侧面的上部、下部作为“舍弃”区域，如图7-10a所示。单击“确定”按钮，即可得到如图7-10b所示的修剪效果。

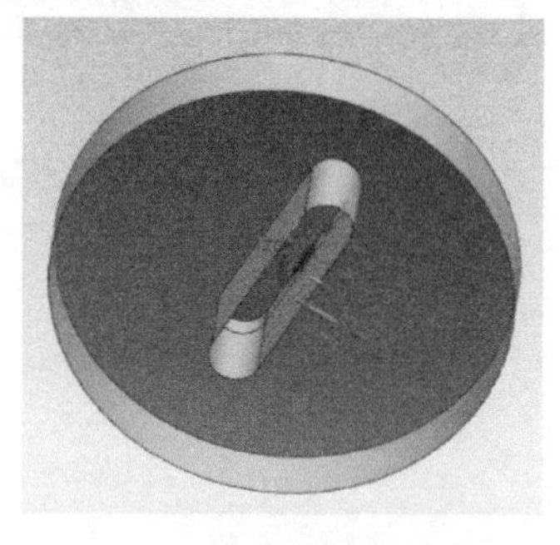

图 7-9　“修剪”后的底座显示效果

4. 缝合按钮顶面与侧面

在“特征”工具栏中单击“缝合”命令按钮，系统弹出如图7-11所示的“缝合”对话框。在该对话框中，设置“类型”为“片体”、“目标”为按钮顶面、“刀具”为按钮侧面，如图7-11所示。单击“确定”按钮，即可对这两个对象进行缝合。

a)

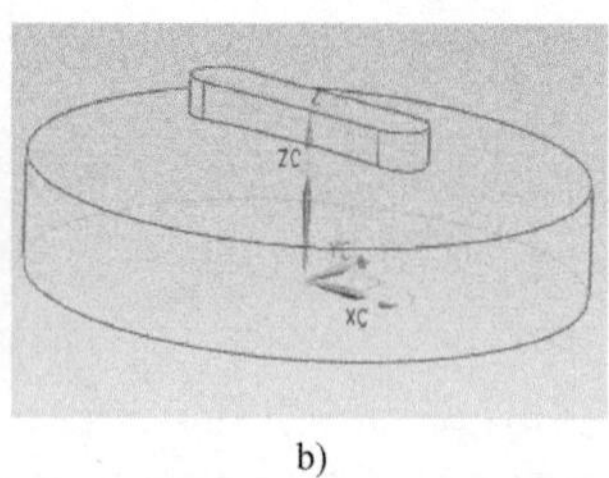

b)

图 7-10　修剪按钮侧面

a）选择“舍弃”区域　b）修剪后的按钮侧面显示效果

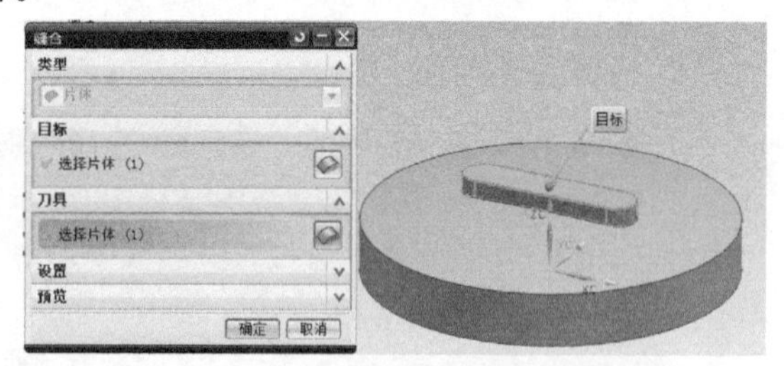

图 7-11　对“缝合”对话框的设置

5. 缝合按钮和底座

在“缝合”对话框中，设置“类型”为“片体”、“目标”为底座、“刀具”为按钮，实现对这两个对象的缝合。

7.1.4　模型倒圆角

1. 按钮倒圆角

在“特征”工具栏中单击“边倒圆”命令按钮，系统弹出如图7-12a所示的“边倒圆”对

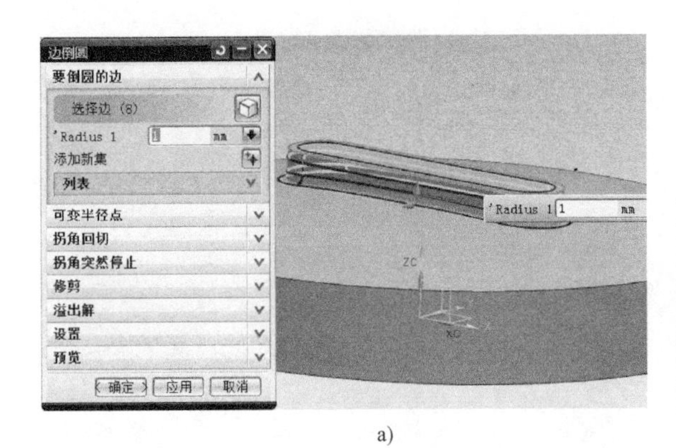

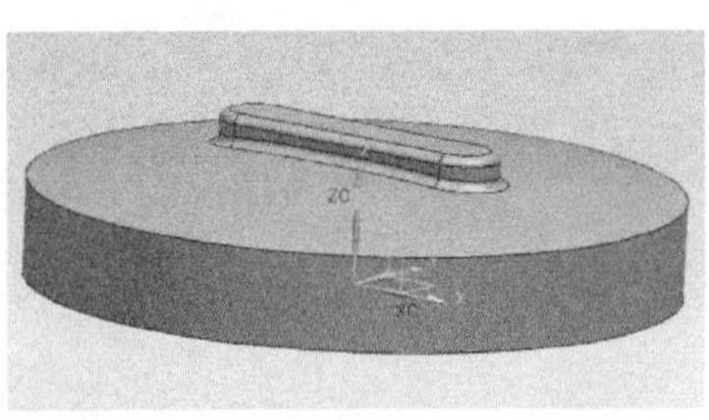

a) b)

图7-12 对按钮边沿倒圆角

a）对“边倒圆”对话框的设置 b）按钮倒圆角后的显示效果

话框。在该对话框中的“要倒圆的边”选项区中选择“按钮顶面”与“按钮侧面”交边和“按钮侧面”与“底座”交边作为对象边，设置“Radius”为“1”，单击“确定”按钮，即可得到如图7-12b 所示的显示效果。

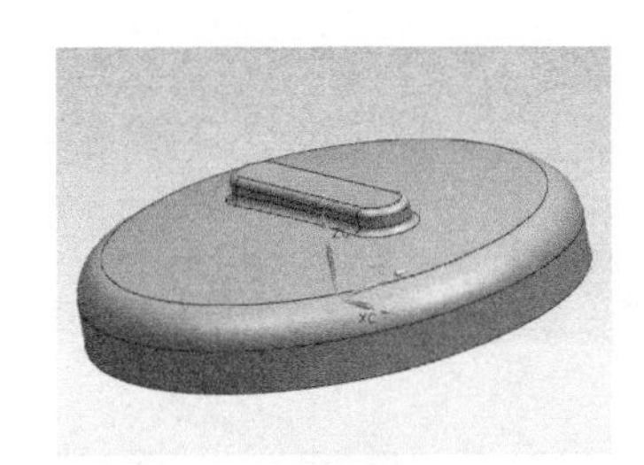

图7-13 底座倒圆角后的显示效果

2. 底座倒圆角

使用“边倒圆”命令，选择底座上边沿作为对象边，设置“Radius”为“5”，创建如图7-13所示的倒圆角。

7.1.5 薄壁加厚

在“特征”工具栏中单击“加厚”命令按钮，系统弹出如图7-14a 所示的“加厚”对话框。在该对话框中的“面”选项区内选择开关整体作为所需选择的面，并设置“偏置1”为“1.5”，方向为向内，单击“确定”按钮，即可得到如图7-14b 所示的显示效果。

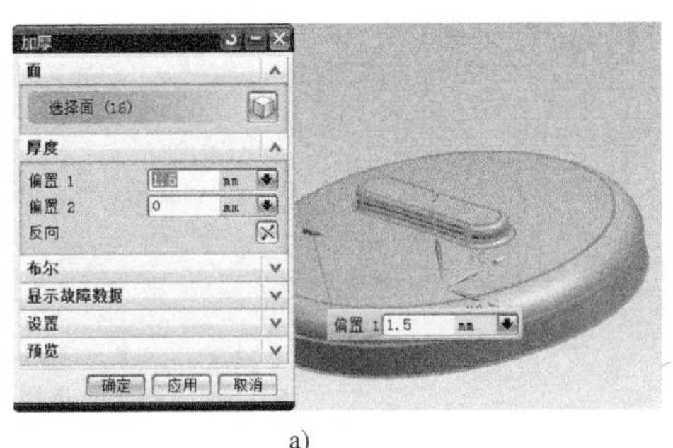

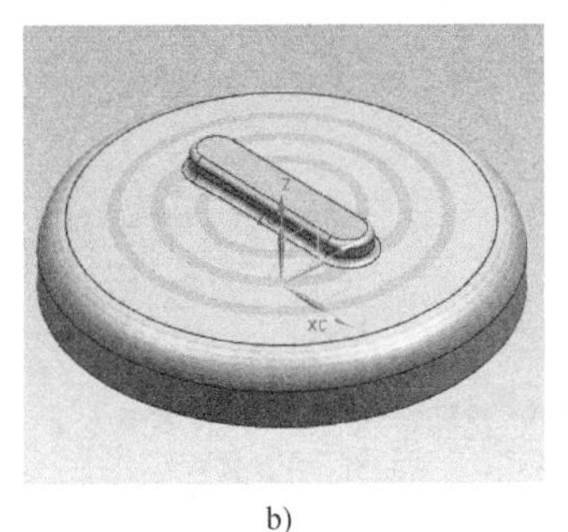

a) b)

图7-14 开关片体加厚

a）对“加厚”对话框的设置 b）加厚后的开关模型

7.1.6 模型渲染

在窗口工具栏中单击“编辑对象显示”命令按钮，系统弹出如图7-15a 所示的“类选择”对话框。在该对话框中选择7.1.5节所建开关实体作为“类”对象后，单击“确定”按钮，系统弹出如图7-15b 所示的“编辑对象显示”对话框。在该对话框中单击“颜色”选项，选择一种颜色，单击“确定”按钮，即可完成对模型的修饰，如图7-15c 所示。

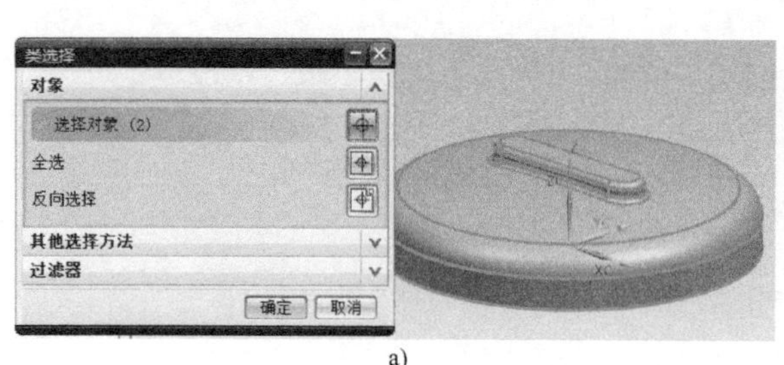

a)

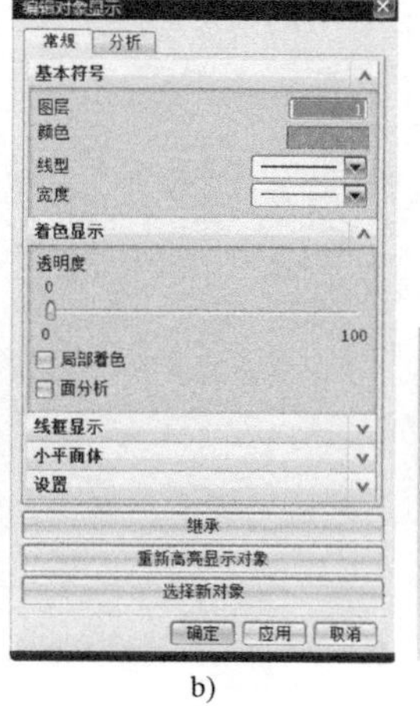

b)

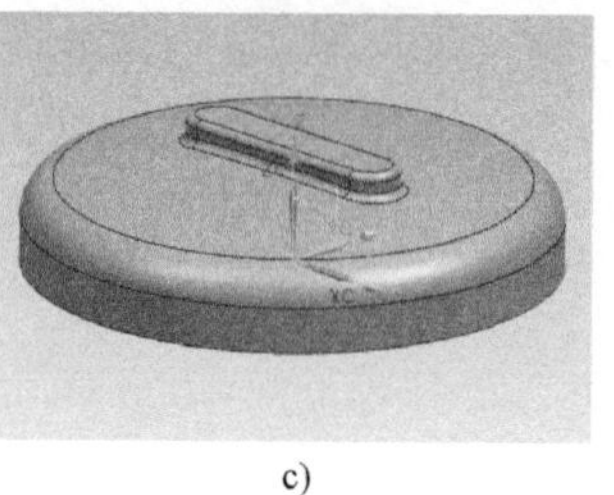

c)

图 7-15 模型渲染

a）对“类选择”对话框的设置 b）对“编辑对象显示”对话框的设置 c）修饰了颜色的开关模型

7.2 知识技能点

7.2.1 曲线、曲面工具介绍

1. 曲线工具介绍

UG NX 的曲线工具由创建曲线、曲线操作和编辑曲线等工具组成。创建曲线工具与曲线操作工具均位于“曲线”工具栏中，如图 7-16 所示。编辑曲线工具位于“编辑曲线”工具栏中，如图7-17 所示。单击工具条上边框左侧的“工具条选项”可对工具条进行定制。

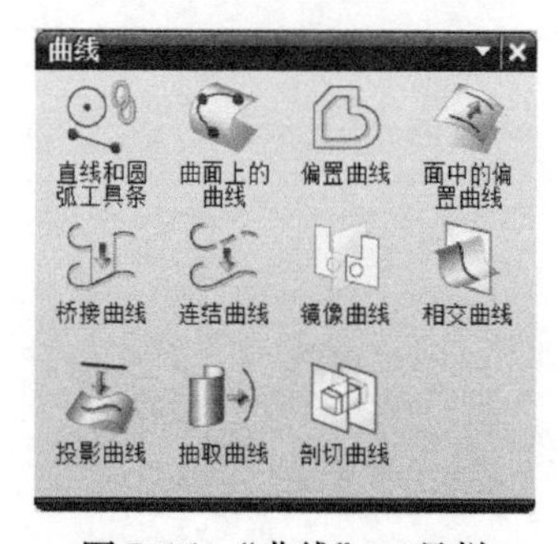

图 7-16 “曲线”工具栏

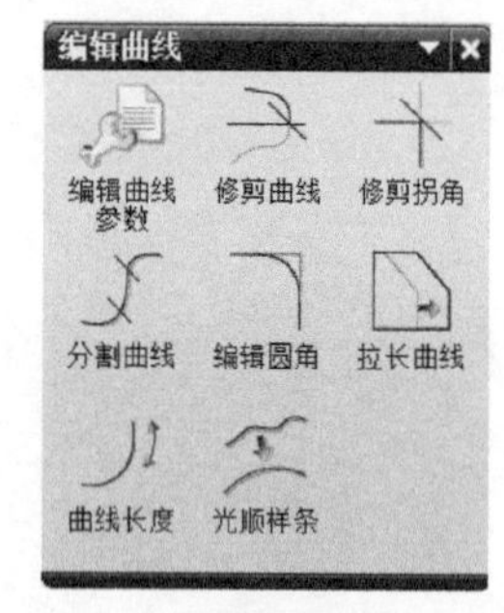

图 7-17 “编辑曲线”工具栏

（1）创建曲线工具 创建曲线工具用于创建基本的空间曲线，如直线、圆弧/圆和样条曲线等。

（2）曲线操作工具 曲线操作工具用于对已存在的曲线进行相关操作以生成新的曲线，如偏置曲线、桥接曲线、投影曲线、相交曲线、抽取曲线和在面上偏置等。

（3）编辑曲线工具 编辑曲线工具用于编辑修改现有的曲线，如编辑曲线参数（修改曲线阶数、曲率），连接曲线、光顺曲线和修剪曲线等。

2. 曲面工具介绍

根据曲面构成方式的不同，UG NX 的自由曲面工具由基于点构成曲面、基于曲线构成曲面和基于曲面构成新的曲面 3 部分组成。

（1）基于点构成曲面　用于根据输入点的数据创建曲面，常用的点构面命令有“通过点”、“从极点”、“从云点”等。该构面方式多应用于逆向建模中，由于该方式下构建的曲面精度直接取决于点的质量，其光顺性差、参数化程度低，故适用场合不多。该命令集位于“曲面”工具栏下，如图7-18所示。

（2）基于曲线构成曲面　用于根据已有曲线创建曲面，是主要的曲面构面方法。常用的曲线构面命令有“直纹面”、“通过曲线组”、“通过曲线网格”及“扫掠”等。该命令集位于“曲面”工具栏中，如图7-18所示。

（3）基于曲面构成新的曲面　用于根据已有曲面创建曲面，常用的曲面构面命令有“移动定义点”、“移动极点”、“扩大”、“等参数修剪/分割”、“偏置曲面”、“修剪片体”及“面倒圆”等。该命令集位于“编辑曲面”工具栏中，如图7-19所示。

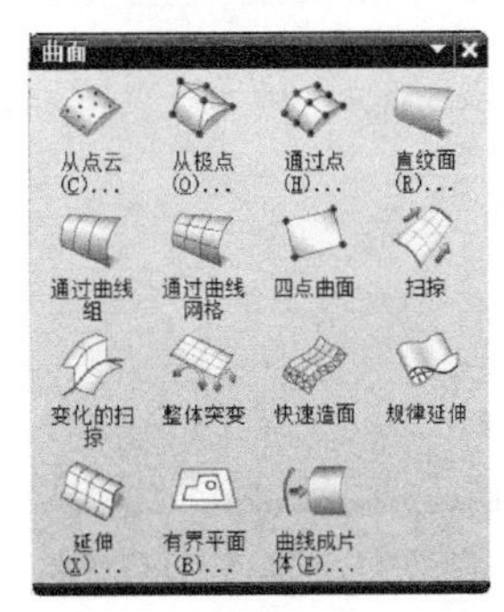

图7-18　“曲面”工具栏

图7-19　“编辑曲面”工具栏

7.2.2　曲面操作工具介绍

1. 拉伸

在“拉伸”对话框中的“设置”选项区中选择“体类型”为“片体”，即可实现曲面建模。

拉伸也是一种常用的创建曲面的方法，其优点为：“拉伸”的创建基础可为单根开放曲线或封闭曲线，并可通过设置“拔模角度”来实现曲面的倾斜。

2. 回转

在“回转”对话框中的“设置”选项区中选择“体类型”为“片体”，即可实现曲面建模。

7.2.3　曲面编辑工具介绍

1. 修剪片体

“修剪片体”是指利用曲线、边缘、曲面或基准平面去修剪片体的一部分。在菜单栏中单击“插入”→“修剪”→“修剪片体”，或单击“特征”工具栏中的“修剪片体”命令按钮，系统弹出如图7-20所示的“修剪片体”对话框。

该对话框各选项的含义如下：

1）目标：提示选择要修剪的片体对象。

2）边界对象：提示选择用于修剪目标片体的工具，如曲线、边缘、曲面或基准平面等。

3）投影方向：当边界对象远离目标片体时，可通过投影将边界对象（主要是曲线或边缘）投影在目标片体上。投影的方法有垂直于面、垂直于曲线平面和沿矢量3种。

4）区域：要保留或是要移除的那部分片体。

5）保持目标：修剪片体后仍保留原片体。

6）输出精确的几何体：选择该复选框，最终修剪后片体精度最高。

7）公差：修剪结果与理论结果之间的误差。

2. 缝合

“缝合”可将两个及两个以上片体连接为一个片体。UG NX 的“缝合”命令可以起到将片体向实体转换的作用。

在菜单栏中单击“插入”→“组合”→“缝合”，或单击“特征”工具栏中的“缝合”命令按钮，系统将弹出如图 7-21 所示的“缝合”对话框。该对话框中各操作命令的介绍如下：

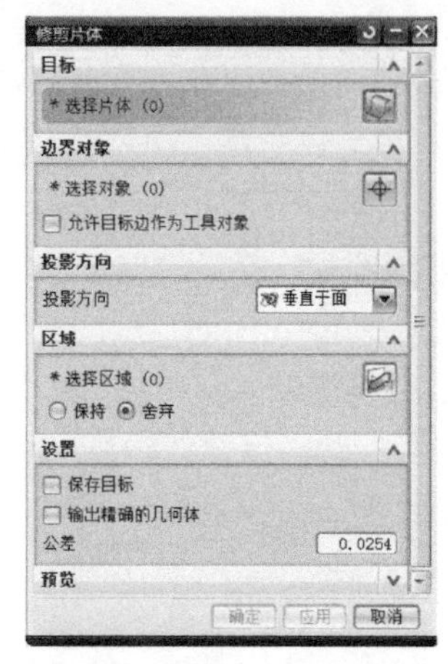

图 7-20 “修剪片体”对话框

图 7-21 “缝合”对话框

1）目标：提示选择要缝合的片体对象。

2）刀具：提示选择与“目标”合并的片体对象。

3）输出多个片体：若选中该复选框，则缝合后的片体将不被 UG NX 默认为实体。

4）公差：缝合结果与理论结果之间的误差。

3. 边倒圆

“边倒圆”功能用于在实体边沿形成圆角面（注意与“面倒圆”命令的区别）。倒圆角有内、外侧的区别，内侧倒圆将以去除材料的方式创建倒角过渡，外侧倒圆将以添加材料的方式创建圆弧过渡。

在菜单栏中单击“插入”→“细节特征”→“边倒圆”，或者单击“特征”工具栏中的“边倒圆”命令按钮，系统将弹出如图 7-22a 所示的“边倒圆”对话框。该对话框中各操作命令的介绍如下：

1）选择边：用于选择要倒圆的边。在该选项区可设置固定半径的倒角，既可以多条边一起倒角，也可以手动拖动倒角，改变半径大小，如图 7-22b 所示。

2）可变半径点：用于在一条边上定义不同的点，然后在各点的位置设置不同的倒角半径。在进行这项操作时，首先选择边缘作为恒定半径倒圆，再在倒圆的边上添加可变半径点，至少要选取两个可变半径点，如图 7-22c 所示。

a)

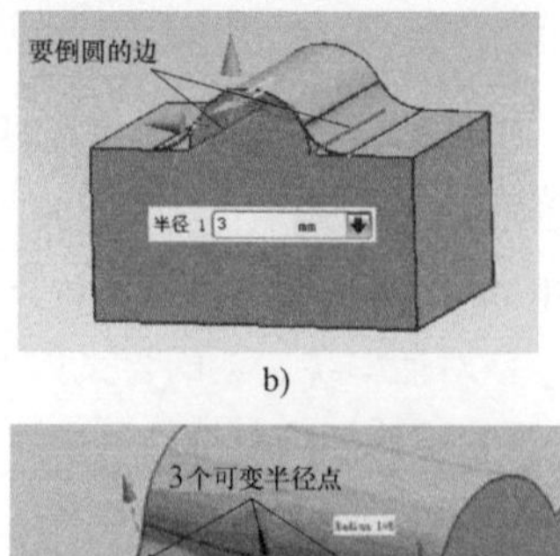

b)

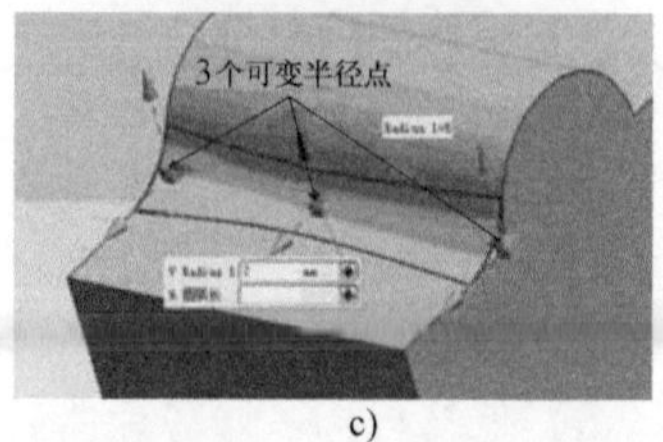

c)

图 7-22 边倒圆的应用

3）拐角回切：该命令主要用于在 3 条相交线处进行拐角时，选择三线交点，可通过设定 3 个位置参数来设定拐角的形状。

4）修剪：该选项下可手动将边倒圆修剪至明确选定的面或平面，多用于内倒圆。

7.3 实例演练及拓展练习

1. 独立完成项目 7 开关外壳的建模。
2. 完成如图 7-23 所示的模具建模。
3. 完成如图 7-24 所示旋钮外壳的建模。

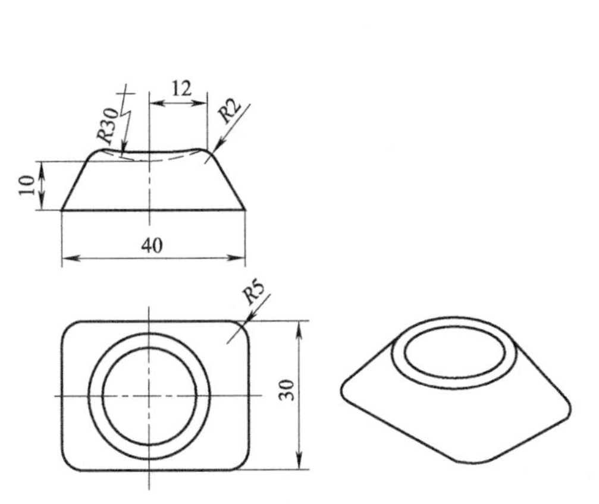

图 7-23　拓展练习 1

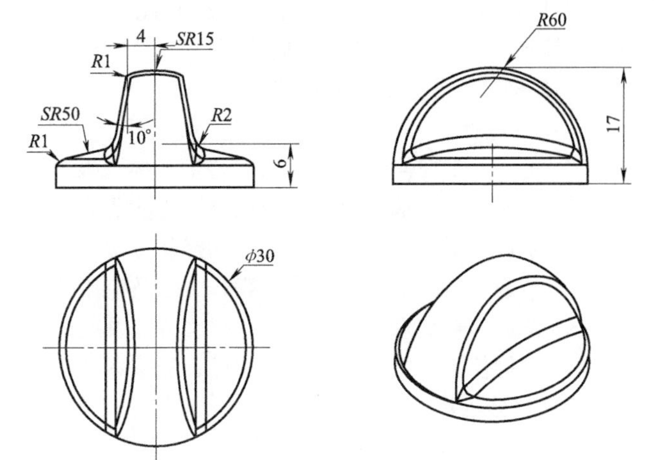

图 7-24　拓展练习 2

4. 完成如图 7-25 所示水槽曲面的建模。

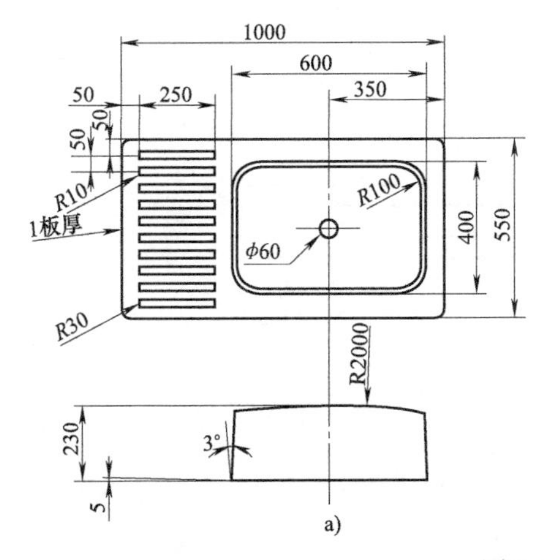

a)

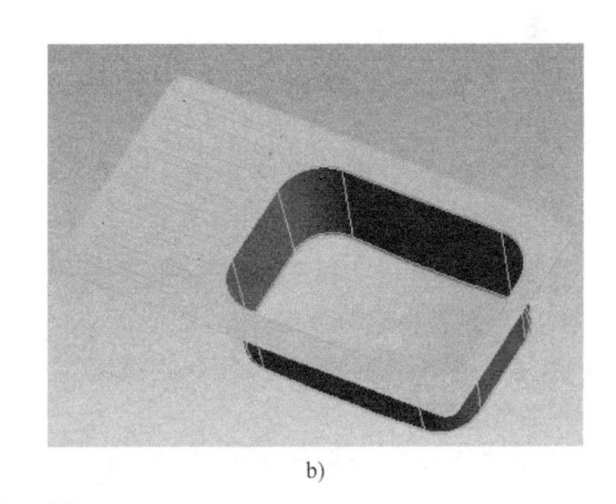

b)

图 7-25　拓展练习 3

项目 8

电话机听筒的建模

【项目内容】

本项目将指导学生完成一个电话机手柄的建模，在此过程中帮助学生进一步熟悉 UG NX 的曲面建模思路，并掌握使用“通过曲线网格”、“扫掠”、“投影曲线”及“修剪和延伸”命令进行曲面建模、编辑的操作方法及使用技巧。

【项目目标】

◇ 进一步掌握使用“拉伸”、“修剪片体”及“边倒圆”等命令创建及编辑曲面的应用技巧。

◇ 掌握“通过曲线组”命令的操作方法及应用技巧。

◇ 掌握“通过曲线网格”命令的操作方法及应用技巧。

◇ 掌握“投影曲线”命令的操作方法及应用技巧。

◇ 掌握“修剪和延伸”命令的操作方法及应用技巧。

◇ 掌握使用“扫掠”命令创建曲面的基本方法及应用技巧。

【项目分析】

拟建一个电话机听筒的外壳模型，如图 8-1 所示。该听筒模型由手柄与突起两个部分组成，整体多曲面结构，直接建模较困难，故此处采用先曲面成形再实体化的建模方法。其具体建模步骤如下：

◇ 使用“扫掠”命令创建手柄外轮廓曲面。

◇ 使用“通过曲面网格”命令创建手柄两侧边界面。

◇ 使用“拉伸”和“修剪片体”命令创建手柄中部握手部分。

◇ 使用“拉伸”、“投影曲线”和“修剪片体”命令创建突起的顶面。

◇ 使用“通过曲面网格”命令创建突起部分的 4 个侧面。

◇ 使用“缝合”命令实现曲面的实体化转换，并对各边倒圆角。

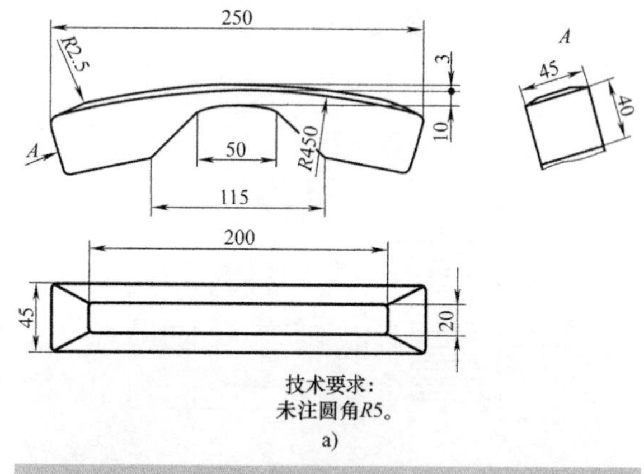

a)

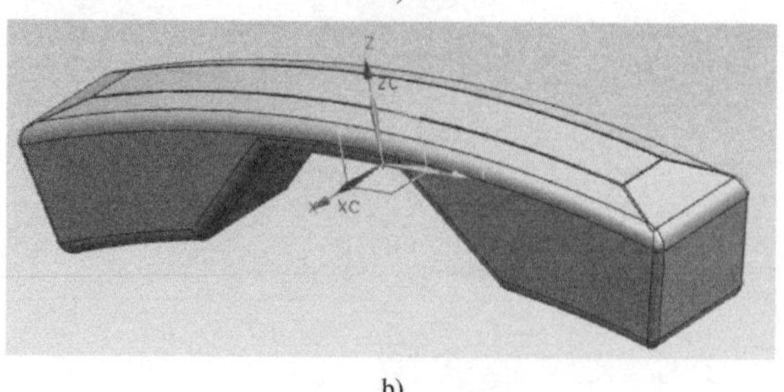

b)

图 8-1 电话机听筒

a）电话机听筒工程图 b）电话机听筒三维示意图

8.1 听筒建模

新建项目，设置合适的文件名及保存路径。

在界面窗口工具栏处单击鼠标右键，调用“特征”、“曲线”及“曲面”工具栏。

8.1.1 手柄建模

1. 创建手柄外轮廓

（1）创建外轮廓截面草图　在默认坐标系下，选择“XC-ZC”面作为基准平面，创建如图 8-2 所示的手柄外轮廓截面草图。

（2）创建扫掠轨迹线　以“YC-ZC”基准面为参考平面，创建如图 8-3 所示的轨迹草图。

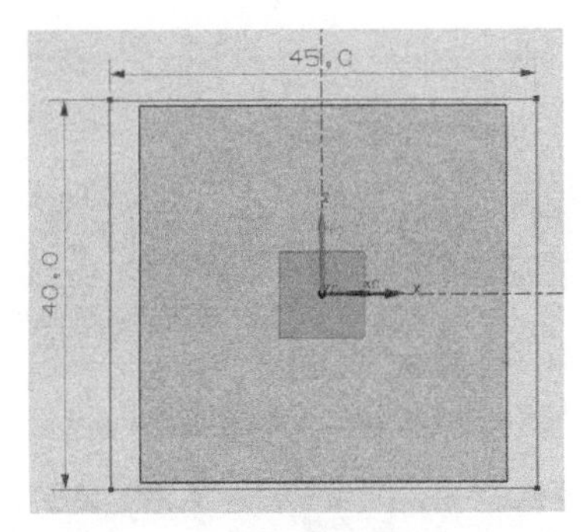

图 8-2　截面轮廓草图

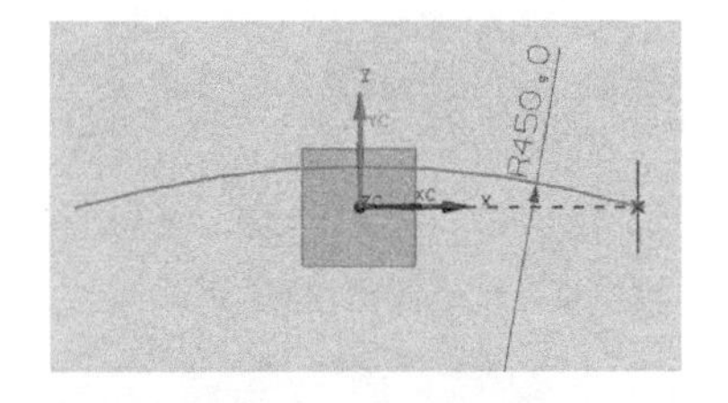

图 8-3　扫掠轮廓草图

（3）创建手柄外轮廓　单击菜单栏“曲面”→“扫掠”，系统弹出如图 8-4a 所示的“扫掠”对话框。在该对话框中，设定“截面”为（1）所建四边形的三边（此处四边形上边界不选），如图 8-4b 所示，“引导线”为（2）所建轨迹线，在“设置”选项区内设定“体类型”为“片体”，单击“确定”按钮，即可得到如图 8-4c 所示的显示效果。

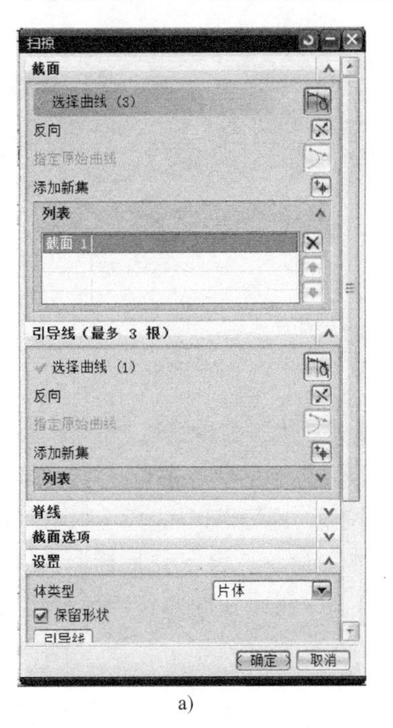

a)

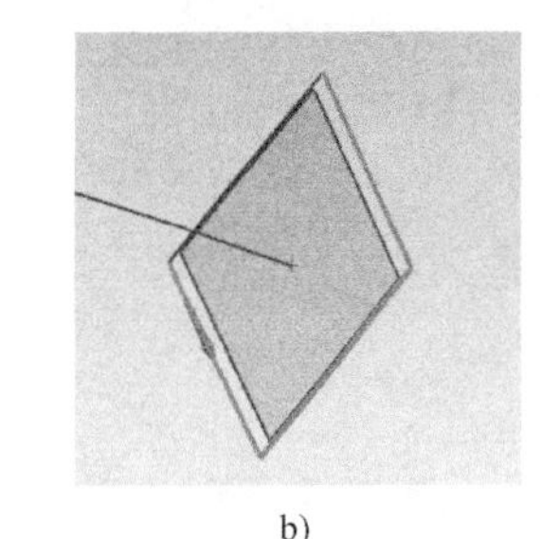

b)

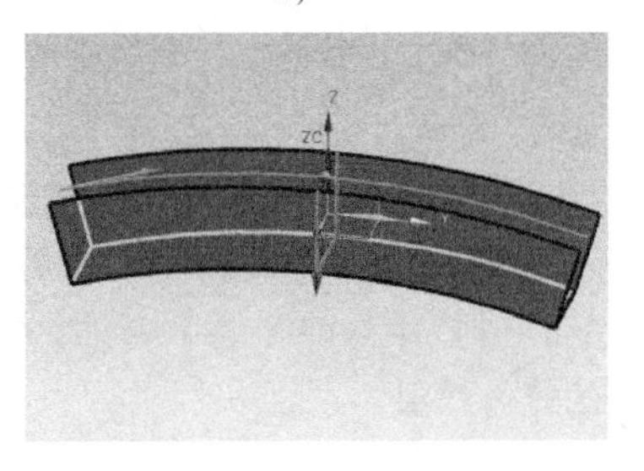

c)

图 8-4　手柄外轮廓的创建

a）对“扫掠”对话框的设置　b）选取的截面　c）创建的手柄外轮廓

2. 创建手柄中部凹槽

（1）创建凹槽轮廓草图　以“YC-ZC”面为基准平面，创建如图 8-5 所示的轮廓草图。

（2）创建凹槽轮廓拉伸面　使用“拉伸”命令，设定“截面”为（1）所建草图、“矢量方向”默认“XC”、“限制”为“开始：-30；结束：30”，创建得到如图8-6所示的拉伸片体。

（3）扩大凹槽轮廓面　单击“特征”工具栏中的“修剪和延伸”按钮，系统弹出如图8-7a所示的“修剪和延伸”对话框。在该对话框中，设定“类型”为“按距离”、“要移动的边”为（2）所建拉伸片体的右侧下边界（见图8-7a），“延伸距离”为“10mm”，单击“确定”按钮，即可得到如图8-7b所示的显示效果。

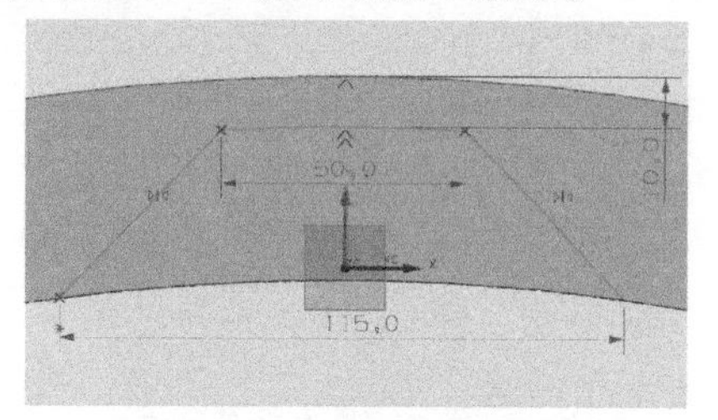

图8-5　创建凹槽轮廓草图

图8-6　创建的凹槽轮廓拉伸面

注意：该步操作是为了扩大凹槽轮廓面，使其与手柄外轮廓面有交线，以便修剪。

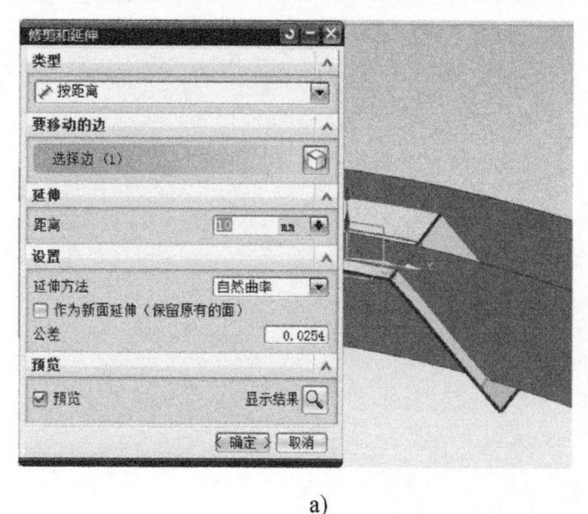

a)

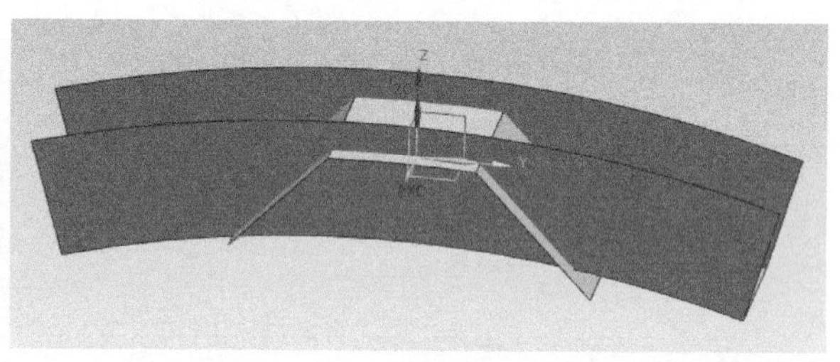
b)

图8-7　拉伸面的扩大

a）对“修剪和延伸”对话框的设置　b）扩大了边界的拉伸面

（4）修剪手柄轮廓　单击“特征”工具栏中的“修剪片体”命令按钮，系统弹出如图8-8a所示的“修剪片体”对话框。在该对话框中，设定“目标”为1所建手柄外轮廓、“边界对象”为2（3）拉伸了的凹槽轮廓面，选择合适的舍弃部位，单击“确定”按钮，即可得到如图8-8b所示的修剪效果。

（5）修剪凹槽外形轮廓面　再次调用“修剪片体”命令，设定“目标”为2（3）所建拉伸片体、“边界对象”为2（4）中修剪了的手柄外轮廓前、后侧面和底面，选择合适的舍弃部位，创建得到如图8-9所示的修剪效果。

3. 创建手柄左侧面

（1）创建左侧面轮廓上边界线　单击“曲线”工具栏中的“直线”命令按钮，系统弹出如图8-10所示的“直线”对话框。在该对话框中，依次选择相应的“起点”、“终点”，以创建直线。

（2）创建左侧面　单击“曲面”工具栏中的“通过曲线网格”命令按钮，系统弹出如图8-11a所示的“通过曲线网格”对话框。在该对话框中，设定“主曲线”为手柄左端的上、下边界线［其中上边界线为（1）所绘空间直线］，如图8-11b所示，“交叉曲线”为手柄左端的左、右边

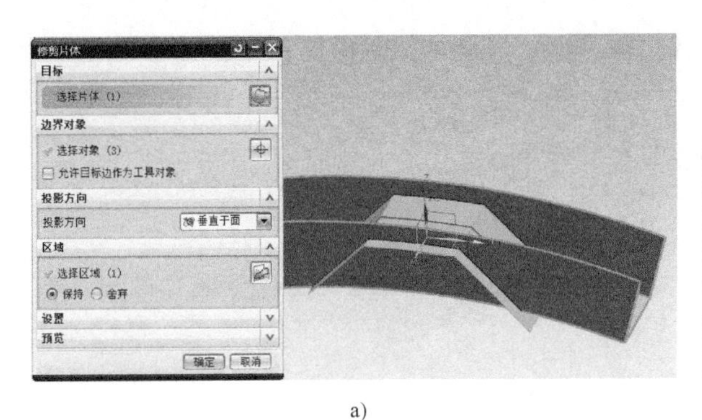

a)

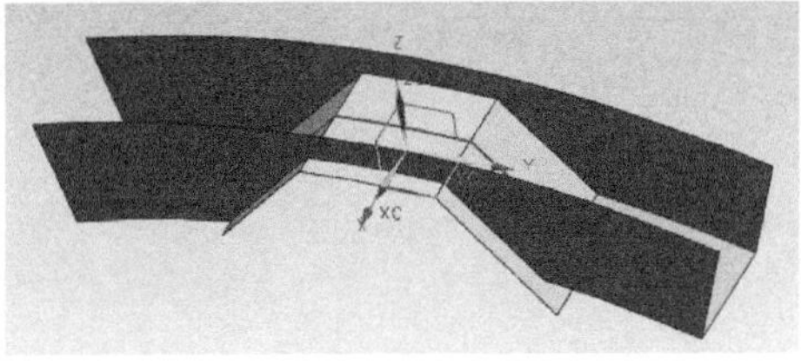

b)

图 8-8 修剪手柄外轮廓

a）对“修剪片体”对话框的设置 b）修剪后的手柄外轮廓

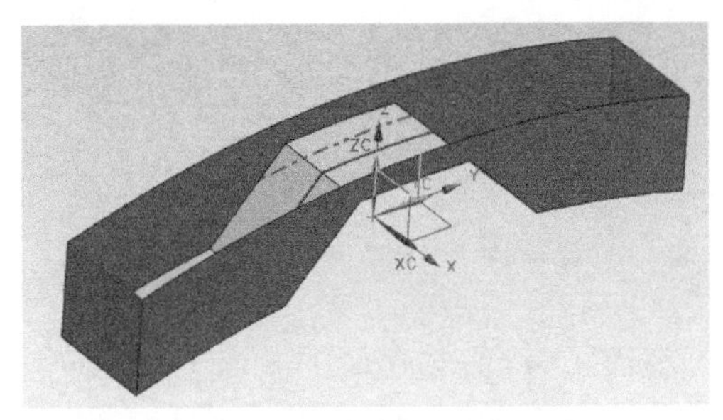

图 8-9 修剪后的凹槽部位

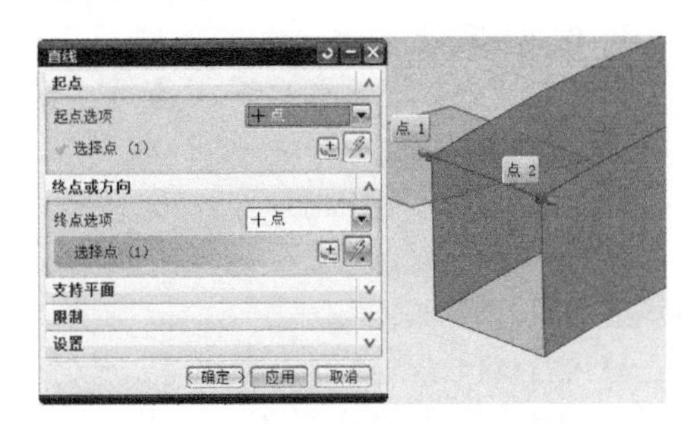

图 8-10 创建的左侧面上边界线

界线，如图 8-11c 所示。在“设置”选项区内切换“体类型”至“片体”，单击“确定”按钮，即可得到如图 8-11d 所示的显示效果。

> 注意：
>
> 1）选择同一组曲线时，应保持该组曲线方向一致。
>
> 2）应使用“添加新集”命令按钮添加新曲线，否则系统会自动将该曲线与上一条直线绑定。

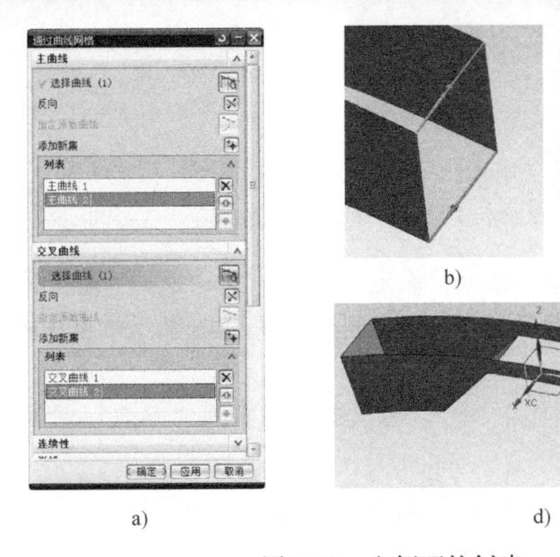

a) b) c) d)

图 8-11 左侧面的创建

a）对“通过曲线网格”对话框的设置 b）选择“主曲线” c）选择“交叉曲线” d）创建的左侧面

（3）创建右侧面　以与（2）相同的方式创建右侧面，其结果如图8-12所示。

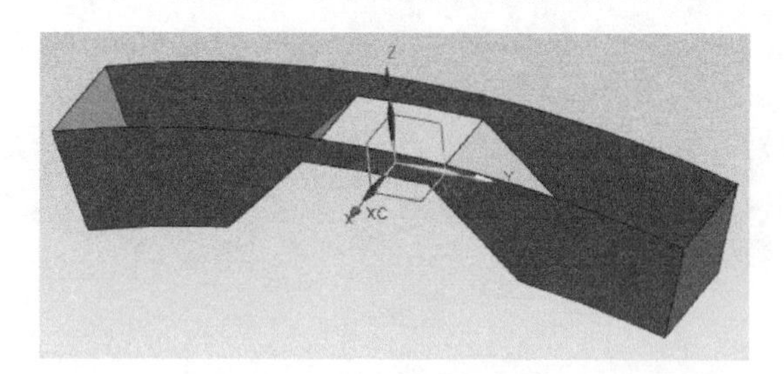

图8-12　创建的右侧面

8.1.2　突起部分建模

1. 创建突起上表面

（1）创建上表面轮廓草图　选择“XC-YC”作为基准面，创建如图8-13所示的轮廓草图。

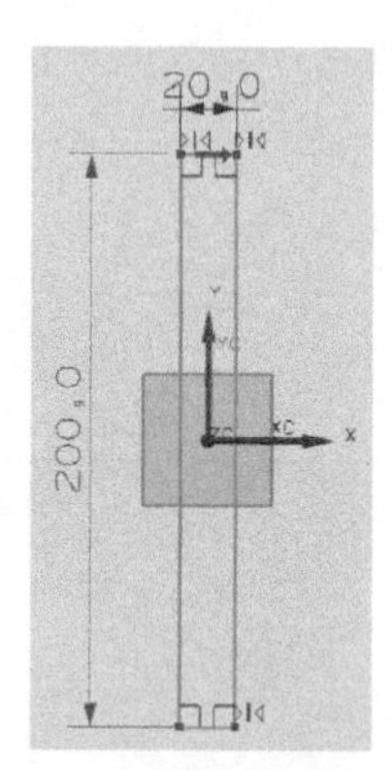

图8-13　顶面轮廓草图

（2）创建顶面所在曲面

1）创建曲面轮廓草图：选择“YC-ZC”作为基准面，创建如图8-14a所示的曲面轮廓草图。

2）创建曲面拉伸特征：使用“拉伸”命令，设定“截面”为1）创建草图、“矢量方向”默认“XC”、“限制”为“开始：-30；结束：30”，创建得到如图8-14b所示的拉伸片体。

（3）曲线投影　单击“曲线”工具栏中的“投影曲线”命令按钮，系统弹出如图8-15a所示的“投影曲线”对话框。在该对话框中，设定“要投影的曲线或点”为（1）所建草图、“要投影的对象”为（2）所建曲面，单击“确定”按钮，即可得到如图8-15b所示的显示效果。

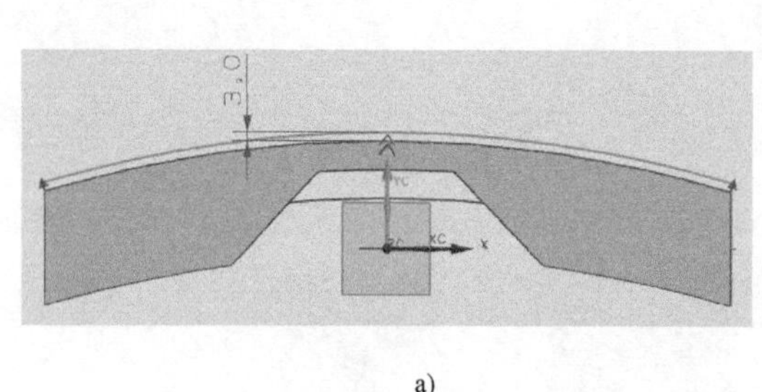

a)

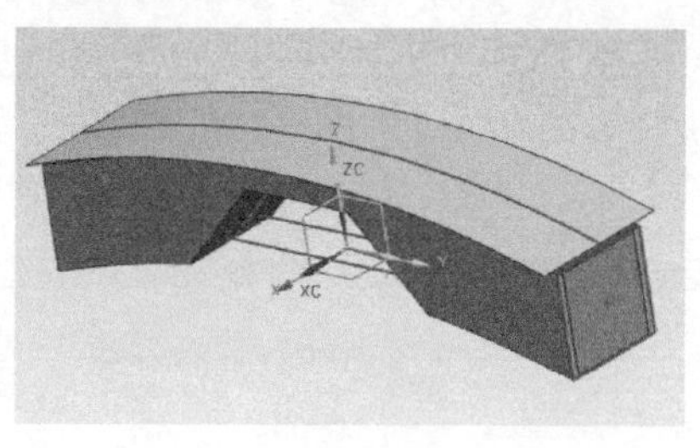

b)

图8-14　拉伸顶面曲面

a）曲面轮廓草图　b）拉伸得到的曲面

（4）修剪曲面　使用“修剪片体”命令，设定“目标”为（2）所建拉伸曲面、“边界对象”为（3）所建投影曲线，选择合适的舍弃部位，创建得到如图8-16所示的修剪效果。

2. 创建突起侧面

（1）创建4条边界线　使用“直线”命令，依次选择相应的“起点”、“终点”，重复四次，创建得到如图8-17所示的直线。

（2）创建前侧面　使用“通过曲面网格”命令，设定“主曲线”为如图8-18a所示的两条曲线，“交叉曲线”为如图8-18b所示的两条曲线，“体类型”为“片体”，即可得到如图8-18c所示的显示效果。

a)

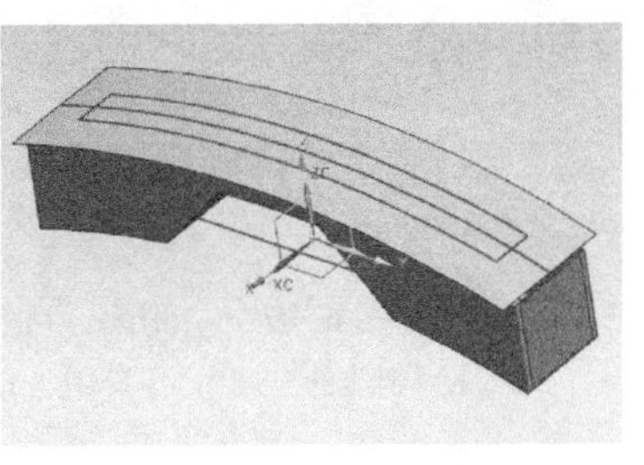

b)

图 8-15　投影曲线

a）“投影曲线”对话框　b）向曲面上投影曲线后的显示效果

图 8-16　修剪后的突起顶面

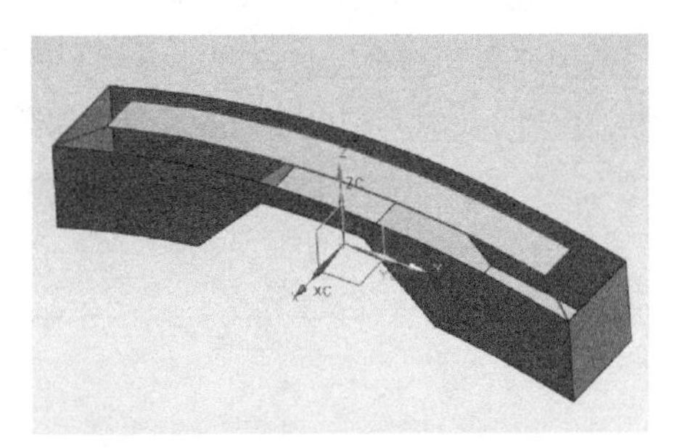

图 8-17　创建的 4 条边界线

注意：此处可适当调大“设置”选项区内“公差”中的“交点”公差值，以免建模失败。

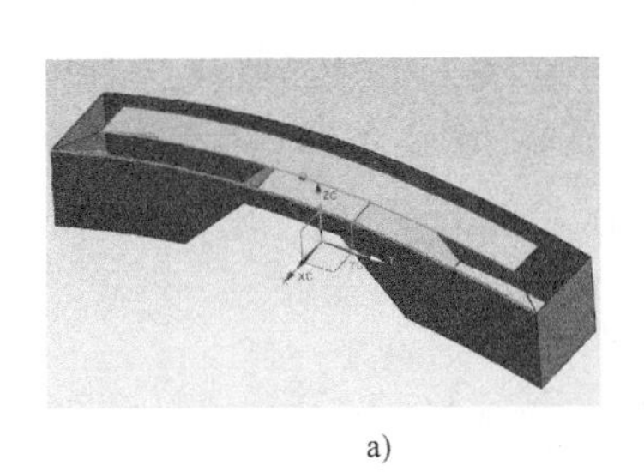

a)

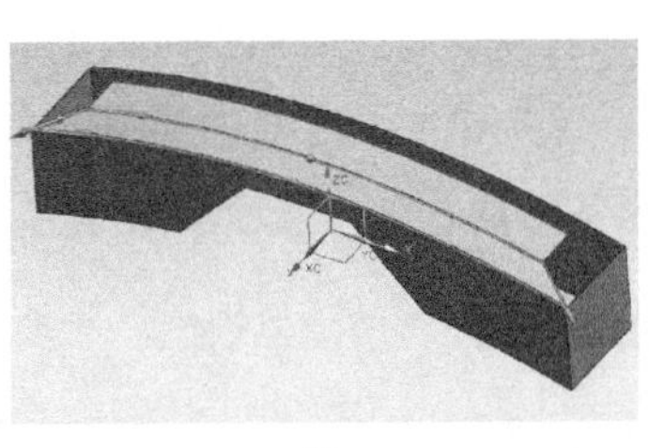

b)

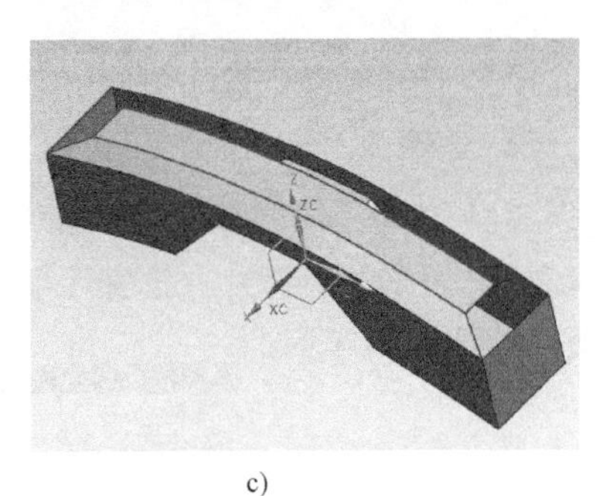

c)

图 8-18　前侧面的创建

a）选择主曲线　b）选择交叉曲线　c）创建的前侧面

（3）创建左侧面　以与（2）相同的方式创建左侧面，如图 8-19a 所示。

（4）创建后侧面　以与（2）相同的方式创建后侧面，如图 8-19b 所示。

（5）创建右侧面　以与（2）相同的方式创建右侧面，如图 8-19c 所示。

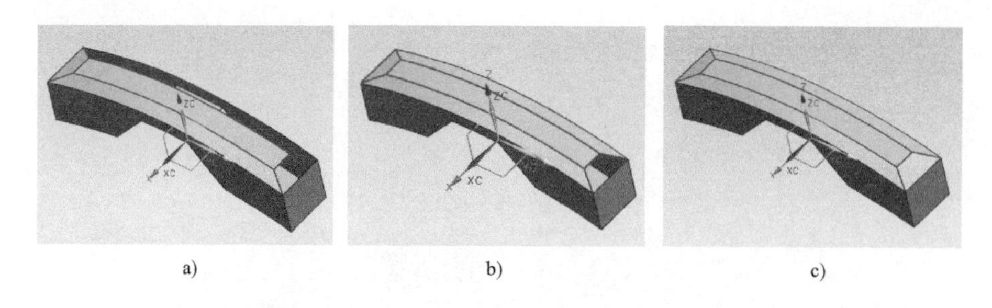

图 8-19　左侧面、后侧面及右侧面的创建
a）创建的左侧面　b）创建的后侧面　c）创建的右侧面

8.1.3　曲面缝合及倒角

1. 曲面缝合

在“特征”工具栏中单击“缝合”命令按钮，系统弹出如图 8-20 所示的“修剪片体”对话框。在该对话框中，设置“类型”为“片体”、“目标”为突起上顶面、“刀具”为突起前侧面，单击“应用”按钮，完成这两个曲面的缝合，如图 8-20 所示。重复该步操作直至全部曲面都缝合到一起。

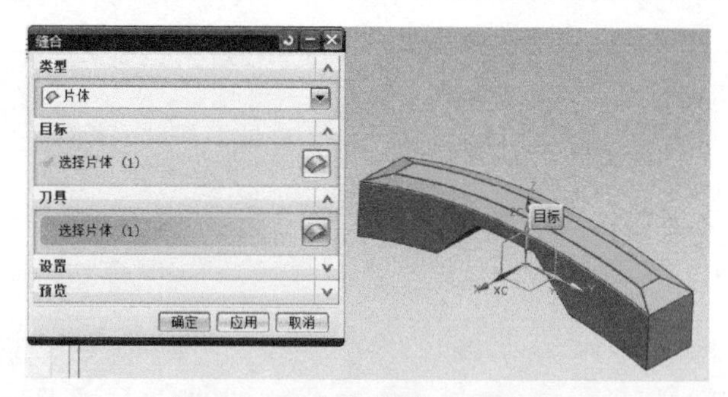

图 8-20　缝合突起顶面及前侧面

注意：在 UG NX 中，“缝合”命令可起到曲面实体化的作用。

2. 边倒圆

（1）手柄“边倒圆”　在“特征”工具栏中单击“边倒圆”命令按钮，系统弹出“边倒圆”对话框。在该对话框中，选择手柄的各条边作为“要倒圆的边”，以“Radius”为“5”创建边圆角，如图 8-21 所示。

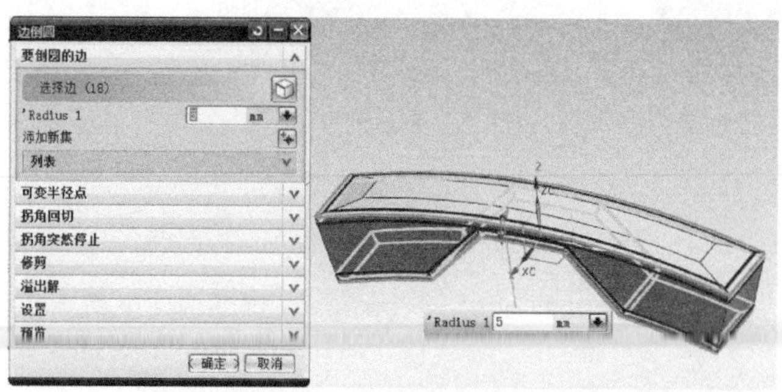

图 8-21　手柄边倒圆

(2) 突起部分倒圆　再次使用“边倒圆”命令，使用“2.5”的“Radius”值，对如图8-22所示的各边倒圆角。

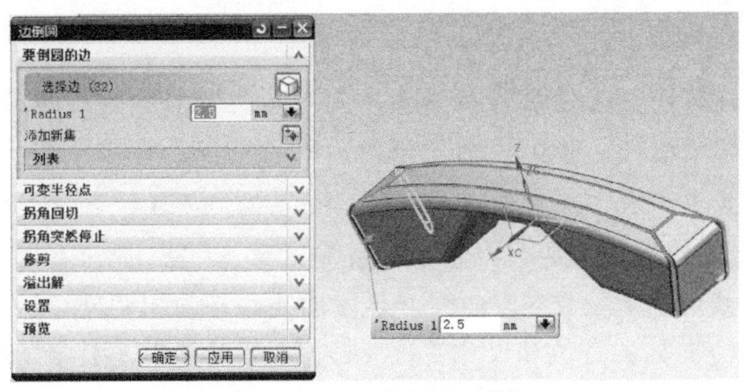

图8-22　突起部分倒圆

8.1.4　模型渲染

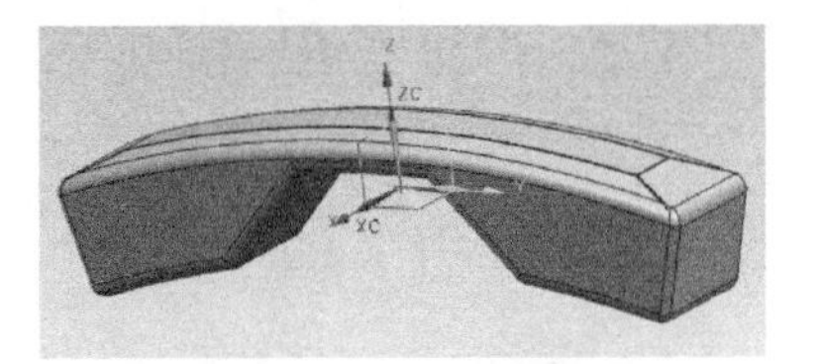

图8-23　修饰后的话筒

在窗口工具栏中单击“编辑对象显示”命令按钮，在系统弹出的“类选择”对话框中选择8.1.3节所建话筒作为“类”对象后，单击“确定”按钮，系统随即弹出“编辑对象显示”对话框。在该对话框中单击“颜色”选项卡，选择一种颜色，单击“确定”按钮即可完成对模型的修饰，如图8-23所示。

8.2　知识技能点

8.2.1　曲线操作工具介绍

“投影曲线”命令通过将已有曲线投影至面或平面创建新曲线。在菜单栏中单击“插入”→“来自曲线集的曲线”→“投影”，或在“曲线”工具栏中单击“投影曲线”命令按钮，系统弹出如图8-24所示的“投影曲线”对话框。该对话框中各操作命令简要介绍如下。

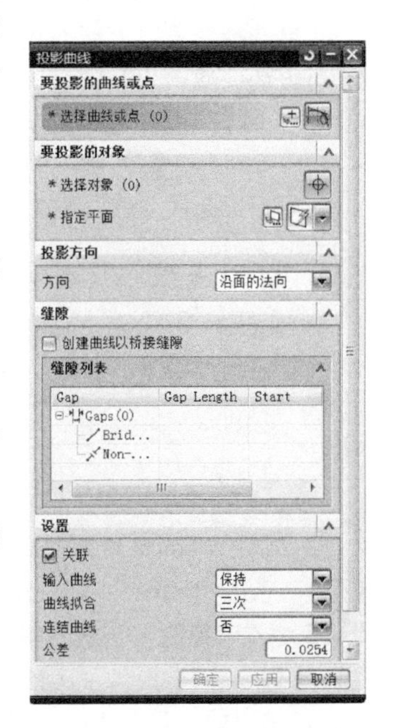

图8-24　“投影曲线”对话框

1）“选择曲线或点”：用于选择要投影的曲线和点。

2）“指定平面”：用于创建或指定平面作为投影面。

3）“投影方向”：UG NX中提供了5种可选的投影方式，其中最常用的有以下3种：

①“沿面的法向”：把投影面的法向线作为投影面。

②“沿矢量”：创建投影方向的矢量。

③“与矢量成角度”：投影的方向与矢量的法向在指定的角度方向上。

④“关联”：选中该复选框，则生成的投影曲线将与原来的曲线相互连接。

注意：如果投影曲线与面上的孔或面上的边缘相交，则投影曲线会被面上的孔或边缘所裁剪。

8.2.2 曲面编辑工具介绍

1. 扫掠

曲面扫掠的原理类似拉伸，通过使截面在某一个方向上运动形成曲面。它们的不同之处在于，扫掠成形是截面沿指定轨迹运动，而拉伸则是单一方向的运动。在菜单栏中单击“插入”→“扫掠”→“扫掠”，或单击“曲线”工具栏中的“扫掠”命令按钮，系统弹出如图 8-25 所示的“扫掠”对话框。该对话框中各操作命令简要介绍如下：

（1）引导线　引导线可由单段或多段曲线（各段曲线间必须相切连续）组成，引导线控制了扫掠特征沿 V 方向（扫掠方向）的方位和尺寸变化。扫掠曲面功能中，引导线最多可有 3 条。

a)

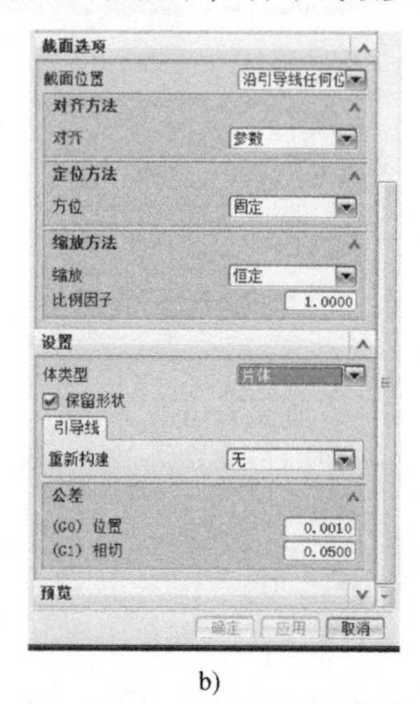

b)

图 8-25　“扫掠”对话框

（2）截面线　截面线可由单段或多段曲线（各段曲线必须连续）组成，截面线串可有 1 ~ 150 条。如果选择两条以上截面线串，扫掠时需要指定插值方式（Interpolation Methods），插值方式用于确定两组截面线串之间扫描体的过渡形状，如图 8-26a。两种插值方式的差别如图 8-26b、c 所示。

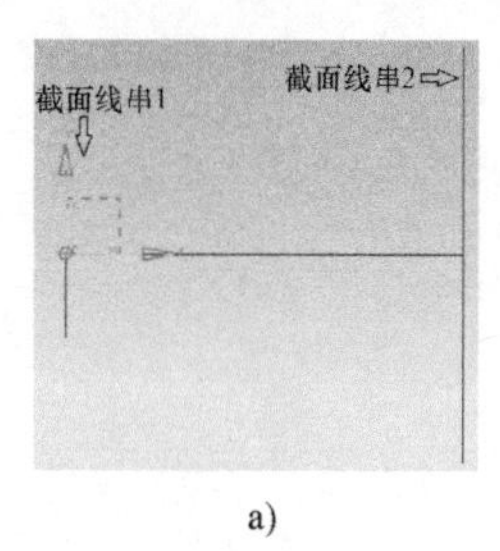

a)

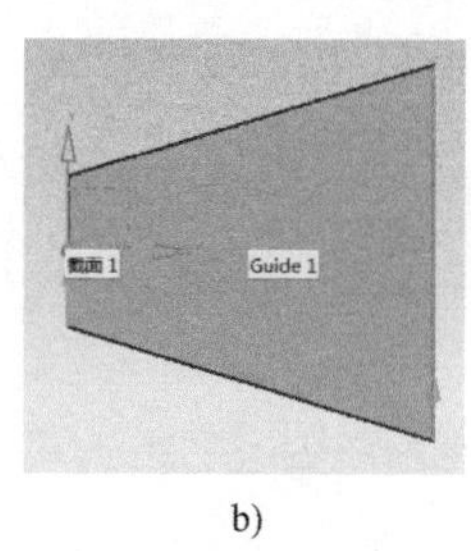

b)

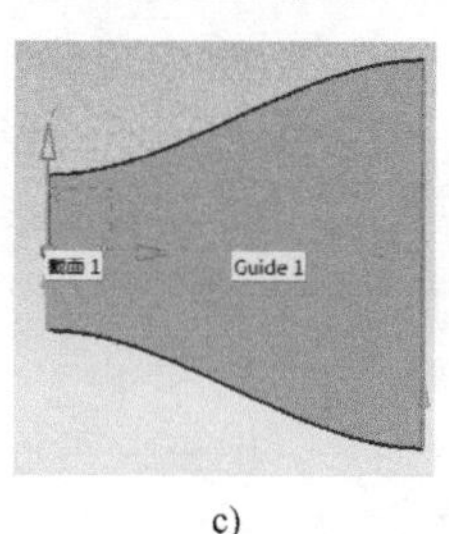

c)

图 8-26　不同插值方式的比较

a）初始线串　b）线性过渡　c）三次过渡

1）线性（Linear）：在两组截面线之间线性过渡。

2）三次（Cubic）：在两组截面线之间以三次函数形式过渡。

（3）方向控制　当选择单一导线创建扫描曲面时，为了定义片体的方向，必须进入方位变化选项组。扫掠工具中提供了 7 种方位控制方法。

1）固定的（Fixed）：扫掠过程中，局部坐标系各个坐标轴始终保持固定的方向，轮廓线在扫掠过程中始终保持固定姿态。

2）面的法线（Faced Normals）：局部坐标轴的Z轴与引导线相切，局部坐标轴的另一轴的方向与面的法向方向一致，当面的法向与Z轴方向不垂直时，以Z轴为主要参数，即在扫掠过程中Z轴始终与引导线相切。

3）矢量方向（Vector Direction）：局部坐标系的Z轴与引导线相切，局部坐标系的另一轴指向所指定的矢量的方向。

> 注意：该矢量不能与引导线相切，而且若所指定的方向与Z轴方向不垂直，则以Z轴方向为主，即Z轴始终与引导线相切。

4）另一条曲线（Another Curve）：第二条引导线不起控制比例的作用，只起方位控制作用；引导线与所指定的另一曲线对应点之间的连线控制截面线的方位。

5）一个点（A Point）：与“另一条曲线”相似，这种模式下，局部坐标系的某一轴始终指向一点。

6）角度规律（Angular Law）：局部坐标系的Z轴与引导线相切，局部坐标系的另一轴按指定的规律控制截面线的转动。

7）强制方向（Forced Direction）：局部坐标系的Z轴与引导线相切，局部坐标系的另一轴始终指向所指定的矢量方向。

> 注意：该矢量不能与引导线相切，而且若所指定的方向与Z轴方向不垂直，则以Z轴方向为主，即Z轴始终与引导线相切。

（4）比例控制　3条引导线方式中，方向与比例均已确定；两条引导线方式中，方向与横向缩放比例已确定，所以两条引导线中比例控制只有两个选择：横向缩放（Lateral）方式与均匀缩放（Uniform）方式。因此，比例控制只适用于单条引导线扫掠方式。单条引导线的比例控制有以下6种方式：

1）恒定（Constant）：扫掠过程中，沿着引导线以同一个比例进行放大或缩小。

2）倒圆功能（Blending Function）：该方式下，可定义所产生片体的起始缩放值与终止缩放值。起始缩放值可定义所产生片体的第一剖面大小，终止缩放值可定义所产生片体的最后剖面大小。

3）另一条曲线（Another Curve）：若选择该选项，则产生的片体将以指定的另一曲线为一条母线沿导引线创建。

4）一个点（A Point）：若选择该选项，则系统会以断面、导引线、点等3个对象定义产生的片体缩放比例。

5）面积法则（Area Law）：指定截面（必须是封闭的）面积变化的规律。

6）周长规律（Perimeter Law）：指定截面周长变化的规律。

（5）脊线　使用脊线可控制截面线串的方位，并避免在导线上不均匀分布参数导致的变形。

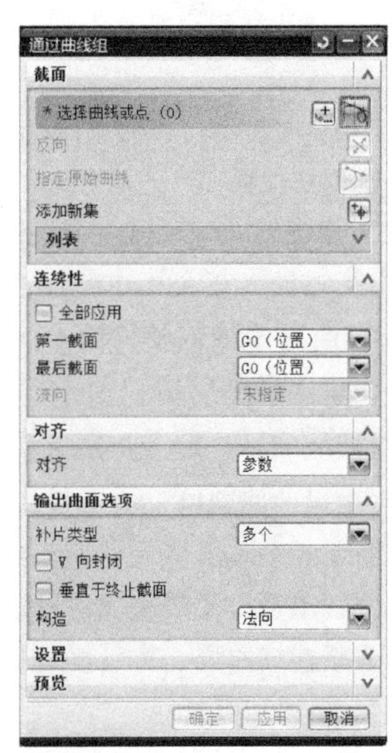

图8-27　“通过曲线组”对话框

2. 通过曲面组

在菜单栏中单击“插入”→“网格曲面”→“通过曲线组”，或单击“曲面”工具栏中的“通过曲线组”命令按钮，系统弹出如图8-27所示的“通过曲线组”对话框。该对话框中各操作命令简要介绍如下：

（1）截面　该选项区主要是用于选择曲线组，所选择的曲线自动显示在曲线列表中，当用户选择第一组曲线后，需单击“添加新集”命令按钮，或单击鼠标中键，再进行第二组、第三组截面曲线的选择。

（2）连续性　选择第一个或结束曲线截面处的约束面，然后指定连续性。

1）应用于全部：将相同的连续性应用于第一个和最后一个截面线串。

2）第一截面/最后截面：选择的G0（位置）、G1（相切）或G2（曲率）连续性。

（3）对齐　UG NX的曲面构面中提供了以下6种对齐方式：

1）参数：表示空间中的点将会沿着所指定的曲线以相等参数的间距穿过曲线产生片体。所选取曲线的全部长度将完全被等分。

2）圆弧长：表示空间中的点将会沿着所指定的曲线以相等弧长的间距穿过曲线，产生片体。所选取曲线的全部长度将完全被等分。

3）根据点：选择该选项，可根据所选取的顺序在连接线上定义片体的路径走向，该选项用于连接线中。在所选取的形体中含有角点时使用该选项。

4）距离：选择该选项，系统会将所选取的曲线在向量方向等间距切分。当产生片体后，若显示其U方向线，则U方向线以等分显示。

5）角度：表示系统会以所定义的角度转向，沿向量方向扫过，并将所选取的曲线沿一定角度均分。当产生片体后，若显示其U方向线，则U方向线会以等分角度方式显示。

（4）脊线　系统会要求选取脊线，之后所产生的片体范围会以所选取的脊线长度为准。但所选取的脊线平面必须与曲线的平面垂直。

（5）输出曲面选项

1）补片类型：补片类型可以是单个或多个。补片类似于样条的段数。多补片并不意味着是多个面。

2）V向封闭：控制生成的曲面在V向是否封闭，即曲面在第一组截面线和最后一组截面线之间是否也创建曲面。

（6）设置　该区域主要控制曲面的阶次及公差。在U方向（沿线串）中建立的片体阶次默认为3。在V方向（正交于线串）中建立的片体阶次与曲面补片类型相关，只能指定多补片曲面的阶次。

3. 通过曲线网格构面

在菜单栏中单击“插入”→“网格曲面”→“通过曲线网格”，或单击“曲面”工具栏中的“通过曲线网格”命令按钮，系统弹出如图8-28所示的“通过曲线网格”对话框。

“通过曲线网格”命令根据所指定的两组截面线串来创建曲面。第一组截面线串称为主线串，是构建曲面的U向；第二组截面线串称为交叉线，是构建曲面的V向。

主线串和交叉线串应在设定的公差范围内相交，且应大致互相垂直。每条主线串和交叉线串都可由多段连续曲线、体（实体或曲面）边界组成，主线串的第一条和最后一条还可以是点。

4. 修剪和延伸

“修剪和延伸”功能用于在已有曲面的基础上，延伸曲面的边界或曲面上的曲线，生成新的曲面。在菜单栏中单击“插入”→“修剪”→“修剪和延伸”，或单击“特征”工具条中的“修剪和

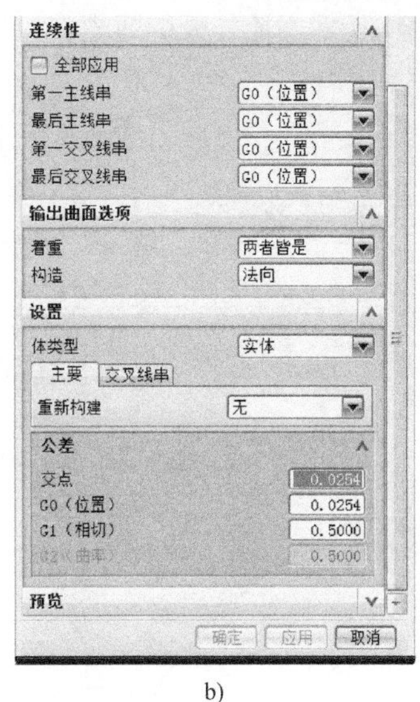

a)　　　　　　b)

图 8-28　“通过曲线网格”对话框

延伸”命令按钮，系统将弹出如图 8-29 所示的“修剪和延伸”对话框。

图 8-29　“修剪和延伸”对话框

UG NX 中提供了如下 4 种修剪和延伸类型：

(1) 按距离　按一定距离来创建与原曲面自然曲率连续、相切或镜像的延伸曲面。不会发生修剪。

(2) 已测量的百分比　按新延伸面中所选边的长度百分比来控制延伸面。不会发生修剪。

(3) 直至选定对象　修剪曲面至选定的参照对象，如面、边等。应用此类型来修剪曲面，修剪边界无需超过目标体。

(4) 制作拐角　在目标和工具之间形成拐角。

8.3 实例演练及拓展练习

1. 独立完成项目 8 的电话机听筒建模。
2. 完成图 8-30 所示手柄曲面的建模。

3. 完成如图 8-31 所示水瓶外壳的建模。

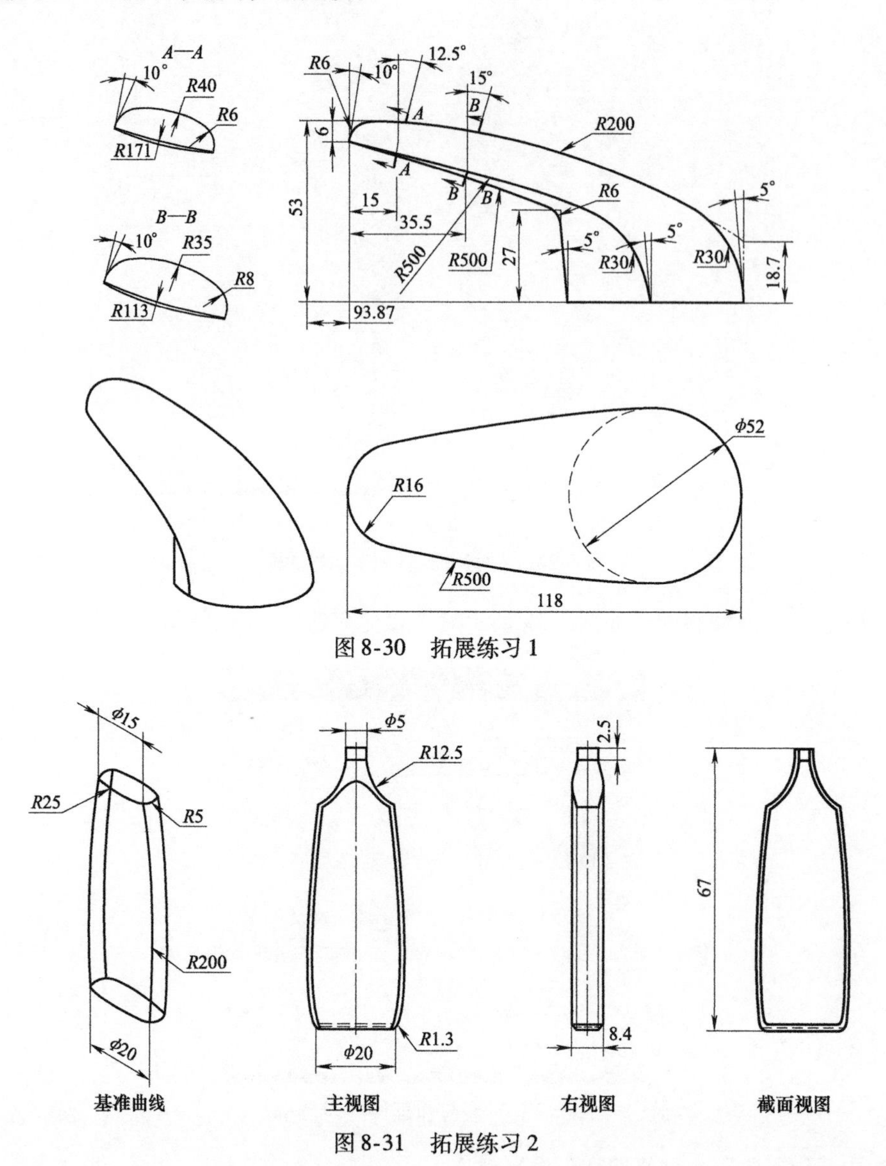

图 8-30　拓展练习 1

图 8-31　拓展练习 2

项目 9

调羹建模

【项目内容】

本项目将指导学生运用 UG NX 软件完成一个调羹的建模，在此过程中帮助学生掌握“通过曲面组”、“有界平面”命令在曲面建模中的操作步骤及使用技巧，并掌握曲面检测的概念及在建模中的应用方法。

【项目目标】

◇ 掌握“组合投影”命令的操作方法及应用技巧。

◇ 掌握“通过曲线网格”命令的操作方法及应用技巧。

◇ 掌握“有界平面”命令的操作方法及应用技巧。

◇ 了解曲面检测的概念。

◇ 掌握“截面分析”命令的操作方法及应用技巧。

◇ 进一步掌握“修剪片体”命令在曲面编辑中的应用技巧。

【项目分析】

拟建一调羹模型，如图 9-1 所示。调羹实体可由多种建模方式创建，此处选择的是较简单地一次性成形的建模方式。其具体建模思路如下：

◇ 调羹主体大致可分为两部分：调羹部分及调羹底部平面。

◇ 调羹底部平面可使用“有界平面”命令创建。

◇ 调羹部分可通过“通过曲线网格”命令创建，并以调羹手柄及底部截面轮廓来控制曲面最终形状。

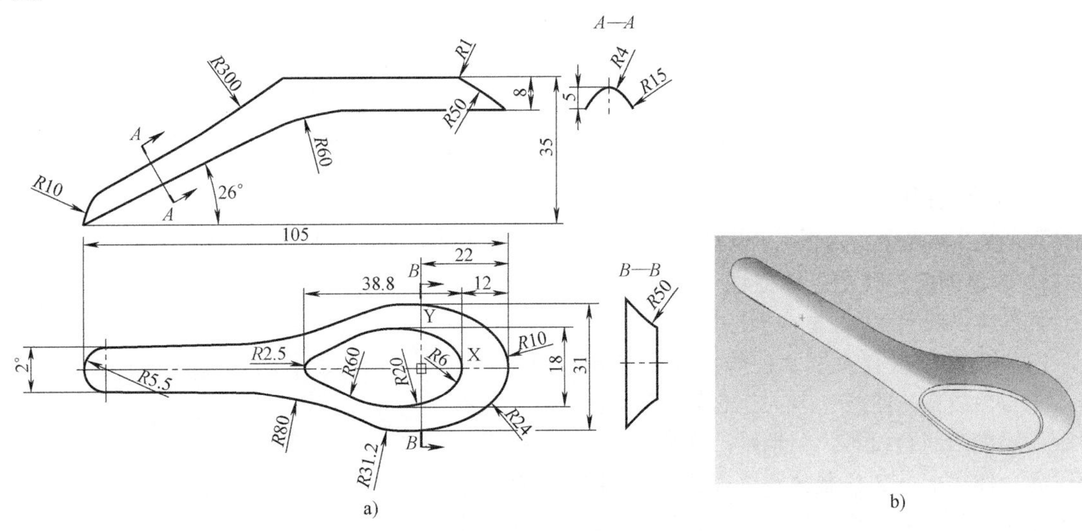

图 9-1　调羹

a）调羹工程图　b）调羹三维示意图

◇ 调羹底部平面与调羹曲面之间可通过“修剪片体”及“倒圆角”命令进行“组合”。

◇ 建模完成后，应使用“截面分析”命令对曲面质量进行分析，以保证曲面的可加工性。

9.1 调羹模型建模过程

新建项目，设置合适的文件名及保存路径。

1. 创建俯视图草图

调羹的俯视图由两部分组成，其具体建模步骤如下：

(1) 创建调羹底部俯视草图　在默认坐标系下，在“XC-YC”平面新建调羹底部草图，如图9-2所示。

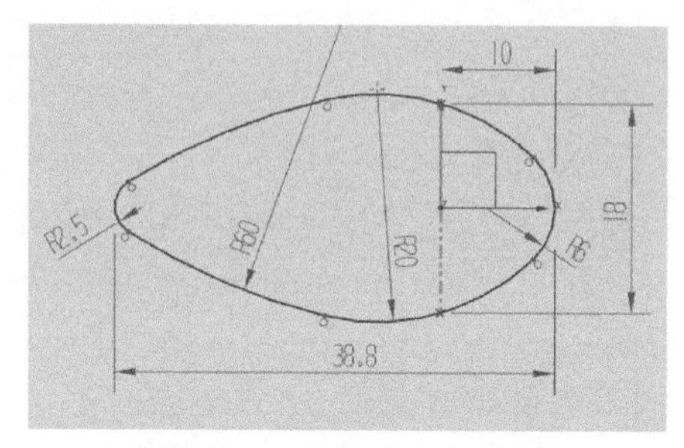

图9-2　调羹底部俯视草图

(2) 创建新的基准平面　使用“基准平面”命令，切换“类型”至“按某一距离”，并以“XC-YC”为“参考平面”、沿“ZC”方向“8mm”为“偏置距离”，创建如图9-3a所示的参考平面。

(3) 创建调羹上边沿、手柄及过渡部分俯视草图　在（2）创建的基准平面上绘制如图9-3b所示的调羹上边沿、手柄及过渡部分俯视草图。

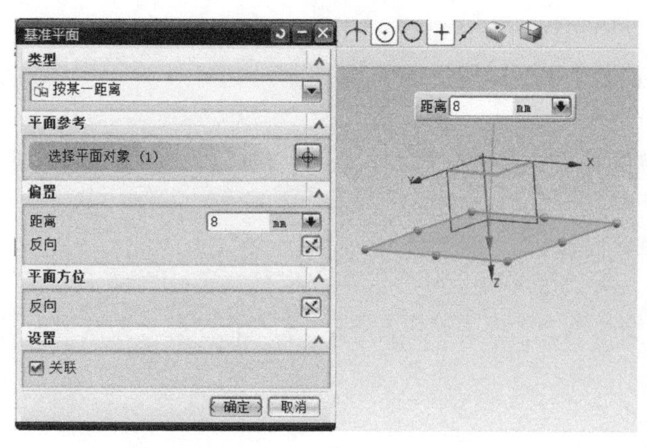

a)

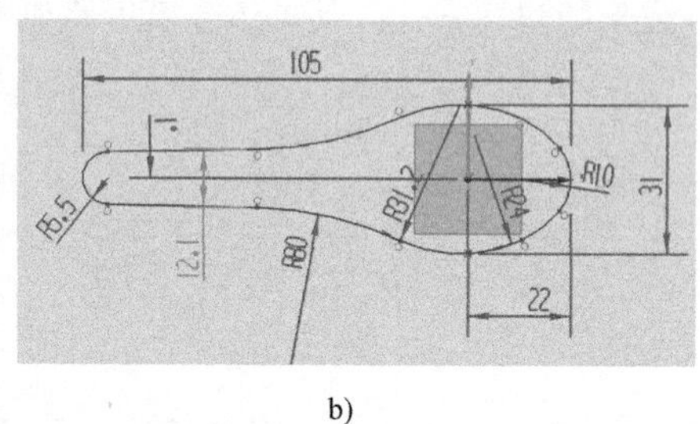

b)

图9-3　俯视图的创建

a）对“基准平面”对话框的设置　b）调羹上部边沿、手柄及过渡部分俯视草图

2. 创建主视图草图

在默认坐标系下，选择“XC-ZC”为基准平面，创建调羹的主视图草图，如图9-4所示。

3. 创建调羹外观的立体曲线

其具体建模步骤如下：

(1) 创建“组合投影”曲线　单击菜单栏“插入”→“来自曲线集的曲线”→“组合投影”，系统弹出如图9-5a所示的“组合投影”对话框。选择1（3）绘制的草图作为“曲线1”、2绘制的草图作为“曲线2”，两个曲线的投影方向均为“垂直于曲线平面”，并在“输入曲线下拉列表中”选择“隐藏”，其余选项默认，单击“确认”按钮，即可得到如图9-5b所示的显示效果。

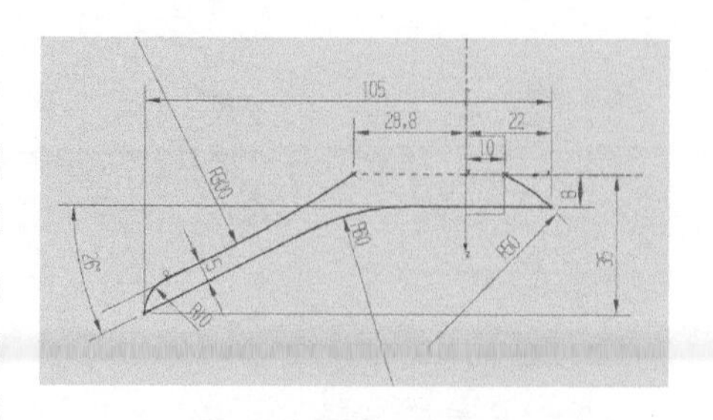

图9-4　调羹主视图草图

注意：
1）菜单栏中无“组合曲线”命令时，可在控件区单击鼠标右键从“定制”中调取。
2）主视图草图中的调羹底部不封闭。

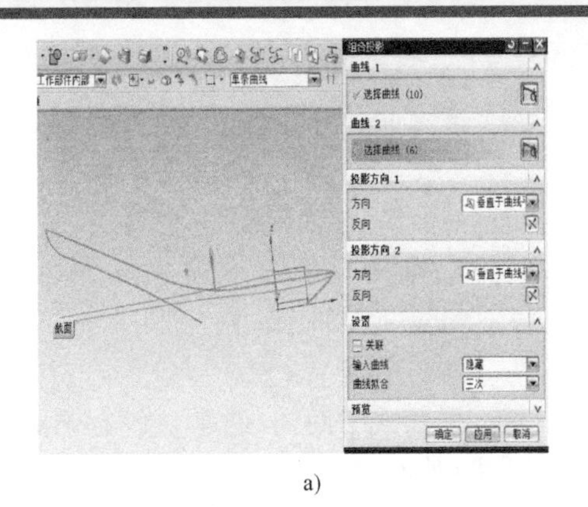

a)

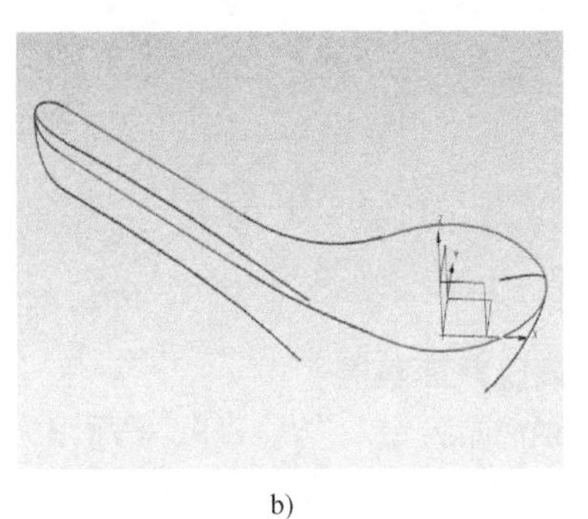

b)

图 9-5 “组合投影”曲线的创建
a）对“组合投影”对话框的设置 b）创建的“组合投影”曲线

（2）补画调羹底部曲线 使用“桥接曲线”命令，在 2 所绘主视图草图的斜线端与弧线端之间，补画调羹底部曲线，并设定“约束形式”为“相切”，如图 9-6 所示。

注意：当多组线混合较难分辨时，可单击鼠标右键，通过“编辑属性”命令改变曲线显示颜色帮助区分。

4. 创建手柄截面草图

（1）创建基准平面 单击“基准平面”命令，在系统弹出的“基准平面”对话框中设定平面“类型”为“在曲线上”，“曲线”为 2 所建草图中的 R300mm 弧线，“曲线上方位”为“垂直于轨迹”，创建如图 9-7 所示的基准平面。

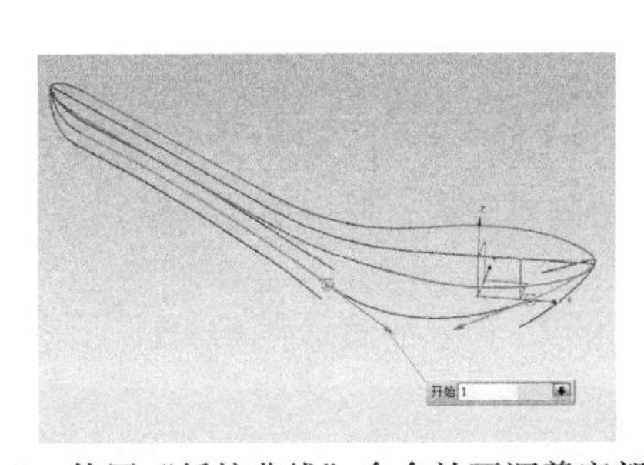

图 9-6 使用“桥接曲线”命令补画调羹底部曲线

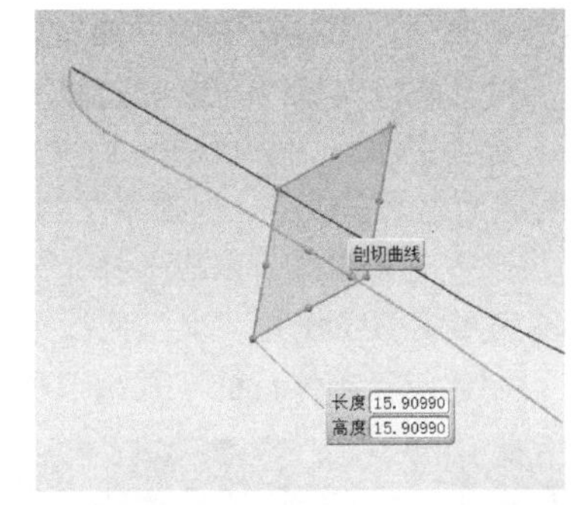

图 9-7 创建垂直于 R300mm 弧线的基准平面

（2）创建特征点 单击“插入”→“基准/点”→“点”，在系统弹出的“点”对话框中设定“类型”为“交点”，选择（1）所建平面为“曲线、曲面或平面”，并依次选择 2 所建草图中的 R300mm 圆弧部分、3（1）所建组合曲线直线端的两根绿线作为“要与其相交的曲线”，创建得到所需的 3 个用于控制截面外形的特征点，如图 9-8a 所示。

（3）创建手柄截面草图 在（1）创建的基准平面上，绘制如图 9-8b 所示的手柄截面草图，并使弧线两端及中点与（2）中的特征点重合。

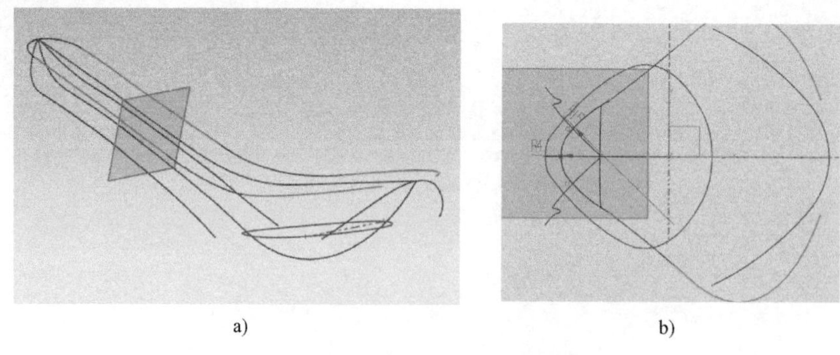

图9-8 手柄截面草图的创建
a）创建的特征点 b）手柄截面草图

5. 创建调羹截面草图

（1）创建特征点 以“YC-ZC”平面作为“曲线、曲面或平面”，创建1（1）调羹底部草图与1（3）调羹上部边沿草图与之相交的4个交点，如图9-9a所示。

（2）创建调羹截面草图 在“YC-ZC”平面上，绘制如图9-9b所示的调羹截面草图，并注意端点的约束关系。

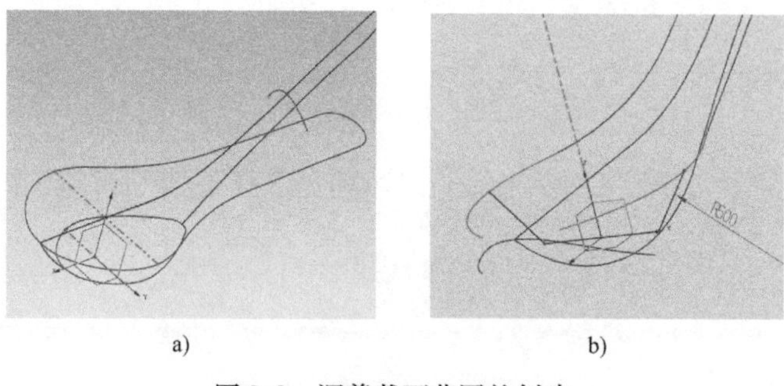

图9-9 调羹截面草图的创建
a）创建的特征点 b）调羹截面草图

6. 创建调羹曲面特征

单击“曲面”工具栏中的“通过曲线网格”命令按钮，系统弹出如图9-10所示的“通过曲线网格”对话框。对该对话框的具体步骤如下：

（1）选择主曲线 依次选择3（1）所建组合曲线的圆弧终端、4（3）所建手柄截面草图、5（3）所建调羹截面草图、1（3）所建草图的左侧圆弧终端作为主曲线1、2、3、4，如图9-10a所示。

（2）选择交叉曲线 依次选择3（1）所建组合曲线的两侧轮廓线（除去圆弧终端）、2所建草图的下端弧形轮廓线作为“交叉曲线”，如图9-10b所示。

（3）创建调羹实体特征 其余选项默认，创建得到如图9-10c所示的调羹曲面特征。

注意：

1）本例也可通过“扫掠”命令创建，读者可在后续的练习中自行尝试。

2）“通过曲线网格”命令创建的曲面虽已基本成形，但要真实地逼近原形还需进行曲面调整，尤其是手柄与调羹之间的过渡部分，需进行曲面的修剪与补画，读者可在后续的练习中自行演练。

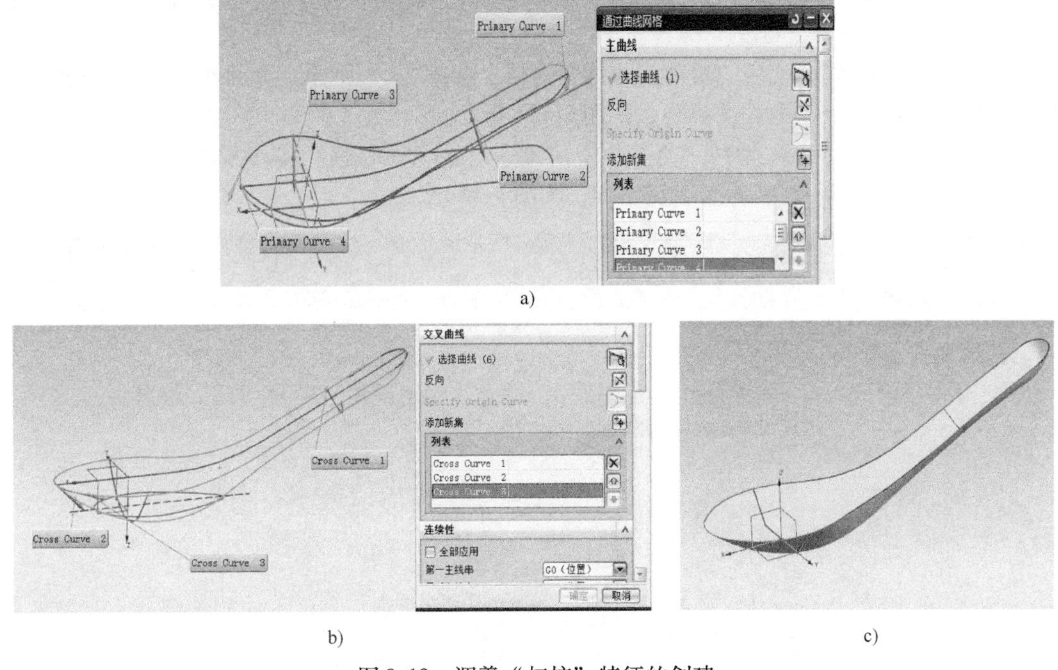

a)

b)　c)

图 9-10　调羹“扫掠”特征的创建

a）选择主曲线　b）选择交叉曲线　c）创建的调羹扫掠特征

7. 创建调羹底部特征

（1）创建底部草图的“有界平面”　使用“有界平面”命令，选择1（1）所建底部草图作为“平面截面”，如图9-11a的加深平面所示。

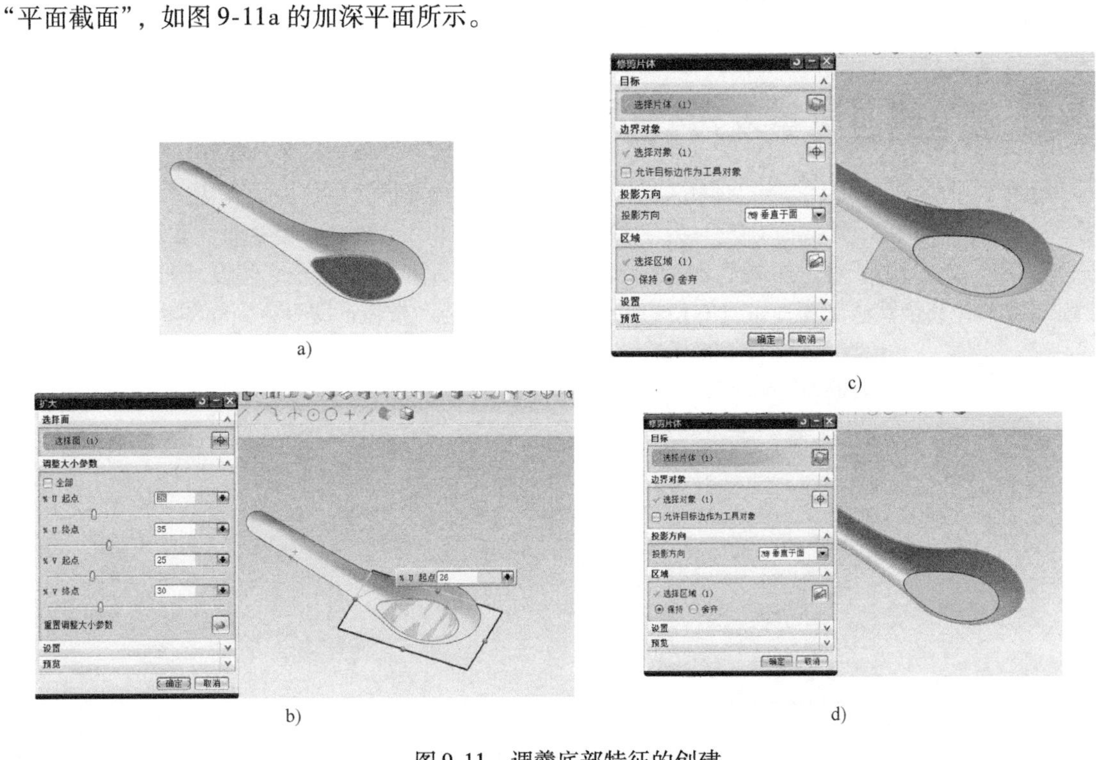

a)　c)

b)　d)

图 9-11　调羹底部特征的创建

a）调羹底部平面　b）扩大有界平面　c）修剪扩大面　d）修剪调羹曲面

（2）扩大底部草图　调用“扩大曲面”命令，对（1）所建曲面进行扩大操作，以便后续修剪，如图9-11b所示。

（3）修剪“扩大面”　使用“修剪的片体”命令，选择（2）所建扩大面作为目标，6所建调羹曲面特征作为边界对象，进行修剪操作，如图9-11c所示。

（4）修剪调羹实体特征　使用“修剪片体”命令，选择6所建调羹曲面作为目标，（3）中被修剪的扩大面作为“边界对象”，进行修剪操作，如图9-11d所示。

注意：修剪片体时，需注意目标平面的取舍。

8. 创建倒角特征

使用“面倒角”命令，在调羹底边与调羹间倒圆角，设定圆角半径为“1”，如图9-12所示。

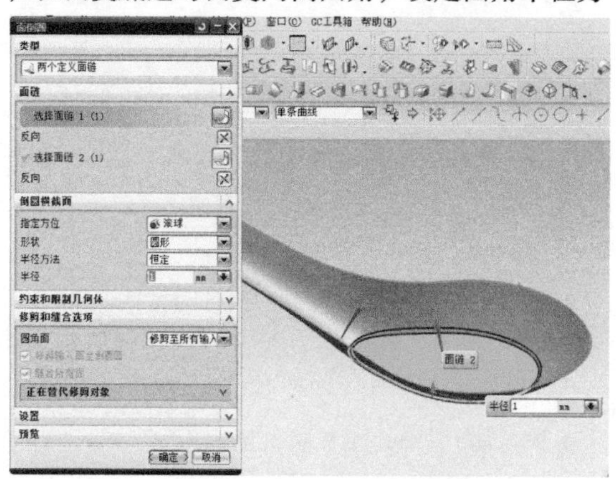

图9-12　调羹底边倒圆角

9.2 调羹曲面质量分析

在菜单栏中单击“分析”→“形状”→“截面分析”，选择调羹主体曲面作为“目标”、“截面放置”方式为“均匀”、“截面对齐”为“XYZ平面”，并选中“数量”复选框，设定“数量”为“5”、“间距”为“10”；在“分析显示”选项区中选中“显示梳”复选框，暂设“针比例”为30，“针数”为30；其余默认设置，如图9-13a所示。单击“确定”按钮，即可得到如图9-13b所示的显

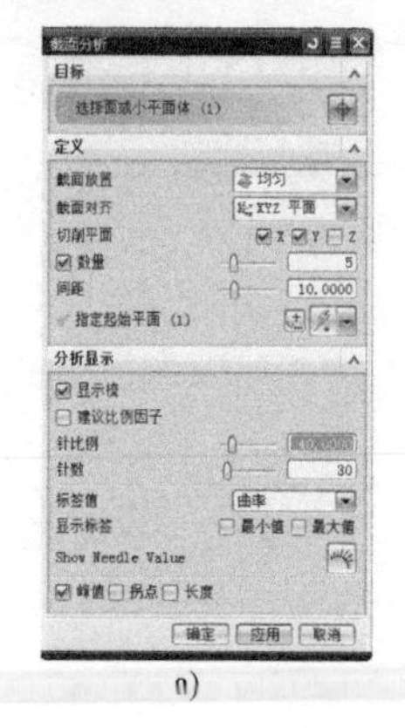

a）

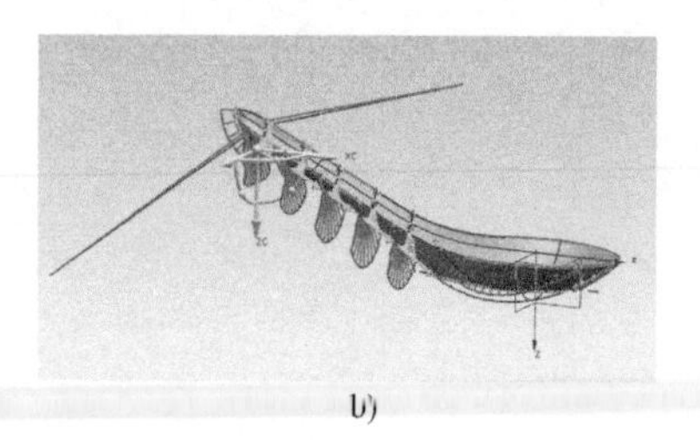

b）

图9-13　调羹曲面质量的分析

a）对“截面分析”对话框的设置　b）调羹主体曲面分析针状图

示效果。

根据分析结果，除手柄顶部过渡部分较尖锐之外，调羹整体曲面都很光顺。

9.3 知识技能点

9.3.1 “组合投影”命令的使用方法

组合投影是通过拟合两个现有曲线链的投影交集，以创建曲线的一种方式。其实质是在同一截面上，两条曲线上的各个点在各自矢量方向上相交于一点，将这些点连接起来，得出的曲线即为两条曲线组合投影创建点的曲线。两条平面曲线通过组合投影可以创建一条空间曲线。

在菜单栏中单击“插入”→“来自曲线集的曲线”→“组合投影”，系统弹出如图9-14所示的“组合投影”对话框。在该对话框中依次选取要投影的两条曲线，并分别指定两条曲线的投影方向即可。

9.3.2 常见曲面分析命令及截面分析命令的使用方法

为保证产品的实际可加工性，建模完成之后需对曲面质量进行分析，常用的性能分析工具位于菜单栏中的“分析”→“形状”子菜单中。同时也可以通过“形状分析”工具来添加。

常用的形状分析命令包括曲线分析、截面分析、曲面连续性分析、曲面半径分析、曲面反射分析、曲面斜率分析及拔模分析等。

截面分析工具可以用于分析自由表面的形状和质量。在菜单栏中单击“插入”→“来自曲线集的曲线”→“组合投影”，或在“形状分析”工具栏中单击“截面分析”命令按钮，系统弹出如图9-15所示的“截面分析”对话框。该对话框中各操作命令简要介绍如下。

图9-14 “组合投影”对话框

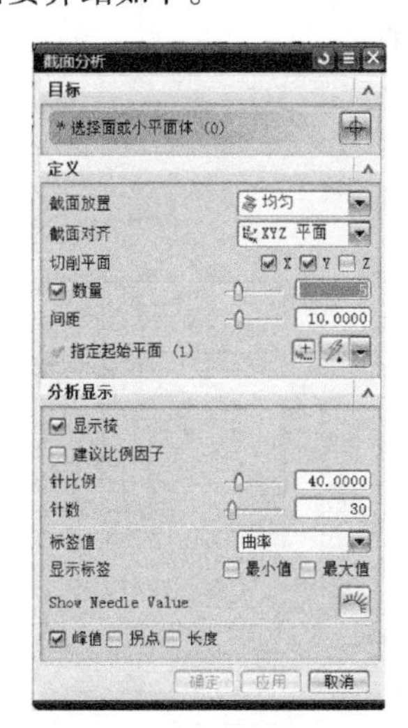

图9-15 “截面分析”对话框

1）显示梳：该复选框可以比较形象地显示截面交线的曲率变化规律以及曲线的弯曲方向。

2）建议比例因子：该复选框可以在下面的“针比例”、“针数”滑动条或文本框中自由设置曲率针的梳齿长度大小。

9.4 实例演练及拓展练习

1. 独立完成项目9的调羹建模。

2. 完成如图 9-16 所示调羹模型的建模并检查曲面质量。
3. 完成如图 9-17 所示水壶模型的建模并检查曲面质量。

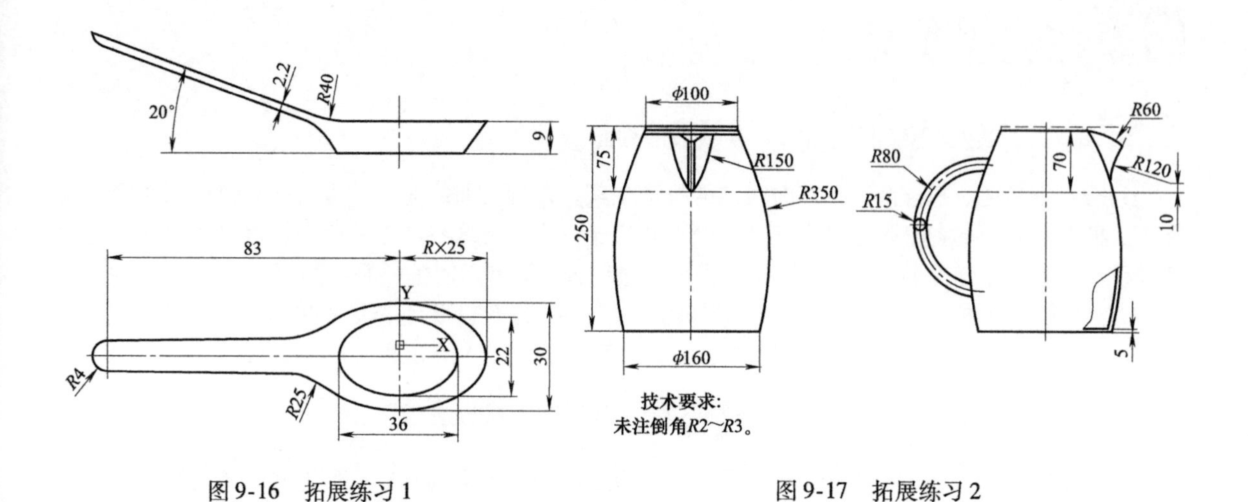

图 9-16 拓展练习 1

图 9-17 拓展练习 2

4. 完成如图 9-18 所示手机壳模型的建模并检查曲面质量。

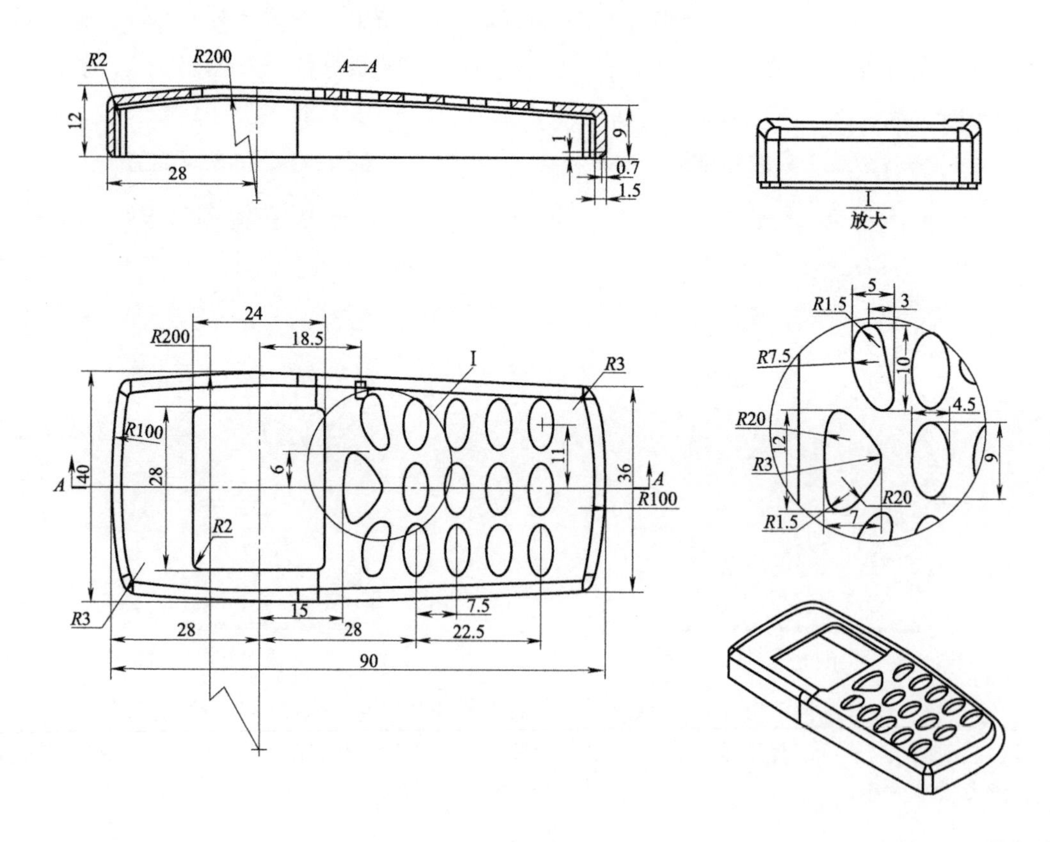

图 9-18 拓展练习 3

5. 完成如图 9-19 所示的曲面建模并检查曲面质量。

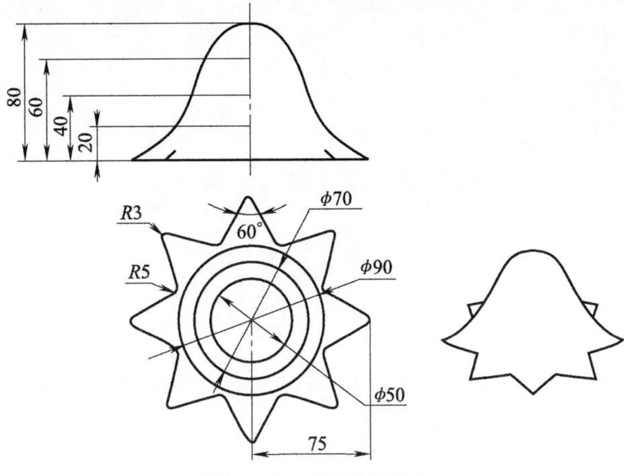

图 9-19 拓展练习 4

项目 10

手机壳的建模

【项目内容】

本项目将指导学生运用 UG NX 软件完成一个手机壳的逆向建模，在此过程中帮助学生熟悉并掌握 UG NX 逆向建模的理念及一般操作步骤。

【项目目标】

◇ 了解始于点云的逆向建模的概念及特点。

◇ 熟悉并掌握在 UG NX 中进行逆向建模的基本思路和操作方法。

◇ 掌握使用“直线”、“圆弧”、“抽取直线”及“镜像直线”等命令创建曲线的操作方法及应用技巧。

◇ 掌握使用“修剪曲线”命令编辑曲线的操作方法及应用技巧。

◇ 掌握使用“偏置平面”、“可变偏置”及“面倒圆”命令编辑曲面的操作方法及应用技巧。

◇ 掌握使用“测量距离”命令检测建模质量的操作方法及应用技巧。

【项目分析】

拟创建一个手机壳模型，其实物图如图 10-1 所示。其具体建模思路如下：

◇ 摆正点云。

◇ 使用“拉伸”命令创建手机壳背面。

◇ 使用“拉伸”及“偏置面”命令创建手机壳的 4 个侧面。

◇ 使用“修剪曲面”命令创建相机孔、功能键孔及前、后侧面缺口。

◇ 使用“修剪片体”和“面倒圆”命令实现对曲面的修剪、缝合及面间的倒角。

◇ 使用“加厚”命令加厚手机壳。

a)

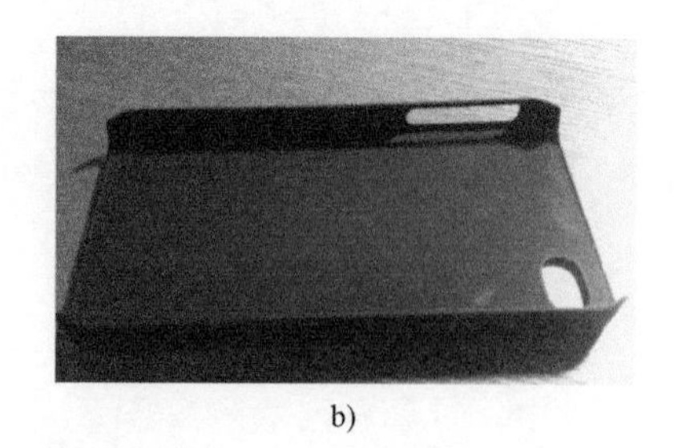

b)

图 10-1　手机壳实物图

10.1 手机壳逆向建模

10.1.1　手机壳点云的导入及处理

新建项目，设置合适的文件名及保存路径。

1. 导入点云数据

单击菜单栏“文件”→“导入”→“IGES”（见图 10-2a），系统弹出如图 10-2b 所示的“导入自 IGES 选项”对话框。在该对话框的“文件”选项卡中，选择要导入的 IGES 文件路径（即手机壳点云数据的保存路径）；在“要导入的数据”选项卡中设定导入“模型数据”类型为“曲线”、“曲面”、“实体”和“坐标系”，如图 10-2c 所示；其余默认设置，单击“确定”按钮，等待系统导入手机壳的点云数据，其显示效果如图 10-2d 所示。

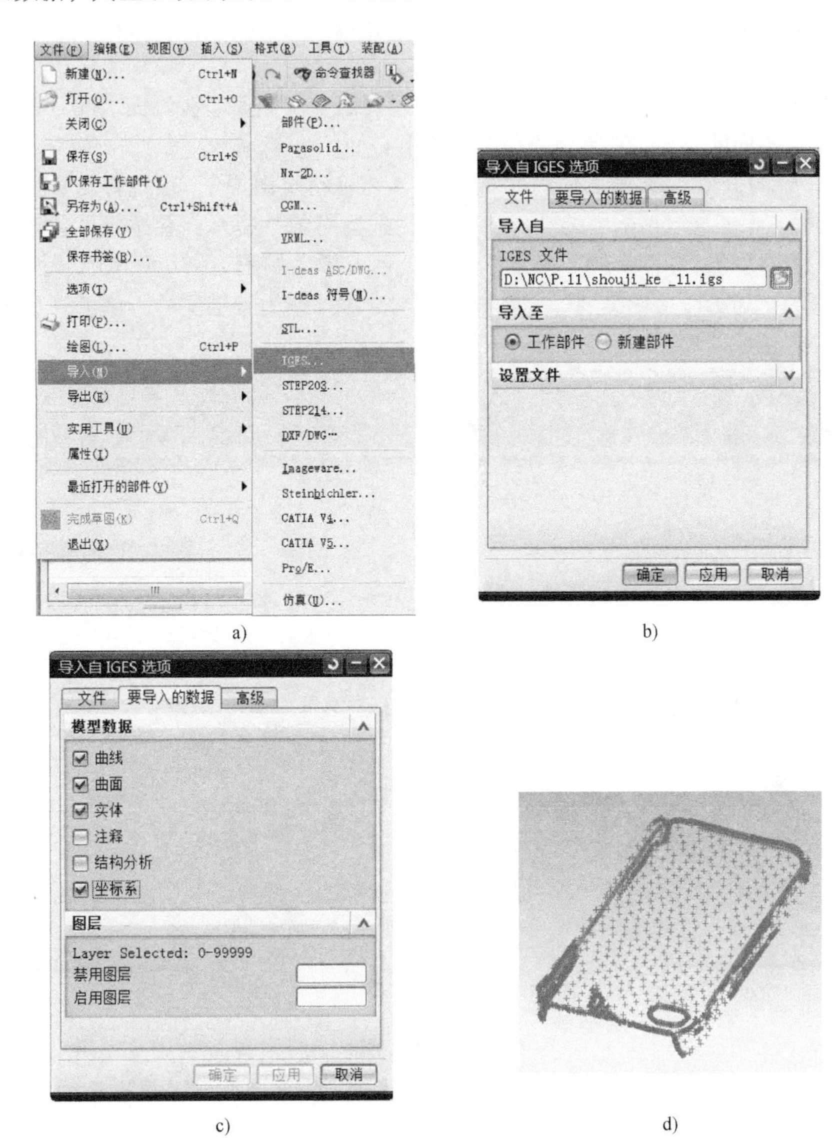

图 10-2　点云数据的导入

a）菜单栏下的“IGES”选项　b）“文件”选项卡的设置

c）“要导入的数据”选项卡的设置　d）导入的手机壳点云效果图

2. 点云分析

拿到模型的点云文件后，应先对点云的特征、质量做简单分析。如图 10-2d 所示，该点云数据存在以下几个问题：

1）点云摆放不正。导入的点云缺乏合适的位置信息（即点云坐标系偏离空间坐标系），此问题将导致后续处理不便。故在建模开始前，应先对齐点云。

2）点云未分层。UG NX 中有一个“层”的概念，这个概念在基于点云的逆向建模中尤其重要。系统化分层的点云可有效提高逆向建模的准确性和建模效率。本例使用的扫描点云是未经过分层的，故操作者需在后期通过手动操作来弥补这一缺陷，其具体操作方法将在后面进行介绍。

3）点云质量不高。从图 10-2d 的角度观察，手机壳扫描所得的前侧、右侧点云质量不是很高（部分点云出现失真的情况），且整体存在点叠加的现象。故本例将整体建模的误差范围扩大到 0.5mm。误差的概念及应用会在后续实例演示中进行讲解。

3. 点云分层

根据对手机壳实物的分析，拟将其所有点云按照背面、左侧面、右侧面、前侧面及后侧面的不同位置分配到 5 个不同的层上。其具体操作方式如下：

（1）背面点云的分层　单击菜单栏“格式”→“移动至图层”，系统弹出如图 10-3a 所示的“类选择”对话框。根据该对话框中的“对象”→“选择对象”提示，在选择了位于背面的特征点后（见图 10-3a 中的淡色点），单击“确定”按钮，系统弹出如图 10-3b 所示的“图层移动”对话框。在该对话框的“目标图层或类别”文本框中输入“10”作为该层层号，单击“确定”按钮，即可将所选的点移入至层“10”中。

注意：点的选择主要靠肉眼判断，不一定非常精确，尽量不要选择其他位置的点。

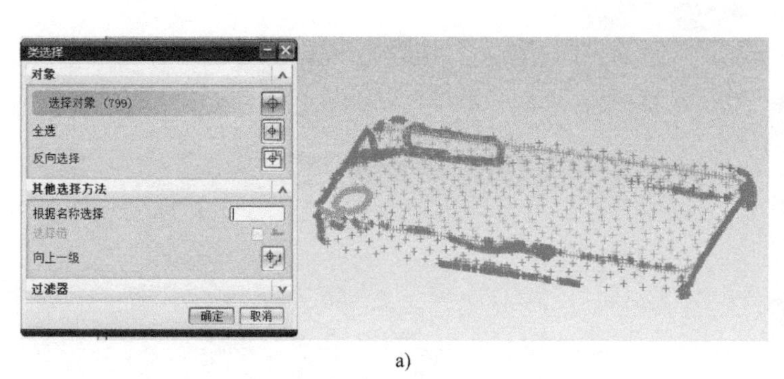

a)

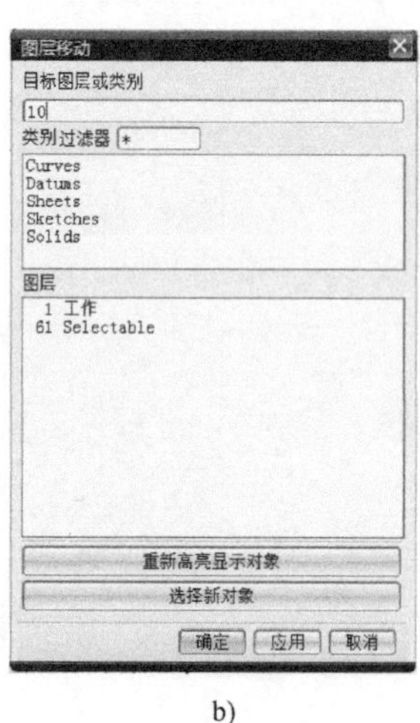

b)

图 10-3　背面点云的分层

a）“类选择”对话框　b）创建层“10”的同时将所选点云移入该层

（2）左侧面点云的分层

1）关闭背面点云层：单击菜单栏“格式”→“图层设置”，系统弹出如图 10-4a、b 所示的“图层设置”对话框。在该对话框的“图层”选项区中，去掉“10”前的红勾，即可关闭层“10”下点云（即背面点云）在系统中的显示，如图 10-4c 所示。

2）左侧面点云的分层：按照（1）的方式将左侧面点云移入层“11”，如图 10-5a 所示。

（3）右侧面点云的分层　按照（2）的方式将右侧面点云移入层“12”，如图 10-5b 所示。

（4）后侧面点云的分层　按照（2）的方式将后侧面点云移入层“13”，如图 10-5c 所示。

（5）前侧面点云的分层　按照（2）的方式将前侧面点云移入层“14”，如图 10-5d 所示。

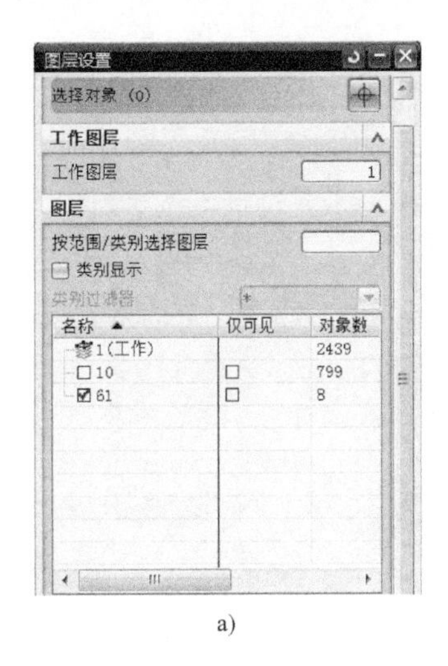

a)

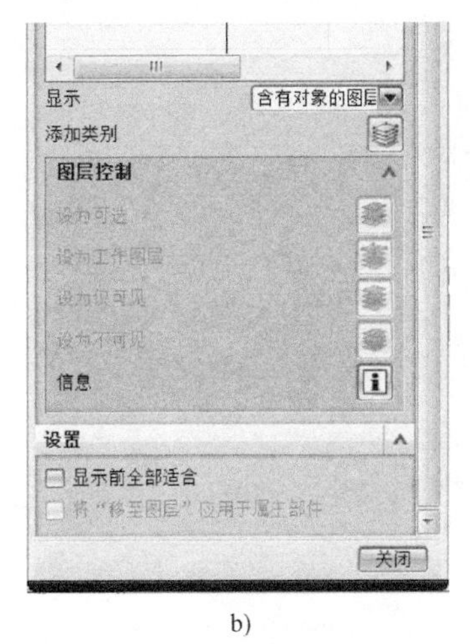

b)

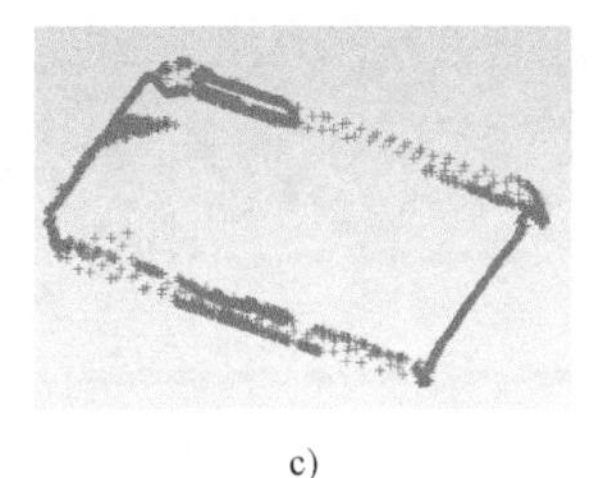

c)

图 10-4 “关闭”背面点云

a）对“图层设置”对话框的设置（一） b）对“图层设置”对话框的设置（二）

c）关闭层“10”后的显示效果

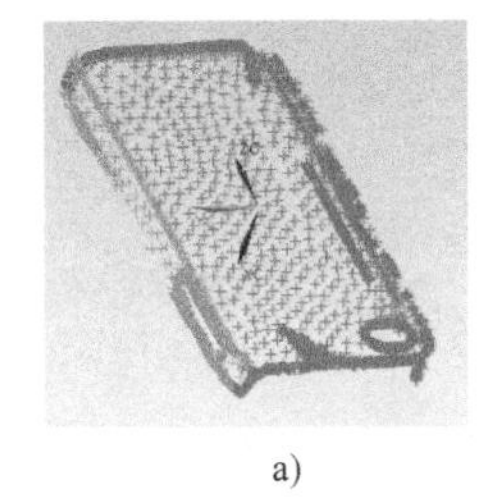

a)

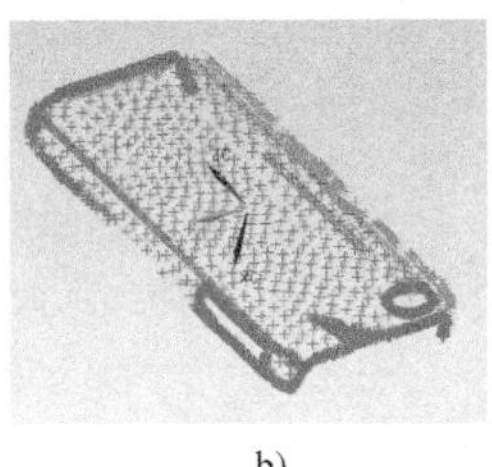

b)

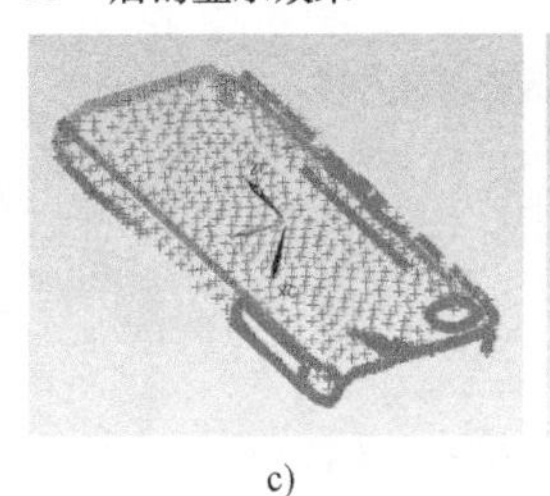

c)

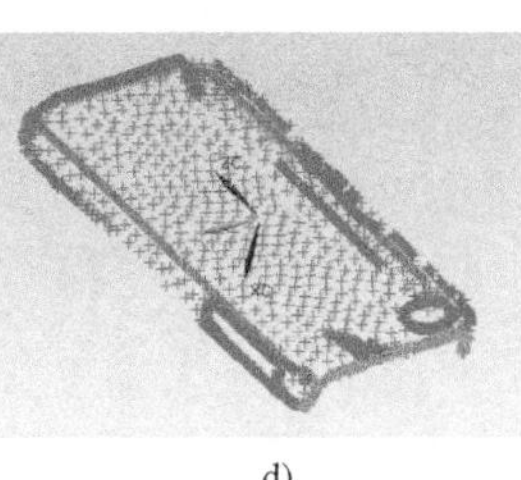

d)

图 10-5 左侧面、右侧面、后侧面、前侧面点云的分层

a）选中的位于左侧的点云 b）选中的位于右侧的点云

c）选中的位于后侧的点云 d）选中的位于前侧的点云

10.1.2 点云的对齐

1. 绘制直线

使用“图层设置”命令，显示所有层。现需绘制下面的 4 条边界线：

（1）绘制第一条边界线 在“曲线”工具栏中单击“直线”命令按钮，系统弹出如图 10-6a 所示的“直线”对话框。在该对话框中，选择背面右侧边沿上一点绘制直线，设定“起点”为该点，“终点”为“ZC 沿 ZC”、“起始”与“终止”距离分别为“-80”和“80”，单击“确定”按钮，即可得到如图 10-6b 所示的显示效果。

注意：选点时尽量选择背面最下层的点，且该点不要位于背面与右侧面的交线处。

（2）绘制第二条边界线 按照（1）的方式绘制如图 10-7 所示的第二条边界线。

（3）绘制第三条边界线 使用“直线”命令，设定“起点”为 10-8a 所示的点，“终点”为“YC 沿 YC”、“起始”与“终止”距离分别为“-50”和“50”，单击“确定”按钮，即可得到如图 10-8b 所示的显示效果。

（4）绘制第四条边界线 按照（3）的方式绘制如图 10-9 所示的第四条边界线。

2. 投影曲线

在“曲线”工具栏单击“投影曲线”命令按钮，在系统弹出的如图 10-10a 所示的“投影曲线”对话框中进行以下设定：

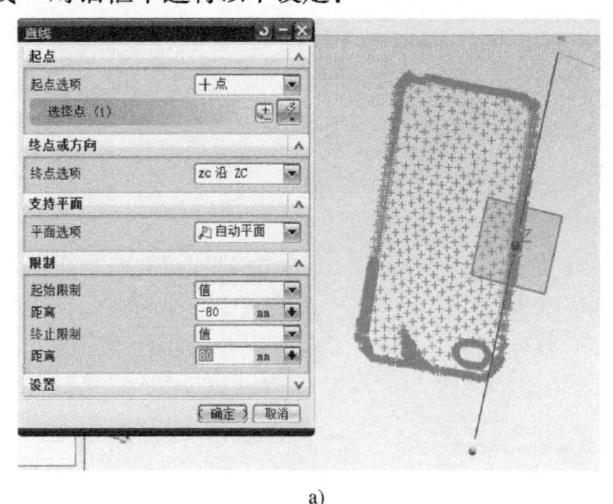

a）

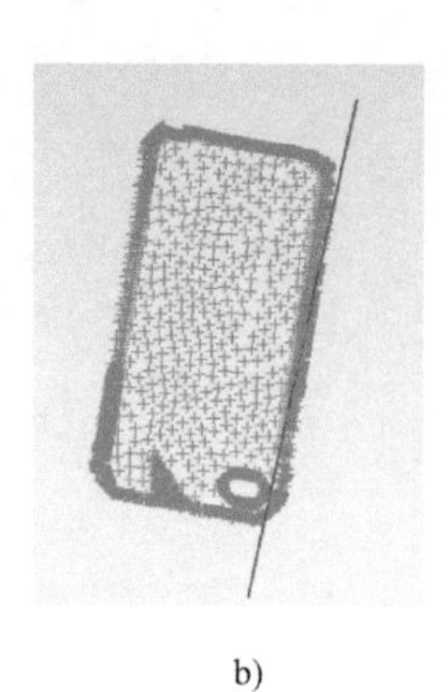

b）

图 10-6 第一条边界线的绘制

a）选择背面右侧边沿上一点绘制直线 b）绘制的第一条边界线

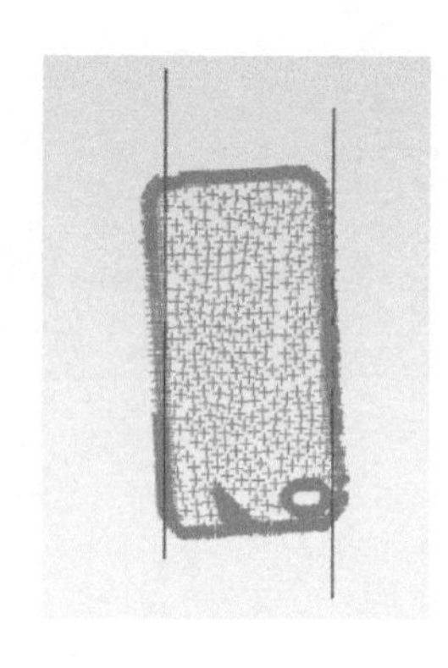

图 10-7 绘制第二条边界线

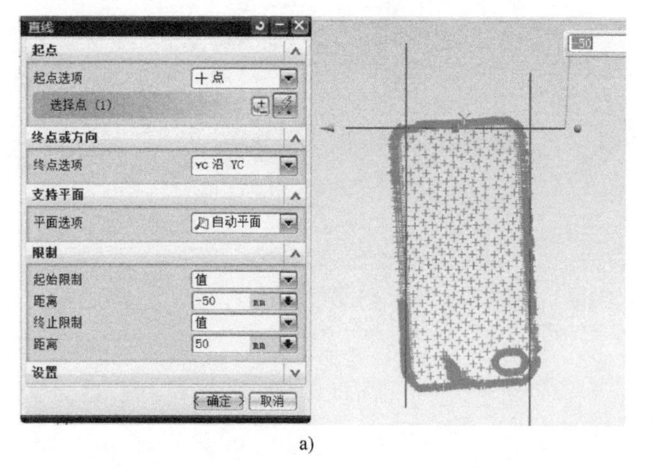

a）

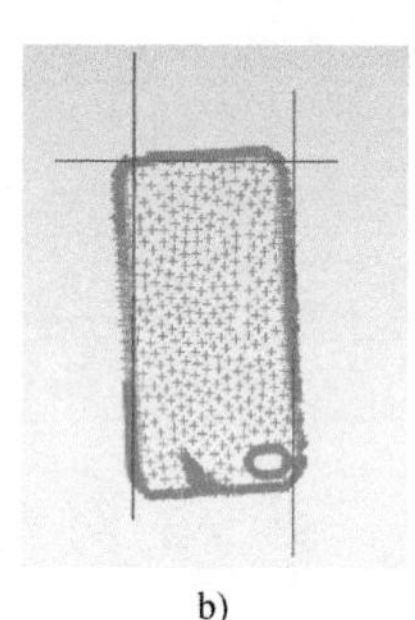

b）

图 10-8 第三条边界线的绘制

a）选择背面后侧边沿上一点绘制直线 b）绘制的第三条边界线

（1）“要投影的曲线” 选择1绘制的4条边界线作为要投影的曲线。

（2）“要投影的对象” 在该选项区内单击“平面”命令按钮，系统弹出如图 10-10b 所示的“平面”对话框。在该对话框中进行如下设置：

1）设定构面方式：选择“类型”为“点和方向”。

2）指定原点位置：在“通过点”选项区内默认方式，并用鼠标选择“第四条边界线”右侧端点作为矢量点。

3）设定“法向”方向：在“法向”选项区内默认方式，单击下拉按钮，选择“矢量”方向为“XC”后，单击“确定”按钮，回到“投影曲线”对话框。

（3）投影曲线 在“投影曲线”对话框中再次单击“确定”按钮，即可得到如图 10-10c 所示的显示效果。

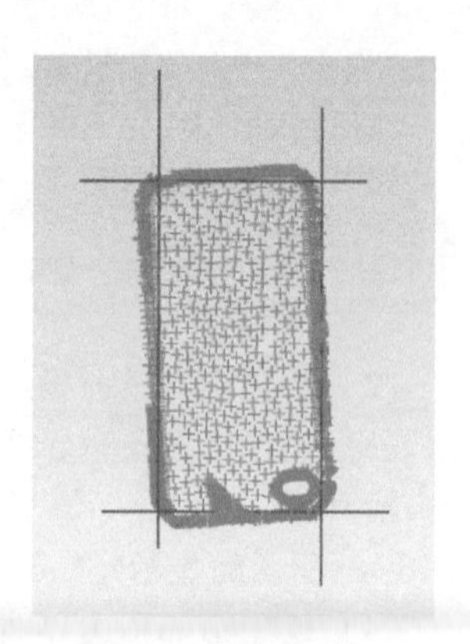

图 10-9 绘制的第四条边界线

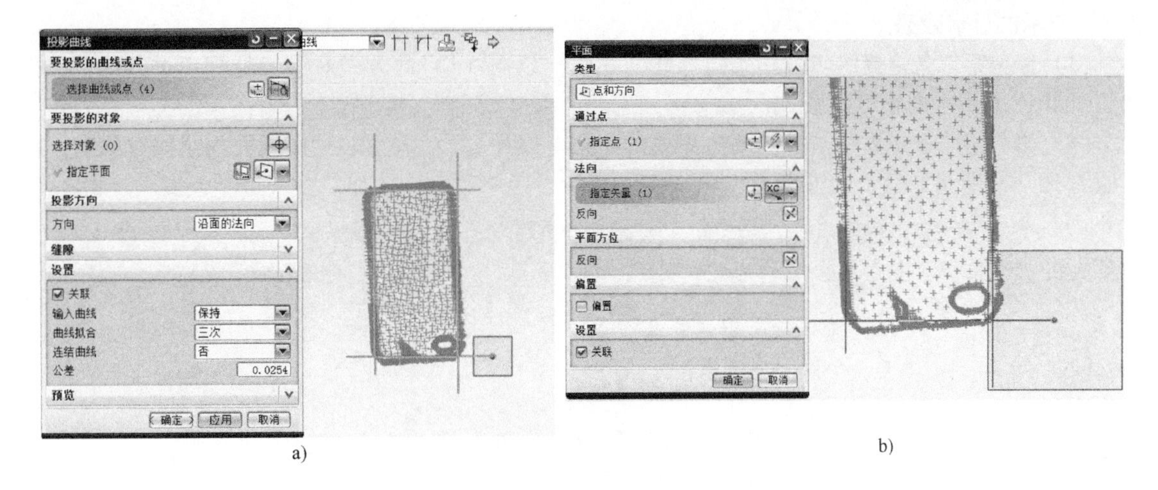

a)　　b)

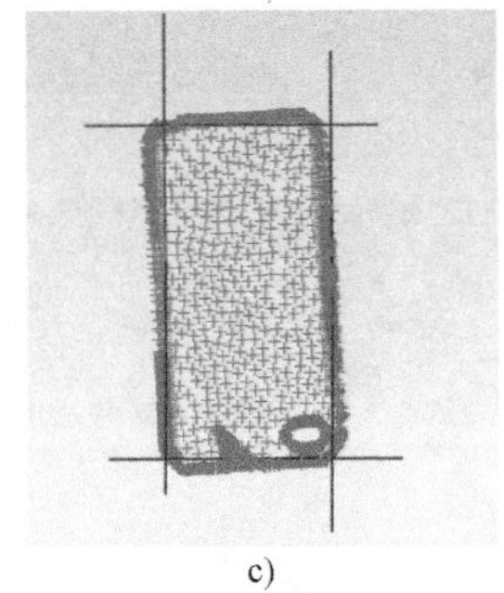

c)

图 10-10　曲线的投影

a）对“投影曲线”对话框的设置　b）创建投影面　c）4 条边界线投影后的显示效果

（4）曲线分层　移动 1 绘制的 4 条直线至层“21”、2 生成的投影直线至层“22”。

3. 修剪曲线

（1）修剪第一条边界线与第四条边界线的拐角　单击“编辑曲线”工具栏上的“修剪拐角”命令按钮，系统弹出的如图 10-11a 所示的“修剪拐角”对话框。根据对话框提示，当第一条边界线和第四条边界线同时在光标范围内时，单击第一条边界线右侧交点外余线，系统弹出如图 10-11b 所示的提示对话框，单击“是”按钮，即可得到如图 10-11c 所示的显示效果。

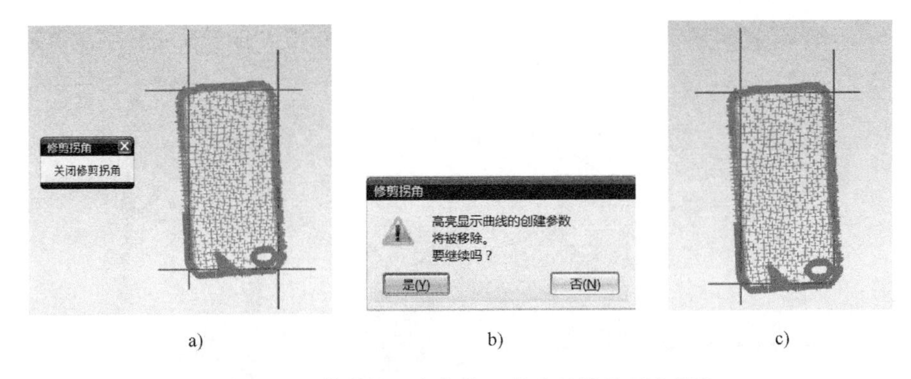

a)　　b)　　c)

图 10-11　修剪第一条与第四条边界线的相交拐角

a）使第一条边界线、第四条边界线均位于光标范围内　b）弹出的提示对话框　c）修剪第一处拐角后的显示效果

（2）修剪第一条边界线与第三条边界线的拐角　以同（1）的方式修剪第二处拐角，得到如图

10-12a所示的显示效果。

(3) 修剪第二条边界线与第三条边界线的拐角　以同 (1) 的方式对第三处拐角进行修剪，得到如图 10-12b 所示的显示效果。

(4) 修剪第二条边界线与第四条边界线的拐角　以同 (1) 的方式对第四处拐角进行修剪，得到如图 10-12c 所示的显示效果。

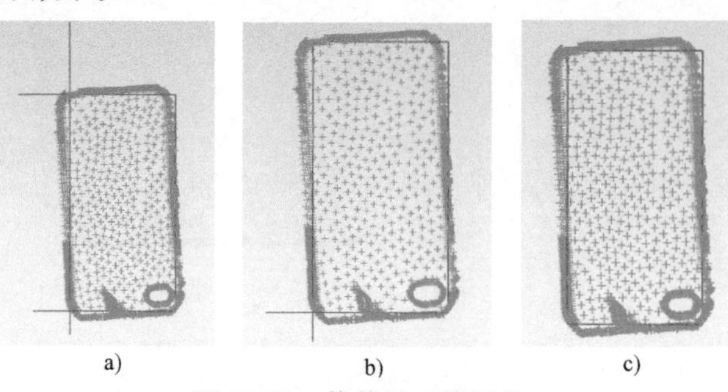

图 10-12　修剪另三处拐角
a) 修剪第二处拐角　b) 修剪第三处拐角　c) 修剪第四处拐角

注意：使用“修剪拐角”命令时，常会出现修剪失败的情况，并出现如图 10-13 所示的提示对话框。这通常是因为操作者未使两条对象曲线均位于光标范围内。

4. 绘制中心线

调用“直线”命令，启用“中点”捕捉功能，绘制如图10-14所示的纵向和横向中心线。

使用“移动至图层”命令，移动 4 绘制的两条中心线至新层“22”。

5. 移动点云至原点

单击菜单栏“编辑”→“移动对象”选项，系统弹出如图 10-15a 所示的“移动对象”对话框。在该对话框中，选择“对象”为所有点云；在“变换”选项区内设定“运动”形式为“点

图 10-13　无法修剪拐角时出现的提示对话框

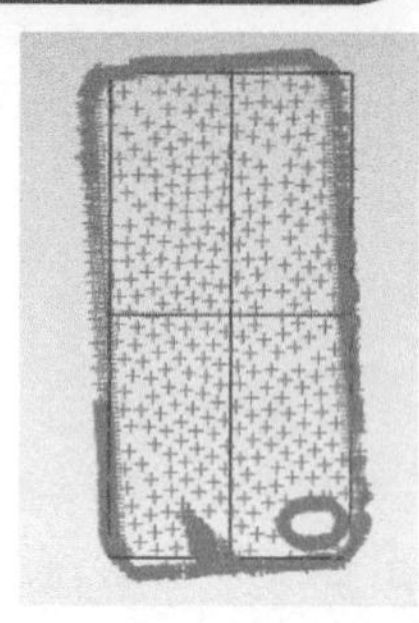

图 10-14　绘制中心线

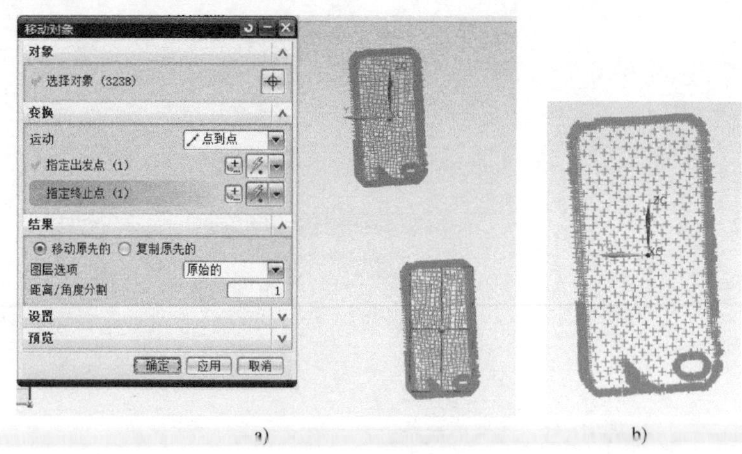

a)　b)

图 10-15　摆正点云
a) 对“移动对象”对话框的设置　b) 移动后的显示效果

到点”，使用“点对话框”命令“指定出发点”为4所绘两条中心线的交点、“终点”为坐标原点，在“结果”选项区内选中“移动原先的”单选按钮，其余默认设置。单击“确定”按钮，即可得到如图10-15b所示的显示效果。

10.1.3 手机壳顶面的创建

单击菜单栏“格式”→“图层设置”，在系统弹出的“图层设置”对话框中，仅保留对层“10”的勾选，如图10-16所示。单击“关闭”按钮，即可得到仅有背面点云的显示效果。

1. 创建拉伸直线

（1）绘制直线　在“曲线”工具栏中单击“直线”命令按钮，系统弹出如图10-17a所示的“直线”对话框。依照该对话框提示，纵向任意选择两个点，绘制如图10-17a所示的直线。

注意：此处应尽量使所选点位于背面点云的最下层上。

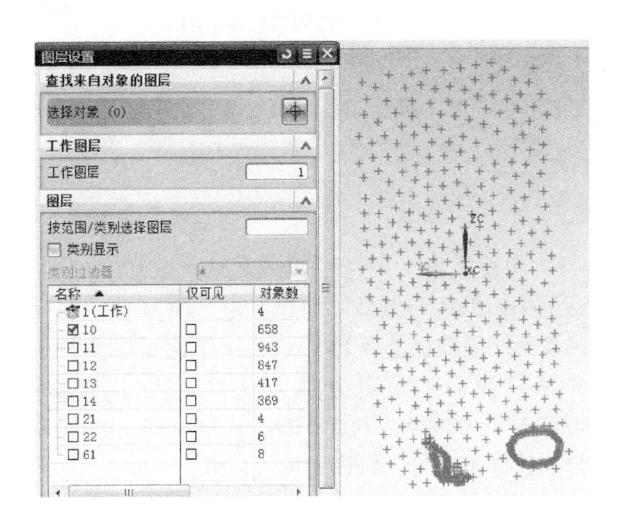

图10-16　仅显示背面点云

（2）延长直线边界　在直线仍被激活的状态下，将鼠标移至直线一侧端点，当系统出现如图10-17b所示的动态箭头时，沿箭头外侧方向对直线进行拉伸。使用同样的方式完成对直线另一端的拉伸后，单击“确定”按钮，即可得到如图10-17c所示的显示效果。

2. 创建引导线

在“曲线”工具栏中单击“直线”命令按钮，按照“直线”对话框的提示，在横向方向上任意选择两个点，绘制如图10-18所示的直线。

注意：此处也应尽量使所选点位于背面点云的最下层上。

3. 创建拉伸面

在“特征”工具栏中单击“拉伸”命令按钮，在系统弹出的“拉伸”对话框中设定“截

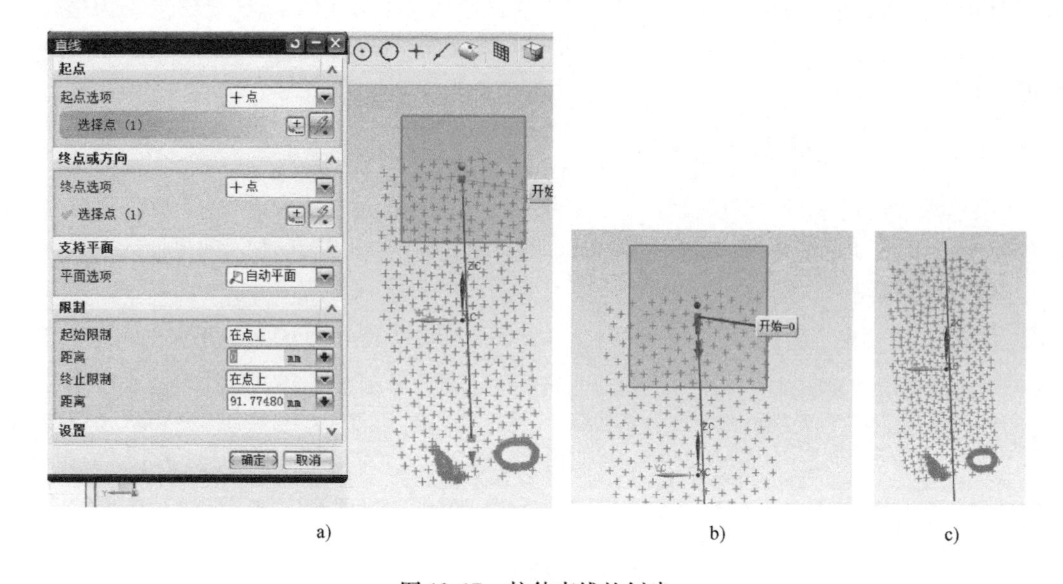

图 10-17　拉伸直线的创建

a）直线绘制　b）引导直线拉伸的动态图标　c）拉伸后的直线

面”为1所建拉伸直线，“方向”为2所建的引导线，“体类型”为“片体”，拉伸距离的“开始”、“结束”可任意设定，盖过两端的点云即可，如图10-19所示。

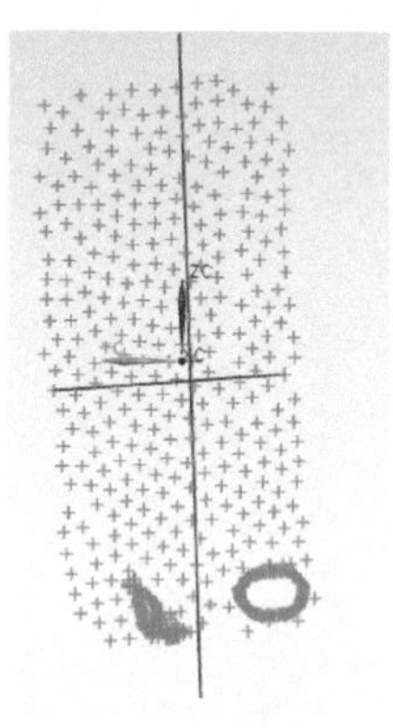

图 10-18　绘制引导线

4. 面质量检测

单击菜单栏“分析”→“测量距离”，系统弹出如图10-20所示的“测量距离”对话框。在该对话框中，默认“类型”的选项为“距离”、“起点”为3所建的拉伸面，之后在该面外侧随机选择10个点依次作为“终点”（见图10-20），测量并得到其距拉伸面的距离分别为0.236057、0.186034、0.041800、0.317914、0.043637、0.024802、0.246258、0.056094、0.153867和0.246415，均在0.5的最大误差范围内，故该面质量合格。

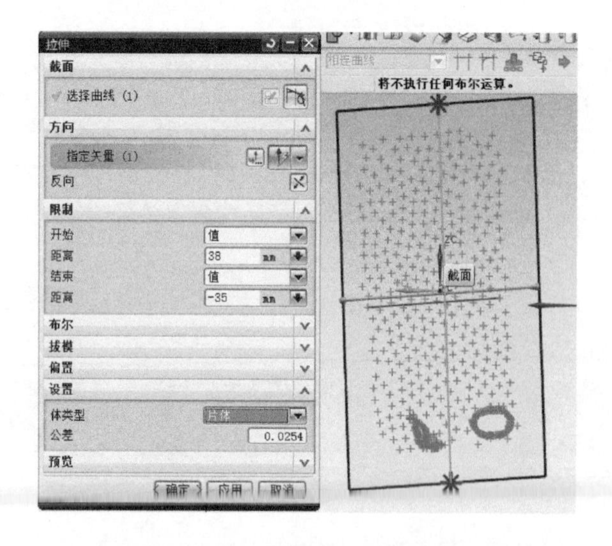

图 10-19　以拉伸方式创建的面

注意：由于逆向建模过程受到许多不确定因素的干扰，故在建模的同时操作者应通过反复测量、修正的方式来提高模型的准确性。

使用“移动至图层”命令，移动1、2绘制的直线至新层“23”、3所建拉伸面至新层“2”。

10.1.4　手机壳左侧面的创建

使用“图层设置”命令，仅显示层“2”和层“11”，如图10-21所示。

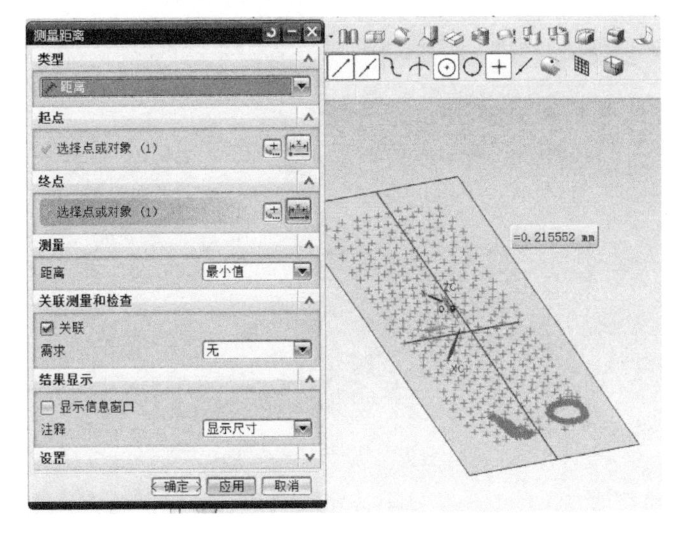

图10-20　测量点距平面的距离

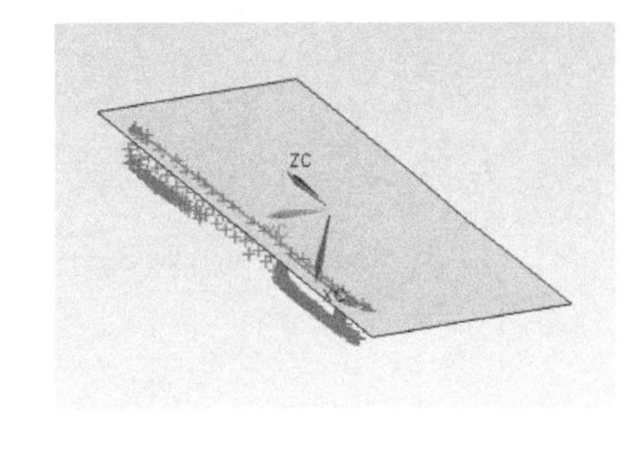

图10-21　仅显示层“2”和层“11”

1. 创建拉伸直线

使用“直线”命令，在外侧的横向方向上选择两点，创建如图10-22所示的直线，并对直线进行拉伸。

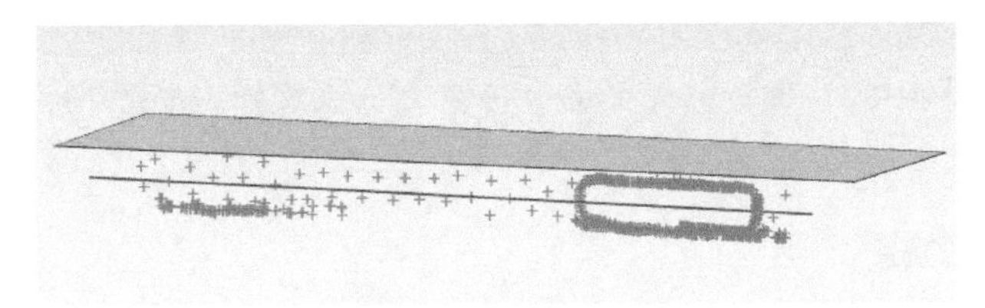

图10-22　创建的直线

2. 创建拉伸面

使用“拉伸”命令，设定“截面”为1所建拉伸直线、“方向”为10.1.3节所建拉伸面的法向，拉伸距离任意，“体类型”为“片体”，单击“确定”按钮，即可得到如图10-23所示的显示效果。

注意：使用10.1.3节所建拉伸面法向作为拉伸的矢量方向，主要是为了维持实物中侧面与背面之间的垂直关系。

3. 面质量检测

使用“测量距离”命令，以同10.1.3节5的方式对该拉伸面进行误差检测。就检测结果来看，平面外侧所取点距平面的距离均未超过0.4mm，故面质量合格。

使用“移动至图层”命令，移动1绘制的直线至层“23”、3所建拉伸面至新层“3”。

10.1.5 手机壳右侧面的创建

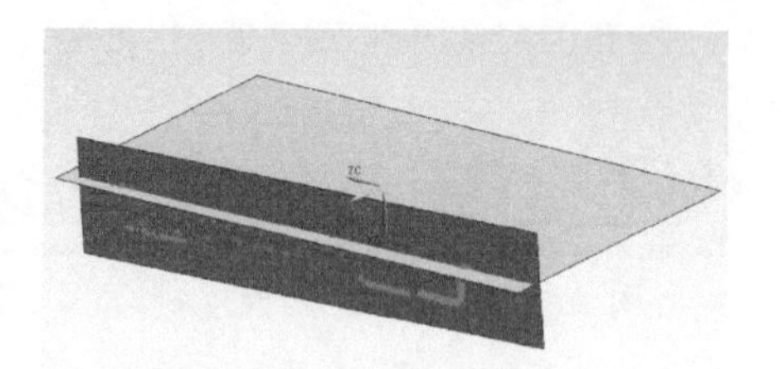

图 10-23 创建拉伸面

使用“图层设置”命令，同时显示层“11”和层“12”。

1. 测量左右侧面间距

单击菜单栏“分析”→“测量距离”，系统弹出如图 10-24 所示的“测量距离”对话框。在该对话框中，切换“类型”为“投影距离”，并“指定矢量”为“YC”。分别在左、右侧点云的最外部选取 10 组点，测量点与点之间在“YC”向的投影距离。

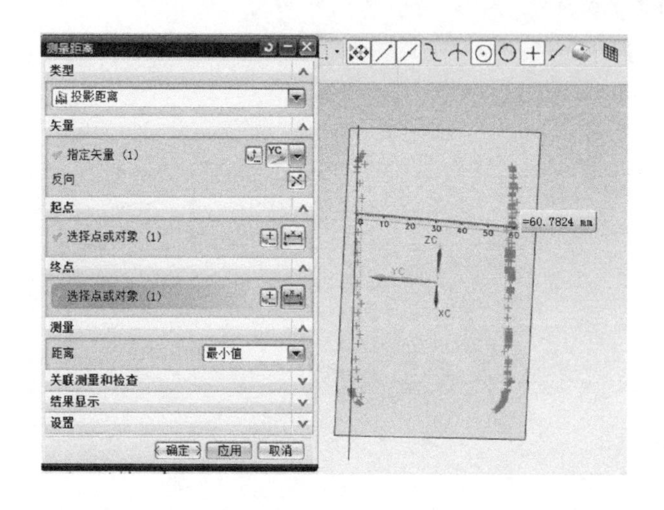

图 10-24 测量点与点间的投影距离

经测得到 60.7824、60.1127、59.2352、59.5558、60.0474、61.9128、61.4313、60.6381、60.2187、60.9877 共 10 组数据，故此处可定左、右侧面距离为 60mm。

2. 创建偏置面

单击“特征”工具栏中的“偏置曲面”命令按钮，系统弹出如图 10-25a 所示的“偏置曲面”

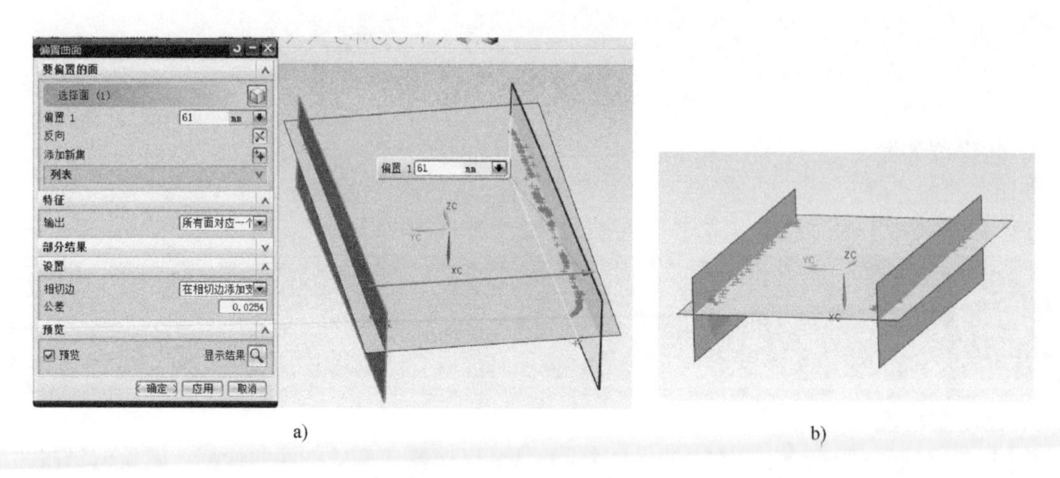

图 10-25 右侧面的创建

a) 对“偏置曲面”对话框的设置 b) 通过“偏置”得到的右侧面

对话框，在该对话框中选择10.1.4节2所建拉伸平面为“要偏置的面”、“偏置距离”为“60”、方向向右，单击“确定”按钮，即可得到如图10-25b所示的显示效果。

3. 检测偏置面质量

使用“测量距离”工具的“距离”测量类型，可得右侧点云距离2所建曲面距离均在0.5mm范围内，故平面质量良好。

使用“移动至图层”命令，移动2所建拉伸面至新层“4”。

10.1.6 手机壳前侧面的创建

使用“图层设置”命令，显示层“2”、“14”。

1. 创建拉伸直线

使用“直线”命令，在前侧上部选择两点，绘制如图10-26所示的直线。

2. 创建拉伸面

使用“拉伸”命令，设定“截面”为1所建拉伸直线、“方向”为10.1.3节3所建拉伸面的法向，拉伸距离任意，“体类型”为“片体”，单击“确定”按钮，得到如图10-27所示的显示效果。

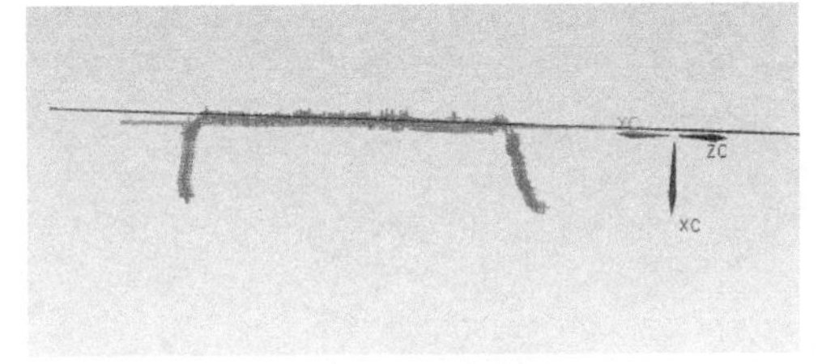

图10-26 绘制直线

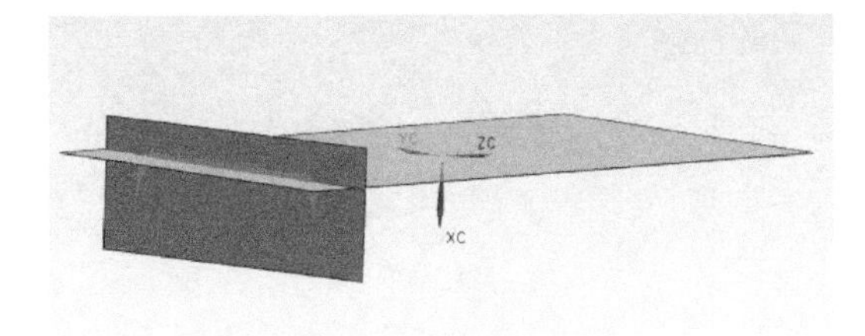

图10-27 创建拉伸面

3. 面质量检测

使用“测量距离”命令，测得前侧上部扫描点距2所建平面距离均在0.35mm范围内，误差较小，平面质量良好。

注意：通过测量可发现，前侧面下半部扫描点有向后倾斜的现象，而实物并未出现该趋势。故此处应该是由扫描点质量不高造成的，操作者应根据实际情况进行调整。

使用“移动至图层”命令，移动1所建直线至层“23”、2所建拉伸面至新层“5”。

10.1.7 手机壳后侧面的创建

使用“图层设置”命令，显示层“5”、“13”、“14”。

1. 测量左右侧面间距

使用“测量距离”命令，切换测量“类型”为“投影距离”，并“指定矢量”为“ZC”。之后，分别在前、后侧点云的上部选取10组点，测量点与点之间在“ZC”向的投影距离。经测得到114.4651、115.3874、115.2987、115.1069、11.7363、115.6450、115.9870、114.7864、115.4490、115.3420共10组数据，故此处可定前、后侧面距离为115mm。

2. 创建偏置面

使用“偏置曲面”命令，以10.1.6节2所建拉伸平面为“要偏置的面”、“偏置距离”为“115”、方向向后，如图10-28所示。单击“确定”按钮，即可得到通过“偏置”创建的后侧面。

3. 检测偏置面质量

使用“测量距离”命令，测得后侧上部扫描点距2所建平面距离均在0.3mm范围内，误差较小，平面质量良好。

使用“移动至图层”命令，移动2所建偏置面至新层“6”。

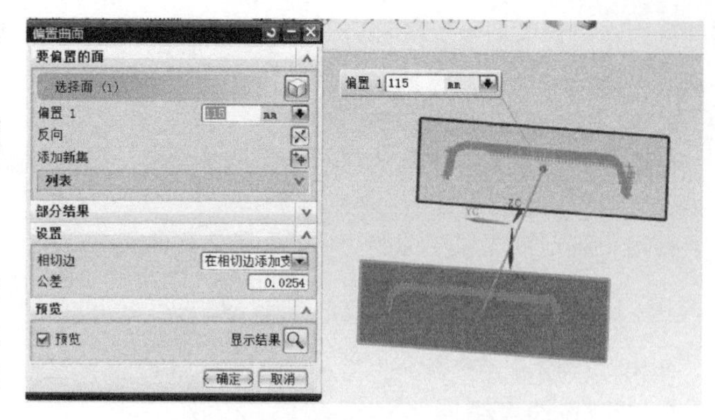

图10-28　通过“偏置”创建后侧面

10.1.8　侧面、背面间的倒角与修剪

1. 侧面修剪

（1）测量背面距各侧面上边沿的距离　使用“距离测量”命令，依次选取10个上边沿点（见图10-29a），分别测得它们与背面间的距离为8.9523、9.3904、9.3425、10.4612、9.4041、9.4869、10.5292、9.4511、10.3904、9.5162。故此处可定背面距各侧面上边沿距离为11mm。

（2）创建参考面　使用“偏置曲面”命令，以10.1.3节3所建拉伸面为“要偏置的面”，以“11”作为“偏移距离”，创建如图10-29b所示的参考面。

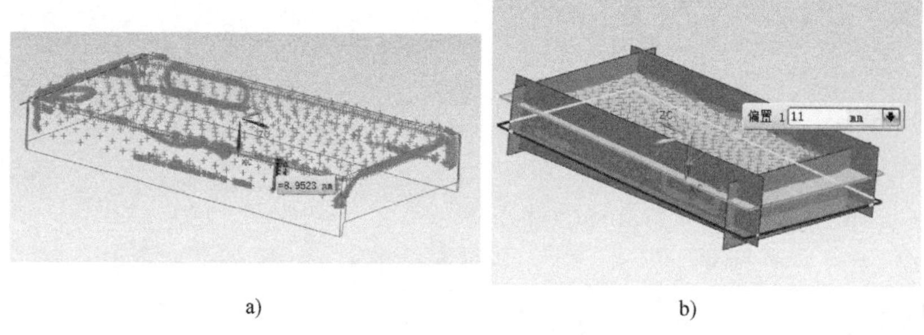

a)　　b)

图10-29　参考面的创建

a）测量底点距顶面距离　b）创建参考面

使用“移动至图层”命令，移动该参考面至新层“31”。

（3）扩大参考面　在“编辑曲面”工具栏中单击“扩大”命令按钮，系统弹出如图10-30a所示的“扩大”对话框。在该对话框中，“选择面”为（2）所建参考面；选中“调整大小参数”选项区内的“全部”复选框，并在“%U起点”后的文本框中输入值“20”。单击“确定”按钮，即可得到如图10-30b所示的效果。

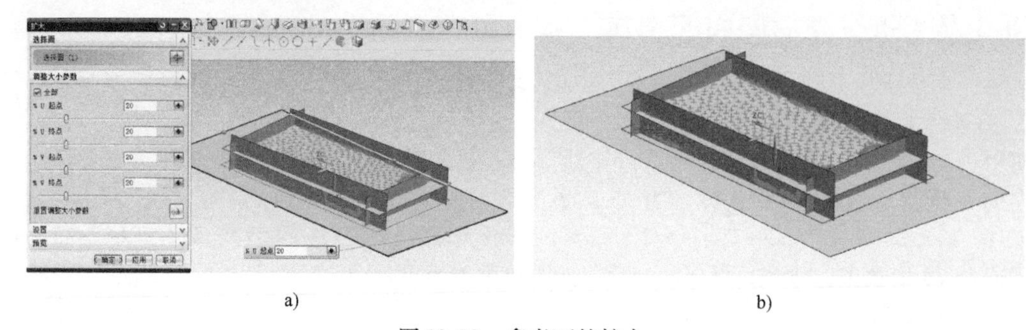

a)　　b)

图10-30　参考面的扩大

a）对“扩大”对话框的设置　b）扩大后的参考面

使用“移动至图层”命令，移动该平面至新层“7”。

（4）修剪各侧面　单击“特征”工具栏中的“修剪片体”命令按钮，在系统弹出的“修剪片体”对话框中，设定10.1.4～10.1.7节所建的4个侧面为“目标片体”、（3）所建的扩大面为

"边界对象"，如图 10-31a 所示。单击"确定"按钮，即可得到如图 10-31b 所示的显示效果。

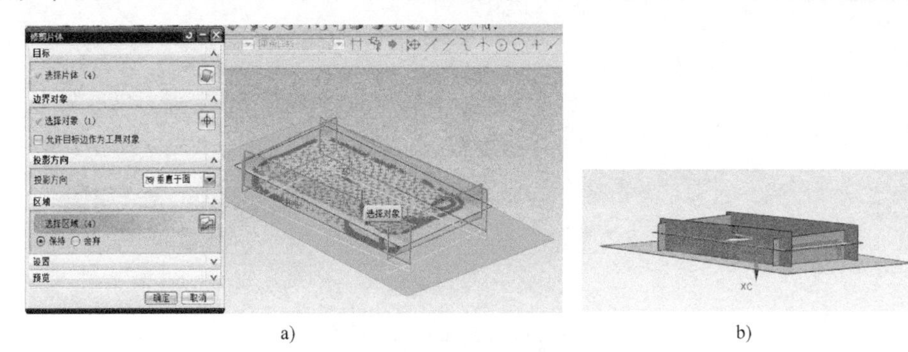

a) b)

图 10-31 侧面的修剪

a）对"修剪片体"对话框的设置 b）修剪侧面

2. 创建侧面与侧面间的倒角

使用"图层设置"命令，同时显示层"2"、"3"、"4"、"5"、"6"、"10"和"11"。

（1）创建前侧面与左侧面间的倒角 单击"特征"工具栏中的"面倒圆"命令按钮，系统弹出如图 10-32a 所示的"面倒圆"对话框。在该对话框中，默认"类型"为"两个定义面链"；"面链 1、2"分别为前侧面和左侧面，且方向均为向内；"倒圆半径"为"9"；选中"修剪和缝合选项"选项区内的"修剪输入面至倒圆面"及"缝合所有面"复选框，单击"确定"按钮，即可得到如图 10-32b 所示的显示效果。

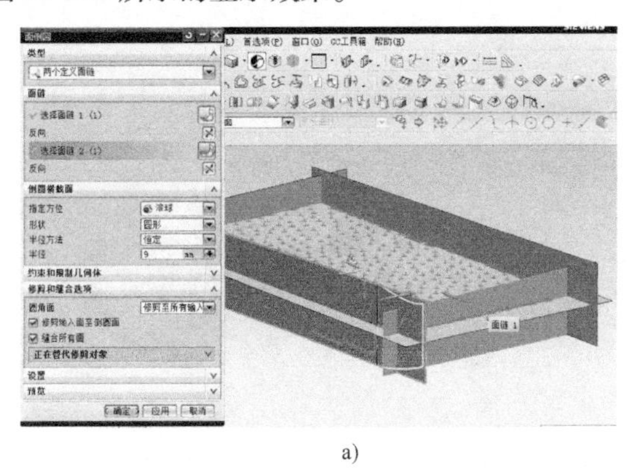

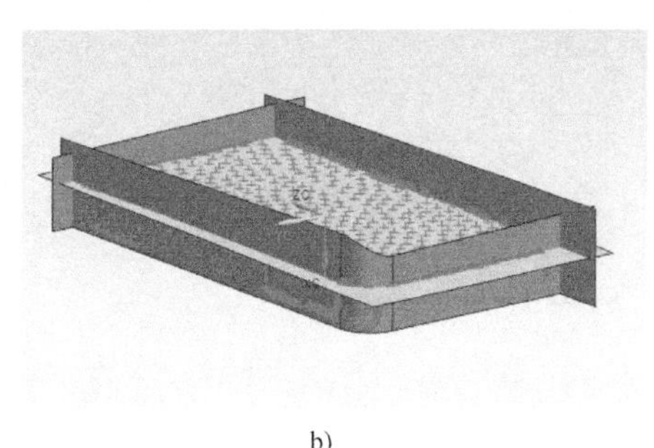

a) b)

图 10-32 前侧面与左侧面间倒角的创建

a）对"面倒圆"对话框的设置 b）在前侧面与左侧面间创建的圆角

（2）检测倒角质量 使用"测量距离"命令，测得转角处的点云距离（1）所建倒角面距离均在 0.4mm 范围内，故倒角面质量合格。

（3）创建其余侧面倒角 使用"面倒角"命令，以"9"为半径，分别创建左侧面与后侧面，右侧面与后侧面、前侧面间的倒角，其所得结果如图 10-33 所示。

3. 创建背面与侧面间倒角

（1）创建背面与侧面间的倒角 使用"面倒圆"命令（见图 10-34a），以"2"为半径，创建背面与侧面间的倒角，最后得到 10-34b 所示的显示效果。

（2）检测倒角质量 此处的检测方法是观察倒角后是否出现了"浮点"现象，即位于倒角处的点云漂浮在了平面之外。如图 10-34b 所示，本倒角面质量良好。

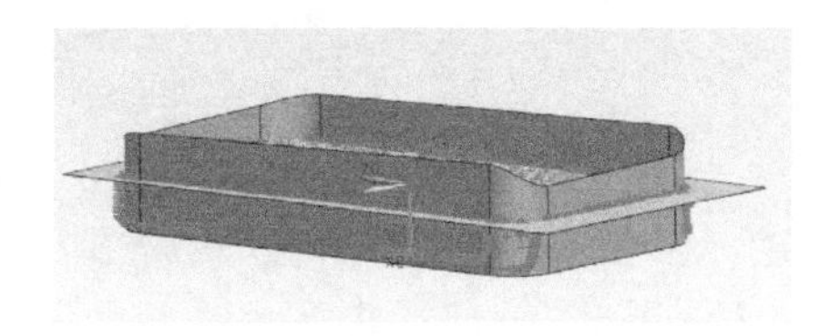

图 10-33 各侧面倒角后的显示效果

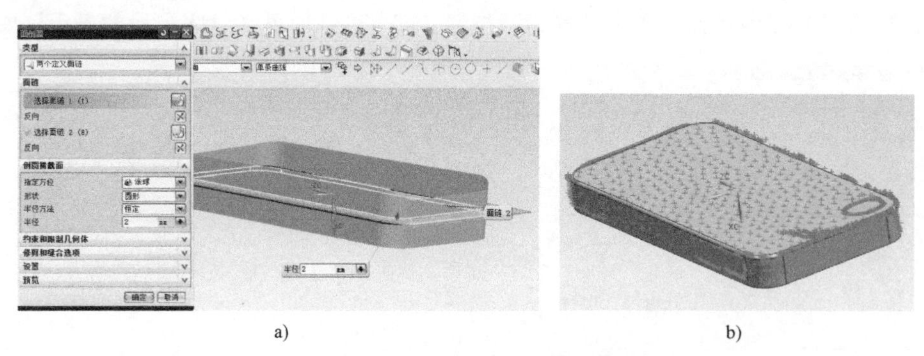

a)　　　　b)

图 10-34　背面与侧面间倒角的创建

a）对“面倒圆”对话框的设置　b）创建背面与侧面间的倒角

10.1.9　特征孔的创建

1. 创建背面相机孔特征

使用“图层设置”命令，显示层“2”、“10”。

（1）创建相机孔扫描点在顶面的投影　单击“曲线”工具栏中的“投影曲线”命令按钮，在系统弹出的“投影曲线”对话框中，选取相机孔的特征点作为“要投影的点”、背面作为“要投影的对象”，如图 10-35a 所示。单击“确定”按钮，隐藏层“10”，即可得到如图 10-35b 所示的显示效果。

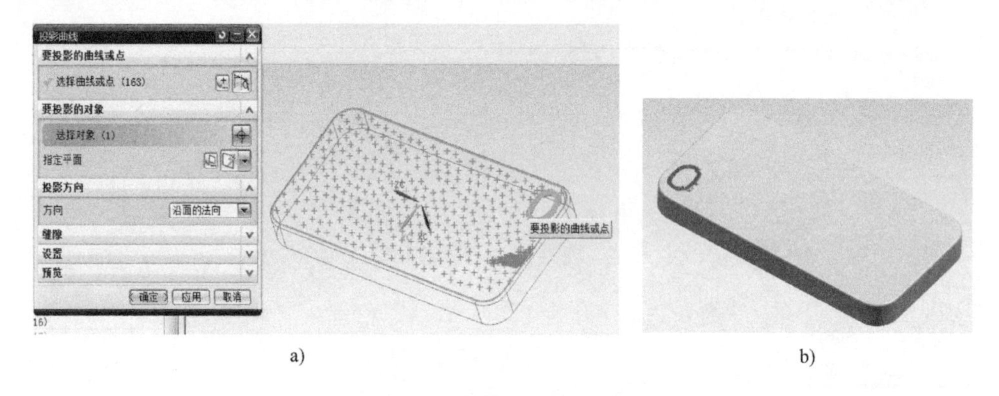

a)　　　　b)

图 10-35　创建扫描点的投影

a）对“投影曲线”对话框的设置　b）创建投影点

（2）创建放置投影点的层　使用“移动至图层”命令，将（1）所建投影点移动至层“32”。

（3）绘制相机孔的一侧直边轮廓　使用“直线”命令，创建如图 10-36 所示的直线。

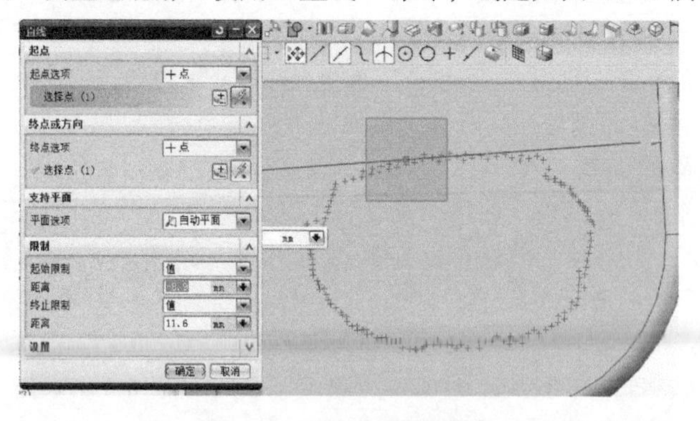

图 10-36　创建一条边界线

（4）创建另一侧直边轮廓　单击“曲线”工具栏中的“偏置曲线”命令按钮，系统弹出如图 10-37a 所示的“偏置曲线”对话框，在该对话框中默认“类型”为“距离”，并选择“曲线”为（3）所绘直线、“点”为背面上任意一点、“偏置距离”为“9”，单击“确定”按钮，即可得到如图 10-37b 所示的显示效果。

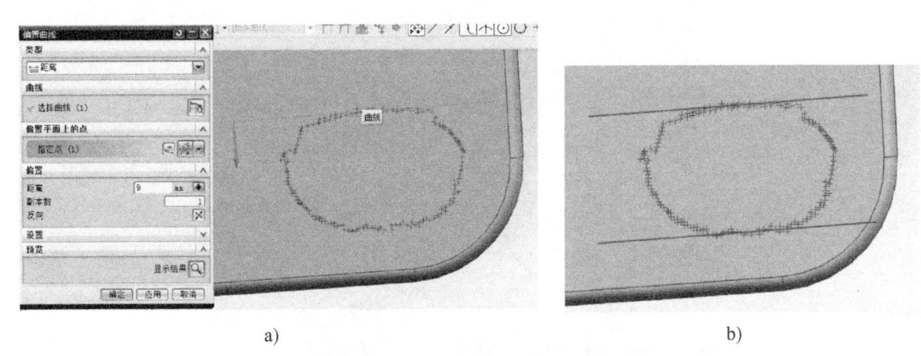

a)　　b)

图 10-37　创建另一条边界线

a）对“偏置曲线”对话框的设置　b）创建偏置曲线

（5）绘制相机孔的两侧圆弧轮廓　单击“曲线”工具栏中的“圆弧/圆”命令按钮，系统弹出如图 10-38a 所示的“圆弧/圆”对话框。在该对话框中默认类型为“三点画圆弧”、“起点”、“终点”的“选项”类型为“相切”，“中点”为在右侧圆弧段选择的任意点，如图 10-38a 所示。以同样的方式绘制左侧圆弧段，如图 10-38b 所示。

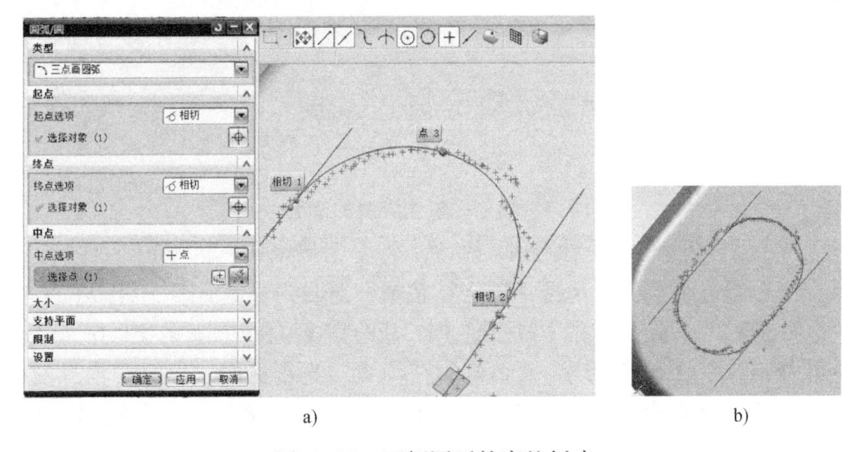

a)　　b)

图 10-38　两侧圆弧轮廓的创建

a）创建右侧圆弧轮廓线　b）创建左侧圆弧轮廓线

注意：选择圆弧中点时，应尽量使得成形的圆弧均匀分布在右侧圆弧点云中。

（6）修剪（3）所绘直线　单击“编辑曲线”工具栏中的“修剪曲线”命令按钮，系统弹出如图 10-39a 所示的“修剪曲线”对话框。对该对话框的具体操作步骤如下：

1）指定“要修剪的曲线”：指定（3）所绘制直线为要修剪的曲线。

2）指定“边界对象 1”：在该选项区内单击“点”命令按钮，系统弹出如图 10-39b 所示的“点”对话框。在该对话框中切换“类型”至“交点”，并指定“曲线”为（3）所绘直线、“要相

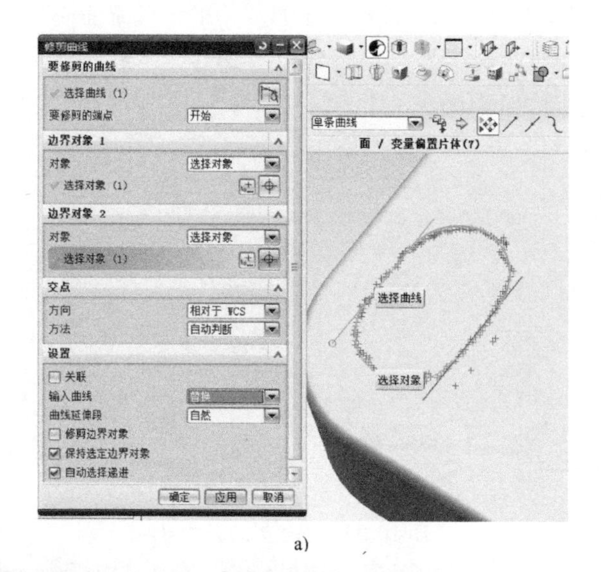

a)

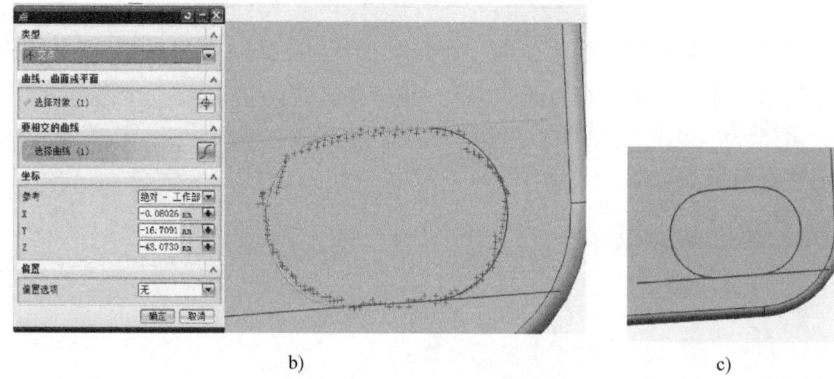

b)　　c)

图 10-39　一侧边界线的修剪

a）对“修剪曲线”对话框的设置　b）对“点”对话框的设置　c）修剪后的效果

交的曲线”为（5）所绘左侧圆弧，单击“确定”按钮，退回“修剪曲线”对话框。

3）指定“边界对象 2”：按照 2）的方式捕捉（3）所绘直线与右侧圆弧的交点作为“边界对象 2”。

4）完成直线修剪：在“修剪曲线”对话框的“设置”选项区内，设定“输入曲线”的处理方式为“隐藏”，并选中“修剪边界对象”复选框，单击“确定”按钮，即可得到如图 10-39c 所示的显示效果。

（7）修剪（4）所绘直线　按照（6）的方式对（4）所建偏置直线进行修剪，得到如图 10-40 所示的显示效果。

（8）创建相机孔特征　单击“特征”工具栏中的“修剪片体”命令按钮，在系统弹出的“修剪片体”对话框中，设定“目标”为因“修剪缝合”后的整体曲面、“边界对象”为（7）步后所产生的轮廓线，单击“确定”按钮，即可得到如图 10-41 所示的显示效果。

移动本步骤所建投影点云至新层“32”，轮廓线至新层“24”。

2. 创建左侧面功能键孔特征

使用“图层设置”命令，显示层“2”、“12”。

（1）投影功能键孔点云至左侧面　使用“投影曲线”命令，投影功能键孔的点云至左侧面及左侧面与背面倒角面，如图 10-42 所示。

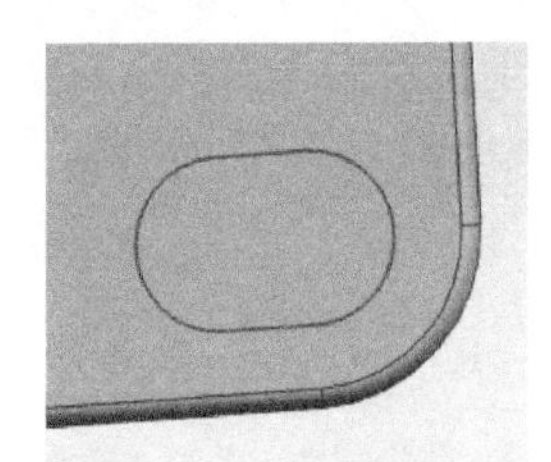

图 10-40 修剪另一侧直线后的效果

图 10-41 创建的背面相机孔特征

（2）绘制轮廓线 按照1（2）~（7）的方式在左侧面上绘制如图10-43所示的轮廓线。

（3）创建功能键孔特征 使用“修剪片体”命令，设定“目标”为缝合后的整体曲面、“边界对象”为（2）所绘轮廓线，单击“确定”按钮，即可得到如图10-44所示的显示效果。

移动本步所建投影点云至层“32”，轮廓线至层“24”。

图 10-42 对“投影曲线”对话框的设置

3. 创建前侧面缺口特征

使用“图层设置”命令，显示层“2”、“14”。

观察层“14”的点云，如果按照1、2的操作方法，点云将被投影到4个不同的曲面上（前侧面及3个圆角面），届时将需要操作者跨曲面绘制轮廓线，整个过程比较复杂。故此处推荐使用向参考面投影的方法来解决此类问题。其具体操作步骤如下：

（1）创建左、右侧中心面 使用“基准平面”命令，在左、右侧面间创建一中心面，如图10-45所示。

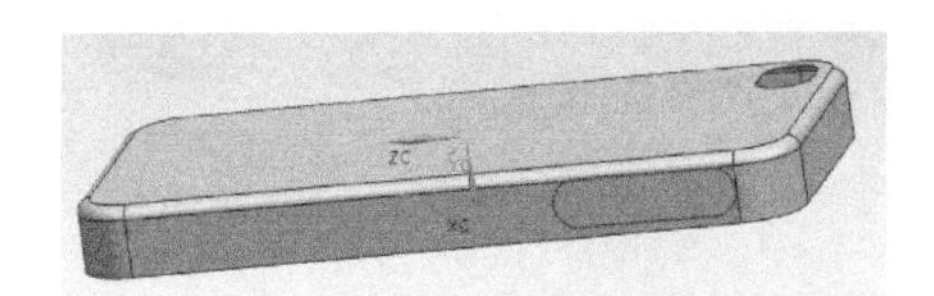

图 10-43 绘制轮廓线

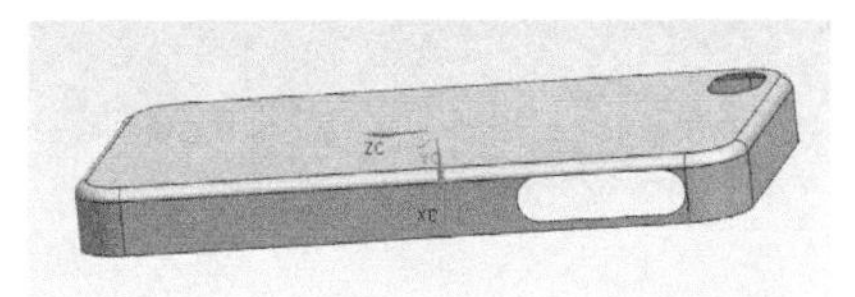

图 10-44 创建的左侧面功能键孔特征

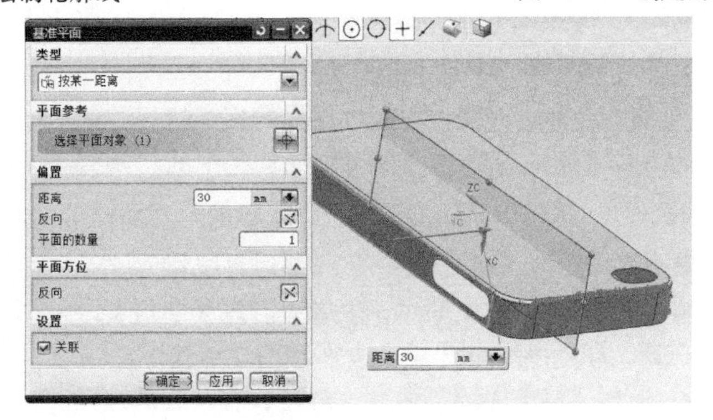

图 10-45 创建中心面

（2）创建投影参考面　使用“基准平面”命令，创建如图 10-46 所示的投影参考面。

（3）投影前侧扫描点至参考面　使用“投影曲线”命令，以前侧点云作为“要投影的点”、（2）所建参考面作为“要投影的对象”，单击“确定”按钮，即可得到如图 10-47 所示的显示效果。

（4）在参考面上绘制缺口边界轮廓线

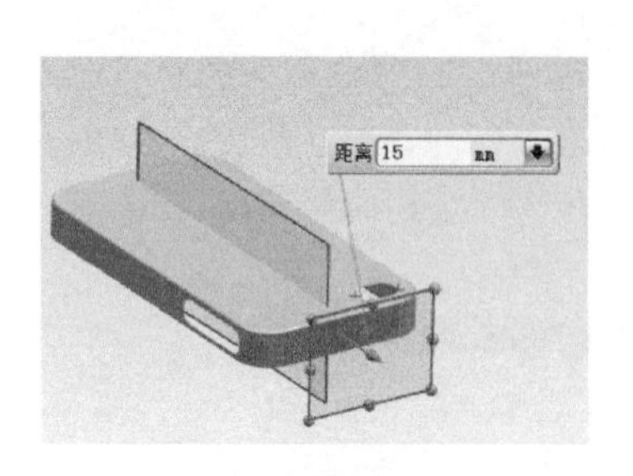

图 10-46　创建投影参考面

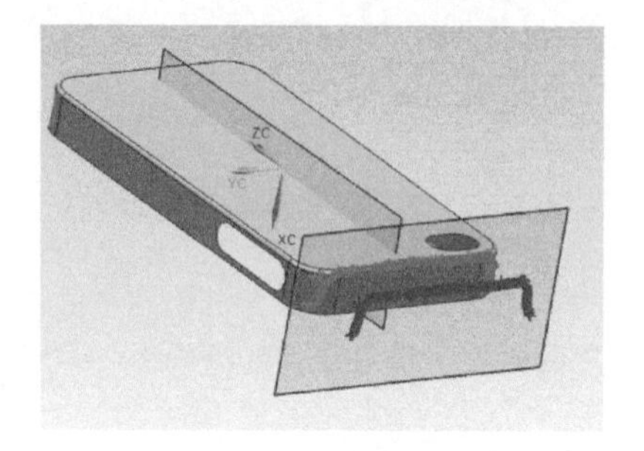

图 10-47　创建投影点

1）绘制缺口左侧及底部边界轮廓线：使用“直线”命令，绘制如图 10-48 所示的缺口底部及左侧初始轮廓线。

2）创建缺口右侧边界轮廓线：单击“曲线”工具栏中的“镜像曲线”命令按钮，系统弹出如图 10-49a 所示的“镜像曲线”对话框。在该对话框中，选择左侧边界轮廓线作为目标“曲线”、（1）所建中心面作为“镜像平面”，单击“确定”按钮，即可得到如图 10-49b 所示的右侧边界轮廓线。

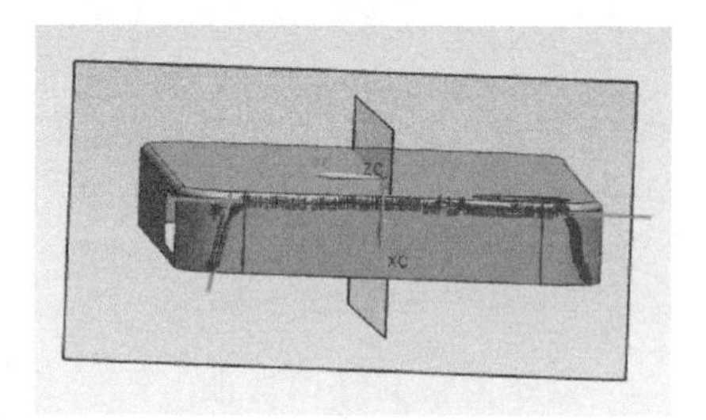

图 10-48　绘制两条轮廓线

3）绘制左侧边界线与底部边界线间的相切圆弧：使用“圆弧”命令，绘制如图 10-50 所示的相切圆弧。

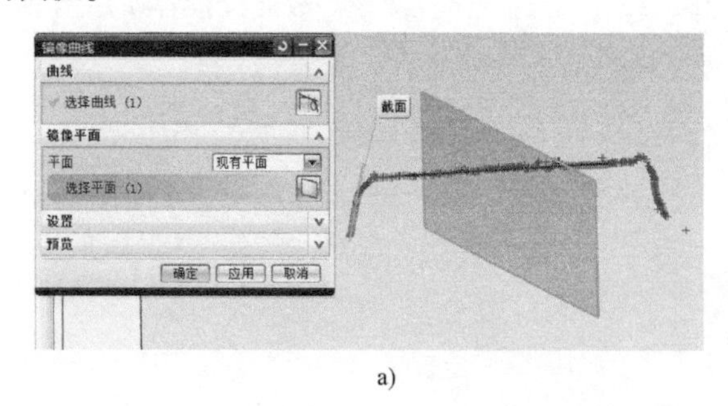

a)

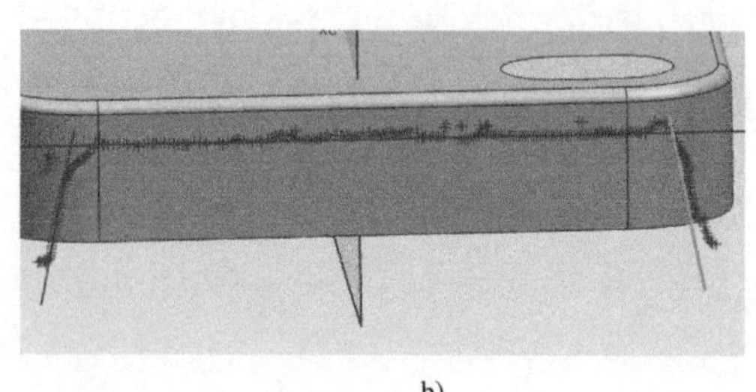

b)

图 10-49　缺口处右侧边界轮廓线的创建

a）对“镜像曲线”对话框的设置　b）镜像得到的右侧边界轮廓线

4）“桥接”右侧边界线与底部边界线：右侧边界线与底部边界线间的过渡圆弧需使用桥接的方式来创建。单击“曲线”工具栏中的“桥接曲线”命令按钮，系统弹出如图 10-51a 所示的“桥接曲线”对话框。在该对话框中，选择右侧边界线作为“起始对象”、底部边界线作为“终止对象”（见图 10-51a），调节图中的两个端点，生成逼近过渡圆角点云的曲线。单击“确定”按钮，即可得到如图 10-51b 所示的显示效果。

5）修剪三条边界线：使用“修剪曲线”命令，对左、右及底部边界线进行修剪，其最终显示效果如图 10-52 所示。

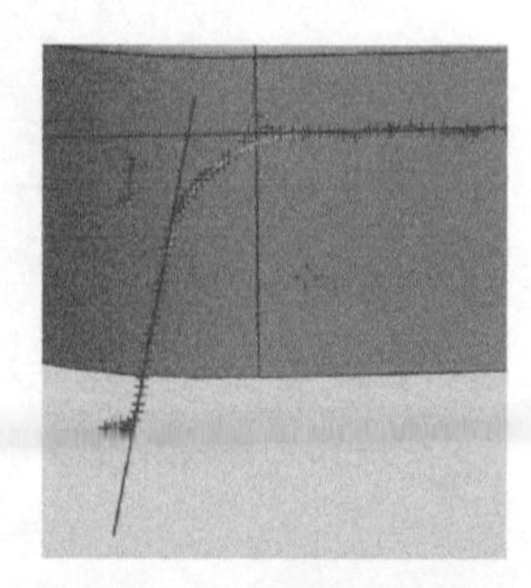

图 10-50　绘制相切圆弧

（5）投影轮廓线至前侧面　使用“投影曲线”命令，选择（4）所建边界轮廓线作为“要投影的曲线”，前侧面、左侧面与前侧面倒角面、右侧面与前侧面倒角面及背面与侧面倒角面为“要投影的对象”，并在“设置”选项区内的“输入曲线”下拉列表中选择“隐藏”，如图 10-53a 所示。单击“确定”按钮，即可得到如图 10-53b 所示的显示效果。

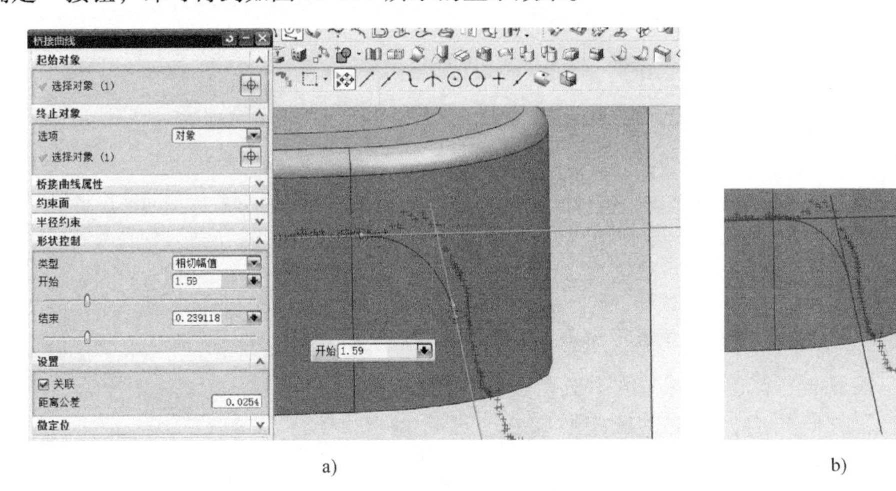

图 10-51　右侧与底部边界线的“桥接”

a）对“桥接曲线”对话框的设置　b）在右侧边界线与底部边界线间创建的过渡圆弧

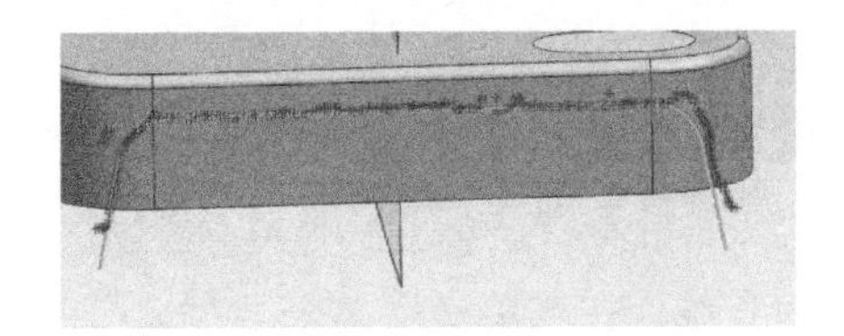

图 10-52　修剪后的显示效果

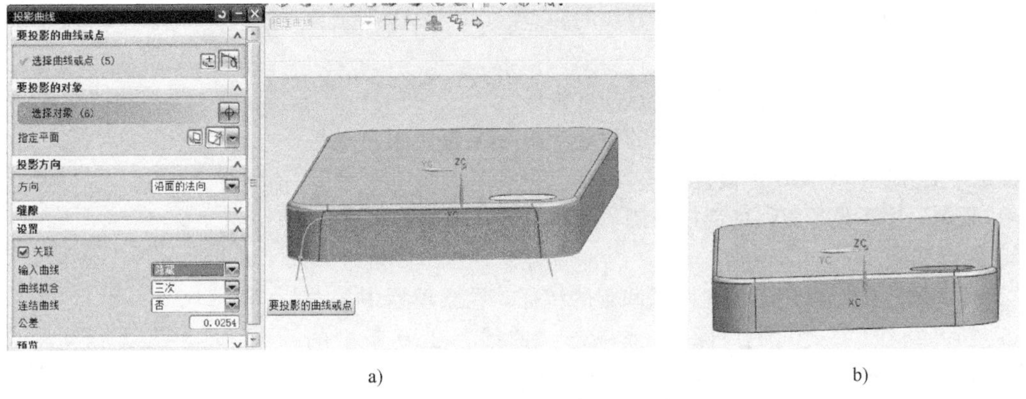

图 10-53　投影绘制的轮廓线至前侧面

a）对“投影曲线”对话框的设置　b）创建投影曲线

（6）创建缺口特征　单击“特征”工具栏中的“修剪片体”命令按钮，在系统弹出的“修剪片体”对话框中设定“目标”为缝合后的整体曲面、“边界对象”为（5）所建轮廓线投影线，单击“确定”按钮，即可得到如图 10-54 所示的显示效果。

使用“移动至图层”命令，移动本步骤所建两个参考面至新层“33”、投影点至层“32”、轮廓线至层“24”。

4. 创建后侧面缺口特征

按照3的方式创建后侧面的缺口特征。其最终显示效果如图10-55所示。

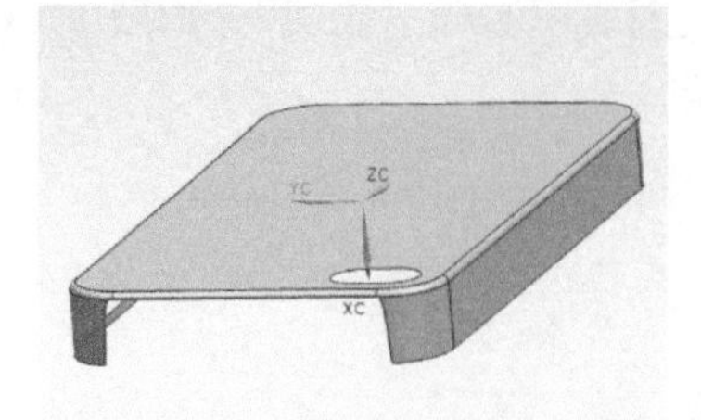

图10-54　创建前侧面缺口特征

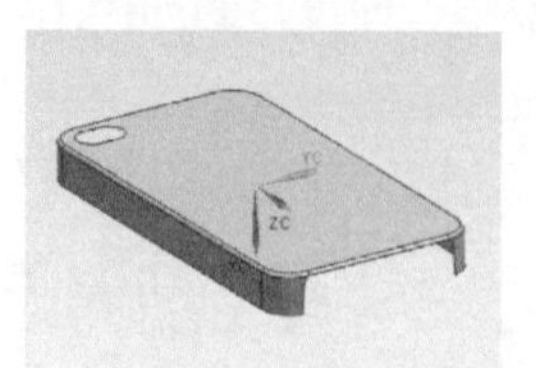

图10-55　创建后侧面缺口特征

10.1.10　曲面加厚

单击“特征”工具栏中的“加厚”命令按钮，在系统弹出的“加厚”对话框中选择“面”为手机壳表面，“偏置厚度1”为“1.5”、方向向内，单击“确定”按钮，即可得到如图10-56所示的显示效果。

图10-56　加厚的手机壳

10.2 知识技能点

10.2.1　曲线工具的使用方法

1. 直线

“直线”命令可用于绘制空间直线。在菜单栏中单击“插入”→“曲线”→“直线”，或单击“曲线”工具栏中的“直线”命令按钮，系统弹出如图10-57所示的“直线”对话框。该对话框中各操作命令简要介绍如下。

1）起点：用于在视图区域中选择直线的起点。UG NX提供了自动判断、点、相切3种选择方式。

2）终点或方向：用于设置直线终点的方位。

3）支持平面：用于设置直线平面的位置，UG NX提供了自动平面、锁定平面和选择平面3种设置方式。

4）限制：用于设置直线的起始限制、距离、终止限制等位置。

图10-57　“直线”对话框

2. 圆弧和圆

“圆弧和圆”命令可用于创建圆弧和圆的特征。在菜单栏中单击“插入”→“曲线”→“圆弧/圆”，或单击“曲线”工具条中的“圆弧/圆”命令按钮，系统弹出如图10-58所示的“圆弧/圆”对话框。该对话框中各操作命令简要介绍如下：

1）类型：用于指定作圆的方式，UG NX中提供了三点画圆弧和从中心开始的圆弧/圆两种绘圆方式。

① 三点画圆弧：通过选择起点、终点和中点画圆，如图10-58a所示。

② 从中心开始的圆弧/圆：根据提示，通过选定圆的参考点，选择圆的绘制方式（自动判断/半径/点+/相切）画圆，如图10-58b所示。

2）半径：用于给定圆的半径，可通过数值输入或在界面单击数值画圆。

3）限制：用于选择圆的起始点和终点角度。

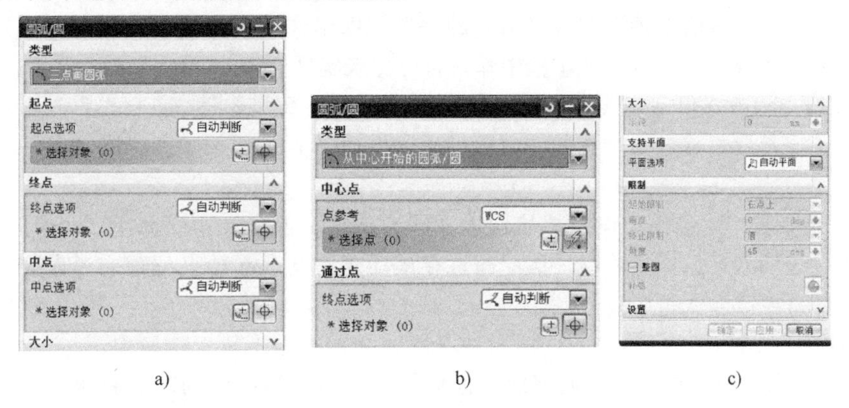

图 10-58　“圆弧/圆”对话框

a）“三点画圆弧”选项　b）、c）“从中心开始的圆弧/圆”选项

3. 桥接曲线

“桥接曲线”命令用于在空间中以样条曲线的形式连接两条不同位置的曲线。在菜单栏中单击“插入”→“来自曲线集的曲线”→“桥接”，或单击“曲线”工具条中的“桥接曲线”命令按钮，系统弹出如图 10-59a、b 所示的“桥接曲线”对话框。该对话框中各操作命令简要介绍如下。

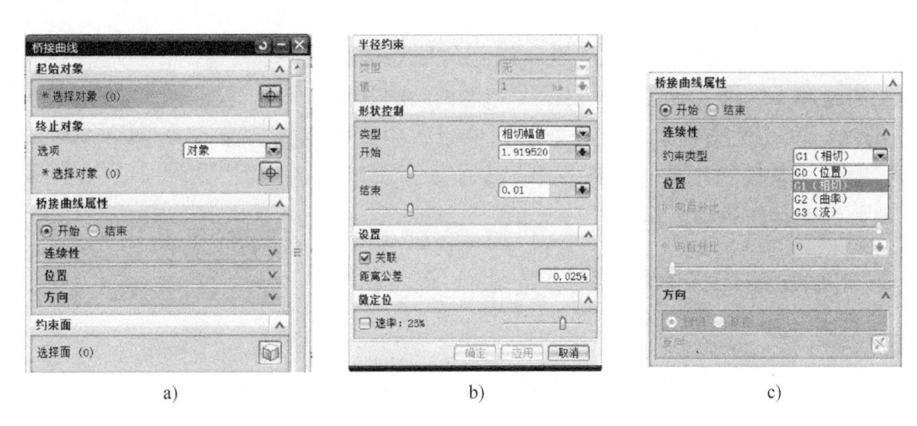

图 10-59　“桥接曲线”对话框

1）起始对象、终止对象：用于选定需要连接的两条曲线。

2）桥接曲线属性：用于设定桥接曲线及原始曲线（起始及终止两条）间的位置关系，如图 10-59c所示。UG NX 中提供了如下 4 种位置约束方式：

① 位置：仅以位置来约束桥接曲线。

② 相切：使桥接曲线与原始曲线相切。

③ 曲率：若选择该方式，则生成的桥接曲线与第一条曲线、第二条曲线在连接点处相切连续，且为三阶样条曲线。

④ 流：若选择该方式，则生成的桥接曲线与第一条曲线、第二条曲线在连接点处相切连续，且为三阶样条曲线。

3）约束面：该选项用于将桥接曲线约束在选中的面上。

4）半径约束：用于规定桥接曲线的最大半径值。

5）形状控制：该选项区用于设定桥接曲线的形状控制方式。

① 类型：用于设定形状控制的方法，UG NX 中提供了多种常用方式。

a. 相切幅值：在切线连续方式下选择该形状控制方式时，允许通过改变桥接曲线的桥深值来控制桥接曲线的形状。桥深值是桥接曲线峰值点的深度，即影响桥接曲线形状曲率的百分比，其值可通过拖动桥深滚动条或直接在桥深文本框中输入百分比来实现。

b. 二次曲线：该方式仅在切线量连续方式下才有效。选择该形状控制方式后，允许通过改变桥接曲线的 Rho 值来控制桥接曲线的形状。其值可通过拖动 Rho 滚动条或直接在 Rho 文本框中输入数值来实现。

② 开始、结束：本功能用于设定桥接曲线的起、止点位置。首先应选择起、止点所在的曲线，即要桥接的第一条曲线或第二条曲线，然后通过在滚动条中调节起始点位置或者直接在曲线上拖动桥接曲线的两端来调整曲线位置。

4. 镜像曲线

“镜像曲线”命令用于在基准平面或曲平面另一侧创建目标曲线的对称曲线。在菜单栏中单击“插入”→“来自曲线集的曲线”→“镜像曲线”，或单击“曲线”工具栏中的“镜像曲线”命令按钮，系统弹出如图 10-60 所示的“镜像曲线”对话框。该对话框中各操作命令简要介绍如下：

1）曲线：用于选择需要镜像的曲线。

2）镜像平面：用于选择镜像的参考面。

3）设置：该选项区用于设定镜像所得曲线与原始曲线间的耦合关系。

① 关联：选中该复选框，则镜像所得曲线将与原始曲线关联，即任何对原始曲线的操作都会对镜像所得曲线产生相同的效果。

② 输入曲线：UG NX 中提供了 4 种处理镜像原始曲线的方式：保持、隐藏、删除及替换。其具体操作效果如文字所示，操作者可根据需要对原始曲线进行相应处理。

图 10-60 “镜像曲线”对话框

10.2.2 曲线编辑工具的使用方法

1. 修剪曲线

“修剪曲线”命令用于修剪和延伸曲线到指定的位置。在菜单栏中单击“编辑”→“曲线”→“修剪”，或单击“曲线编辑”工具栏中的“修剪曲线”命令按钮，系统弹出如图 10-61a 所示的“修剪曲线”对话框。该对话框中各操作命令简要介绍如下：

1）要修剪的曲线：用于指定要修剪的一条或多条曲线。

① 选择曲线：用于选择目标曲线。

② 要修剪的端点：在选定目标曲线后，系统将自动在该曲线的一端生成一个橘黄色空心小孔（见图 10-61b），该小孔所在端即为默认的修剪端。操作者可通过在下拉框中切换“开始”与“结束”选项，变换修剪端。

2）边界对象 1：用于指定要修剪的第一条边界对象。操作者可通过选择对象（曲线、点、面）或指定平面两种方式来指定修剪边界。在边界对象特征不明显的情况下，操作者也可使用该选项区内的“点”命令来捕捉该特征。

3）边界对象 2：用于指定要修剪的第二条边界对象。

4）方向：用于确定对象的方位，包括最短的 3D 距离、相对于 WCS、沿一矢量及沿屏幕的垂直方向 4 种类型。

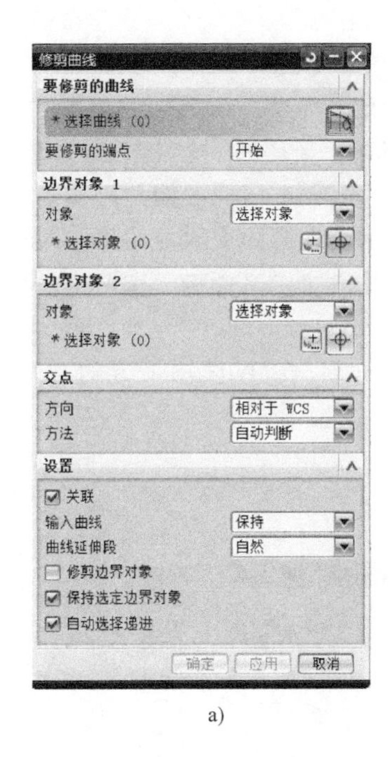

a)

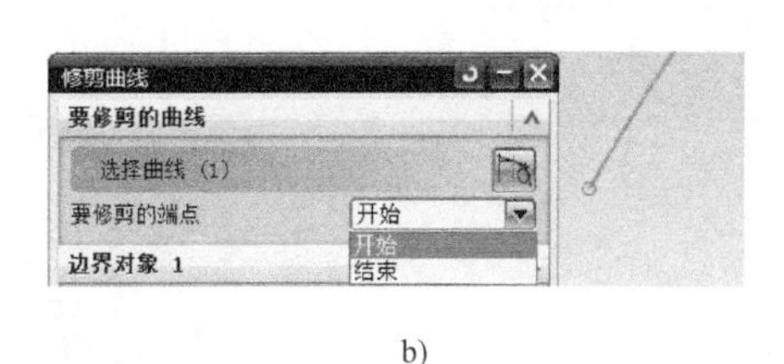

b)

图 10-61 “修剪曲线”对话框

5）设置：用于对修剪对象及边界的修剪程度及处理方式进行设定。其中，修剪对象的处理方式有 4 种：保持、隐藏、删除及替换。

2. 修剪拐角

“修剪拐角”命令用于修剪两个曲线到它们的公共交点，形成拐点。在菜单栏中单击“编辑”→“曲线”→“修剪角”，或单击“编辑曲线”工具栏中的“修剪拐角”命令按钮，系统弹出如图 10-62 所示的“修剪拐角”对话框，可根据提示对曲线进行修改。

图 10-62 “修剪拐角”对话框

注意：使用“修剪拐角”命令时，必须使两条对象曲线均位于光标落点的范围内。

10.2.3 曲面编辑工具的使用方法

1. 偏置曲面

“偏置曲面”命令用于对曲面对象做均匀偏置。在菜单栏中单击“插入”→“偏置/缩放”→“偏置曲面”，或单击“特征”工具栏中的“偏置曲面”命令按钮，系统弹出如图 10-63 所示的“偏置曲面”对话框。该对话框中各操作命令简要介绍如下：

1）要偏置的面：用于指定要偏置的面及偏置距离。

2）特征：UG NX 提供了两种输出方式：每个面对应一个特征和所有面对应一个特征，分别用于对面整体偏置和对指定面单独偏置。

2. 面倒圆

“面倒圆”命令主要用于曲面之间的倒圆角。在菜单栏中单击“插入”→“细节特征”→“面倒圆”，或单击“特征”工具栏中的“面倒圆”命令按钮，系统弹出如图 10-64 所示的“面倒圆”对话框。该对话框中各操作命令简要介绍如下：

1）类型：7.5 版本以后的 UG NX 中提供如下两种倒圆角的方式：

① 两个定义面链：在指定的两个相交面之间创建圆角。

② 三个定义面链：该命令是在“两个定义面链”基础上新增的一个功能，可以对实体进行完全倒圆角。有了这个完全倒圆角命令，就不用在要倒圆角的地方进行两次倒角操作了。例如，在一个拔过模的实体上倒圆角，传统方法是倒两次圆角，这样做会在圆角交界处留下一段直面，虽然很细微，但还是可以看到的。有了全倒角命令就不一样了，用三个定义面链，选两边面再选中间面，就能用 UG NX 做出一个完美的倒全角。

2）面链：用于选择需要倒角的两个或三个面。选择面后，可使用下方的“反向”命令按钮调整面的法向指向，面的法向应指向圆角中心。

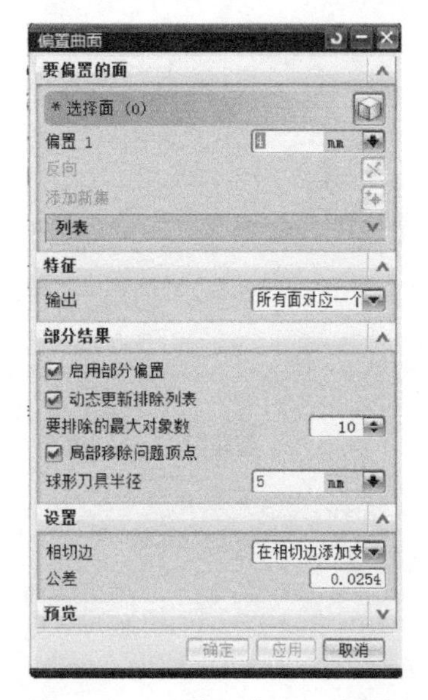

图 10-63　“偏置曲面”对话框

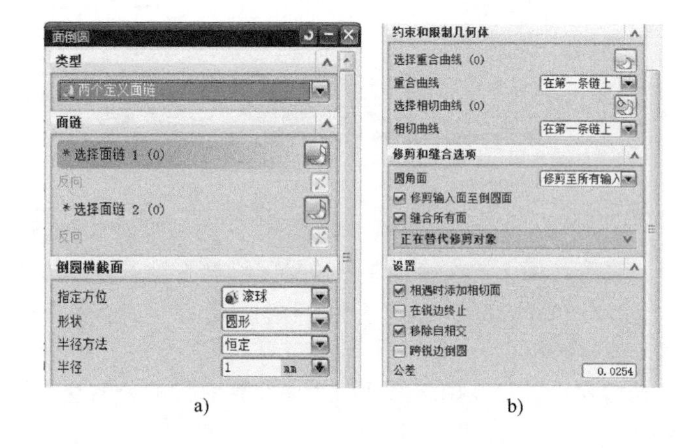

a)　　　b)

图 10-64　“面倒圆”对话框

3）倒圆横截面：用于指定倒圆的方式及倒圆的半径。

① 指定方位：即指定形成圆角的方式，UG NX 中提供了两种成角形式。

a. 滚球：以类似球体滚过两面交线的方式创建面圆角，倒圆横截面平面由两个接触点和球心定义。

b. 扫掠截面：以沿着脊线扫掠的方式创建面圆角，倒圆横截面的平面始终垂直于脊线。

② 形状：用于指定横截面的形状。UG NX 中提供了两种可选的形状形式。

a. 圆形：这种形状就等于一个球沿着两个面集交线滚过后所形成的样子。

b. 二次曲线：这种类型倒出来的圆角截面是一个二次曲线，相对来说圆角形状比较复杂，可控参数也较多。

③ 半径方法：用于指定圆角半径的输入形式，有恒定、规律控制及相切约束 3 个选项。

④ 半径：用于输入半径值。

4）修剪和缝合选项：用于指定是否让系统自动地修剪或缝合面及圆角。

5）设置：该选项区中有以下 4 个复选框：

① 相遇时添加相切面：为每个面链选择最小面数，然后面倒圆会根据需要自动选择其他相切面，以继续在部件上进行倒圆。该选项仅当“指定方位”设为“滚球”时才可用。

② 在锐边终止：可使倒圆在遇到锐边时终止。

③ 移除自相交：在某些情况下，定义的面链会引起倒圆产生自相交。该选项仅当“指定方位”设为“滚球”时才可用。

3. 扩大

“扩大”命令用于将未修剪过的曲面扩大或缩小。单击“编辑曲面”工具栏中的“扩大”命令按钮，系统弹出如图10-65所示的“扩大”对话框。该对话框中各操作命令简要介绍如下：

1）选择面：用于选择需要扩大的面。

2）调整大小参数：用于设置调整曲面大小的参数。

① 全部：选中该复选框后，系统将在U、V的4个方向上扩大或缩小同样的量。

② %U起点/%U终点/%V起点/%V终点：用于指定片体各边扩大或缩小的具体百分比值。

③ 重置调整大小参数：用于使数值滑块或参数回到初始值，类似Word软件中的“后退”功能。

3）设置：该选项区中有如下两个操作子命令：

① 模式：用于设定扩大/缩小面的方式。UG NX中提供了以下两种可供选择的模式：

图10-65 “扩大”对话框

a. 线性：在一个方向上线性延伸片体的边。“线性”模式下只能扩大面，不能缩小面。

b. 自然：顺着曲面的自然曲率延伸片体的边。“自然”模式下既可扩大面，也可缩小面。

② 编辑副本：选中该复选框即可编辑副本。

10.2.4 分析工具的使用方法

“测量距离”命令用于测量两个特征（可为点、线、面等）间的距离。在菜单栏中单击“分析”→“测量距离”，系统弹出如图10-66a所示的“测量距离”对话框。该对话框中各操作命令简要介绍如下：

1）类型：用于指定测量的类型。UG NX提供了距离、投影距离、屏幕距离、长度及半径等测量类型，如图10-66b所示。

① 距离：用于测量两特征（点、线、面）之间的距离，测量的对象类型有终点、最小值、最小值（局部）、最大值、最小安全距离及最大间隙6种，如图10-66c所示。

② 投影距离：该命令是“距离”命令的演变，届时对话框将提示指定一“矢量”参考，系统将在指定的矢量方向测量两点间的距离。

③ 屏幕距离：可用于测量屏幕内任意指定的两点间的距离，但“距离”

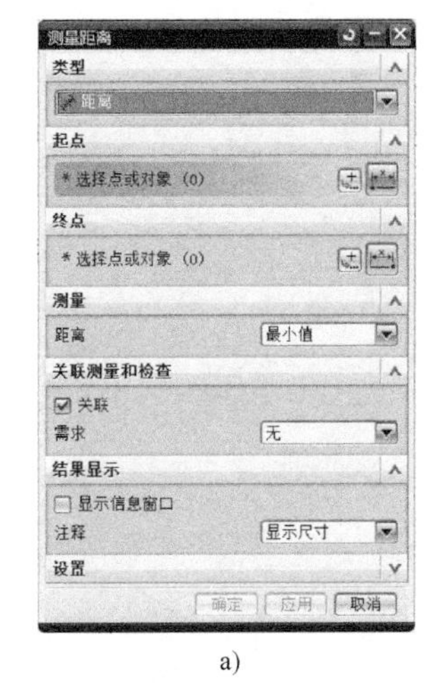

a)

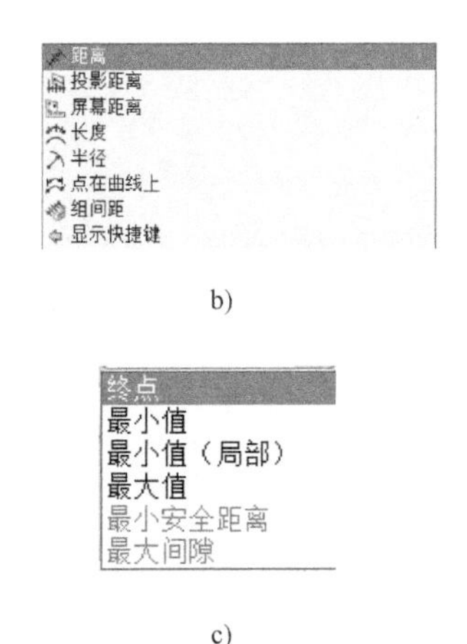

b)

c)

图10-66 “测量距离”对话框

a）对“测量距离”对话框的设置 b）可选的测量类型 c）可选的“距离”显示方式

只能用于测量两个特征点。

④ 长度：该命令用于测量曲线、边缘的长度。

⑤ 半径：该命令用于测量圆、圆柱的半径。

⑥ 点在曲线上：该命令用于测量曲线上两点间的距离。

2）起点、终点：用于指定测量的对象。对应不同的测量类型，该选项区域略有不同。

3）测量该选项区在测量距离、投影距离及屏幕距离时可用。

10.3 实例演练及拓展练习

1. 独立完成项目 10 的手机壳建模。
2. 完成随书课件中项目 10 文件夹下的拓展练习 1。
3. 完成随书课件中项目 10 文件夹下的拓展练习 2。

项目 11

肥皂盒的建模

【项目内容】

本项目将指导学生运用 UG NX 软件完成一个肥皂盒的逆向建模，并在此过程中帮助学生进一步掌握逆向建模的操作技巧。

【项目目标】

◇ 进一步掌握逆向建模的基本方法及操作技巧。

◇ 掌握使用“从点云”命令创建曲面的操作方法及应用技巧。

◇ 掌握“相交曲线”命令的操作方法及应用技巧。

【项目分析】

拟建一个肥皂盒模型，其实物图如图 11-1 所示。肥皂盒由曲面、侧面及特征附件 3 部分组成。其具体建模思路如下：

图 11-1　肥皂盒实物图

◇ 摆正点云。

◇ 使用“从点云”或“通过曲线网格”命令创建肥皂盒曲面。

◇ 使用“通过曲线组”及“桥接”曲面的构面方法创建肥皂盒外侧面。

◇ 使用“通过曲线组”、“拉伸”及“桥接”曲面的构面方法创建肥皂盒的特征附件。

◇ 使用“修剪片体”和“面倒圆”命令实现对曲面的修剪、缝合及面间的倒角。

◇ 使用“加厚”命令加厚肥皂盒。

11.1 肥皂盒逆向建模

新建项目，设置合适的文件名及保存路径。

11.1.1　肥皂盒点云的导入

1. 导入点云数据

使用“导入”→“IGES”命令，以同样配置导入肥皂盒的点云文件“feizhao_gai_11. igs”，得到如图 11-2 所示的显示效果。

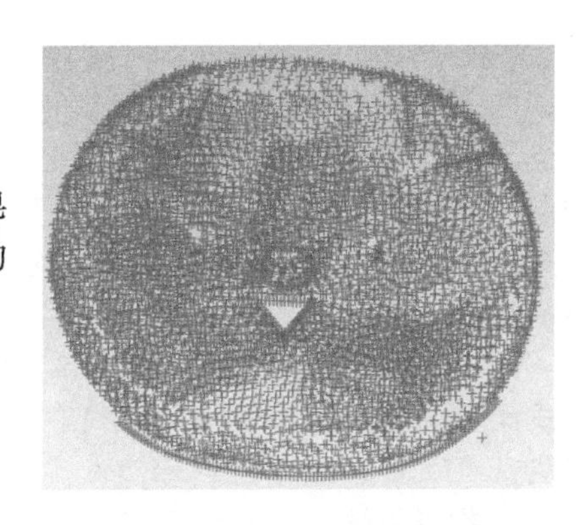

图 11-2　导入肥皂盒点云

2. 点云分析

如图 11-2 所示，本点云数据存在以下几个问题：

1）点云摆放不正。

2）点云未分层。

3）点云质量不高：肥皂盒的点云数据存在重叠、“跑偏”等现象，故此处将所建模型与点云间的误差控制在0.5mm范围内。

3. 点云分层

使用“移动至图层”命令，将肥皂盒点云按照曲面、外沿和附加特征3部分进行分层，并将其分别放置在“2”、“3”、“4”层上，如图11-3所示。

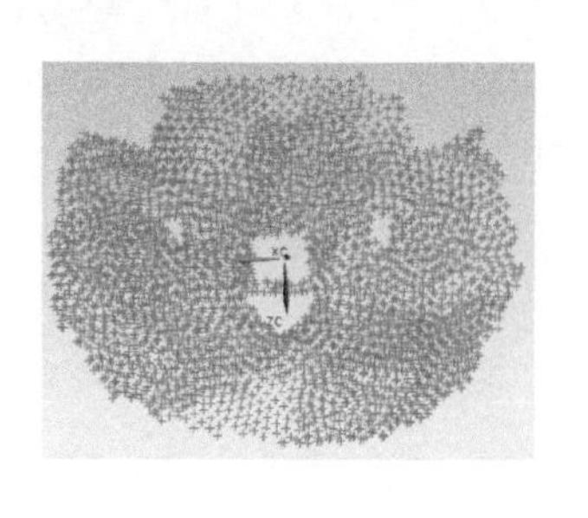

a)

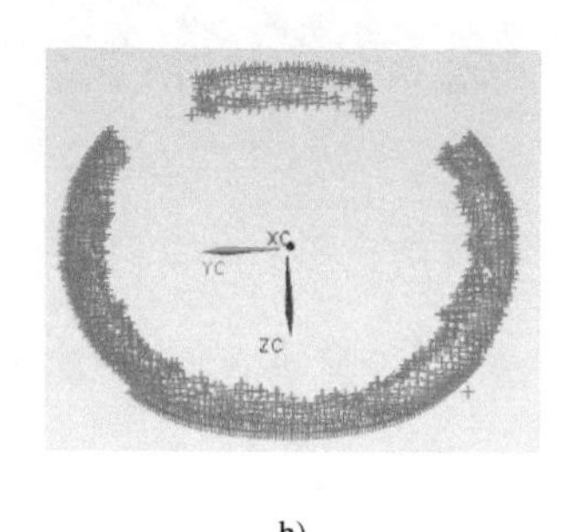

b)

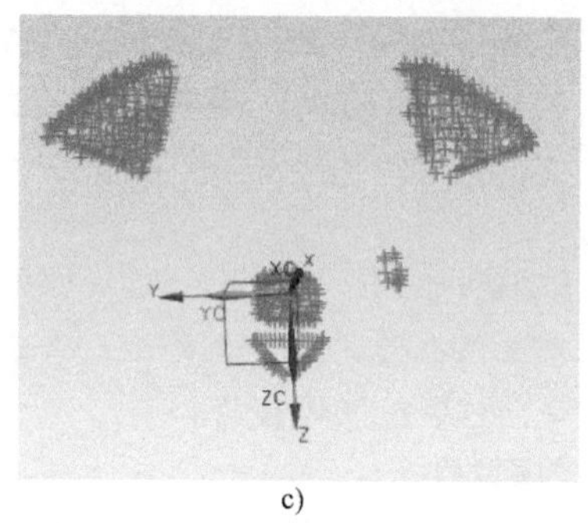

c)

图11-3 肥皂盒点云的分层

a）归入层“2”的点云 b）归入层“3”的点云 c）归入层“4”的点云

11.1.2 移动点云至坐标原点

1. 绘制直线

使用“图层设置”命令，显示层“3”。

在空间中绘制以下4条直线。

1）绘制第一条边界线。使用“直线”命令，设定“起点”为长边端外部最下侧的某一扫描点、“终点”为“YC沿YC”、适当调节直线两端长度，得到如图11-4a所示的显示效果。

2）绘制第二条边界线。按照1）的方式绘制如图11-4b所示的第二条边界线。

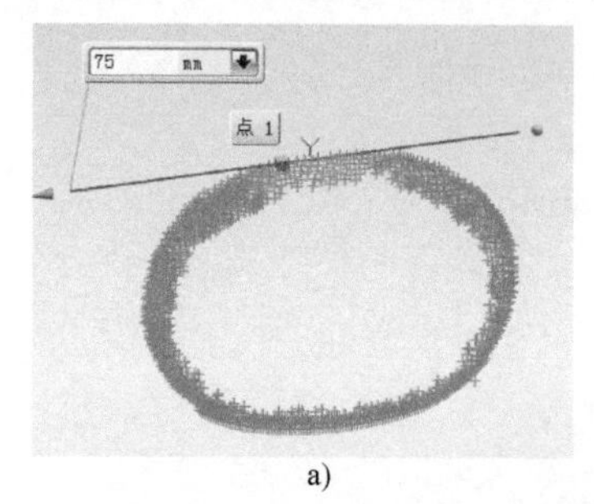

a)

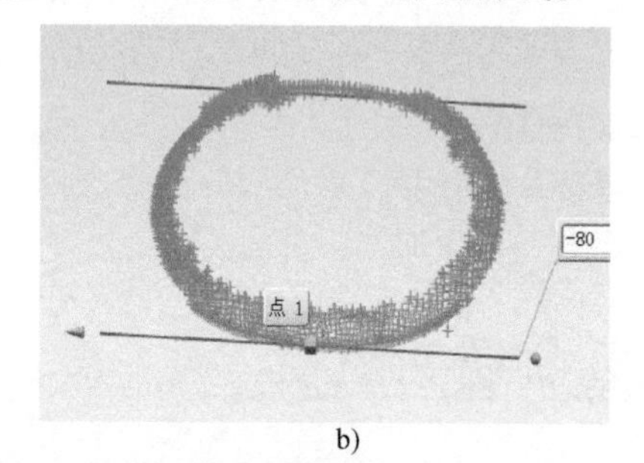

b)

图11-4 第一条边界线与第二条边界线的绘制

a）绘制第一条边界线 b）绘制第二条边界线

3）绘制第三条边界线。使用“直线”命令，设定“起点”为圆弧端外部最下侧的点、“终点”为“XC沿XC”，适当调节直线两端长度，得到如图11-5a所示的显示效果。

4）绘制第四条边界线。按照3）的方式绘制如图11-5b所示的第四条边界线。

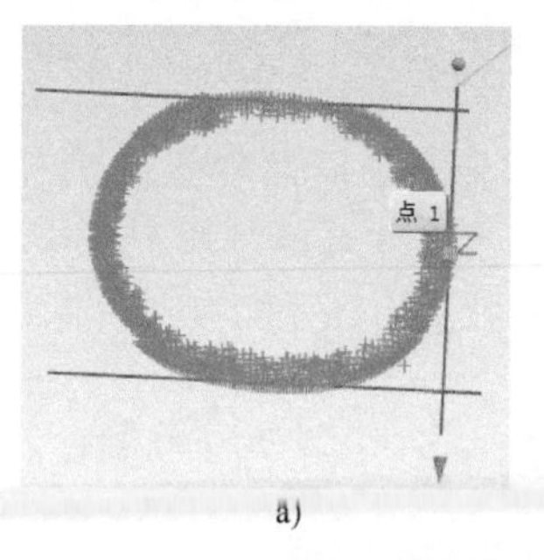

a)

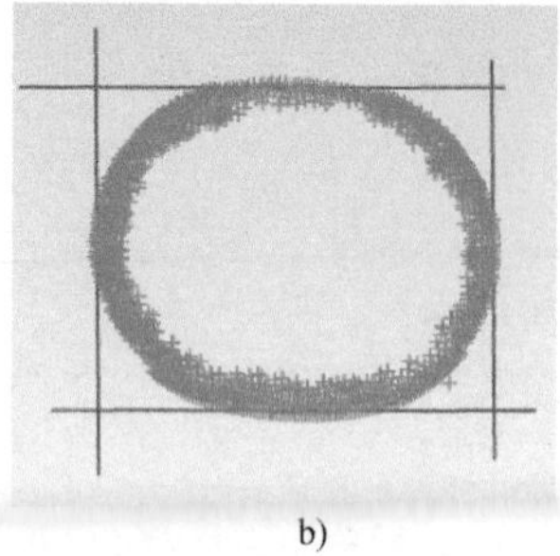

b)

图11-5 第三条边界线与第四条边界线的绘制

a）绘制第三条边界线 b）绘制第四条边界线

2. 投影曲线

使用“投影曲线”命令，在系统弹出

“投影曲线”对话框中进行以下设置：

1）“要投影的曲线”：选择1绘制的四条边界线为要投影的曲线。

2）“要投影的对象”：“使用“点和方向”命令绘制参考面，“指定点”为“第二条边界线”右侧端点、“法向”为“ZC”，如图11-6所示。单击“确定”按钮，即可得到投影在参考面上的直线。

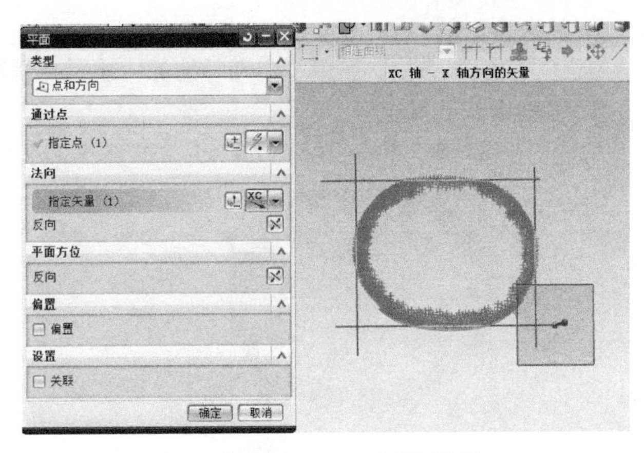

图11-6 对“平面”对话框的设置

3. 修剪曲线

（1）修剪第一条边界线与第四条边界线的拐角 单击“编辑曲线”工具栏上的“修剪拐角”命令按钮，系统弹出的如图11-7a所示的“修剪曲线”对话框。根据对话框提示，在第一条边界线和第四条边界线同时位于光标范围内的情况下，单击第一条边界线左侧交点外余线，系统弹出如图11-7b所示的提示对话框，单击“确定”按钮，即可得到如图11-7c所示的显示效果。

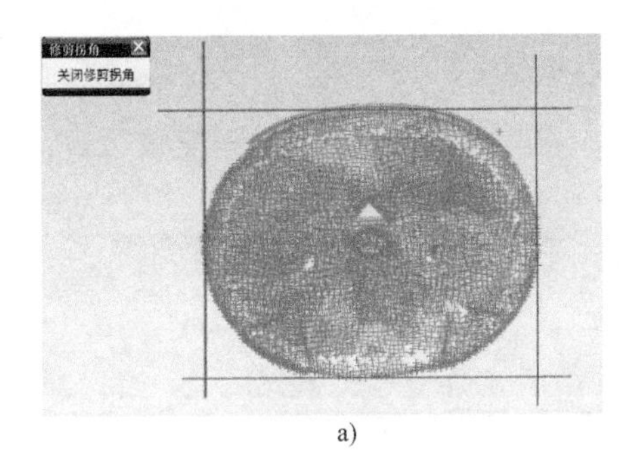

a)

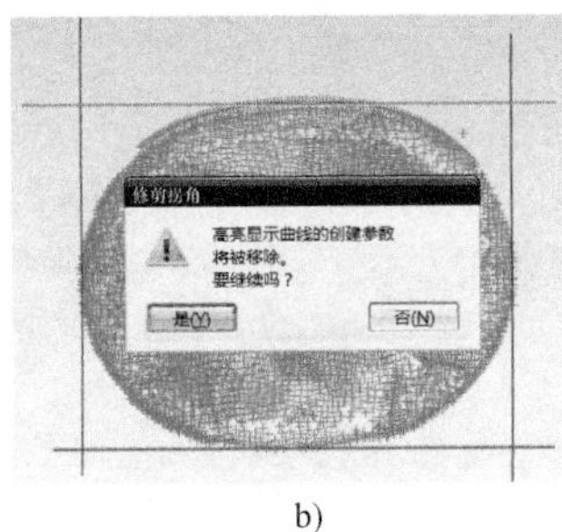

b)

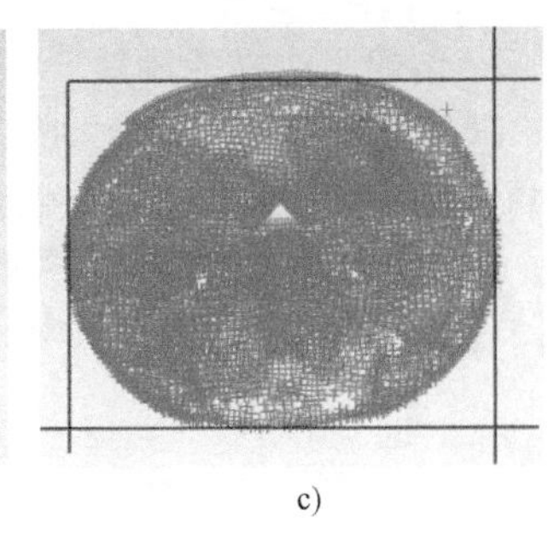

c)

图11-7 第一条边界线与第四条边界线相交拐角的修剪

a）使第一条边界线、第四条边界线均位于光标范围内 b）弹出的提示对话框 c）修剪第一处拐角后的效果

（2）修剪第一条边界线与第三条边界线的拐角 按照（1）的方式对第二处拐角进行修剪，得到如图11-8a所示的显示效果。

（3）修剪第二条边界线与第三条边界线的拐角 按照（1）的方式对第三处拐角进行修剪，得到如图11-8b所示的显示效果。

（4）修剪第二条边界线与第四条边界线的拐角 按照（1）的方式对第四处拐角进行修剪，得到如图11-8c所示的显示效果。

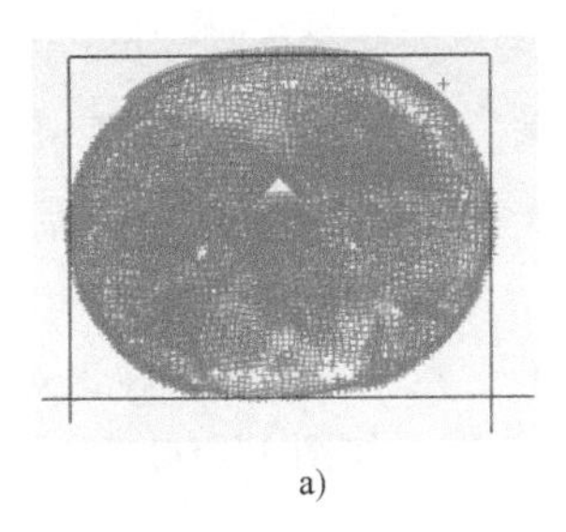

a)

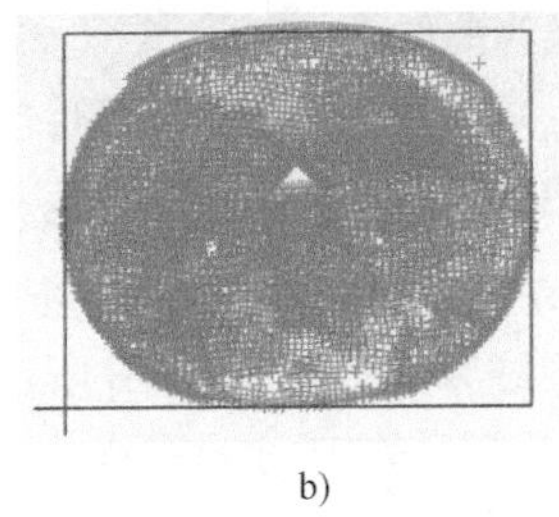

b)

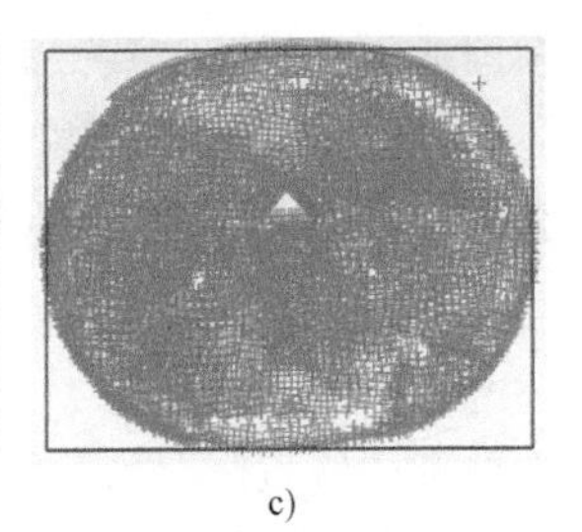

c)

图11-8 另外三处拐角的修剪

a）修剪第二处拐角 b）修剪第三处拐角 c）修剪第四处拐角

4. 绘制中心线

调用“直线”命令，启用“中点”捕捉功能，绘制如图 11-9 所示的中心线。

5. 移动点云至原点

使用“移动对象”命令，以“点到点”的方式移动点云至坐标原点，其显示效果如图 11-10 所示。

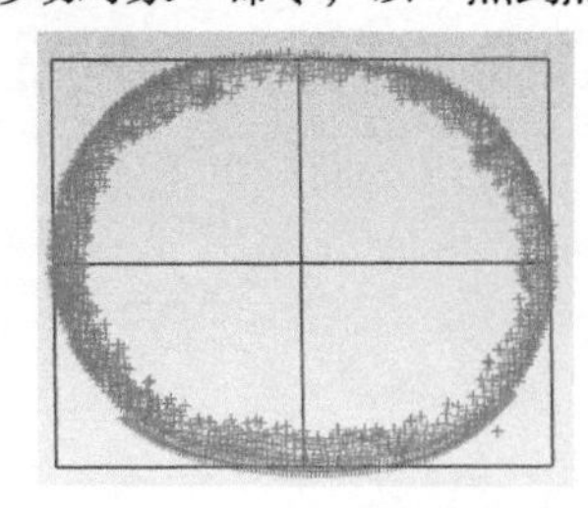

图 11-9　绘制中心线

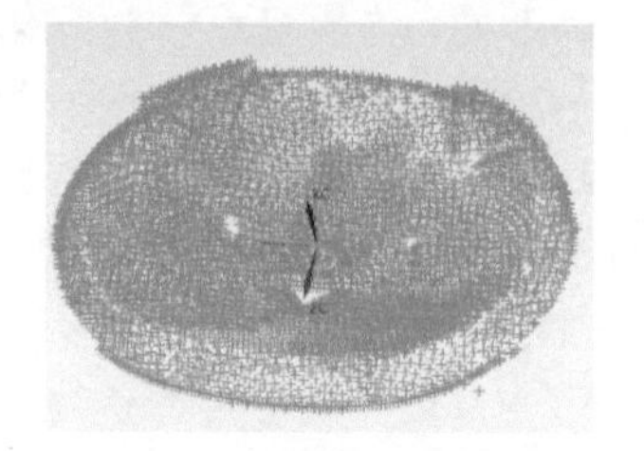

图 11-10　移动后的显示效果

11.1.3　肥皂盒曲面的建模

使用“图层设置”命令，显示层“2”。

可采用以下两种方式创建肥皂盒曲面。

曲面建模方式一

1. 创建长边端轮廓线

（1）绘制圆弧引导线　按住鼠标中键转动层“2”点云，将其移至正面与屏幕垂直的位置，如图 11-11a 所示。使用“三点圆弧”命令，绘制 5 组如图 11-11b 所示的弧线。

注意：选择圆弧点时，应尽量选择位于层“2”下部，且处于同一垂直位置上的 3 点，并在成弧后对圆弧两侧进行适当延长。

（2）绘制修剪边界线　按住鼠标中键转动层“2”点云，将其移至侧面与屏幕垂直的位置，如图 11-12a 所示。单击菜单栏“格式”→“WCS”→“定向”，系统弹出如图 11-12b 所示的“CSYS”对话框。在该对话框中，切换“类型”选项至“当前视图的 CSYS”，单击“确定”按钮，设定当前界面为视图界面。单击“直线”按钮，绘制如图 11-12c 所示的直线。

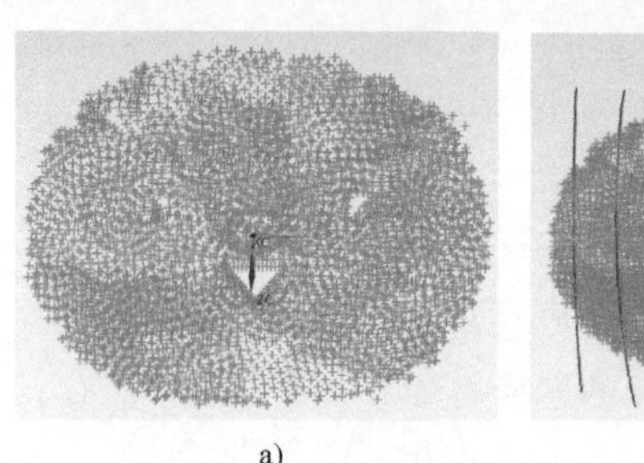

a)　　b)

图 11-11　长边端轮廓线的创建

a）转动层“2”点云使其正面垂直屏幕　b）绘制圆弧引导线

（3）修剪圆弧引导线　使用“修剪曲线”命令，以（2）所绘直线为边界对象，对（1）所绘圆弧进行修剪，得到如图 11-13 所示的显示效果。

（4）创建拟合样条　单击“曲线”工具栏中的“拟合样条”命令按钮，系统弹出如图 11-14a所示的“拟合样条”对话框。在该对话框中，默认拟合“类型”为“阶次和项”，在“选择步骤”选项区内切换选项至“点”，系统弹出如图 11-14b 所示的“点”对话框。在该对话框中，切换“类型”选项至“终点”，然后依次选取修剪过的圆弧一侧各点，如图 11-14b 所示。单击“确定”按钮，即可生成如图 11-14c 所示的拟合曲线。

以同样的方法在圆弧另一侧创建拟合样条，如图 11-15 所示。

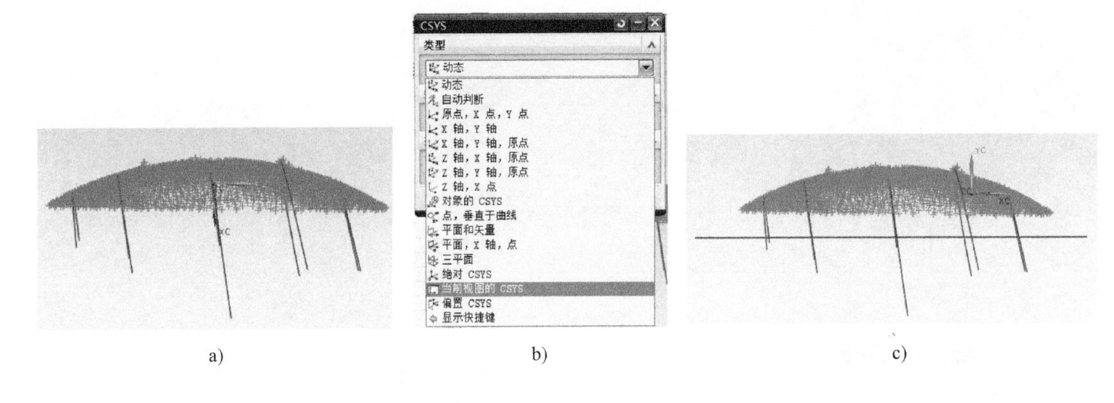

a) b) c)

图 11-12 绘制修剪边界线

a）转动层“2”的点云使其侧面垂直屏幕 b）使用“当前视图的 CSYS”命令 c）绘制的修剪边界线

2. 创建圆弧侧引导线

（1）绘制圆弧引导线 按照 1（1）的方式绘制如图 11-16a 所示的另一组圆弧引导线。

（2）绘制修剪边界线 按照 1（2）的方式绘制如图 11-16b 所示的另一组圆弧引导线。

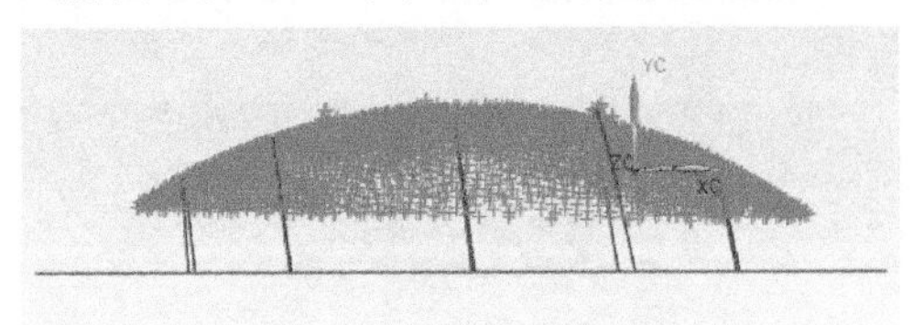

图 11-13 修剪后的圆弧引导线

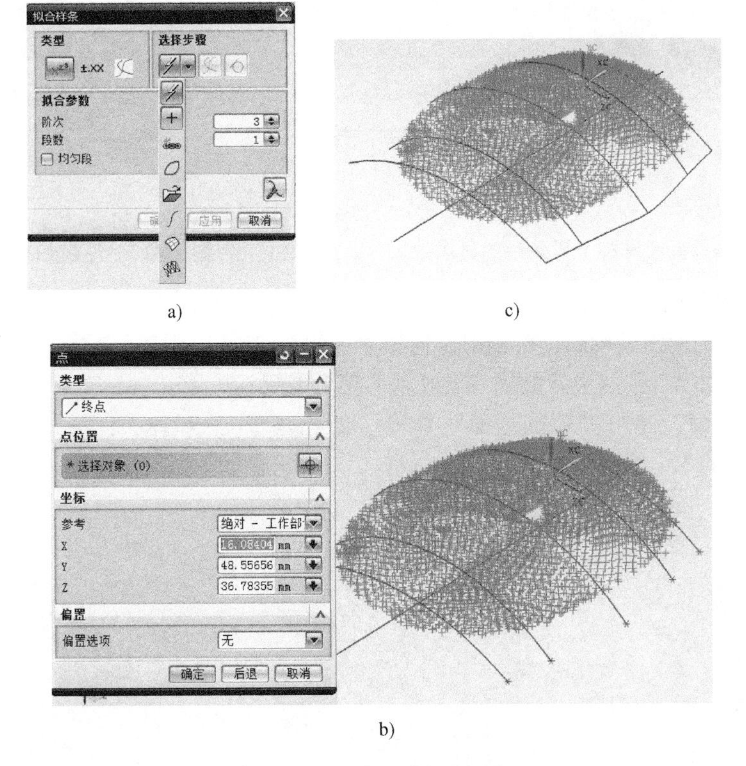

a) c)

b)

图 11-14 拟合样条的创建

a）对“拟合样条”对话框的设置 b）选取拟合点 c）生成拟合样条

（3）修剪圆弧引导线 使用“修剪曲线”命令，以（2）所绘直线为边界对象，对（1）所绘圆弧及 1（4）所绘拟合样条进行修剪，得到如图 11-17 所示的显示效果。

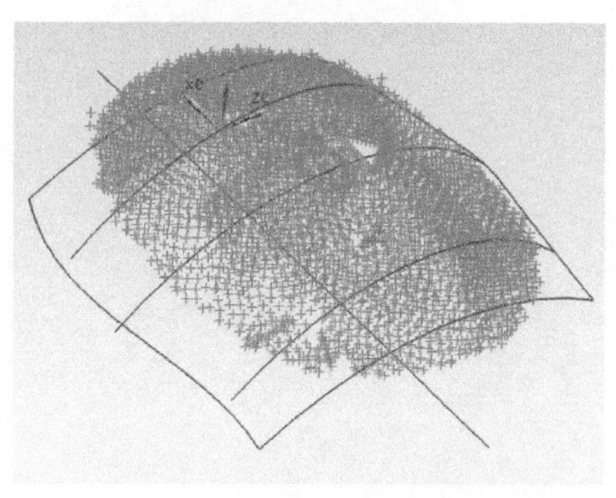

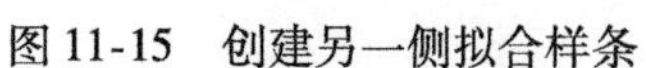

图 11-15 创建另一侧拟合样条

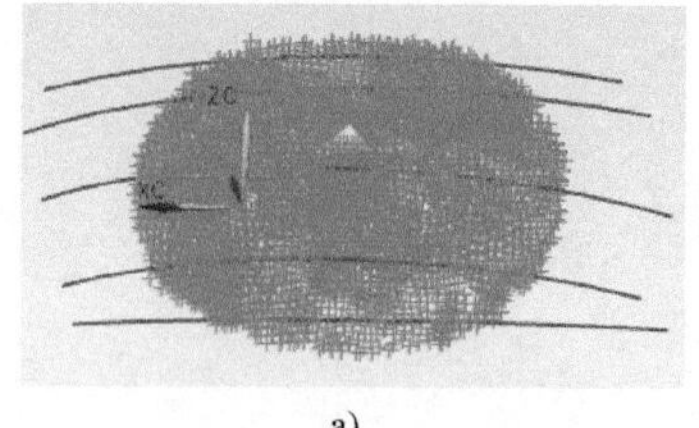

a)

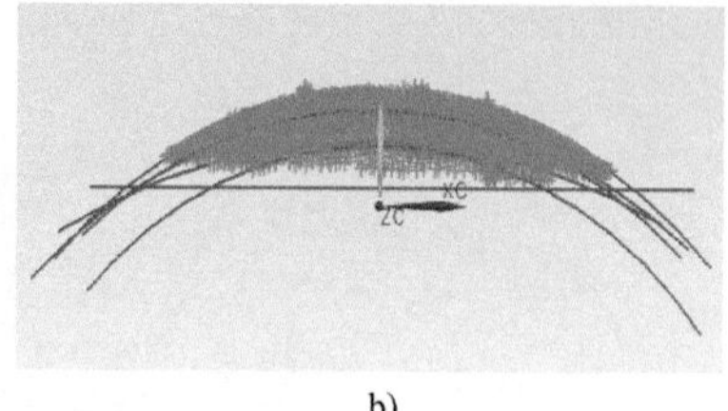

b)

图 11-16 圆弧侧引导线的创建

a）绘制圆弧引导线 b）绘制修剪边界线

（4）创建拟合样条 使用“拟合样条”命令，按照1（4）的方式创建如图 11-18 所示的另一组大轮廓线。

> 注意：在选点时，将1所建拟合样条的端点也选入所需拟合的点中。

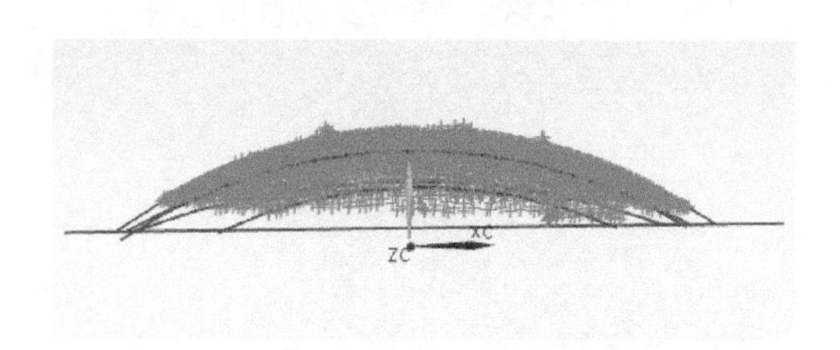

图 11-17 修剪圆弧和拟合样条后的显示效果

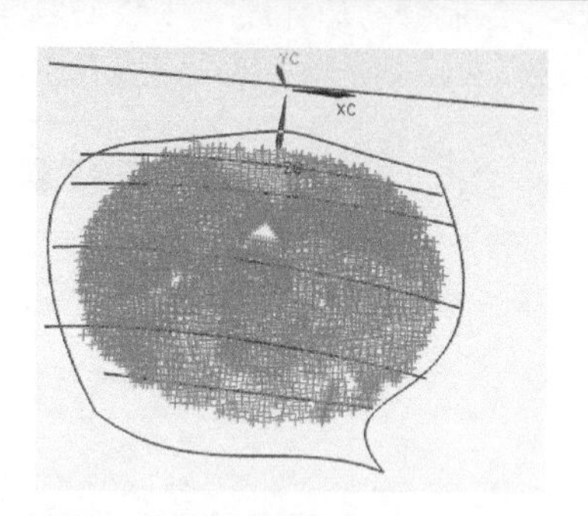

图 11-18 创建另一组拟合样条

3. 创建肥皂盒曲面

有了1、2所建的两组轮廓线，可使用“通过曲线组”命令来创建肥皂盒曲面。

（1）创建中间曲线 创建中间曲线需经过以下3个步骤：

1）创建参考平面：使用“基准平面”命令，创建基于“YC-ZC”、距“YC-ZC”25mm和距“YC-ZC” -15mm的3个平面，如图 11-19a 所示。

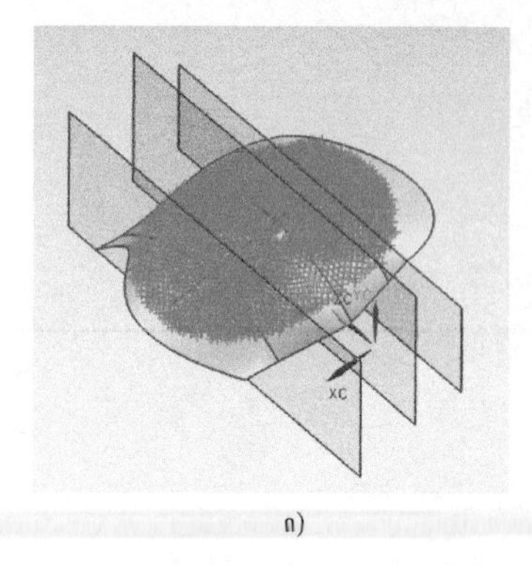

a)

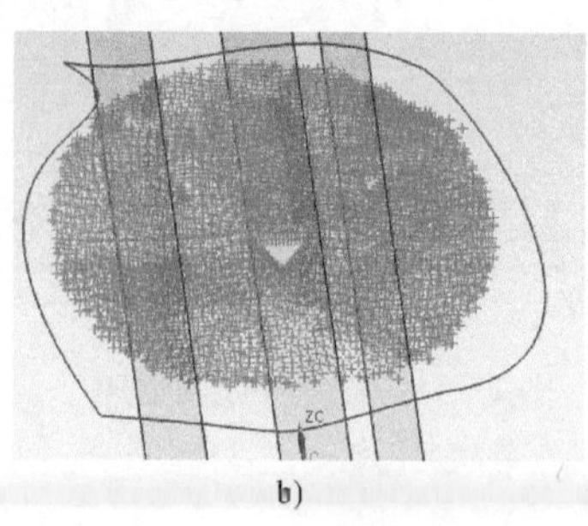

b)

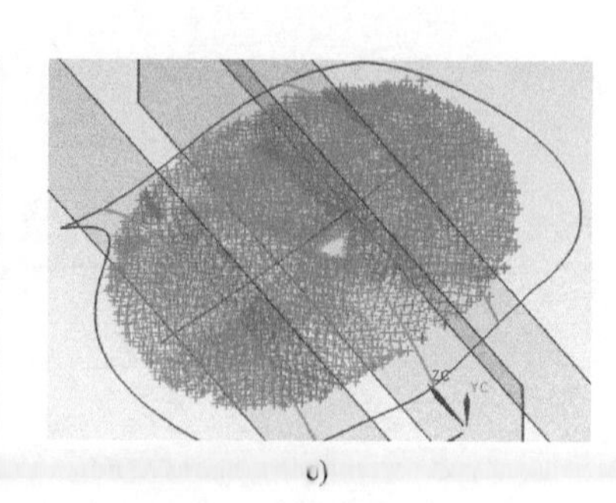

c)

图 11-19 中间曲线的创建

a）创建3个参考平面 b）绘制辅助线 c）绘制3条中间曲线

2）绘制复制圆弧线：使用“圆弧”命令，在XC方向上选取3个点，绘制如图11-19b所示的辅助曲线。

3）绘制3条中间曲线：使用“圆弧”命令，在ZC方向上分别选取两侧轮廓线与辅助平面的交点作为起点与终点，以2）所绘圆弧线与辅助平面的交点作为中间点，绘制如图11-19c所示的3条曲线。

（2）创建肥皂盒曲面　使用“通过曲线网格”命令，先依次选取2所建的两侧拟合样条及3（1）所绘的3条中间线作为主曲线，之后选取1所建两侧拟合样条作为交叉曲线，如图11-20所示。单击“确定”按钮，即可得到肥皂盒曲面。

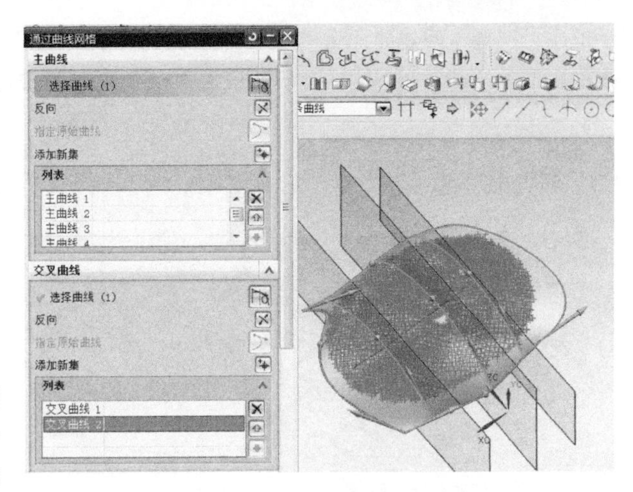

图11-20　创建的肥皂盒曲面

注意：由于本例点云质量不高，此方法创建的曲面大部分会有扭曲，需反复采点修改方可。

曲面建模方式二

1. 使用“从点云”命令创建曲面

单击“曲面”工具栏中的“从点云”命令按钮，在系统弹出的“从点云”对话框中，根据提示选择层“2”所有点，如图11-21a所示。单击“确定”按钮，即可得到如图11-21b所示的曲面。

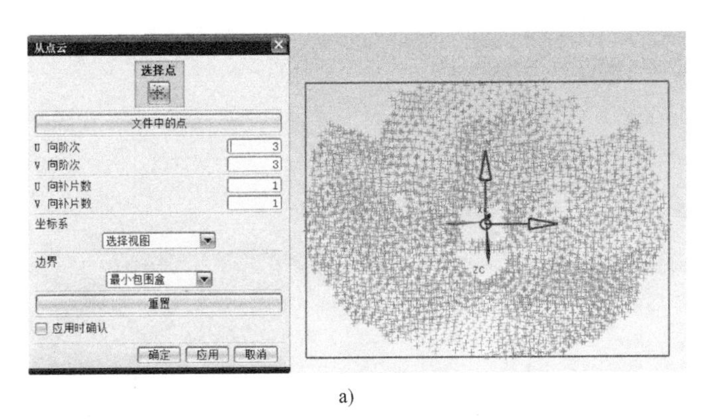

a)

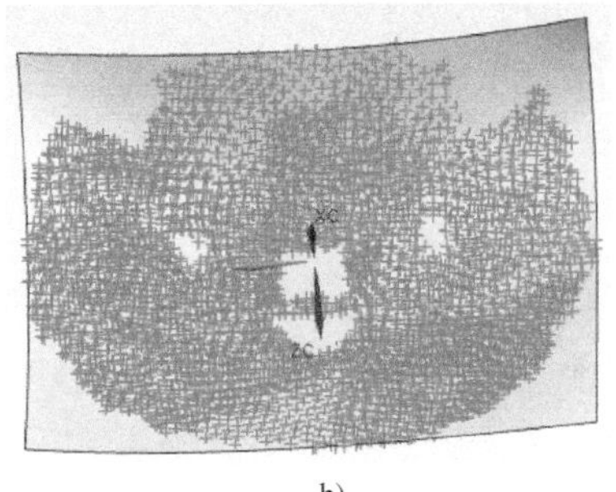

b)

图11-21　使用“从点云”命令创建曲面
a）“从点云”对话框　b）创建的曲面

这种建面方式比较简单，但误差较大。

移动该曲面至层“21”。

2. 面扩大

单击“曲面编辑”工具栏中的“扩大”命令按钮，在系统弹出的如图11-22a所示的“扩大”

对话框中，选择1所建曲面为“面”，在“调整大小参数”中选中“全部”复选框，并在“%U起点”文本框中输入“20”，如图11-22a所示。单击“确定”按钮，即可得到如图11-22b所示的扩大曲面。

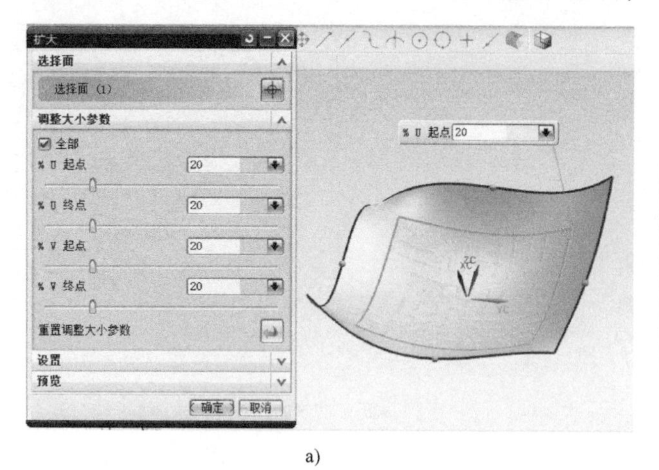

a)

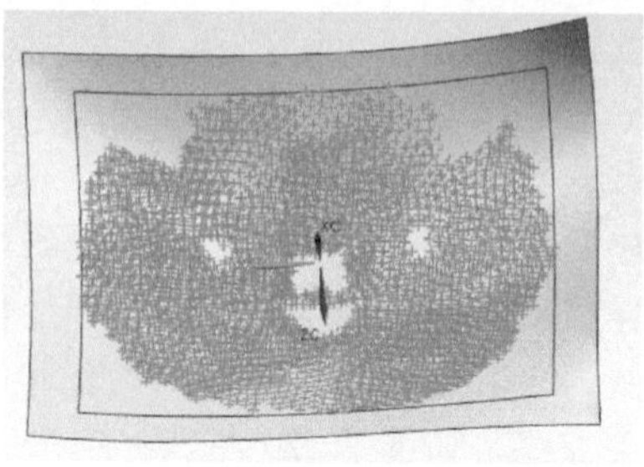

b)

图11-22 曲面的扩大

a）对“扩大”对话框的设置 b）扩大的曲面

移动本步所建曲面至层“22”。

11.1.4 肥皂盒外侧面的建模

使用“图层设置”命令，仅显示层“3”。

1. 创建长边端参考面

（1）绘制3条参考边线 使用“直线”命令，在一侧长边端的最下沿选取一个边界点，以“XC向”为“终点”方向，绘制直线。其中，设定直线的“起始距离”为“-10”、“终止距离”为“30”，如图11-23a所示。在同一侧选取另外两个边界点，以同样的设定方式再绘制两条参考线，如图11-23b所示。

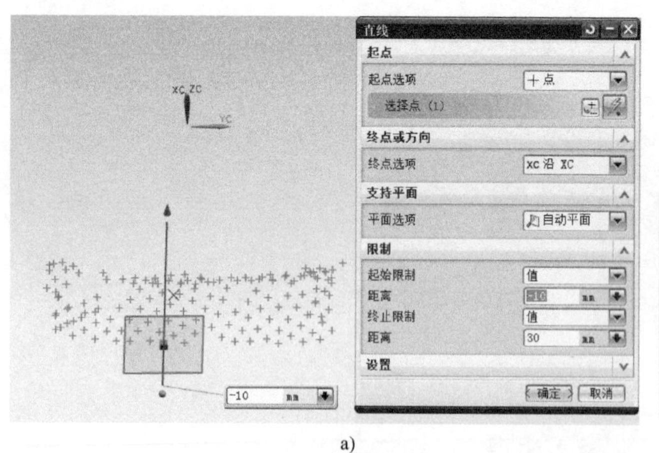

a)

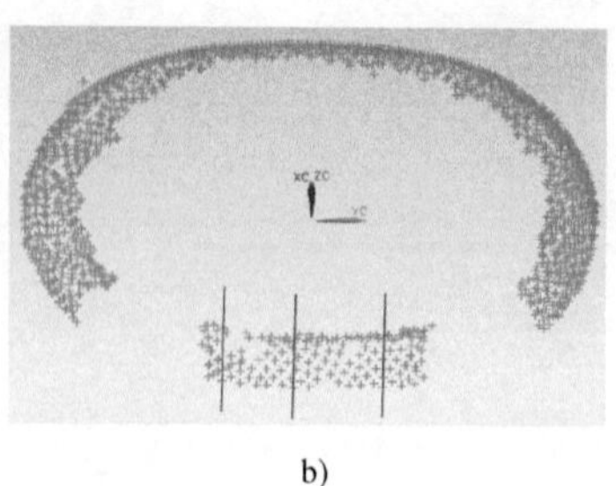

b)

图11-23 长边端参考线的创建

a）绘制一条参考线 b）以同样的方式绘制另外两条直线

（2）使用“通过曲线组”命令建面 单击“曲面”工具栏中的“通过曲线组”命令按钮，在系统弹出的“通过曲线组”对话框中，依次选取（1）所建的3条直线作为截面，创建如图11-24所示的截面。

注意：使用“通过曲线组”命令时，每次选择新曲线时应单击鼠标中键或对话框中的“添加新集”命令按钮进行确认。

2. 创建另外3个侧面的参考面

按照1的方式创建另外3个侧面的参考面，如图11-25所示。

3. 桥接各参考面

（1）提取边界曲线　单击“曲线”工具栏中的“抽取曲线”命令按钮，在系统弹出的“抽取曲线”对话框中选择“边曲线”命令，依次提取2所建曲面的各上、下边界，如图11-26所示。

（2）创建桥接曲线　单击“曲线”工具栏中的“桥接曲线”命令按钮，根据“桥接曲线”对话框提示，分别选择如图11-27a所示的相邻两个参考面上边线作为“起始对象”及“终止对象”，创建“桥接曲线”。重复该操作，将各相邻面的上、下边界线均桥接起来，如图11-27b所示。

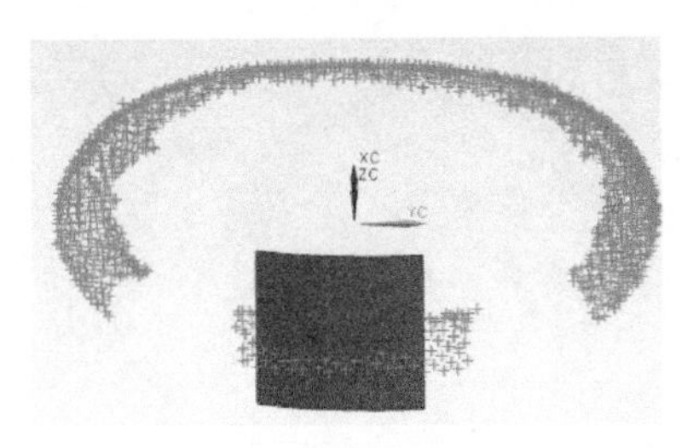

图11-24　利用3条参考线所建的长边参考面

图11-25　创建另外3个参考面

图11-26　提取参考面的上、下边

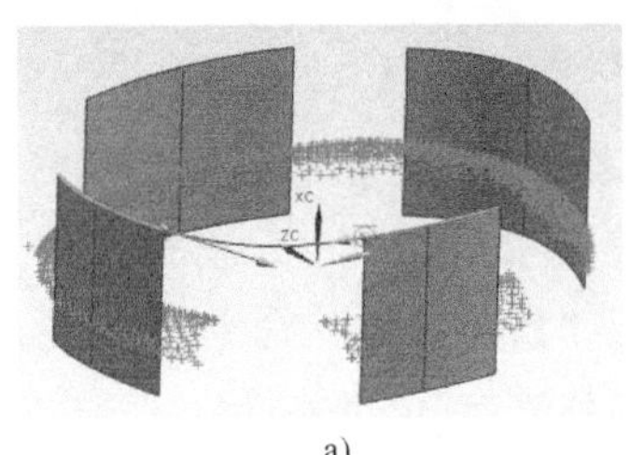

a)

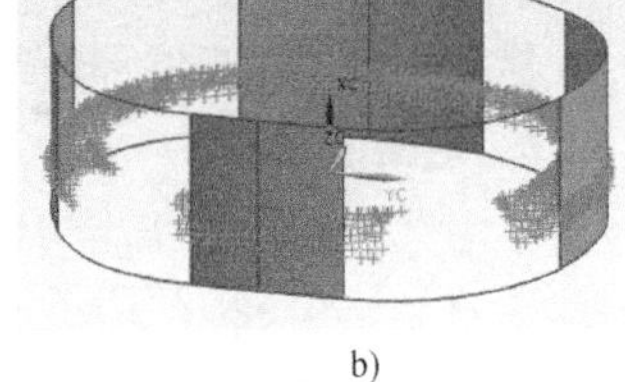

b)

图11-27　桥接曲线的创建

a）在面的边界线间创建桥接曲线　b）桥接各面

（3）创建桥接面　单击“曲面”工具栏中的“通过曲线网格”命令按钮，在系统弹出的“通过曲线网格”对话框中以创建的上、下桥接曲线作为主曲线，左、右边界曲线作为交叉曲线，并在“连续性”对话框中设定第一交叉线串为与该曲线同侧参考面的“G1（相切）”、第二交叉线串为与另一边参考面的“G2（相切）”，如图11-28a所示。单击“确定”按钮，即可创建桥接面。以同样的方式创建其余的桥接面，如图11-28b所示。

（4）缝合各曲面　使用“缝合”命令，将本步所建桥接面缝合在一起。

分别移动本步中所建曲线及缝合的曲面至新层“12”与新层“23”。

11.1.5　面间的倒圆角及修剪

使用“图层设置”命令，显示层“3”、“22”、“23”。

1. 创建参考底面

（1）创建拉伸直线　使用“直线”命令，绘制如图11-29所示的直线，并适当延长两边。

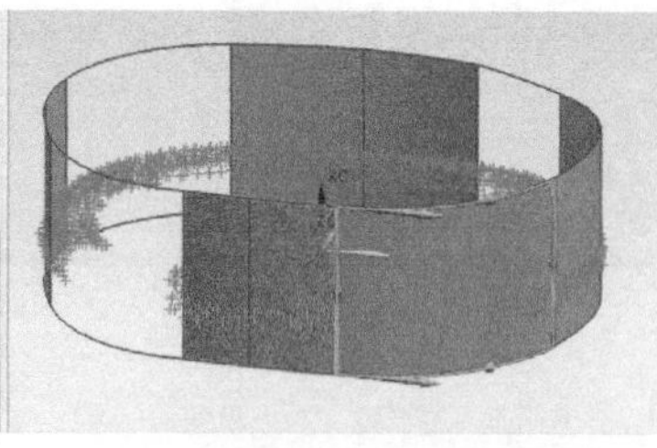

a)

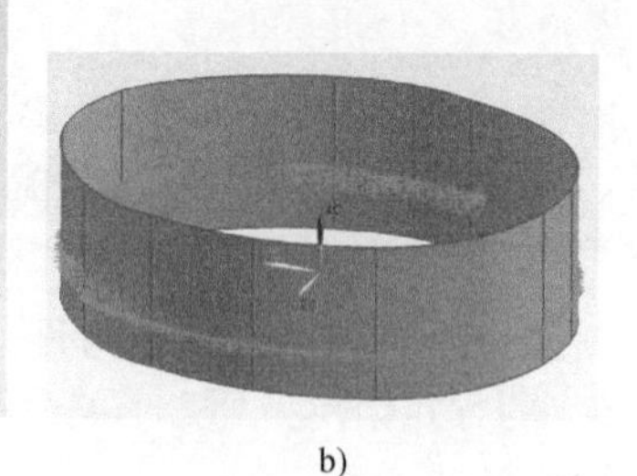

b)

图 11-28　桥接面的创建

a）创建桥接面　b）桥接其余曲面

（2）创建拉伸面　使用“拉伸”命令，以（1）所建直线为“截面”、“ZC”向为拉伸方向，创建如图 11-30 所示的拉伸面。

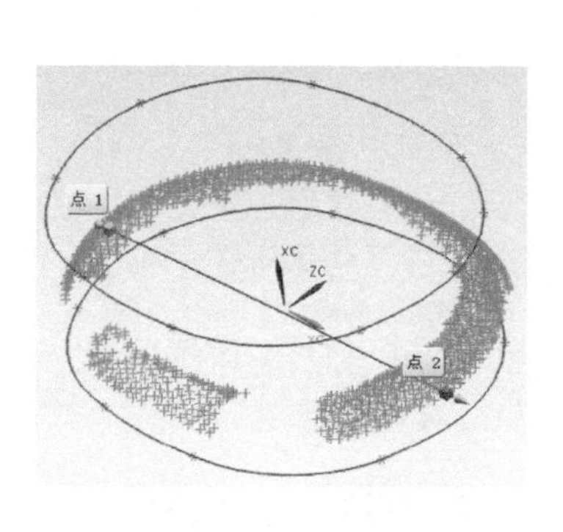

图 11-29　绘制的直线

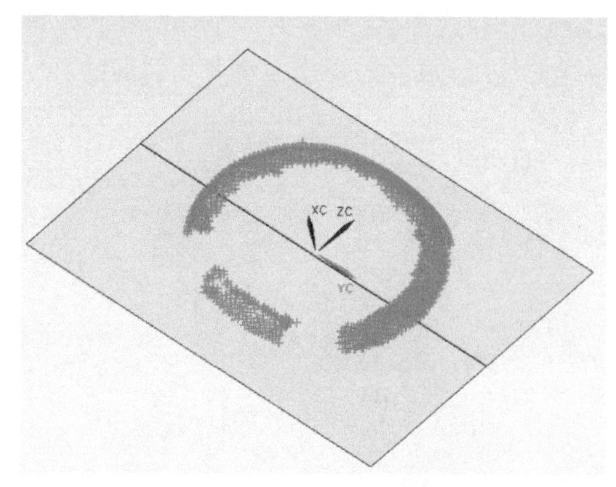

图 11-30　创建拉伸面

移动本步所建直线和面至新层“13”和“24”。

2. 侧面的修剪

单击“特征”工具栏中的“修剪片体”命令按钮，在系统弹出的“修剪片体”对话框中，选择“目标”为 11. 1. 4 节所建外侧面、“边界对象”为 1 所建参考底面，单击“确定”按钮，并隐藏层“24”，即可得到如图 11-31 所示的显示效果。

3. 在外侧面和曲面间倒圆角

使用“图层设置”命令，显示层“2”、“3”、“22”、“23”。

使用“面倒圆”命令，以“5”为半径在曲面与外侧面间倒圆角，并选中“缝合所有面”复选框，创建得到如图 11-32 所示的显示效果。

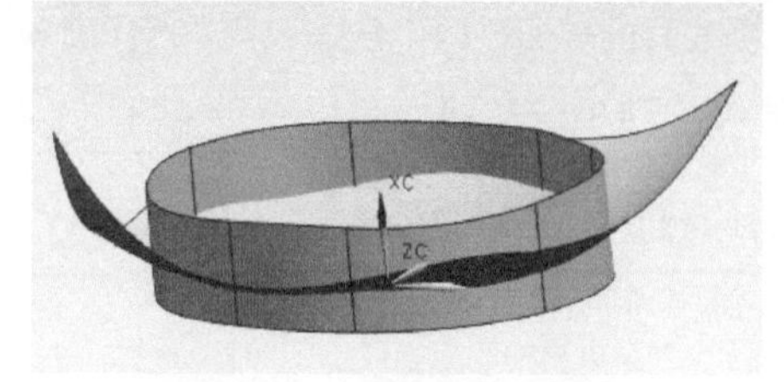

图 11-31　修剪后的外侧面

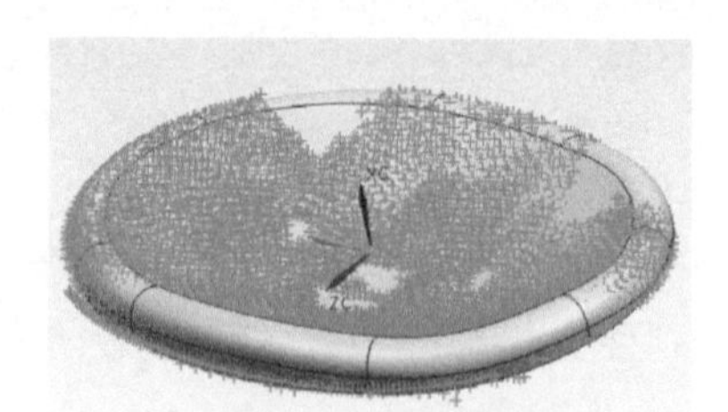

图 11-32　创建的曲面与外侧面间的圆角

11. 1. 6　创建特征附件

使用“图层设置”命令，显示层“4”与“24”。

1. 小猪嘴特征的创建

（1）创建嘴部轮廓　使用“直线”命令，在嘴部各边任意选取两个特征点，绘制如图11-33a所示的3条轮廓线。使用“投影曲面”命令，将3条轮廓线投影至肥皂盒曲面，并使用“修剪拐角”命令修剪多余的分叉线，即可得到如图11-33b所示的效果。

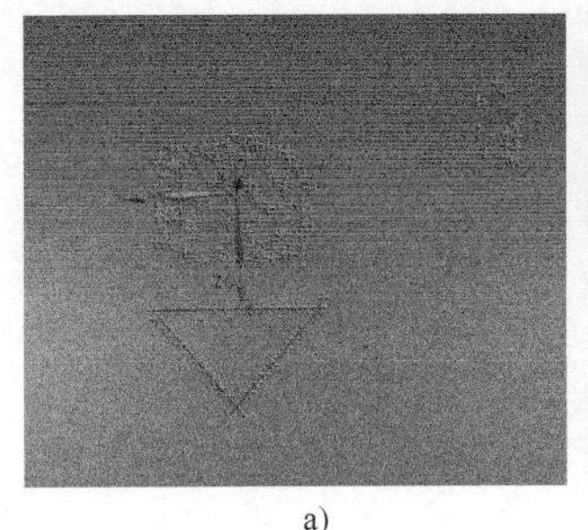
a)

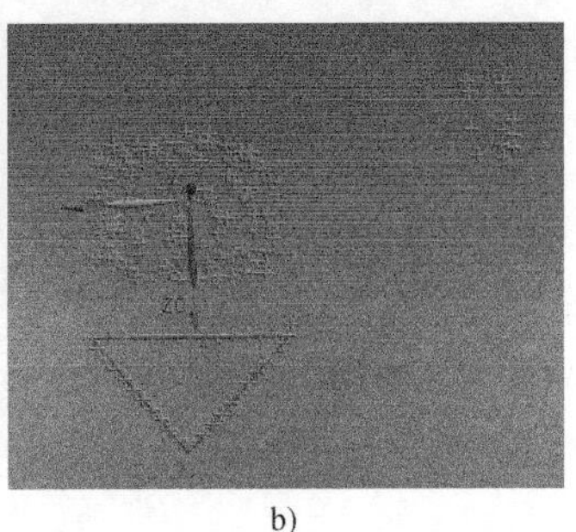
b)

图11-33　小猪嘴轮廓的创建

a）绘制的3条轮廓线　b）投影空间轮廓线至曲面，并修剪

（2）创建小猪嘴特征　使用“修剪片体”命令，以（1）所建投影线作为边界对象、肥皂盖曲面作为目标，创建得到如图11-34所示的显示效果。

2. 小猪眼睛特征的创建

（1）创建眼睛轮廓

1）创建左、右眼眶的轮廓线：使用“直线”命令，分别选择左、右眼眶的特征点作为起点、“ZC沿ZC”作为终点，绘制如图11-35a所示的两条轮廓线。

2）创建上、下眼眶的轮廓线：使用“圆弧”命令，选择圆弧起点、终点分别“相切于”1）所绘直线，并选择上下轮廓的特征点作为中点，绘制如图11-35b所示的两端圆弧线。

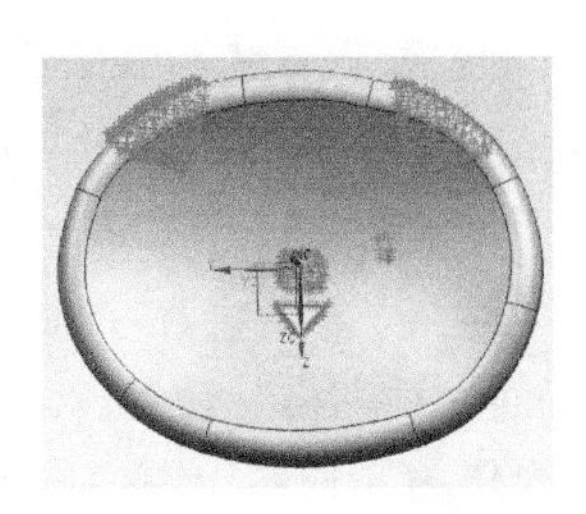

图11-34　创建小猪嘴特征

3）创建轮廓线在曲面的投影：使用“投影曲线”命令，将1）、2）所绘轮廓线投影至肥皂盒曲面。

4）修剪轮廓投影线：使用“修剪曲线”命令，对投影曲线的多余边进行修剪，得到如图11-36所示的显示效果。

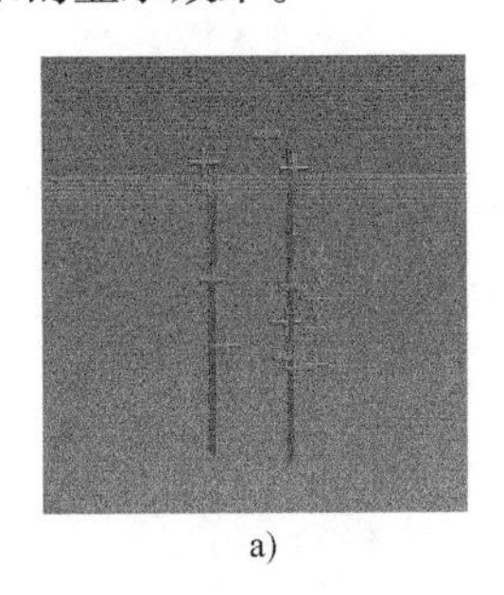
a)

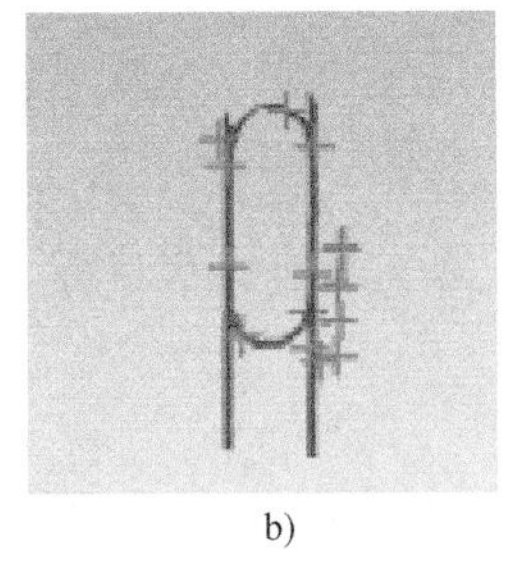
b)

图11-35　眼眶轮廓线的创建

a）绘制左、右眼眶轮廓线　b）绘制上、下眼眶轮廓线

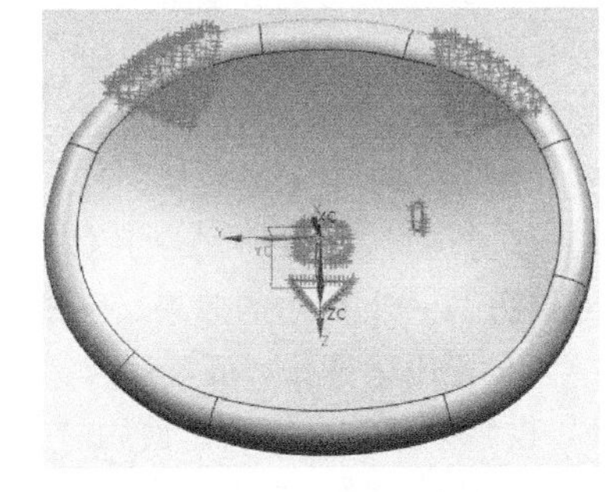

图11-36　创建小猪眼睛投影轮廓线

（2）创建左眼睛轮廓　单击“曲线”工具栏中的“镜像曲线”命令，在系统弹出的“镜像曲线”对话框中，以（1）4）所得修剪后的轮廓投影线为曲线、YC面为镜像平面，单击“确定”按钮，得到如图11-37所示的左侧眼睛轮廓线。

注意：左侧眼睛的特征点云缺失，故此处只能使用“镜像”命令近似得到其轮廓线。

（3）创建眼睛特征　使用“修剪片体”命令，以（1）、（2）所绘轮廓线作为边界对象、肥皂盒曲面作为目标，进行修剪，得到如图11-38所示的小猪眼睛特征。

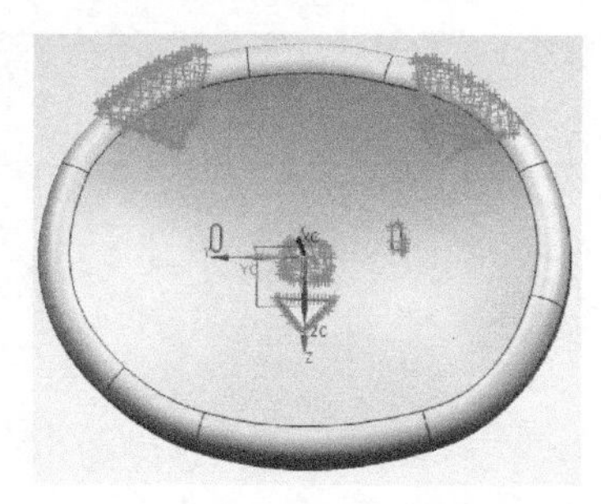

图 11-37 镜像得到的左侧眼睛轮廓线

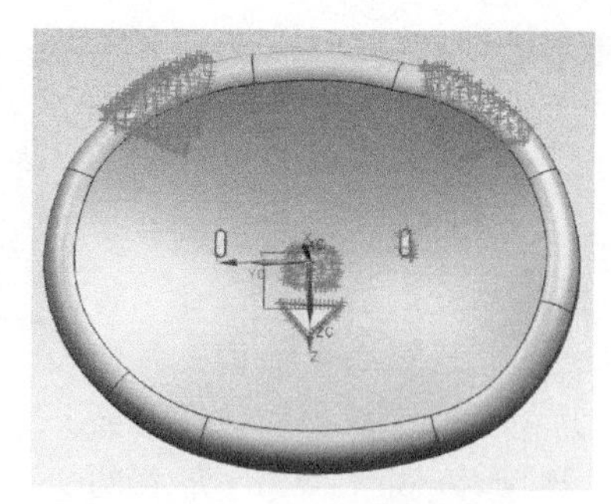

图 11-38 创建小猪眼睛特征

3. 小猪鼻子的创建

（1）创建小猪鼻子顶面 小猪鼻子的点云质量较高且分层明晰，可直接使用。

1）绘制小猪鼻子顶面的四边参考轮廓线：使用“圆弧”命令，绘制如图 11-39a 所示的 4 条轮廓曲线。

注意：4 条弧线首尾相连。

2）创建小猪鼻子顶面：使用“通过曲线网格”命令，以上、下轮廓线作为主曲线，左、右轮廓线作为交叉曲线，创建得到如图 11-39b 所示的小猪鼻子顶面平面。

（2）创建小猪鼻子侧面

1）创建侧面拉伸体：使用“拉伸”命令，以（1）1）所建的相连轮廓线作为截面，以 XC 向为方向，拉伸起始值为 0、终止值为 -10，拉伸得到如图 11-40a 所示的效果。

a)

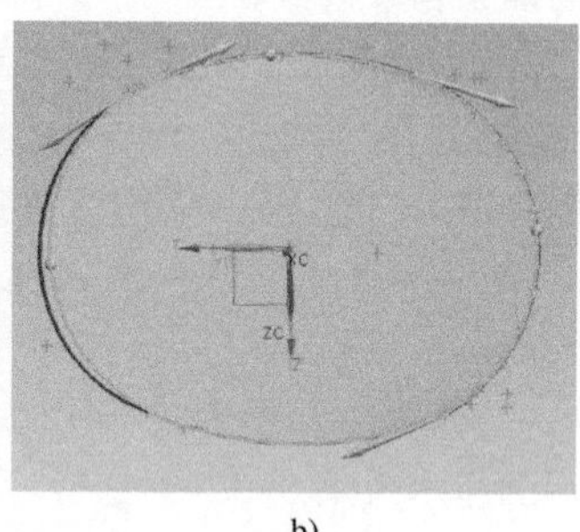

b)

图 11-39 小猪鼻子顶面曲面的创建
a）绘制顶面四边轮廓线 b）创建小猪鼻子顶面

2）修剪侧面：使用“修剪片体”命令，以 1）所建拉伸体为目标、肥皂盒曲面为边界对象，修剪得到如图 11-40b 所示的效果。

（3）创建小猪鼻孔特征

1）投影特征点至顶面：使用“投影曲线”命令，投影如图 11-41a 所示的两个代表鼻孔中心的扫描点至（1）所建顶面。

2）绘制鼻孔轮廓线：使用“半径绘圆”命令，以 1）所得的两个投影点为圆心，0.5mm 为半径，绘制如图 11-41b 所示的圆。

3）修剪顶面：使用“修剪片体”命令，在顶面上修剪出如图 11-41c 所示的鼻孔特征。

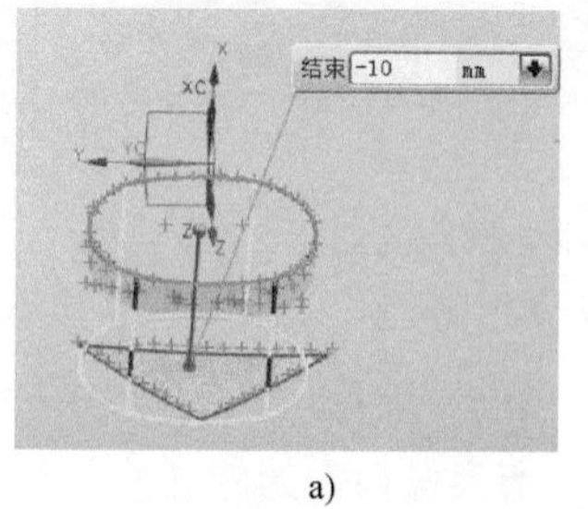

a)

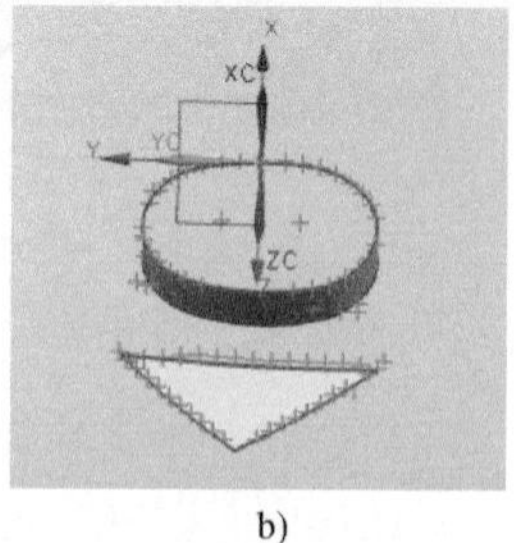

b)

图 11-40 小猪鼻子侧面曲面的创建
a）创建的拉伸面 b）修剪后的效果

4. 小猪耳朵的创建

小猪耳朵按位置大致可以分成 3 块：位于曲面部分的前耳、位于圆弧部分的中耳以及位于外侧面的后耳，如图 11-42 所示。

左耳的前耳与中耳部分点云质量较高，可以清晰地看到边界轮廓，如图 11-43a 所示。后耳点云质量略差，只能借助中耳面片大致推测其轮廓形状，如图 11-43b 所示。

（1）创建左耳特征　左耳建模大致可分以下几步进行。

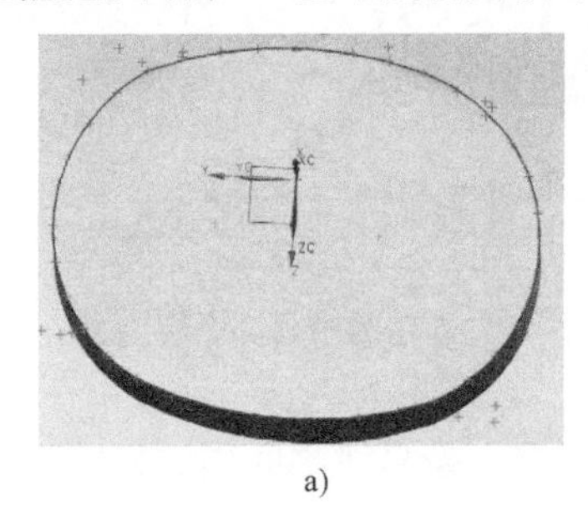

a)

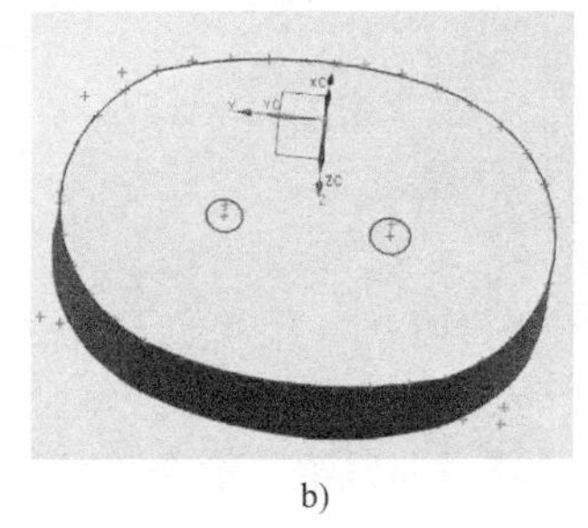

b)

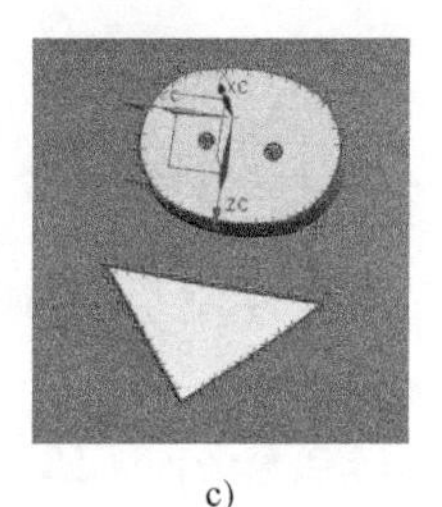

c)

图 11-41　小猪鼻孔特征的创建

a）投影特征点至顶面　b）创建鼻孔轮廓线　c）修剪得到的鼻孔特征

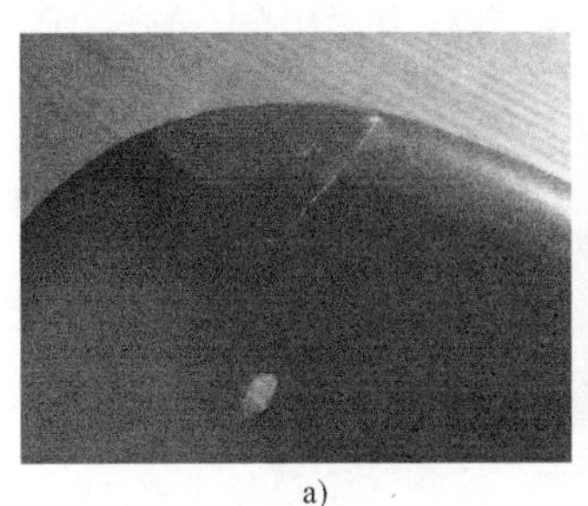

a)

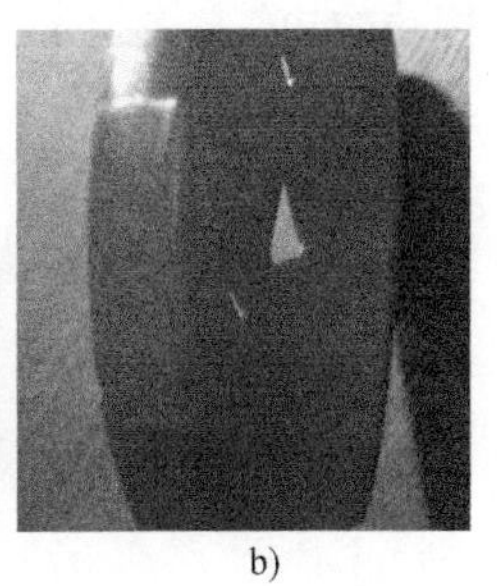

b)

图 11-42　小猪耳朵实物图

a）前耳与中耳部分　b）后耳部分

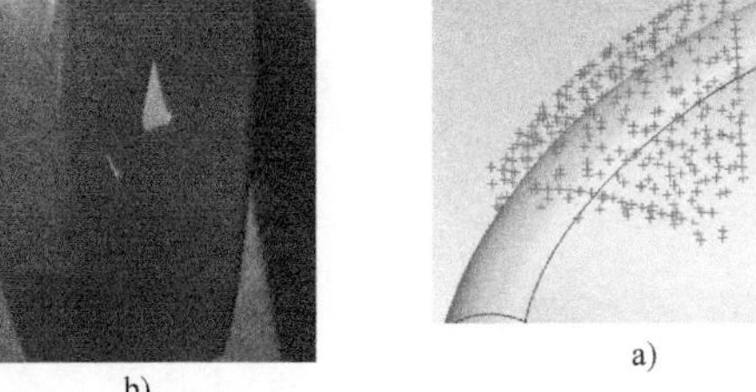

a)

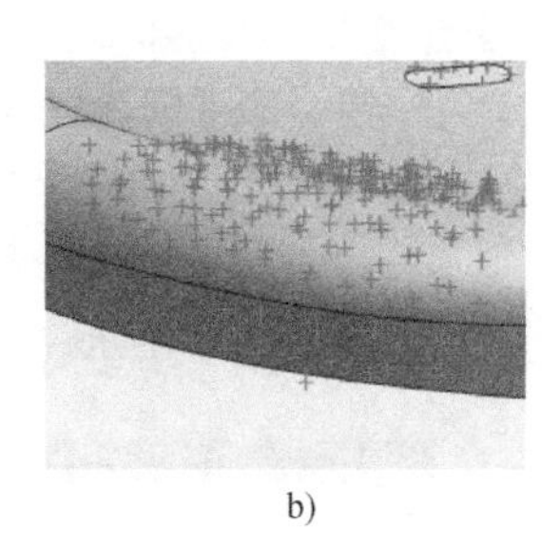

b)

图 11-43　耳朵点云质量分析

a）前耳及中耳外沿轮廓位置清晰可见

b）后耳轮廓线位置模糊

1）创建前耳参考面

① 创建前耳外沿轮廓参考线：使用“直线”命令，依次连接前耳外沿轮廓位置的点云，创建如图 11-44a 所示的两条外轮廓参考线。

② 创建顶面参考面：使用“通过曲线组”命令，在两根直线间创建如图 11-44b所示的参考曲面。

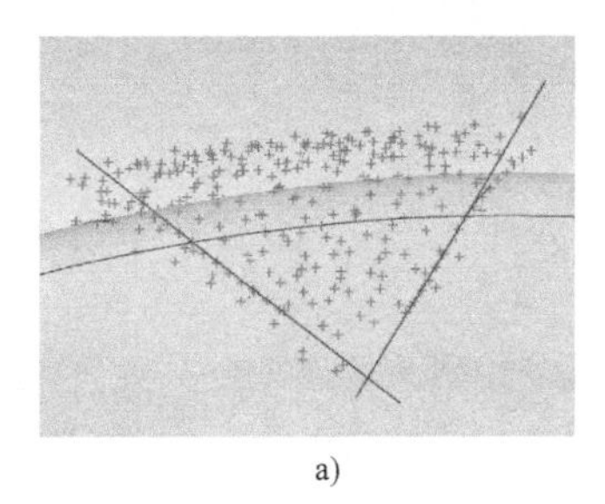

a)

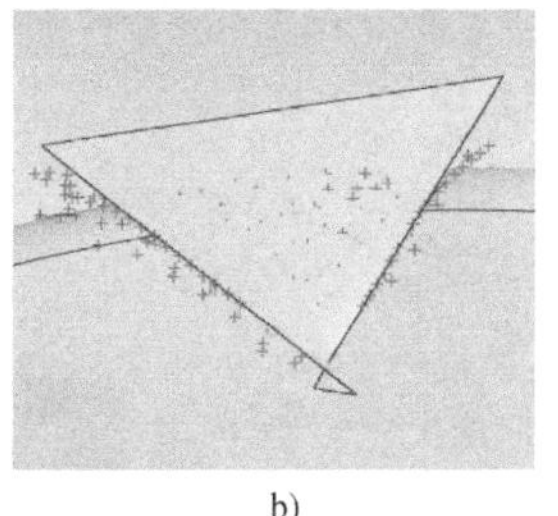

b)

图 11-44　顶面参考面的创建

a）创建的两根参考轮廓线　b）创建的顶面参考面

③ 创建两侧拉伸参考面：使用“拉伸”命令，分别以①所绘两条参考直线作为截面、XC 向作为矢量方向，并设定拉伸开始距离为 0、结束距离为 −12，“体类型”为“片体”，创建得到如图 11-45 所示的两侧拉伸参考面。

2）创建中耳参考面：按照 1）的方式创建如图 11-46 所示的中耳的 3 个参考面。

3）创建后耳参考面。

① 创建面参考线：使用“直线”命令，在后耳点云集下沿各选 3 个特征点，绘制如图 11-47 所示的边界参考线。

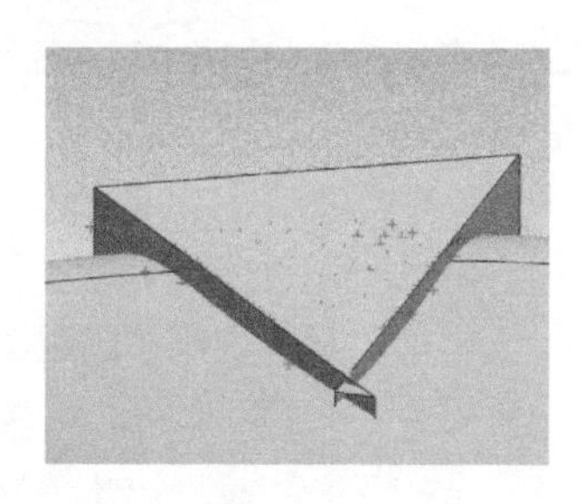

图 11-45 创建两侧参考面

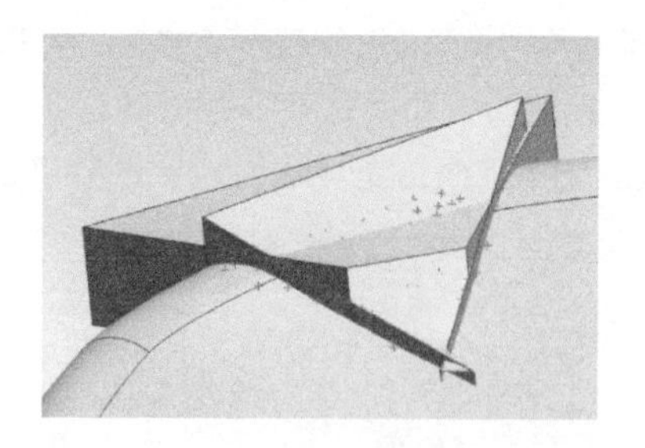

图 11-46 创建的中耳 3 个参考面

② 创建后耳参考面：使用“通过曲线组”命令，在①所建 3 条直线之间创建如图 11-48 所示的后耳参考面。

③ 延伸参考面：单击“特征”工具栏中的“修剪和延伸”命令按钮，系统弹出如图 11-49 所示的“修剪和延伸”对话框。在该对话框中，默认延伸“类型”为“距离”、“延伸方法”为“自然相切”，选择①所绘的两条位置直线为“要移动的边”，并设定“距离”为“10”，单击“确定”按钮，即可创建延伸面。

4）前耳与中耳参考面间的倒圆。

① 前耳与中耳顶面参考面间的倒圆：以半径“5mm”在前耳顶面参考面及中耳顶面参考面间倒圆，如图 11-50a 所示。

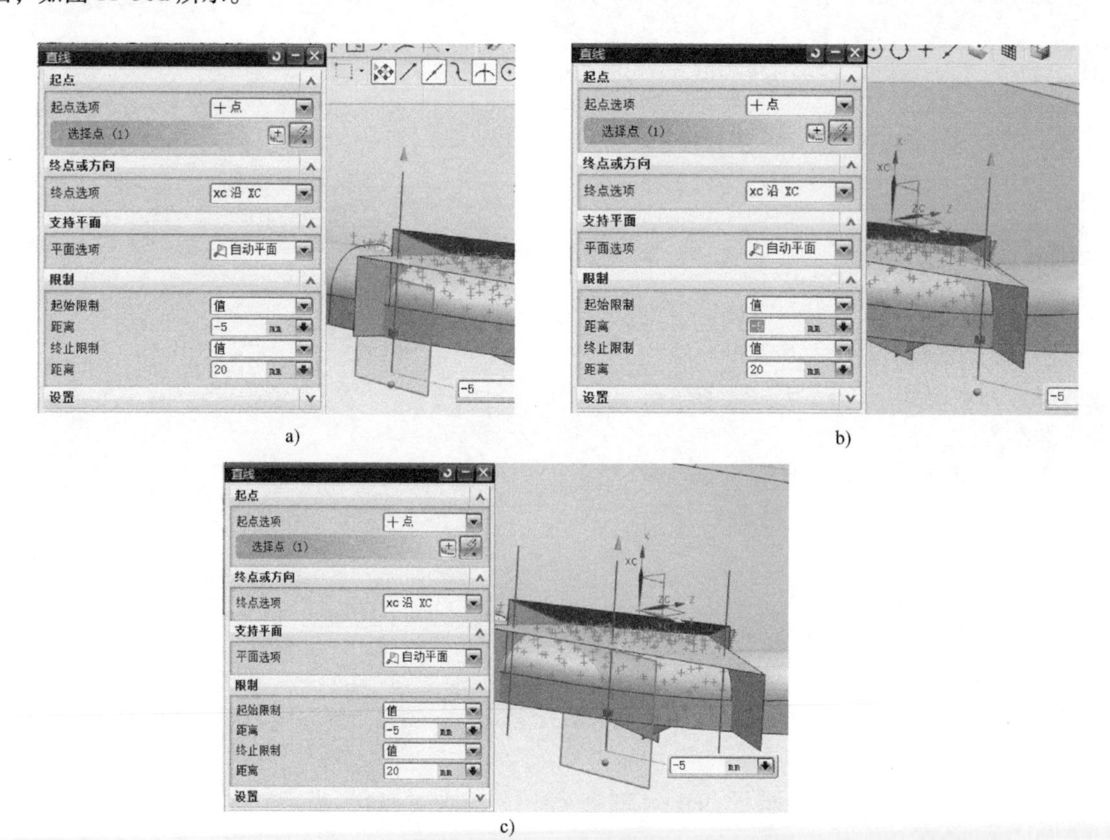

图 11-47 面参考线的创建

a）创建左侧参考直线 b）创建右侧参考直线 c）创建中间参考线

② 前耳两个侧面参考面间倒圆角：以半径“2mm”在前耳两个侧面参考面间倒角，如图 11-50b 所示。

5）修剪前耳参考面。

① 投影侧面圆角轮廓线至顶面参考面：使用“投影曲线”命令，投影因 4）②倒圆角而形成的圆角轮廓线至前耳顶面参考面，如图 11-51a 所示。

② 修剪顶面参考面：使用“修剪片体”命令，以①所建投影线为“边界对象”，对顶面参考面进行修剪，得到如图 11-51b 所示的效果。

③ 修剪侧面参考面：以肥皂盖曲面为边界对象，对前耳的两个侧面参考面进行修剪，仅保留其位于曲面上侧部分，如图 11-52 所示。

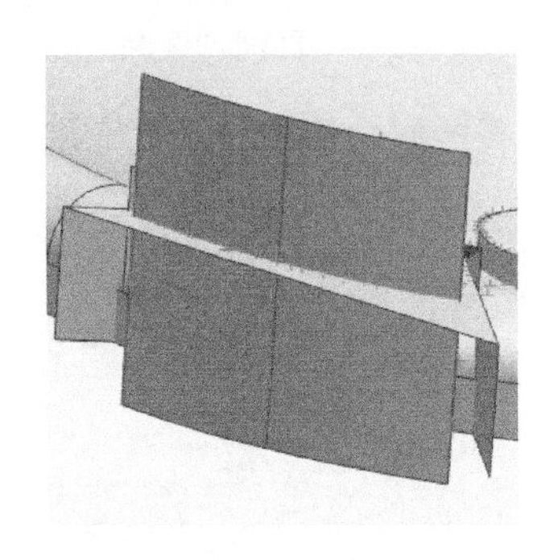

图 11-48　创建的后耳参考面

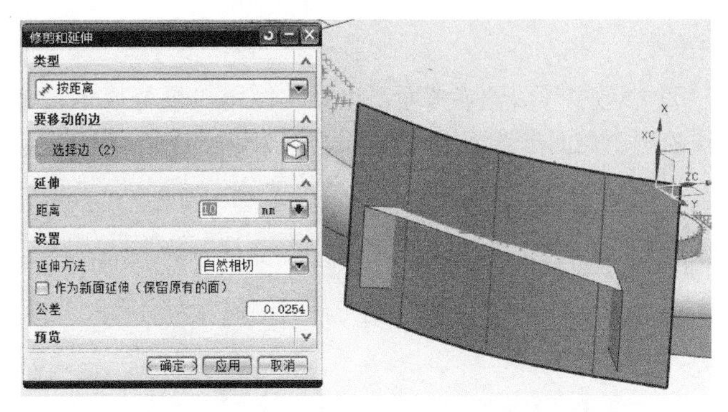

图 11-49　对“修剪与延伸”对话框的设置

6）中耳与后耳参考面间倒圆：以“1mm”为半径，创建中耳与后耳参考面间的圆角，得到如图 11-53 所示的效果。

7）修剪后耳与中耳参考面：使用“图层设置”命令，显示层“24”。

① 修剪后耳参考面下边界：使用“修剪片体”命令，以参考底面作为边界对象对后侧面参考面进行修剪，如图 11-54a 所示。

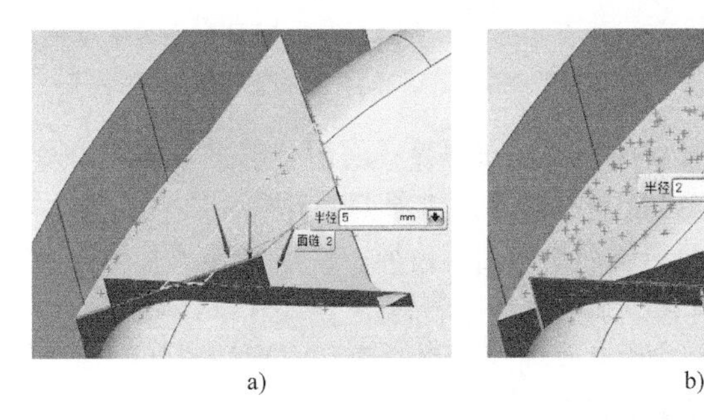

a)　　b)

图 11-50　前耳与中耳参考面间的倒圆

a）前耳与中耳顶面参考面间的倒圆　b）前耳侧面间倒圆

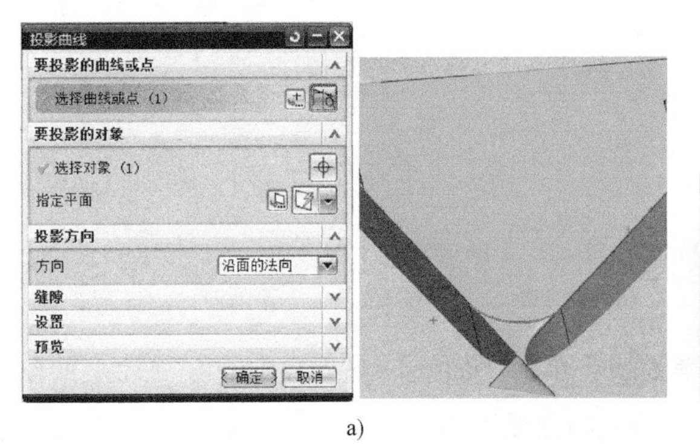

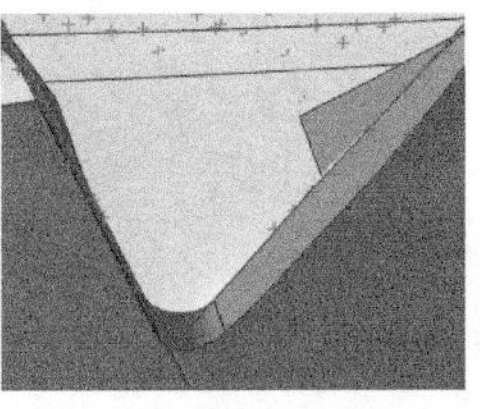

a)　　b)

图 11-51　前耳参考面的修剪

a）投影圆角处的轮廓线至顶面参考面　b）修剪后的顶面显示效果

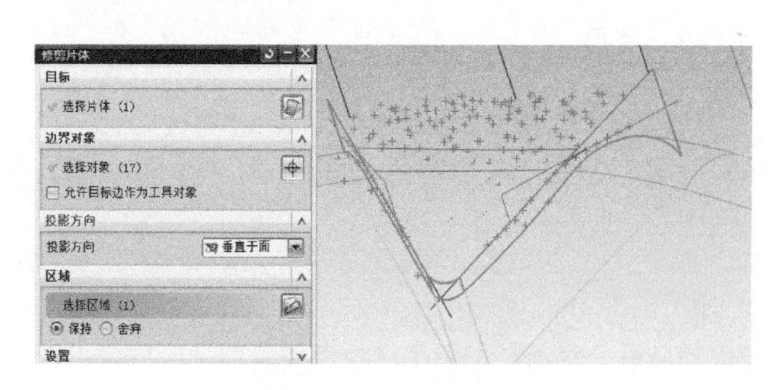

图 11-52　修剪两侧面

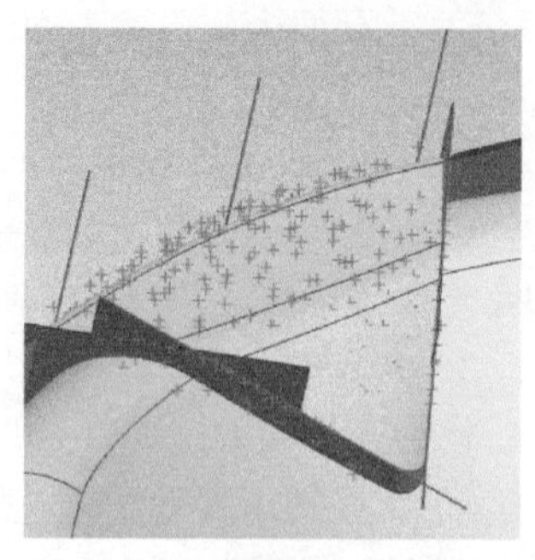

图 11-53　在后耳与中耳参考面间创建倒圆

② 修剪中耳两侧参考面下边界：使用“修剪片体”命令，仍以参考底面作为边界对象，分别对中耳的两个侧面参考面进行修剪，如图 11-54b、c 所示。

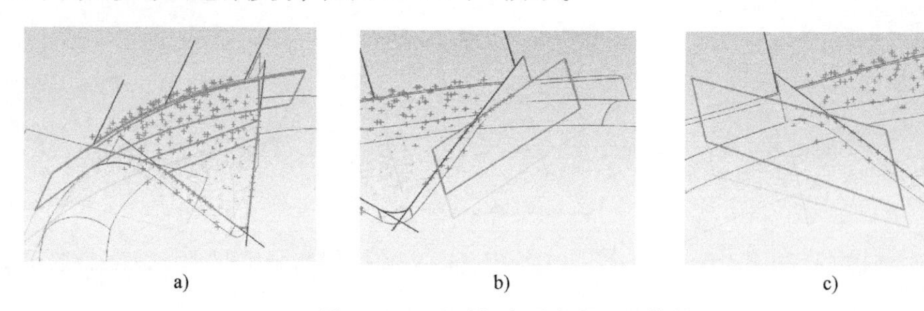

a)　　b)　　c)

图 11-54　后耳与中耳参考面的修剪

a）修剪后侧面参考面　b）修剪中耳右侧面参考面　c）修剪中耳左侧面参考面

③ 修剪后耳参考面左、右边界：使用“修剪片体”命令，以②修剪过的中耳两侧参考面为边界对象，对后耳参考面进行修剪，如图 11-55 所示。

④ 修剪中耳两侧面参考面后边界：使用“修剪片体”命令，分别以③修剪过的后耳参考面为边界对象，对中耳两侧面参考面进行修剪，如图 11-56 所示。

8）修剪/创建中耳与前耳左侧交面：中耳与前耳侧面的交接处交线不明朗，故此处需通过桥接补面的方式来创建两者之间的交界面。

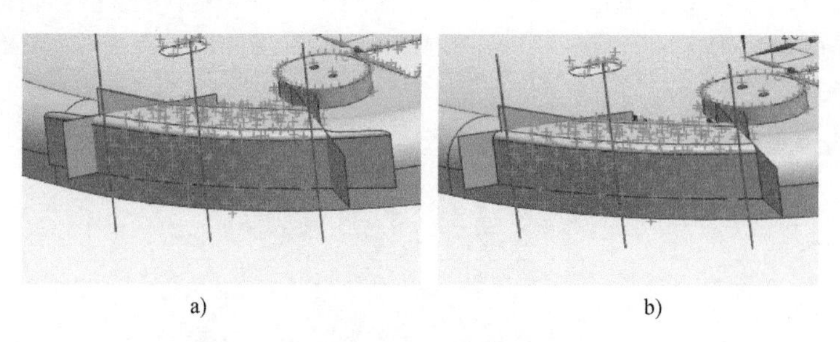

a)　　b)

图 11-55　修剪后耳参考面左、右边界

a）修剪前　b）修剪后

① 创建前耳左侧参考面上的参考直线：单击“曲线”工具栏中的“曲面上的曲线”命令按钮，系统弹出如图 11-57a 所示的“曲面上的曲线”对话框。在该对话框中指定前耳左侧参考面为要创建样条的面，之后分别在左侧参考面的上、下边线上各取一点作为样条约束点，系统将自动连接这两点以创建参考直线。

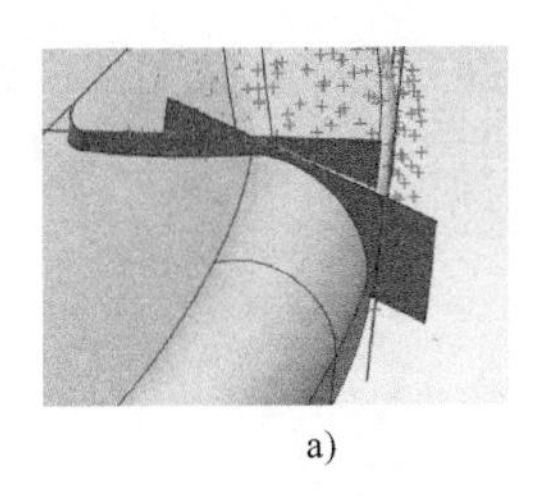
a)

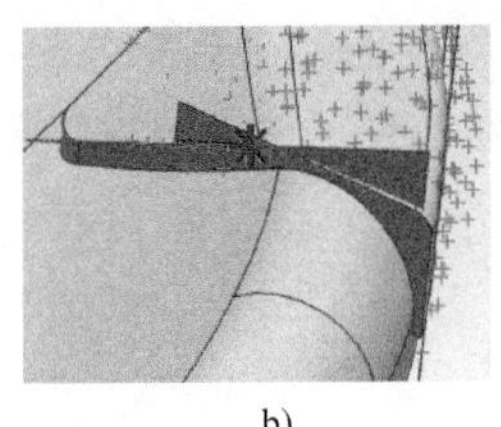
b)

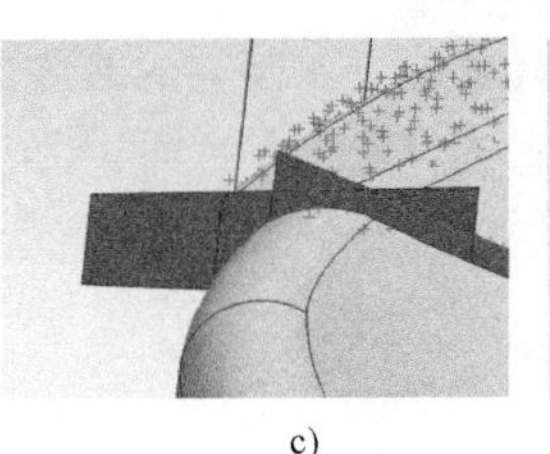
c)

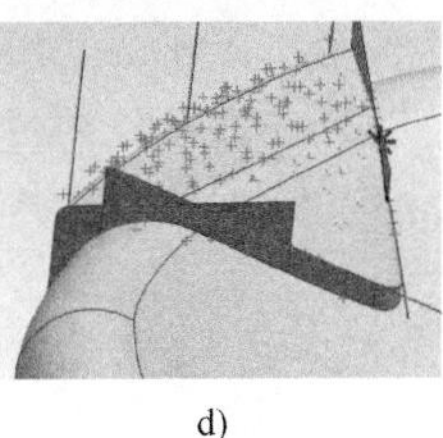
d)

图 11-56 修剪中耳两侧面参考面后边界
a）中耳左侧面参考面修剪前 b）中耳左侧面参考面修剪后 c）中耳右侧面参考面修剪前 d）中耳右侧面参考面修剪后

② 创建中耳左侧参考面上的参考直线：按照①的方式在中耳左侧参考面上也创建一条参考直线，如图 11-57b 所示。

注意：选点时，应尽量使所绘直线垂直。

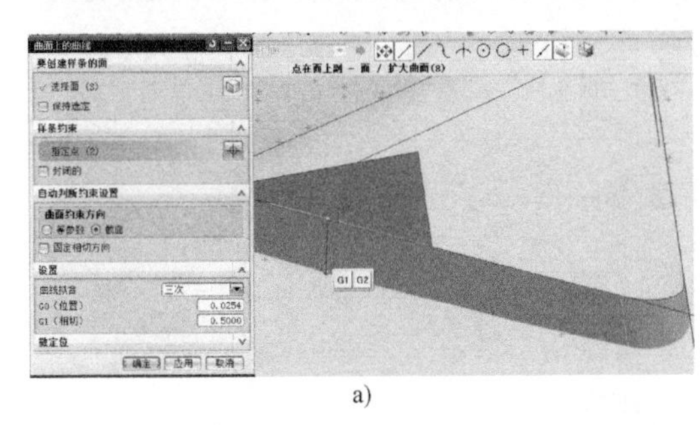
a)

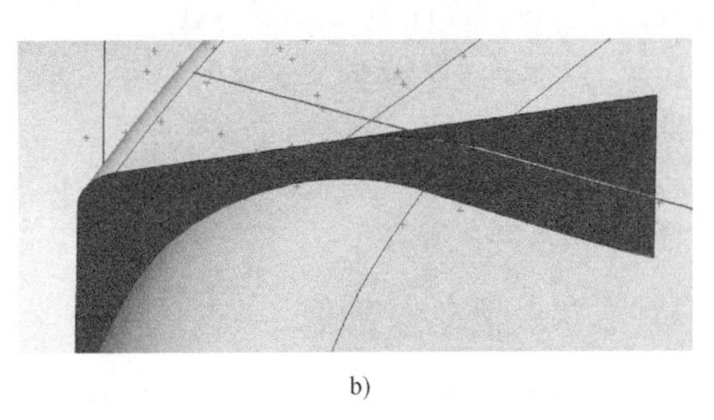
b)

图 11-57 修剪/创建中耳与前耳左侧交面
a）对“曲面上的曲线”对话框的设置 b）在中耳左侧上绘制的参考直线

③ 修剪前、中耳左侧参考面：使用“修剪片体”命令，分别以②、③所绘制的直线为边界对象，对前耳及中耳的左侧参考面进行修剪，得到如图 11-58 所示的效果。

④ 提取边界线：使用“抽取曲线”命令，分别抽取前耳、中耳左侧参考面剩余部分的下边界线及顶面的左边界部分，如图 11-59 所示。

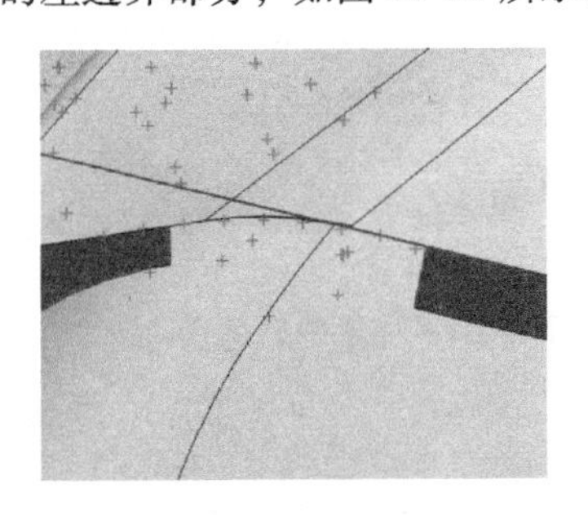

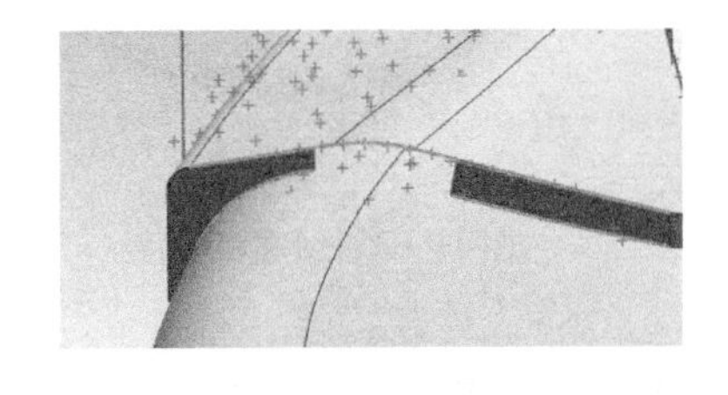

图 11-58 修剪后的前耳及中耳左侧参考面

图 11-59 抽取边界线

⑤ 桥接抽取的下边界线：使用“桥接曲线”命令，连接④所提取的前耳及中耳左侧参考面下边界线，如图 11-60 所示。

⑥ 修剪抽取的上边界线：使用“修剪片体”命令，以①、②所绘曲线为边界对象，分别对抽取的上边界线的两侧终端进行修剪。

⑦ 创建网格曲面：使用“通过曲线网格”命令，以⑥修剪过的上边界线及⑤桥接所得的下边界

线为主曲线，以①、②所得的位于曲面上的曲线为交叉曲线，创建曲面，并在连续性选项区内设定第一交叉线串与被修剪过的内耳左侧参考面相切、第二交叉线串与被修剪过的中耳左侧参考面相切，得到如图 11-61 所示的效果。

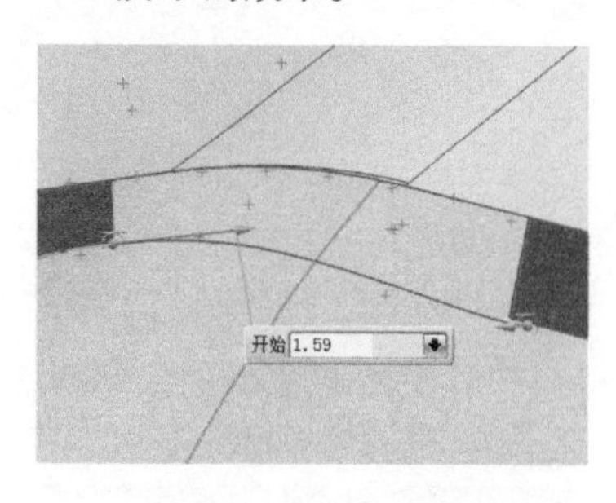

图 11-60　创建桥接曲线

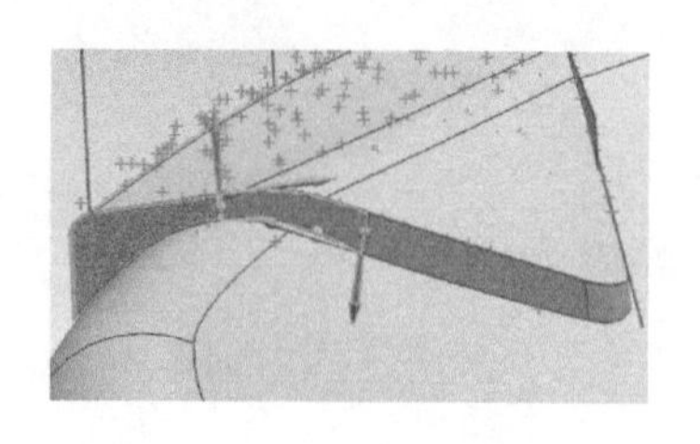

图 11-61　创建的桥接面

9）修剪/创建中耳与前耳右侧交面：按照 8）的方式对中耳与前耳右侧参考面相交部分进行修剪及补面，得到如图 11-62 所示的效果。

10）缝合各曲面：使用“缝合”命令，将 1）~9）所建各曲面缝合在一起。

（2）创建右耳特征　按照（1）的方式，创建小猪的右耳特征，如图 11-63 所示。

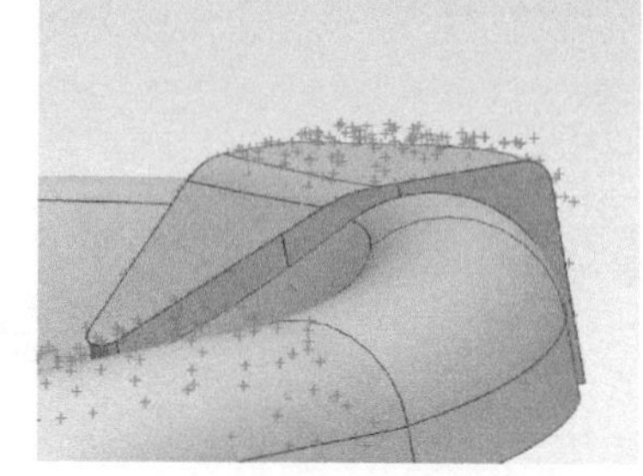

图 11-62　对右侧修剪及补面后的效果

11.1.7　肥皂盒加厚

使用“加厚”命令，选择“面”为肥皂盒曲面、外侧面及其倒圆部分（除去附件部分），偏置距离为 2mm、方向向内，创建得到如图 11-64 所示的效果。

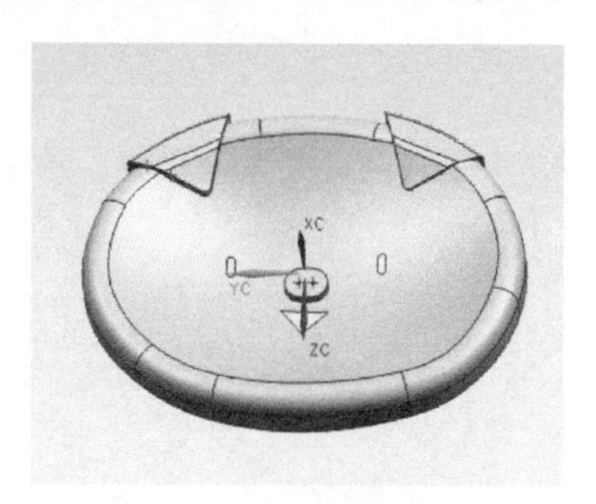

图 11-63　创建右耳特征

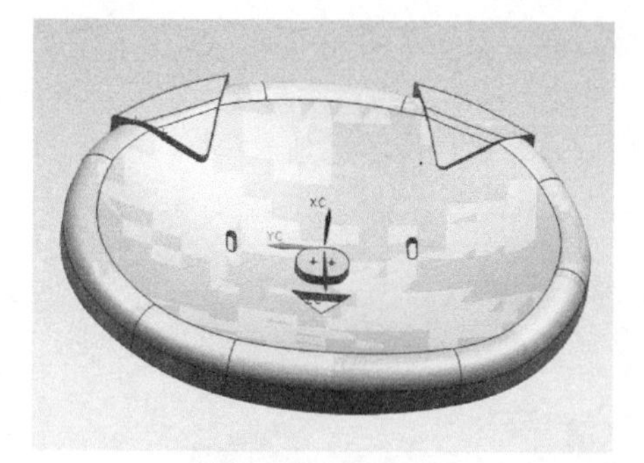

图 11-64　加厚的肥皂盒

11.2 知识技能点

11.2.1　曲线工具的使用方法

1. 相交曲线

“相交曲线”命令可以在两组对象之间创建相交曲线。在菜单栏中单击“插入”→“来自体的曲线”→“相交曲线”，或单击“曲线”工具栏中的“相交曲线”命令按钮，系统弹出如图 11-65 所示的“相交曲线”对话框。该对话框中各操作命令简要介绍如下：

1）第一组：用于选择第一组面。

2）第二组：用于选择第二组面。

3）指定平面：用于设定第一组或第二组对象的选择范围为指定平面、参考面或基准面。

4）曲线拟合：用于设置拟合曲线的方法和阶次。

5）关联：用于设置生成的曲线与母体是否关联。

6）公差：用于设置距离公差。

2. 拟合样条

“拟合样条”命令用于在指定公差范围内将一系列点拟合成样条，所有在样条线上的点和定义点之间的距离平方和最小。“拟合”创建样条的方法有助于减少定义样条线的点数，提高曲线的光顺性。逆向造型中测量的点数据一般不规范，为了保证生成样条线的光顺，一般都会使用“拟合样条”命令。

在菜单栏中单击“插入”→“曲线”→“拟合样条”，或单击“曲线”工具栏中的“拟合样条”命令按钮，系统将弹出如图11-66所示的“拟合样条”对话框。

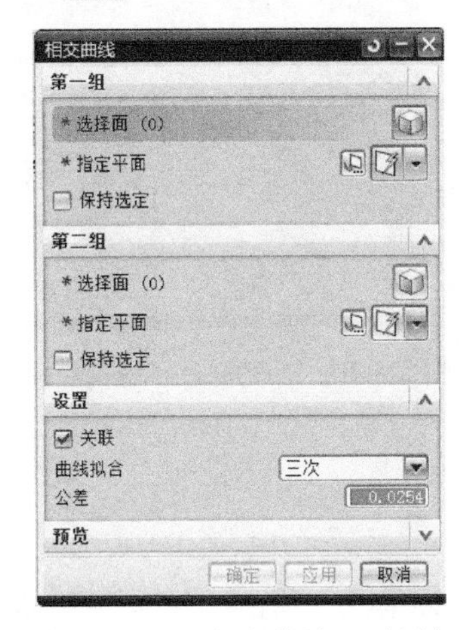

图11-65 “相交曲线”对话框

图11-66 “拟合样条”对话框

3. 抽取曲线

“抽取曲线”命令通过提取一个或多个对象的边缘和表面生成曲线。在菜单栏中单击“插入”→“来自体的曲线”→“抽取”，或单击“曲线”工具栏中的“抽取曲线”命令按钮，系统将弹出如图11-67所示的“抽取曲线”对话框。该对话框下各操作命令简要介绍如下：

1）边曲线：用于在表面或实体的边缘创建曲线。

2）等参数曲线：在表面上指定方向，并沿着指定的方向创建曲线。

3）轮廓线：根据轮廓线创建曲线。

4）完全在工作视图中：用于在工作视图内的所有边缘创建曲线。

5）等斜度曲线：用于创建相等斜度的曲线。

6）阴影轮廓：将选定对象的不可见轮廓线创建为曲线。

4. 曲面上的曲线

“曲面上的曲线”命令用于绘制依附于曲面上的曲线。在菜单栏中单击“插入”→“曲线”→“表面上的曲线”，或单击“曲线”工具栏中的“曲面上的曲线”命令按钮，系统将弹出如图11-68所示的“曲面上的曲线”对话框。该对话框中各操作命令简要介绍如下：

1）要创建样条的面：用于选择需要绘制曲线的面。

2）样条约束：用于指定点以生成曲线。在该选项区中选中“封闭的”复选框，系统将自动生成封闭曲线。

3）自动判断约束设置：用于选定曲线的约束方式。

4）设置：用于指定曲线的拟合方式及曲线位置公差。

5）微定位：选中该复选框后，系统将在界面中出现一个手柄，操作者可通过拖动手柄以微调指定点的位置。速率表示移动的最小单位量。

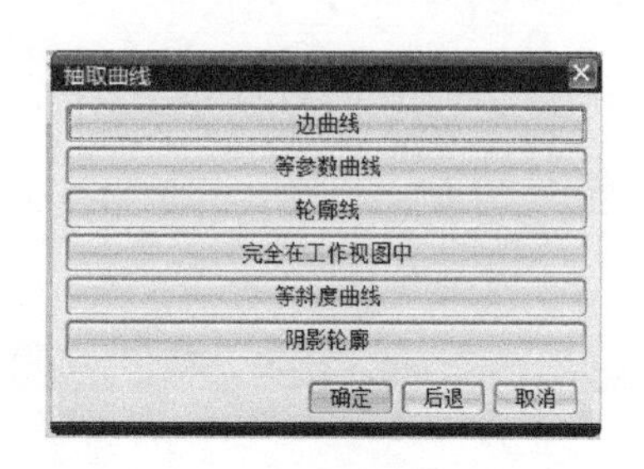

图 11-67 “抽取曲线”对话框

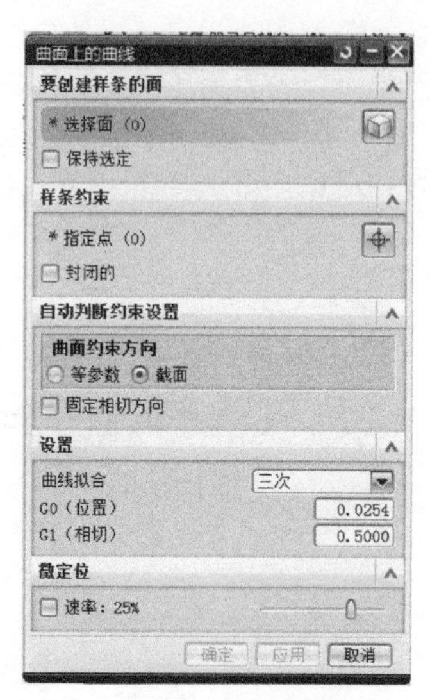

图 11-68 “曲面上的曲线”对话框

11.2.2 曲面工具的使用方法

1. 从点云

“从点云”命令用于创建逼近于大量数据点云的片体。在菜单栏中单击“插入”→“曲面”→“从点云”，或单击“曲面”工具栏中的“从点云”命令按钮，系统弹出如图 11-69 所示的“从点云”对话框。该对话框中各操作命令简要介绍如下：

1）U 向阶次：用于设定 U 向上曲面的阶数。

2）V 向阶次：用于设定 V 向上曲面的阶数。

3）U 向补片数：用于设置 U 方向的偏移面数值。

4）V 向补片数：用于设置 V 方向的偏移面数值。

5）坐标系：该选项用于改变 U、V 向量方向及片体法线方向的坐标系统。当改变该坐标系统后，其所产生的片体也会随着坐标系统的改变而产生相应的变化。UG NX 的“从点云”命令中提供了如下 5 种定义坐标系的方式：

① 选择视图：设置第一次定义的边界为 U、V 平面的坐标，定义后它的 U、V 平面即固定，当旋转视图后，其 U、V 平面仍为第一次定义的坐标轴平面。

② WCS（工作坐标）：将当前的工作坐标作为选取点的坐标轴。

③ 当前视图：以当前的视角作为 U、V 平面的坐标，该选项与工作坐标系统无关。

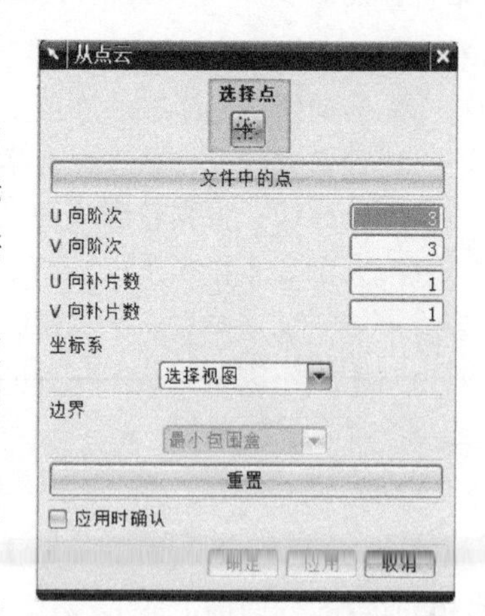

图 11-69 “从点云”对话框

④ 指定的 CSYS：将定义的新坐标系所设置的坐标轴作为 U、V 向的平面。

⑤ 指定新的 CSYS：该选项用于定义坐标系，并应用于指定的坐标系。

6）边界：该选项用于设置框选点的范围，配合坐标系统所设置的平面选取点。UG NX 的“从点云”命令中提供了如下两种指定边界的方式：

① 指定的边界：该方法将沿法线方向，并以选取框选取指定新的边界。

② 指定新的边界：该方法将定义新边界，并应用于指定的边界。

11.2.3 曲面编辑工具的使用方法

“修剪与延伸”命令使用由边或曲面组成的一组工具对象来延伸或修剪一个或多个曲面。在菜单栏中单击“插入”→“修剪”→“修剪和延伸”，或单击“曲面”工具栏中的“修剪和延伸”命令按钮，系统将弹出如图 11-70 所示的“修剪和延伸”对话框。

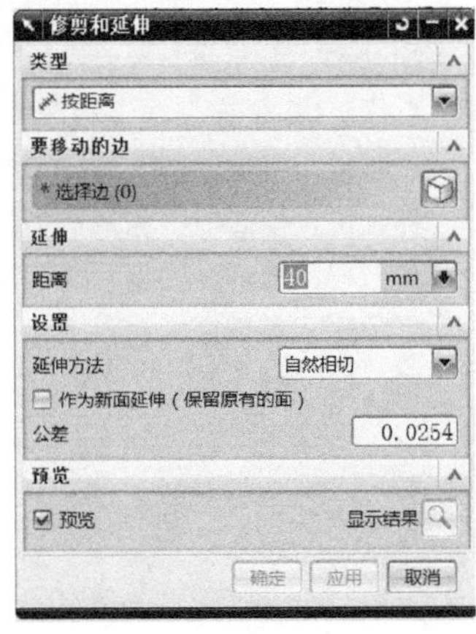

图 11-70 “修剪和延伸”对话框

UG NX 中提供了以下 4 种修剪和延伸类型：

1）按距离：按一定距离来创建与原曲面自然曲率连续、相切或镜像的延伸曲面，不会发生修剪。

2）已测量的百分比：按新延伸面中所选边的长度百分比来控制延伸面，不会发生修剪。

3）直至选定对象：用于修剪曲面至选定的参照对象，如面或边等。应用此类型来修剪曲面，修剪边界无需超过目标体。

4）制作拐角：在目标和工具之间形成拐角。

11.3 实例演练及拓展练习

1. 独立完成项目 11 的肥皂盒的建模。
2. 完成随书课件中项目 11 文件夹下的拓展练习 1。
3. 完成随书课件中项目 11 文件夹下的拓展练习 2。

参考文献

[1] 洪如瑾. UG NX6 CAD 快速入门指导 [M]. 北京：清华大学出版社，2009.

[2] 单岩，周文学，罗晓晔，等. UG NX 6.0 立体词典 [M]. 杭州：浙江大学出版社，2010.

[3] 徐勤雁，周超明，单岩. UG NX 逆向造型技术及应用实例 [M]. 北京：清华大学出版社，2008.

[4] 袁锋. UG 逆向反求工程案例导航视频教程 [M]. 北京：机械工业出版社，2009.

[5] 钱可强. 机械制图 [M]. 北京：高等教育出版社，2005.

[6] 种永民，杨海成. 测量造型技术中的数据处理方法 [J]. 西北工业大学学报，1997，15 (4).

[7] 马淑梅，陈彬，张曙. 基于因特网的电吹风叶轮反求工程 [J]. 机电一体化，2000，25-27.

[8] 李际军，程耀东，柯映林. 复合三角 Bezier 曲面的裁剪 [J]. 计算机辅助设计与图形学学报，2000，12 (1)：65-69.